高等学校规划教材

农村实用技术教程

NONGCUN SHIYONG JISHU JIAOCHENG

王季春 邓义桂 主编

西南师范大学出版社
国家一级出版社 全国百佳图书出版单位

农村实用技术教程

主　　编　王季春（西南大学）
　　　　　邓义桂（西南大学）
副 主 编　丁　伟（西南大学）
　　　　　尹克林（西南大学）
　　　　　刘秀华（西南大学）
编写人员　丁　伟（西南大学）
　　　　　王季春（西南大学）
　　　　　王宗庆（西南大学）
　　　　　孙现超（西南大学）
　　　　　李周权（西南大学）
　　　　　何凤发（西南大学）
　　　　　陆智明（西南大学）
　　　　　罗庆熙（西南大学）
　　　　　唐章林（西南大学）
　　　　　黄　云（西南大学）
　　　　　隗　溟（西南大学）
主　　审　王小佳（西南大学）

前　言

早在1989年，西南农业大学就率先在全国农林院校中对农学专业人才培养进行“3＋1＋1”模式改革试验，即第4年到农村基层“顶岗”实习1年，第5年返校进行提高学习和毕业论文写作；1996年，农学专业人才培养模式再次进行创新改革，将第6学期的3—8月作为学生实习时间，并相继在植保、园艺等专业推广，实现了人才培养与实践、支农服务与就业的有机结合，改革取得了巨大的成功；2008年，西南大学以教育部本科教学质量工程“农学类专业′顶岗实习支农′创业型人才培养模式创新实验区”建设项目为契机，将农学、植保、园艺、资环、动科、动医等农学类专业第6或第7学期半年“顶岗实习支农”工作常态化。为强化学生支农服务能力，西南大学特对顶岗实习前学生进行关于主要农作物、蔬菜、果树科学栽培与管理，家畜家禽饲养技术以及农村社会调查、农业推广与办公信息化的基本方式方法等进行全方位培训，并将相关内容编辑成《农村实用技术教程》教材以嗜读者，该教材有幸得到西南大学2010年校级规划教材的立项支持，由西南大学王季春教授、邓义桂副教授主编。

全书共分十章，第一章为主要农作物实用栽培技术，由隗溟、王季春老师编写；第二章为蔬菜生产技术，由罗庆熙老师编写；第三章为果树实用栽培技术，由陆智明老师编写；第四章为植物组培苗快繁与无土栽培技术，由何凤发老师编写；第五章为肥料种类及科学施用，由黄云老师编写；第六章为主要农作物病虫害识别与防治技术，由丁伟，时现超老师编写；第七章为农药的种类与科学使用，由王宗庆老师编写；

第八章为主要畜禽养殖技术，由李周权老师编写；第九章为农村社会调查的基本方法，由唐章林老师编写；第十章为农技推广的基本方法与技能，由王季春老师编写。

教材内容紧扣农业生产技术，并结合学生实习岗位工作所涉及的主要知识结构和技能要求而编，突出实用性，强调基本概念准确，实用技术可操作性强，坚持少而精的原则，做到实用、适用、够用，力求使农学类专业学生顶岗支农时更好地服务于“三农”，并能在实践中有所收获。

限于教材注重培训所用，繁简叙述不尽恰当，表述不尽全面；加之在材料编写过程中由于编者水平有限，虽然多次讨论修改，但书中难免有诸多不足之处，请读者批评指正。

在教材的编写过程中，得到了有关同志的大力支持。在此致谢。

编者

2011年10月20日

目 录

第一章　主要农作物实用栽培技术

第一节　水稻高产栽培技术

一、常规育秧技术

水稻育秧后移栽便于集中、精细管理，提高成秧率，并且省肥省水，提高复种指数。

(一)播种期确定

水稻播种期的确定除需要考虑到水稻发芽的生物学下限温度(籼 10℃、粳 12℃)，还要依据同步性原理先确定出当地的安全抽穗期以保证正常的开花受精和以后良好的灌浆结实，由此向前反推决定水稻的最佳播期。

重庆市播种期：从气候资料看出，重庆市 6、7、8、9 月日照时数分别为 132.7h、214.3h、223.3h、120.1h，只有 7、8 月超过 200h，是光能资源最丰富的季节。

1. 海拔≤500m 的地区(沿江河谷、浅丘平坝)的播种期

籼稻≥3d 日均温高于 30℃，日最高温高于 35℃，开花受精不良，机率最高的时段是7 月下旬～8 月上旬。把抽穗期安排在 7 月 15 日～7 月 20 日既可躲过高温危害，又可保证抽穗后有 25d 以上的良好光照。用反推法，当气温到 12(9～10℃可播)，用保温育秧措施(薄膜)育苗，达到早播全苗。后期有高温结实期的影响。

2. 海拔 500～800m 的中山区

因为 7 月下旬～8 月上旬没有高温危害，水稻生产(迟熟中稻)上常把抽穗扬花期安排在 7 月下旬～8 月上旬，9 月上旬成熟，产量高而稳定、品质也好。用反推法，当保温育秧措施(薄膜)，也达不到早播全苗时，就要换成短生育期品种。

(二)秧龄与播种量的确定

1. 二熟制田

如小麦—中稻或油菜—中稻，播种期确定后，由前作的收获期早、晚决定秧龄与播种量。前作的收获期早，可用密播短秧龄，以节约秧田，如油菜—中稻；反之，前作的收获期迟，可用稀播长秧龄。秧龄的表示方法：叶龄和天数。具体推算举例：

海拔≤500m 的地区(沿江河谷、浅丘平坝)7 月 15 日抽穗开花反推 120d，3 月 15 日播种，气温已达 9℃～10℃，用保温育秧措施。

油菜—中稻，4 月底收获油菜，5 月 5 日栽秧，有 50d 秧龄，叶龄 7～8；小麦—中稻，5 月上旬收小麦，5 月 15 日栽秧，有 60d 秧龄，叶龄 8～9；前者：1.5～2kg 杂交种/1～1.2 分(1 分地＝66.7m^2)秧田；后者：1.5～2kg 杂交种/1.2～1.5 分秧田，可栽一亩(1 亩＝667m^2)大田。

2. 一熟田

无前作限制,如:3 月 15 日播种,4 月底栽秧,有 40 多天秧龄,叶龄 6～7,40%的叶龄指数最为适宜(重庆市总叶龄 15～16),1.5～2kg 杂交种/1 分秧田。

(三)播种量、载秧量、分蘖滞增叶龄期和适宜移栽秧龄

把秧田群体茎蘖增长缓慢至高峰苗期这段时间称为群体茎蘖滞增期,这时的叶龄期称为茎蘖滞增叶龄期,超过此叶龄期后,主茎的分蘖死亡(见下图 1-1)。

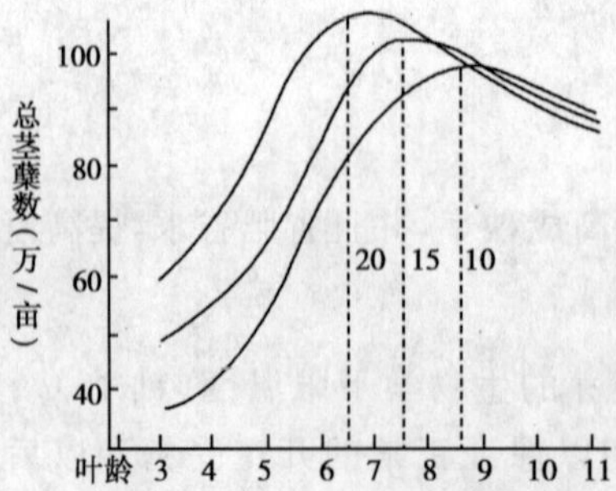

图 1-1　秧田群体茎蘖动态

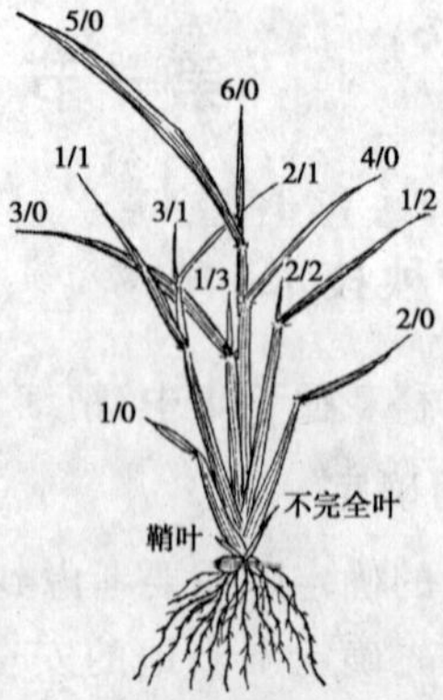

图 1-2

生产上必须使用群体保持叶蘖同伸的壮秧。但秧田期的分蘖开始保持增长的势头,每个单株都表现出良好的叶蘖同伸关系,如此期移栽,必然造成大量正在发生的强势分蘖的缺位,是不经济的。只有当群体分蘖势开始减退时移栽,较为合理。当部分秧苗停止分蘖时,群体分蘖数出现了增长缓慢的情况,预示着秧田期秧苗群体高峰苗期的到来;当群体茎蘖数达高峰值时,反映了秧苗群体停止了分蘖,部分秧苗分蘖开始死亡。过了这个时期,群体总茎蘖数下降,反映了秧苗的群体素质急剧下降,由壮苗转化为弱苗。

故把秧田群体茎蘖增长缓慢至高峰苗期这段时间称为群体茎蘖滞增期,这时的叶龄期称为茎蘖滞增叶龄期,高峰苗期的叶龄期称为茎蘖滞增叶龄期的最后时期,此时为移栽适期,这既是壮秧的群体指标,又是适宜的秧龄的具体指标,秧田载秧量最高,经济利用率高。高峰苗期的叶龄期为移栽适期的上限叶龄期。在这个范围内,茎蘖滞增叶龄期是确保秧苗健壮的适龄上限叶龄期,过了滞增叶龄期就转化为超龄弱秧了。

秧龄弹性除了与播种量有关外,还与决定生长速度的温度、水分有关,温度、水分愈高,生长速度愈快,达到上限叶龄期后,秧苗素质下降愈快,愈要求早栽,也是一项不花钱的增产措施。这就是为什么麦—稻两熟田提倡秧苗早栽的原因。

而一熟制稻田,提倡秧苗早栽的增产效果没有前者明显,这是因为秧龄超过滞增叶龄期。秧龄超过滞增叶龄期后在秧田的变化:

(1)秧田竞争加剧,1、2 叶的小分蘖最先死亡,即使不死,叶龄差≥2(主茎叶龄－分蘖着生节位－分蘖叶龄),移栽成活率也低,造成分蘖节位空位。

(2)主茎叶继续增加,但没有同伸分蘖的产生,又造成分蘖节位空位。

(3)秧田竞争加剧,秧苗淀粉、氮素和其他营养等积累少,秧苗的群体素质急剧下降(特别在小麦收获前后气温高,呼吸消耗大,加之秧苗已经形成郁闭环境,假茎节间生长,黄化现象特别明显),移栽大田使返青期延长,但主茎叶继续增加,而没有同伸分蘖的产生,又造成分蘖节位空位。

通过以上三点的影响，使高效的低、中有效分蘖节位丧失，只留下低效的高节位，产生有效穗数、生物产量和叶面积的能力下降；对早稻类型还容易引起秧田拔节和幼穗分化。

(四)旱育秧技术

苗床应选择背风向阳、地势平坦、土壤肥沃、靠近水源的地方，质地不粘不沙的菜园地最理想；要严格按旱育秧技术施肥，每分地施用 100～150kg 腐熟的细碎厩肥，厩肥可在播种前半月施用过筛的细碎过磷酸钙 3～5kg、1～2kg 尿素，混匀后避雨堆沤发酵；精细整地，床面整细整平，无杂草及暗藏石子，1.2～1.3m 左右，床间走道 50cm，苗床长度以数量定；播种当天给苗床浇透水一次。秧床管理如下：

1. 温度管理

若采用覆盖薄膜育秧，播种后至出苗前，膜内温度应控制在 35℃以内。早稻及高寒山区的一季稻，盖膜可提高膜内温度和保湿出苗，可考虑采用双膜覆盖，即地膜平铺一层，再搭架覆盖一层薄膜。一叶期控制温度在 25℃以下，二叶期开始，视天气情况进行通风炼苗，将膜内温度控制在 20℃左右，以后逐渐降到自然气温状态。对高温条件下育秧的迟中稻、单晚和双晚，播种后也要搭架。盖有孔薄膜，为的是保湿出苗。为了防止膜内温度过高，可在薄膜上架盖草帘、麦秸等覆盖物，同时也能防鸟雀啄食及雨水冲淋；立针后要及时揭去覆盖物及薄膜，防止高温烧苗或秧苗徒长。同时将薄膜、拱架保留在苗床上，以备降雨时及时盖膜挡水。也可将薄膜四周打开，离苗床高 20cm 处固定在拱架上，既通风降温，又能防雨水冲淋。

2. 水分管理

出苗前以保持盘土湿润为宜，一般覆盖薄膜的，出苗前不浇水，不揭膜，只有当水分不足影响出苗时(这种情况较少见)，才揭膜补浇水分。以后视土壤墒情而定，不干旱的就不浇水。缺水时宜在傍晚浇水，高温期宜在早晨浇水，这样可调节育苗时的气温，使之适宜秧苗生长，浇水水流要细。秧苗缺水与否可看早晨秧苗叶尖是否挂有水珠、床土是否发白、中午是否出现卷叶。如果早晨看叶尖不挂水珠、床土发白或中午卷叶，说明缺水，当天就要浇水；不出现上述现象，就无需浇水。可在拔秧前一天给苗床浇透水便于拔秧。

3. 施肥管理

在 2、3 叶期若缺肥即叶色不绿，每分秧床应施肥 0.5～1.0kg 尿素，施肥后用水浇苗以防止烧苗；4、5 叶期如有脱肥现象，要及时追肥，施肥 1.0～1.5kg 尿素，喷肥后应喷清水冲洗。对秧龄长的应在抛秧前 2～3d 施“送嫁肥”，1kg 尿素/每分秧床，施肥后也要喷清水冲洗。

4. 防治病虫

常见的病虫害有立枯病、恶苗病、稻瘟病、稻蓟马等病虫害，要及时防治。二叶一心期，注意防立枯病，每 1m^2 用 2～3g 敌克松，兑 600 倍水喷雾。

二、软盘育秧技术

(一)软盘育秧的秧盘准备

双季早稻和高寒山区一季稻，以抛栽培育中、小苗(3.5～4.5 叶龄)的，宜选用每盘 561 孔的育秧盘；一季稻及双晚稻田，以抛栽培育中、大苗(5～6.5 叶龄)的，宜选用每盘 434 孔的育秧盘。每公顷大田所需秧盘的数量由抛栽的密度和秧盘孔数决定，可按下列公式计算：每公顷大田用秧盘数＝[每公顷抛的穴数×(1＋空穴率)]/每盘孔数。

目前生产上空穴率为10%左右。例如早稻每公顷要抛栽42万穴，选用561孔秧盘，则每公顷大田用秧盘数为：420000×(1＋10%)÷561＝824(盘)，即每公顷(10000m^2)大田需要561孔秧盘824(只)。一季稻及双晚中、大苗抛栽的，需434孔秧盘600～900只。

(二)软盘育秧的播种期和播种量确定

确定适宜的播种期，是抛秧栽培的重要环节，播种期应根据品种特性、茬口、适宜秧龄等因素确定。播种过早，早稻前期温度低，抛栽后扎根立苗慢，遇寒流侵袭有死苗的危险；播种过迟，特别是双晚，往往生育期延后，不能保证安全齐穗，会造成严重减产甚至绝收。一般四川盆地的一季中稻采用薄膜保温育秧。在3月上旬至4月中旬播种，叶龄4.0左右、秧龄25d左右；中稻、单晚稻看前茬让茬时间确定，以秧龄25～30d、叶龄5～6叶抛栽为宜；双季晚稻以秧龄30d左右、5.5～6.0叶时抛栽为宜。秧苗高度应控制在13cm(早稻)和18cm(双晚)以内为佳。每盘播种量可按下面公式计算确定：

每盘播种量(g)＝(每盘孔数×每孔粒数×千粒重)/(出苗率×1000)。

例如，早稻选用561孔秧盘，每孔播3粒种子，千粒重按25g计，出苗率按90%计算，那么，每盘播种量＝(561×3×25)÷(90%×1000)＝46.75(g)。即：每只秧盘播种干种子46.75g，催芽含水量以30%计算，每只秧盘需播芽谷重61g。中、单(双)晚选用434孔秧盘，通常杂交稻每孔播1～2粒种子，需播芽谷25～30g，常规稻播种30～40g，双晚每孔播2～3粒种子，每盘播芽谷40～50g。

(三)软盘育秧的苗床选择要求和播种

1. 苗床要求

塑盘抛秧有两种育秧方式，一种是湿润培育，另一种是旱床培育。湿润培育是选择排灌方便的田块作秧田，以利湿润培育。秧田整理同湿润育秧一样，要求秧板平整，然后摆上秧盘，装上营养土及播种等。

精细整地，苗床宽以1.3m左右为宜，床间走道50cm，苗床长度以数量定。床面整细整平，无杂草及暗藏石子。缺点：三叶期易发生青枯死苗。

软盘育秧的营养土怎样配制？用塑盘育秧需要配制专门的营养土，其配制方法是：用较疏松的旱地土壤或菜园地土壤，经破碎过筛，每100kg土加充分腐熟的过筛优质有机肥20kg，加硫酸铵300g，碾碎的过磷酸钙300g，硫酸钾200g，充分混拌均匀，如果土壤较干，在混拌时喷洒适量的清水，使营养土含水量达到“手捏成团、落地散开”的程度。对营养土必须经过消毒，消毒方法是每100kg营养土，用10g敌克松，兑8kg水均匀喷洒。营养土要趁晴天配制好，堆闷2d后即可使用。

2. 软盘育秧的播种

(1)普通播种法：浇足苗床水。摆秧盘前要给苗床浇足水分，使土壤表层水分呈饱和状态，直到有水溢出，确保播种后出苗前不浇或少浇水。②装土摆盘。将秧盘孔穴内装2/3左右营养土，摆到苗床上，盘与盘紧密相连，不留空隙，并用木板将秧盘压入床面泥中0.5～1cm。千万注意不能让秧盘悬空，以免影响根系生长发育。秧盘摆好后四周用土封严。③浇水。喷水浇透营养土。如果营养土未消毒的，每盘用0.3g 70%的敌克松配成1000倍药液喷洒盘土进行消毒，随后喷清水浇透。④撒种覆土。按每块秧床摆放秧盘的数目计算每床播种量，然后分几次将种子撒入盘孔内，落在盘面上的种子，用扫帚扫入孔穴。撒种后喷少量清水使种子与营养土结合，或者在上放一空秧盘压种，然后覆盖营养土，使土与盘面相平，盖土后一定要清除盘面泥土和种子，否则会引起秧苗盘根（或称串根），就是根系好苗床。一般在盘面上相互缠结，不利于分秧，影响抛栽的速度和质量。⑤化学除草和插架盖膜。覆土后施用除草剂再插架盖膜，方法与薄膜旱育秧相同。这种播种方法的优点是速度快。缺点是每孔落种数目不容易均匀，甚至出现无种空穴现象。

(2)混土播种法：将若干盘分为批，分批进行播种。称出每批所需的种子和营养土，先将1/3的营养土均匀地装入各孔穴内，再将另外的2/3营养土和种子混拌均匀后，撒入秧盘孔穴，用刮板刮平，每10～15个秧盘摞到一起压实，运到秧床，摆盘、压盘、消毒浇水、化学除草、插架盖膜等作业与普通播种法相同。这种播种方法应用较普遍，优点是简便、省力、效率高，缺点是因播种深度不一致，苗不整齐，所以需适当增加一些播种量，弥补不足。

(3)先摆盘播种法：这种播种方法是在苗床先把秧盘摆放好，盘与盘之间不留空隙，压盘入泥后，采取以上两种方法中的一种进行播种，作业程序与上述相应的方法相同。这种方法省力、简便，但盘土不易装实，所以播种后要用空盘摞在上面进行压实。

(4)播种器播种法：抽屉式播种器播种法。这种播种器与秧盘规格相配套，播种时先根据秧盘孔数和每孔播种量选用相应的播种器。先在秧盘孔穴内装2/3的营养土，然后将播种器底板孔对准秧盘孔，移动上板将下板孔盖住，向播种器内放入催芽至破胸的种子，将上板孔眼间多余的种子刮去，移动上板使上下板孔眼对齐，种子落入盘孔中。每10～15个盘摞在一起，用秧盘托板运到苗床上摆盘。压盘、覆土、浇水、化学除草、插架盖膜等作业与普通播种法相同。

(四)软盘育秧的秧田管理

1. 湿润育秧技术要点

育秧是按常规做好湿润秧田，然后直接播种育苗，秧田管理基本与常规湿润育秧相同。优点是不需要特殊的设备，投资少，方法简单，秧苗素质好，秧龄不受限制，可适应更广泛的生产条件。缺点是手工分秧工效较低，且不易带泥，抛秧的均匀度差等。

(1)温度：若采用覆盖薄膜育秧，播种后至出苗前，膜内温度应控制在35℃以内。早稻及高寒山区的一季稻，盖膜可提高膜内温度和保湿出苗，可考虑采用双膜覆盖，即地膜平铺一层，再搭架覆盖一层薄膜。一叶期控制温度在25℃以下，二叶期开始，视天气情况进行通风炼苗，将膜内温度控制在20℃左右，以后逐渐降到自然气温状态。对高温条件下育秧的迟中稻、单晚和双晚，播种后也要搭架。盖有孔薄膜，为的是保湿出苗。为了防止膜内温度过高，可在薄膜上架盖草帘、麦秆等覆盖物，同时也能防鸟雀啄食及雨水冲淋；立针后要及时揭去覆盖物及薄膜，防止高温烧苗或秧苗徒长。同时将薄膜、拱架保留在苗床上，以备降雨时及时盖膜挡水。也可将薄膜四周打开，离苗床高20cm处固定在拱架上，既通风降温，又能防雨水冲淋。

(2)水分管理：出苗前以保持盘土湿润为宜，一般覆盖薄膜的，出苗前不浇水，不揭膜，只有当水分不足影响出苗时（这种情况较少见），才揭膜补浇水分。以后视土壤墒情而定，不干旱的就不浇水。缺水时宜在傍晚浇水，高温期宜在早晨浇水，这样可调节育苗时的气温，使之适宜秧苗生长，浇水水流要细。晚稻在高温条件下，水分消耗大，为减少浇水工作量，需水时可采取沟灌,水不上秧板,让水慢慢地渗透秧盘,灌后及时排干沟水。秧苗缺水与否可看早晨秧苗叶尖是否挂有水珠、床土是否发白、中午是否出现卷叶。如果早晨看叶尖不挂水珠、床土发白或中午卷叶,说明缺水,当天就要浇水。不出现上述现象,就无需浇水。抛秧前2～3d浇一次水,切忌临抛前浇水。

(3)施肥:若采用营养土育苗,一般不需要施肥,后期如有脱肥现象,要及时追肥,每盘用4g尿素兑500g水喷浇,喷肥后应随喷清水冲洗。对秧龄长的应在抛秧前2～3d施"送嫁肥",每盘用5g尿素兑500g水喷施,施肥后也要喷清水冲洗。

(4)防治病虫:常见的病虫害有立枯病、恶苗病、稻瘟病、稻蓟马等病虫害,要及时防治。二叶一心期,注意防立枯病,每1m^2用2～3g敌克松,兑600倍水喷雾。

(5)化学控制:为控制秧苗徒长,可采用烯效唑浸种,浸种浓度为每kg水加2～3g 5%烯效唑可湿性粉剂。或在秧苗一叶一心期,每m^2用0.2～0.3g 15%多效唑可湿性粉剂兑水150g喷施。雨水多,秧龄长的,可在三叶一心期再喷一次多效唑,起到降低苗高、促进根系发达和增加分蘖的矮壮秧苗作用。

2. 旱地抛秧的育秧技术要点

旱地育秧抛秧是在旱地做秧板,直接用芽谷在秧板上撒播,播后浇水盖膜,出苗后旱育旱管。这种育苗方法是北方稻区抛秧栽培常用的方法。它的优点是方法简单、投资少、秧苗素质好。缺点是三叶期易发生青枯死苗,秧苗的整齐度较差。其育苗技术要点是:

(1)培肥苗床:培肥方法同旱育秧,使苗床松软,爽水透气,保肥保水力强,为培育根系发达的壮苗创造良好的条件。

(2)喷多效唑:在秧苗一叶一心期,每亩用150g左右15%的多效唑粉剂,兑水100kg均匀喷洒,注意控制行走速度,最好做到一次喷完药液,不要漏喷或重喷。

(3)防立枯病:在秧苗一至二叶期,要做好防治立枯病的工作,防治方法是每m^2用20%甲基立枯磷1g兑水600倍喷雾或每1m^2用70%敌克松粉剂2.5g兑水600倍喷雾防治;或在播种前用重庆市生产的"旱(地)育秧壮秧剂"处理土壤。

(4)其他肥水管理、病虫害防治与旱育秧技术相同。

(5)移栽常用铲秧或带土拔秧。可在拔秧前一天给苗床浇透水,以便于拔秧和分秧。

3. 室内乳苗育秧的技术要点

室内育秧是在室内培育抛栽的秧苗,一般以培育1叶1心的乳苗为主,乳苗抛栽的优点是不用专用秧田和育秧方法简便,投资少。其育苗技术要点如下:

(1)种子预处理:要选择无病虫危害、饱满、发芽率高的谷粒,播种前进行晒种、选种和种子消毒等预处理,方法同一般育秧处理,以确保种子均匀一致、健壮、不带病菌,减少和防止弱苗和病苗。

(2)催芽:种子浸种消毒后要漂洗干净,放在室内催芽至破胸露白,要求芽、根匀、短、壮,整齐度在90%以上,色泽白亮。

(3)带泥、带肥、带药合理配比,增加抛秧重量:先把催好芽的种子与一定数量的泥浆拌和(泥水之比为2∶1,泥浆用量约为干种子的1/2),再与2倍干种子重量的钙镁磷肥拌匀,既达到增重增肥的要求,又可提高抛秧后的立苗率。再按2kg/m^2的播量,在底垫塑料薄膜的育秧板(盘)或地面上摊平摊匀,并洒透水。

(4)育苗管理:根据"干长根、湿长芽"的原理,放在室温下保湿,控根长苗。这一阶段,每天洒水 2～4 次，保持钙镁磷肥表面呈不发白的湿润状态，一定不可过干，使根长得过长，影响抛秧均匀度。经 4d 左右，育成一叶龄、苗高 5cm 左右，根短而粗壮、老健的标准乳秧，于抛栽前一天傍晚停止洒水。

(5)带肥药抛秧：为防止大田虫害以及带肥下田，用 0.5％的尿素、0.3％的磷酸二氢钾和 20％的三唑磷混合液喷洒乳苗。抛秧当天下午将乳苗抖散，匀摊于地面待抛。

三、抛秧大田栽培技术

(一)抛秧栽培优点

(1)水稻抛秧具与有人工移栽同样的优点：如可以延长水稻生长季节、利用更多的光热资源，缓解前后茬作物的生长季节矛盾等。

(2)抛秧省工省力：一个熟练的劳动力每天可抛栽 0.2～0.3hm^2 大田，效率比手工栽插提高 4～5 倍，而且劳动强度减小。既节省工本，又有利于适时移栽，缓和季节矛盾。

(3)节省专用秧田：小苗抛栽的秧田与本田之比，一般为 1∶30～40，也就是育 1hm^2 秧可以抛栽 30～40hm^2 的大田；大苗抛栽也可达到 1∶20 以上，比常规手工栽插的秧、本田比 1∶6～10 节省一半以上的秧田。

(4)高产稳产：由于抛秧栽培也能保证一定的种植密度，而且比手插秧插得浅，分蘖发生早，低节位分蘖占的比例大，不仅能保证高产所需要的穗数，而且能增加每穗的粒数，各地的生产实践也证明，抛秧的产量通常比手工栽插的产量高 5％～10％左右。

(5)较好的经济效益：抛秧栽培的经济效益体现在增收和节支两个方面。一般抛秧栽培可增产稻谷 300kg 以上，可增收 300 元以上，节省插秧人工费用 450 元左右，扣除秧盘折旧费 225 元左右，净效益可增加 525 元以上。

(6)较高的社会效益：①节省专用秧田，增加种植面积，有效地提高土地利用率。②节省劳力，有利于促进农村二、三产业的发展。③有利于实行工厂化育秧，促进农业社会化服务体系的发展。

(二)水稻抛秧的生育优势和缺点

1. 抛秧的生育优势

(1)前期分蘖早、分蘖多，表现出较强的生长优势：由于抛秧带土带肥，植伤轻，根部入土浅，表土的热量、水分、通气性状况较好，有利于新根出生。返青活棵早，群体生长起步快，分蘖早而旺。前期分蘖旺，有利于吸收光能，又能进一步促进分蘖的生出和生长。经田间调查，一般抛秧的分蘖始期比同期手工栽插要早 2～4d。在基本苗相同情况下，抛秧的分蘖数比手工栽插的增加 10％～15％。

(2)中期叶层垂直分布相对比较匀称，表现出群体光合生产率高的优势：由于抛栽稻前期分蘖早而多，稻苗行株距分布不均匀，个体生长不太一致，占据面积大的个体横向发展快，占据面积小的个体纵向发展快，群体很快占满空间，群体叶面积大，叶面积指数比移栽稻高 10％左右，并且垂直分布较合理，形成中间层叶面积大，上、下层叶面积小的一种“卵形”叶层分布，从而改善了群体通风透光的条件。而手栽插稻，功能叶集中分布在中上层，形成一种“伞形”的叶层分布。经对比同时栽插和抛秧的汕优 63 的透光率，抛栽稻群体中层和下层的透光率分别比移栽稻提高 15％和 5％左右。

(3)后期单位面积的穗数及总粒数较多,群体光合层厚,源强库大。表现出旺盛的生产能力和多穗增产的优势:因为抛栽的水稻分蘖早而多,群体密度较大,形成的穗数多,虽然每穗粒数相对减少,但是增穗的幅度大于减粒幅度,所以单位面积总粒数仍然是增多的,这也是抛秧稻高产的主要原因。据田间对比调查,抛秧稻单位面积有效穗比移栽稻多10%~25%,每穗粒数减少5%~15%。由于抛秧稻叶层分布较均匀,抽穗后中、下部叶层光照条件较好,相对延长中、下部叶片的寿命和功能期,所以开花结实期绿叶数较多,群体光合层增厚,干物质生产能力增强,有利于物质积累而增加产量。

2. 水稻抛秧的生育弱点

(1)分蘖成穗率较低:由于抛秧的分蘖量大,迟出生的高节位分蘖及二、三次分蘖的生长条件较差,营养空间较小,往往到一定时期停止生长发育,不能正常地抽穗结实,也就是说能成穗的分蘖比例少,成穗率较低。

(2)抗根倒伏能力弱:抛栽稻的发根量大,比手工移栽的多5%左右,但多集中分布于土壤表层,表土层0~5cm的根量接近70%,多于手工移栽稻。在群体大、土质松、烤田差的状况下,容易发生根倒伏。

(3)茎蘖穗层高低不齐,群体灌浆结实期较长:由于抛栽稻个体占据的营养空间及营养面积不同,单株分蘖数多少不均,群体分蘖生长发育进度相差较大,植株高度相差也较大,茎蘖穗层的高低不齐,下层穗占的比例较大。抽穗期以株高上层30cm处为界。将稻穗分为上、下两层,移栽稻上层穗占85%左右,下层穗占15%左右,而抛栽稻上层穗只占75%左右,下层穗占25%左右。由于抛栽秧下层穗的数量多质量较高,穗重比移栽稻的下层穗重,灌浆结实期相对延长,因此更要注意后期养老稻。

(三)整田要求和抛秧技术

抛秧大田整田质量要求比移栽秧高,抛栽大田要求达到田面平整,高低相差不超过2cm;泥烂,土壤糊烂有浮泥,田面无残茬、杂草等杂物外露;水薄,以现水现泥为宜,要求干耕晒垡,先施基肥干整,再进行水整。抛秧技术要点如下。

(1)抛栽要适时:这是夺取高产的重要环节,一般以中小苗抛栽为好,操作方便,又容易获得高产。但要根据季节、茬口、品种(组合)特性以及育苗方式等因素综合确定。乳苗可在1.5叶时抛,小苗在3.5叶左右抛栽,中苗在4.5叶左右抛栽。

(2)抛秧密度适当:要充分发挥抛秧稻的高产优势,得到较多的穗数。据调查,汕优63抛秧稻高产适宜穗数比移栽稻多9%~15%。抛秧稻的稻株大小不一,也不能并株调整,每株稻苗的平均茎蘖数,一般比移栽稻偏少,需要增加基本苗数来补偿,所以确定抛栽密度时,通常抛秧的基本比同龄秧手插增加10%左右。一般早稻35~40穴/m^2,120万~150万基本苗/公顷,中、晚稻30~35穴/m^2,90万~120万基本苗/公顷。乳苗和小苗抛栽,因大田秧苗成活高,可适当减少些。

(3)起秧和运秧:①控制水分。控制秧盘营养土块水分干湿适度。一般在抛秧前2d给秧盘浇一次透水,起秧时保持干爽,容易分秧。②起秧与运秧。起秧时先松动秧盘,再起秧,以免一次用力过猛而损坏秧盘;平地无盘旱育的可用平铲秧,厚度5cm左右。保持根系不过分受损伤,并带有一土块。运秧时,盘育秧可先将秧苗拍打落入运秧筐内或直接盘内折卷起装入筐巾运往大田;平地无盘旱育铲抛秧可用筐之类的工具运送。注意抛苗要随起随运随抛,不可放置过长时间,时间过长会出现萎蔫,影响活棵立苗。

(4)抛栽：①人工抛秧。一般土壤在耕田后土质松软、处于泥浆状态时，最适合抛栽。烂泥田耙后要等浮泥沉实，不使秧苗下沉太深。沙质土要随耙随抛，有利于立苗。最好选在阴天或晴天的傍晚进行，这样抛栽后秧苗容易立苗，抛栽时人退着往后走，一手提秧篮，一手抓秧抛，或者直接将秧盘搭在一只手臂上，另一手抓起秧苗，抖一两下根块，使秧分开即可抛栽。抛栽时要尽量抛高、抛远，抛高3m左右，先远后近，先撒抛，后点抛，先抛完70%～80%总秧量之后，每3m宽拉绳留一条30cm宽的人行走道，以便田间管理以丰产沟烤田。再在人行走道中，将人行走道捡出的秧连同剩下的20%～30%秧苗补稀补缺，尽力使秧苗分布均匀一致，并用竹竿进行移稠补稀，如果一时来不及，移稠补稀可在抛后2～3d内完成。②机械抛秧。机械抛栽的优点是抛秧效率比人工高，而且也比人工抛秧均匀。机械抛栽一般以抛栽中、小苗秧效果较好。机械抛栽具体操作技术应按不同型号机械操作说明进行。

(四)大田管理

(1)施肥：抛栽稻一生所需的总氮、磷、钾数量与一般手栽秧相当。抛秧栽培大田群体密度较大，又属带土浅栽，根系分布较浅，对肥水反应敏感，前期分蘖发生多，长势容易过猛，所以苗肥不能过多，以防群体过大。抛秧田应重施基肥，基肥施氮占总氮量的60%左右，磷、钾各占总量的100%和60%，攻蘖肥面施，占总氮量的10%～15%，大田不施或少施保蘖肥，到了中后期，由于功能叶较多，总颖花量较大，灌浆期较长，为保持群体旺盛的活力，适当加大穗粒肥的比重，穗粒肥用量占总氮的25%～30%左右和总钾量的40%。

(2)水分管理：抛秧稻分蘖多、根系分布浅，水浆管理不当，就容易形成头重脚轻，最后出现倒伏。为了促根深扎，促进壮秆，有效地防止根倒伏，抛栽的稻田要坚持严格的间歇灌溉，除有效分蘖期及孕穗中后期保持适当浅水层外，其余生长期间一律实行排、灌结合、干湿交替的灌水制度。在抛秧后3～5d内，坚持阴天和无雨夜间露田，晴天上午建立浅水层，促进扎根立苗。抛后即开平水缺，遇大雨及时将水排出，防积水漂秧。抛秧3～5d立苗后建立浅水层，以利促进分蘖。适时早晒田，多次轻晒，促进发根。一般茎蘖数达到预计穗数的85%时开始晒田。由于抛栽稻对水分反应较敏感，晒田不宜一次过重，应采用多次轻晒，先轻后重，晒到"脚踩田面不下陷，见缝不见白"时就立即灌水，3～4d后落干再晒。孕穗到抽穗阶段，适当增加灌水次数，或在抽穗前5～15d保持浅水层。抽穗后直到成熟前5～7d，要严格保持田面硬板湿润，泥不陷脚，使稻根牢牢地固定在土壤中，这是防止抛栽稻根倒伏的关键。抛栽稻抽穗不整齐，灌浆期拖得很长，后期要特别注意养老稻，不要过早断水，适当推迟收割，以提高谷粒的黄熟率。

(3)杂草防除：抛秧稻秧苗田间分布极不规则，叶龄又小，前期群体透光率高，有利于杂草的萌发与生长，而且耘田除草无法进行，靠人工拔除费工费力，同时也不易除尽，只有靠化学除草来解决问题。化学除草要适时，使用药剂要适量，抛秧立苗后抓紧进行，即一般在抛秧后5～7d，当秧苗全部扎根竖立起来后施药。施用方法是：60%丁草胺乳油1500mL/hm^2，或丁苄1.2～1.8kg/hm^2拌细潮土撒施，保持田水5cm左右，3～5d不排放。如果杂草种类繁多，则根据杂草类型选用相应的除草剂配方进行防除。

(4)病虫害防治：抛栽稻的病虫害种类和发生规律与一般移栽稻相同。不过抛栽稻的群体较大，易发生病虫危害，应注意及时防治，特别要加强拔节、孕穗期间的纹枯病防治。

第二节　玉米高产栽培技术

一、优选品种及产量构成

水肥条件较好地区，应种植耐肥、抗病的高产杂交种；在丘陵、山区或自然灾害频繁的地区，应选择耐旱、耐涝、耐寒、耐瘠或抗逆性强的杂交种；两熟制的春玉米，应选用中迟熟高产杂交种；套种玉米应选苗期耐荫、中后期生长旺盛、丰产性能好的杂交种。

种子宜选用具有光泽、粒大、饱满、无虫蛀、无霉变、无破损和发芽率在90%以上的种子。播种前晒种2～3d。浸种可用冷水浸24h，或“两开一凉”的温水浸6～8h。但在天气干旱、土壤水分不足的条件下，不宜浸种催芽。播种前可药剂拌种，以防治地下害虫和鸟兽危害。产量构成：5500穗/每亩，每穗470粒，千粒重310g，单穗粒重146g。

二、播前准备

1. 选地

选择海拔500～1300m的地区，土壤类型为紫色土，土壤pH6.5～7，四周无荫蔽，向阳，地势平坦。

2. 整地

(1)净作：在上年冬季进行深翻整地。前茬作物收获后及时灭茬冬翻，做到根茬翻埋良好，耕深25～35cm；播前整地主要是将土打细，达到待播状态，并注意保墒。等行距种植，行宽1m。

(2)间套作：在播前一个月进行整地，耕翻25～35cm。播前打细，使土壤达到待播状态，并注意保墒。间套作物以土豆、小麦、蔬菜为主，玉米预留行宽为60～80cm，间套作物幅宽40～60cm。

3. 灭鼠

对于鼠害较重的地方(密度5%以上)，可用0.005%溴敌隆毒饵或0.015%～0.02%氯敌鼠钠盐毒饵等杀鼠剂。灭鼠最佳时期为春播前，选晴好天气下午3～4时投药。在事先查好并标记的鼠洞口约10cm的上风头踩出一脚平地投放毒饵，每洞投入5～10g。投药3d左右查找鼠尸并集中深埋，将毒饵踢入鼠洞埋掉。

三、育苗移栽技术要点

重庆市玉米栽培主要是春玉米，春玉米提前盖膜育苗移栽，是一项用盖膜增温的办法提早玉米生育进程，趋利避害，确保玉米稳产高产的栽培技术。

(一)准确安排育苗期

育苗期恰当与否是关系玉米生育进程和成熟期能否提前，能否做到趋利避害稳产高产的关键。不同海拔高度的玉米盖膜育苗期，一般应比当地直播玉米正常播种期提前15～25d。洋芋间作玉米，育苗期应提前20～25d。高寒山区早春气温变化大不稳定，以提前20d盖膜育苗为宜，低中山地带，应提前20～25d育苗。小麦套作玉米，育苗期以提前15～20d

为宜。窄带型种植玉米，可提前15d育苗，中带型种植的玉米，以提前20d育苗为宜。一般春季气温稳定达12℃以上时即可播种。重庆市平坝、浅丘地区一般3月中上旬播种，深丘、中低山区以3月下旬、4月上旬播种育苗为宜，以利于缩短麦玉共生期、培育壮苗。

育苗移栽面积大的，可以分批育苗，先育中熟偏晚品种，再播中熟种。同一品种，也可分期育苗，早盖膜育苗的，移栽洋芋间作玉米地或作中带型的小麦套作玉米；后育苗的可适当延长盖膜期，移栽窄带型小麦套作玉米地。育苗期不宜过早或过迟，育苗过早，床内温度达不到12℃以上，出苗相应推迟，不利苗床全苗齐苗和培育健壮苗；育苗期推迟，移栽叶龄过小，不能提前成熟，增产效应减弱。

（二）盖膜培育健壮苗

1. 育苗基本要求

采用肥球育苗或玉米专用育苗盘育苗，要求营养土中配合一定比例经过充分腐熟的有机肥和少量过磷酸钙，切忌添加尿素或碳酸氢铵，以防烂种；保持营养土结构疏松，为幼苗生长提供必要的养分和水分。每个肥球或方格放1粒种子，育苗数量应按照需要再增加20%，以备查漏补缺。播后盖上肥细土1～2cm，用清水喷湿盖膜保温。

2. 恰当配制营养土，提高肥球制作质量

盖膜育苗期玉米幼苗能否生长整齐健壮，与营养土配制和肥球制作质量有密切关系。营养配料一般栽1亩本土用有机质含量高的表层壤土1000～1200kg、干猪粪或细渣肥400～600kg、过磷酸钙和油枯粉各20～30kg，忌用化学氮肥，缺锌土壤可加硫酸锌0.5kg，加适量清水粪拌和均匀，达到手捏成团、落地能散的程度，用肥球制作器或手捏，做成直径4～7cm、重量500g左右的肥球，肥球顶端中间钻一播种孔。方格育苗营养土的配制与肥球相同，拌好的营养土放入床内，用木板拍紧拍平，用刀切成7cm见方，深7～10cm寸的方格，中央钻一播种孔。

3. 精选种子，催芽选播

根据各地病虫害发生情况，针对不同防治对象选用通过国家审定登记并符合绿色环保标准的种衣剂进行种子包衣来防治地下害虫及各种病害。

播种育苗前，杂交种应筛选分级，剔出秕粒、小粒和杂粒，选用大小一致、整齐饱满的种子作种。精选种子后，于播前15d进行发芽率检验。播前3～5d，选无风晴天，将种子摊开在干燥向阳处晒2～3d。晒种后用"两开一冷"（50℃～55℃）的温水，浸种24～36h，滤干后催芽，选择根、芽生长势一致的播种育苗，以利提早出苗，幼苗长势一致，培育整齐的健壮苗。

4. 苗床的选择和筑建

选择向阳、背风、易排水、地势平坦的地块，做成深17cm左右的半地下式或地下式苗床，床宽度视地膜宽窄而定，一般130～145cm。床长6～10m为宜。苗床底铺细土后，将播种的肥球依次排放床内，做到顶端高度整齐一致，再用细土填充球隙，上面覆盖2cm细土，然后适量淋水。用竹片起拱，拱高15～20cm，竹片间距7cm左右，盖好膜，四周用细土压实封严。

5. 严格苗床管理

育苗期管理应做到：出苗前增温保湿促齐苗，出苗后适温散湿促粗壮，移栽前间断炼苗增强抗逆力。出苗前除苗床缺水需中午揭膜补水外，均应昼夜严实盖膜，增温保湿促进早出苗。出苗后要保持适温促使幼苗生长粗壮，一般在一展叶后，应选择晴天中午揭膜敞湿2～3次，但揭膜时间不宜太长，力争育苗期床内日均温保持16℃～18℃，促进幼苗稳健生长。床内温度超过28℃以上,可在上午10点至下午4点,揭膜降温,避免高温烧苗。二叶一心后,低中山地带要逐渐日揭夜盖间断炼苗,高寒山区应在晴天进行日揭夜盖炼苗。移栽前应昼夜炼苗,以增强抗逆力。炼苗遇雨时应抢盖膜,但注意两头通风,保持床内外温度一致,以控制苗势,防止幼苗窜高旺长。

三、适龄适期移栽保全苗

1. 移栽叶龄

移栽叶龄大小和移栽期早迟,与玉米生育期和产量变化有密切关系。提前盖膜育苗的移栽期,应安排在玉米正常播种期内移栽适宜。正常播种期内移栽,无明显返苗现象,能正常健壮生长。移栽期推迟,气温逐渐升高,将增加用水用工量,同时出现不同程度的缓苗期,从而减弱提前成熟和提高产量的效果。

移栽前应抓住晴好天气,将地膜亮脚通气炼苗1~2d后,逐步揭膜炼苗1~2d。待幼苗二叶一心时开始移栽,严禁栽老苗、大苗。

叶龄过大,幼苗瘦弱纤细,起苗伤根严重,栽后缓苗期长,严重影响产量。叶龄过小,达不到提早成熟的目的。若正常播种期内,叶龄未达到适宜标准,可适当延长盖膜期,但应加强管理,防止晴天高温烧苗;苗床期幼苗出叶较快的,可以提早炼苗,适当控制,正期移栽。

2. 移栽密度与方法

移栽时按密度要求单株定向移栽或双株错窝定向移栽,做到窝大底平。要求选用苗龄苗势一致的健壮苗。起苗时尽量不伤根,以便幼苗快速返青。深栽苗,苗低于土表5cm,壅土后不按实,栽后用清粪水定根。适宜密度为每亩3500~4000株。

3. 早管细管促早发

为保证移栽成活,幼苗生长健壮,栽后至返青遇旱应浇水,保持土壤湿润,促进返青成活。一般移栽后7~10d返青成活时,应追施提苗肥,每亩用清水粪2000kg,兑尿素5~8kg施用,施后盖土,以促根壮苗。

四、科学施肥

结合测土配方施肥进行,采用一底三追施肥方法,要求"施足底肥、适施苗肥、巧施拔节肥、重施攻苞肥"。

(1)底肥:要窝施重施,并做到种肥隔开以防烧种烧苗。一般每亩施农家肥2500kg,生物有机复合肥60kg或撒可富(15:15:15)30kg,过磷酸钙30kg,锌硼肥2~3kg;或每亩施分析纯硫酸锌50g、硼酸(两药品可在医药公司购买)30g,兑猪粪水750kg穴施,然后覆浅土。

(2)苗肥:5~6片可见叶时(栽苗后12~15d),每亩用尿素5~10kg兑猪粪水750kg淋窝,施肥后中耕覆土。如遇移栽后连晴气温较高,应及时穴施清粪水保苗。9~10片可见叶时追施拔节肥,每亩用尿素10~15kg,撒可富复合肥15kg,兑猪粪水750kg淋窝。

(3)拔节肥:9~10片可见叶时,每亩用尿素10~15kg,撒可富复合肥15kg,兑猪粪水750kg淋窝。

(4)攻穗肥:大喇叭口期,结合中耕培土进行。在两植株之间打深穴(深6~10cm,直径3~4cm),将肥料施入穴内然后大培土。

(5)巧施粒肥：根据植株长相而定，对于穗肥充足、植株长相好、叶色浓绿、无早衰褪绿现象的田块，可不施粒肥，以免延长生育期。若穗肥不足，植株发生脱肥现象，则应补施粒肥。粒肥施用原则"宜早勿迟"。一般每亩施尿素 5kg 或碳铵 10～15kg，打穴深施。也可用 1%～2%尿素与 0.2%的磷酸二氢钾混合液进行叶面喷施，每亩用溶液 70～100kg。

五、病虫害防治

(1)大斑病：50%多菌灵可湿性粉剂 500 倍液，或 50%退菌特可湿性粉剂 800 倍液等药剂，于雄花期喷 1～2 次，每隔 10～15d 喷 1 次。

(2)小斑病：发病初期，用 50%多菌灵可湿性粉剂 500 倍液，或 65%代森锰锌可湿性粉剂 500 倍液等药剂，从心叶末期到抽雄期每隔 7d 喷 1 次，连喷 2～3 次。

(3)纹枯病：拔节期和小喇叭口期，每亩用井冈霉素 1500g 拌过筛无菌细土 150kg，点入喇叭口内，或喷施纹枯净。若发现纹枯病病株，应及时剥除茎基部老残叶。

(4)小地老虎：苗期，用 50%巴丹可湿性粉剂拌炒香的米糠或麦麸(1∶50)撒于玉米地中诱杀幼虫。

(5)黏虫：每亩用 2.5%氯氟氰菊酯(功夫)乳油或 20%氰戊菊酯乳油 20mL 对水 30kg，或用 50%敌敌畏乳油 1000 倍液进行喷雾防治，将黏虫消灭在 3 龄前。

(6)玉米螟：

①白僵菌防治：春季玉米螟化蛹前，对玉米和高粱秸、茬垛用白僵菌 75～100g/m^3 与 10 倍的细土(或滑石粉)拌匀，喷粉封垛。6 月末可在植株心叶间投洒白僵菌防治 1、2 龄玉米螟幼虫。或在玉米放螟羽化盛期用 50%敌敌畏乳油浸泡的高粱秆 2～3 根/m^3 熏杀羽化成虫。

②高压汞灯捕杀：在玉米产区村屯的开阔地(距房屋 15m 以上)，每 16hm^2 玉米田设置 1 盏高压汞灯。一般在 6 月中下旬～7 月末，每晚 8 时至次日早 4 时开灯捕杀。

③赤眼蜂防治：6 月初～7 月 10 日剖秆调查。玉米螟化蛹率达 20%时后推 11d 进行第 1 次放蜂(每亩 0.7 万头)，隔 5～7d 第 2 次放峰(每亩 0.8 万头)。每亩 1～2 个点，将蜂卡固定在植株中部叶片背面，将螟虫消灭在孵化前。

六、适时收获

当籽粒出现黑层，玉米成熟后 7～10d 为最佳收获期。此时应及时收获，并在通风向阳处晾晒。

第三节　甘薯高产栽培技术

一、甘薯概述

1. 意义

甘薯又称地瓜、红苕、番薯、红薯、山芋等，甘薯除含大量淀粉外，还含有丰富的蛋白质、维生素、矿物质以及膳食纤维等，是重要的粮食、饲料和工业原料作物。

2. 产品(块根)形成

甘薯的主要产品器官是块根，是由茎蔓(藤蔓)上的不定根发育而来的。在适宜生长条件下，幼根经过一系列组织分化和贮藏养分发育成块根，甘薯块根是贮藏养分的器官，是收获的产品器官，同时由于其强烈的出根出芽特性，又是重要的繁殖器官。甘薯块根多生长在5～25cm土层中，形态主要由品种特性决定，也受土壤和栽培条件影响。甘薯块根形成和膨大是初生以及次生形成层活动的结果。幼根发育成为块根的两个必要条件：①初生形成层活动强弱程度；②发根初期中柱细胞木质化程度。如果初生形成层活动程度大，但中柱细胞迅速木质化，则因不能继续加粗而成为柴根。如果初生形成层活动很弱，不能产生初生形成层，则形成为细根。影响幼根分化的因素很多，包括品种特性、薯苗长势、气候及土质条件、茎叶生长和养分供应等。甘薯块根的大小由次生形成层活动范围、强度及时期的长短决定，只要环境条件适宜，形成层的活动就不停止，块根就持续膨大，没有明显的终止期。

二、高产栽培技术

(一)品种选择

生产上选择甘薯品种，主要有以下几个原则：(1)根据土壤类型、生产季节、栽培条件、生态环境等选用具有相应适应性的品种；(2)根据当地病虫害发生及危害情况选用具有相应抗性的品种；(3)根据不同用途选用相应专用型品种。

(二)育苗技术

利用薯块育苗繁殖，即利用薯块萌芽长苗，再剪苗直接栽插大田，或先剪苗在采苗圃繁苗后，再剪苗栽插大田。

1. 种薯选择

一般选用100～200g重的中等大小薯块作种薯较适宜。

2. 育苗方法

(1)酿热温床覆盖薄膜育苗　利用微生物分解牲畜粪、作物秸秆以及杂草等酿热物的纤维素发酵产生的热量，并结合覆盖薄膜吸收太阳辐射热能提高苗床温度的育苗方法。

床址选择在背风向阳、地势较高、排水良好和管理方便的地方。苗床长度视地形及需要而定，一般长5～7m，宽1.2～1.3m，床深0.4m左右。床底挖成中间高四周低和南深北浅，使床温均匀、出苗整齐(图1-3)。

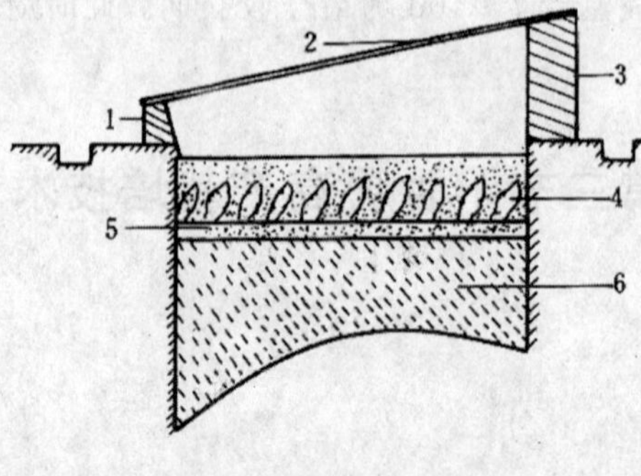

1. 南面矮墙　2. 覆盖薄膜　3. 北面矮墙　4. 种薯类薯　5. 床土　6. 酿热材料

图1-3　酿热温床剖面图

酿热物用高热的驴、马粪和低热的牛粪、作物秸秆配合使用。填放前，酿热物要晒干搗碎，秸秆切成6～10cm小段，畜粪和秸梗配合使用，分层填放。填放时注意松紧适度，调节酿热物的水分和补充氮素。酿热物填放厚度为25～30cm，填放后略为拍实，保持不松不紧状态，其上铺4～5cm细土，并覆盖薄膜增温。待床温升高至33℃～35℃，即可排放种薯。

(2)塑料薄膜覆盖育苗　苗床无酿热物，仅覆盖薄膜，利用薄膜吸收和保存太阳热能提高床温，比露地育苗出苗早且多。也可在覆盖薄膜的基础上，在床上再盖一层地膜，在幼苗顶土后即揭开地膜。采用这种双膜覆盖育苗能进一步提高床温，比单膜覆盖提早出苗，产苗量明显增加。

(3)露地育苗　利用自然温度培育薯苗，方法简便，省工省料。但薯苗生长缓慢，育苗期长，成苗较迟，且用种量较大。苗床大多做成1.0～1.3m宽平畦，畦土混合适量土杂肥，待气温稳定达到育苗要求时，即可排种。

3. 排种技术

用种量与育苗方法、栽插时间、栽植密度及品种萌芽特性有关。排种前，种薯需进行选择与消毒。要选择具本品种特征、大小适中、未受伤害的健康薯块。种薯消毒可用温水浸种，即用50℃～54℃温水浸种10min；也可用50%托布津可湿性粉剂400倍液，或25%多菌灵粉剂500倍液，浸种10min。排种时要注意密度与方法，一般加温育苗时排种较密，且多采用斜排方式；露地育苗排种较稀，采用斜排或平放。排种时，薯块头部及阳面朝上，尾部及阴面朝下。大薯排放深些，小薯排放浅些，做到上齐下不齐，使盖土深浅一致，出苗整齐。

4. 苗床管理

(1)萌芽期　薯块萌芽最低温度为16℃，最适温度为28℃～32℃。此期苗床管理以催芽为主，床温保持30℃～35℃。在床温不高时，晴天应揭去膜上的草苫等覆盖物，使阳光直射，提高床温，晚间再盖好覆盖物保温。保持床土相对湿度80%左右。

(2)幼苗期　幼苗在16℃～35℃范围内，随温度升高生长加速，在10℃～14℃下停止生长，在9℃下则受冷害。此期管理仍以催苗为主，催中有炼，催苗生长和培育壮苗。保持苗床温度24℃～28℃，床土相对湿度70%～80%。出苗后，随根、芽生长，从床土吸收养分逐渐增多，因此要适当施用速效氮肥。

(3)炼苗与剪苗期　苗高25cm左右时，应注意炼苗，停止浇水，充分见光，强光下薯苗生长快而壮，经3d锻炼后即可剪苗栽插。华南地区在苗高18cm左右时进行拔苗假植，即将生长的小苗拔起，假植于采苗圃，可增加产苗量。剪、拔苗后，苗床管理又转为催苗为主，促使小苗快长。应再升高床温和适当增加浇水量，并结合追施速效氮肥。

(三)整地做垄技术

甘薯根系和块根伸展膨大多分布在30cm土层内，薯地耕翻深度以25～30cm为宜。栽种甘薯除沙性重的土壤或陡坡山地可进行平作外，一般都采用垄作，便于排灌，这样能加厚土层，扩大根系活动范围，受光面积增大，增加土壤通气性能，加大昼夜温差。因此垄作有利于甘薯根系吸收养分，促进同化物质积累、运转及块根的形成与膨大。通常垄作甘薯蔓较长、分枝多、叶面积增加，有利于高产。常用的垄作方法是，垄距1m左右，垄高33～40cm，每垄插1行，株距依密度而定，一般15～20cm左右。

(四)施肥技术

一般生产1000kg薯块，需从土壤中吸收氮3.93kg，磷1.07kg，钾6.02kg，但施入的养分不能被当季甘薯全部吸收，故实际施肥量应明显大于需肥量。亩产 2500kg 左右的田块，每生产 1000kg 鲜薯，施氮 4.0～5.0kg，磷 2.5～3.0kg，钾 6.5～7.0kg；1 亩产 5000kg 左右的田块，每生产 1000kg 鲜薯，约施氮 5.0kg，磷 4.0kg，钾 8.0kg，氮、磷、钾的比例多在 1∶0.3～0.4∶1.5～1.7 之间，高产田块钾、磷肥的施用量要有所增加。

基肥、追肥比重因地区气候和栽培条件而异。基肥以有机肥为主。多采用集中施肥方法，如结合耕地作垄时进行条施，即将肥料施在垄心内，或作垄后于垄顶开沟施入(包心)，使肥料流失少，吸收快，肥效高。基肥用量较少时，也可采用栽前穴施的集中施肥方法。一般施人畜粪 15～22.5t/hm^2，或施土杂肥 22.5～30t/hm^2。

(五)剪苗与栽插技术

1. 剪苗技术

选用壮苗栽插是保证全苗的重要环节，也是获得高产的前提。壮苗茎较粗壮，老嫩适度，节间较短，叶片肥厚，浆汁多，无气生根和病虫害。顶段苗比二段苗和基段苗好，发根成活快，产量高。剪苗时要在离苗床土壤 3cm 以上位置剪，这样高剪苗有利于防病、保证新芽及时萌发和苗床内小苗快速生长。剪口要平，尽可能随剪随栽，以利于薯苗成活。在干旱条件下，栽插前进行"饿苗"，即将薯苗在阴蔽处放置几天，提高薯苗原生质浓度，使栽插后吸水多、发根快，有利于成活。

2. 栽插技术

甘薯适宜栽插期主要根据当地的气温而定。当气温稳定在 15℃以上，表土温度 17℃～18℃，达到薯苗发根所需的最低温度以上，即可栽插。栽插方法主要有如下三种方式(图 1-4)：

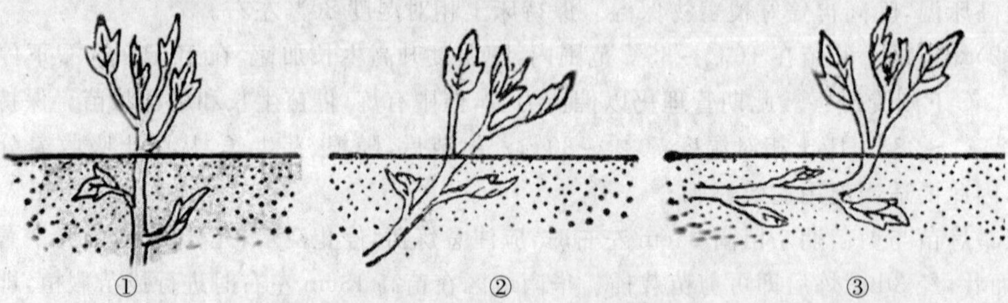

①直插　②斜插　③水平插

图 1-4　甘薯常用的三种栽插方式

直插，苗长 18～20cm，垂直插入土中 2～3 个节；斜插法是目前各地生产最为常用的方法，所用薯苗稍长，约 23cm，斜插入土中。薯苗入土节位 3～4 个，露出土表 2～3 个节；水平插薯苗较长，平插入土中 3～5 个节，外露约 3 个节。甘薯栽培密度应根据品种、土壤、水肥条件、栽插期及栽插方法决定。如短蔓品种、贫瘠地、水肥条件差、直斜插或生长期较短的夏、秋薯，个体生长受到一定的限制，栽插密度宜大些；反之宜小些。综合各地经验，一般春夏薯密度为 4.5～6 万株/hm^2，秋薯 6～7.5 万株/hm^2。

(六)贮藏技术

薯块安全贮藏的技术措施主要有以下 5 个方面。

(1)薯块选择　薯块质量是影响薯块能否安全贮藏的重要因素。在大田生长期间遭受水渍、冷害、冻害、破伤或带病的薯块，生理活动表现不正常，养分消耗加剧，生活力下降，抗病力减弱，贮藏时遇到不良的温湿度或病害最易腐烂。所以应严格选择未受冷、冻害，不带病虫害的健康薯块入窖贮藏。

(2)控制温度　贮藏期窖温宜控制在10℃～15℃范围内，最好是10℃～13℃之间。低于9℃就会受冷害，甘薯代谢受损，抗性降低，易受软腐等腐生病菌侵入引起烂薯。温度超过15℃时，薯块易发芽消耗养分而降低品质。

(3)控制湿度　控制窖内相对湿度80%～90%，可较好保持薯块鲜度。若相对湿度低于70%，薯块易失水导致生理失调，易发生皱缩、糠心或干腐。

(4)适当通风　在贮藏前期，薯块呼吸旺盛，应注意贮藏场所的通风，不宜过早封窖。在正常高温愈合时，以含氧量不低于18%、二氧化碳含量不超过3%为宜。贮藏期间，薯块进行有氧呼吸，使窖内氧气减少，如果通气不良，二氧化碳增多，会导致无氧呼吸，产生酒精使薯块自体中毒腐烂。

(5)控制病害发生　黑斑病与软腐病是引起烂窖的主要原因之一，因此旧窖要经过严格消毒方可继续使用。入窖前严格精选薯块，确保无病害、无破损，不同品种和不同收获期的鲜薯最好分开贮藏。创造和调节适宜的贮藏环境，避免或减轻因病害发生而造成烂薯。

第四节　马铃薯高产栽培技术

一、概述

1. 意义

马铃薯是全世界最广泛栽培的植物之一，又称土豆、洋芋、洋山芋、山药、山药蛋、馍馍蛋、薯仔(香港、广州人的惯称)等。马铃薯产量高、营养丰富，已经成为粮、菜、饲、工业原料等多种用途的作物，在国民经济中的各个方面都发挥了巨大的作用。

2. 产品器官(块茎)形成

马铃薯的主要产品器官是块茎，是由匍匐茎顶端分生组织的极度缩短的伸长节间积蓄大量养分缓慢膨大而成的变态茎，是马铃薯的主要经济器官，同时又是繁殖器官。每个块茎上芽眼多少、深浅和颜色，因品种而有差异。每个芽眼里有一个主芽和两个以上的侧芽，发芽时，主芽首先萌发，侧芽呈休眠状态，如主芽受到损害时，则侧芽萌发。顶部芽眼密集，一般先发芽，有顶端优势。大多数情况下，马铃薯植株主茎开始现蕾时，地下部匍匐茎顶端停止极性生长，开始膨大而成块茎。块茎的形成最初是匍匐茎顶端末节和次末节之间的伸长节间髓部薄壁细胞首先恢复分裂活动，产生形成层，迅速进行辐射状分裂，使髓的体积大大增加，迫使维管束环向外弯曲，继而皮层、韧皮部及木质部的薄壁细胞也变为形成层，与髓的增粗活动相配合，不断分裂和增大，并开始不断积累淀粉。与此同时匍匐茎顶端钩曲部分伸直，密集的伸长节间也逐渐发育为块茎上的茎轴，从而形成幼小的块茎。

二、高产栽培技术

(一)选地整地技术

马铃薯不宜与烟草、茄子、辣椒等茄科作物轮作和间套作。也不宜与甘薯、甜茶等需钾较多的块根作物轮作,否则会引起钾素不足或受疮痂病、线虫病危害。马铃薯栽培地一定要深翻,整地要精细,避免大土块。深耕细耙后,可视地势作垄,排水良好的可作宽垄,排水差的地方可作窄垄。同时,垄宽窄还要依间、套作物的行距来决定。

(二)种植技术

1. 选用良种和脱毒种薯

根据种植季节、种植方式和用途选择品种。一般高海拔一季作区生长季节较长,主要选择抗病高产、适应性强的中、晚熟品种;间套作栽培,宜选用早熟、植株矮而紧凑的高产品种;春秋二季作区,应选用休眠期短、早熟、抗晚疫病、抗退化和耐高温的稳产高产品种;作鲜食菜用的秋冬作马铃薯,宜选用早熟品种;作栽培用的宜选用专用型品种。

马铃薯经一年或数年种植后,株小,茎秆纤弱,叶卷曲、皱缩或花叶,块茎变形,瘦小,薯皮龟裂,产量降低,这种现象叫马铃薯的退化。引起马铃薯退化的主要因素是病毒和高温,病毒是内因。已报道有25种以上不同的病毒和病毒病,其中依赖马铃薯存活和传播的病毒有15种或18种。迄今为止,PLRV(卷叶病毒病)和PVY(Y病毒)是危害最为严重的病毒。病毒侵入后,通过无性世代传递至后代,引起平均减产30%~50%,重感染损失80%以上。目前脱毒种薯生产繁育体系一般是:建立筛选新品种→原原种→原种→合格种薯一、二级→商品薯→再茎尖脱毒繁殖种薯的"四级"良繁体系。

因此,品种确定后就需要选择优质的种薯,一般要求选用具有本品种特征、无病虫害、无伤冻、表皮柔嫩、色泽光鲜、大小适中,生理壮龄的脱毒种薯。

2. 种薯处理技术

(1)种薯消毒　为消灭如疮痂病、粉痂病等表面细菌,可用1mg/kg高锰酸钾液浸10~15min或用40%福尔马林液1份加水200份,喷撒种薯表面,或浸5min后,再用薄膜覆盖2h,再晾干进行种薯消毒。

(2)种薯大小与切块　马铃薯种薯大小与生长、产量、繁殖倍数极为有关。种薯以20~50g为宜。为节约种薯和打破休眠,提早发芽和出苗,生产上对大薯块常采用切块播种,但要求每切块带1~3个芽眼,切块前后要用开水消煮切刀8~10min或用75%酒精消毒切刀以防传病,切下的薯块也需用1mg/kg $KMnO_4$ 消毒杀菌。切块时,一般应采取自薯顶至脐部纵切,使每一切块都带有块茎上部芽眼,以保证顶端优势;若种薯较大,切块时应从脐部开始,按芽眼顺序螺旋向顶部斜切,最后再把顶芽切成两块。要避免切薄片、小块、挖眼作种等不合理措施。切块时应在栽植前1~2d进行,切块过早,通风条件不良时,堆积易感染病菌,甚至腐烂;切块过晚,伤口未充分愈合,在田间仍易感染病菌。

(3)催芽　在春秋二季作区,春薯秋播和秋薯春播,种薯播种时需打破休眠并催芽,方能保证按期出苗、出苗整齐并避免秋季烂种,可用赤霉素打破休眠。浸种用的赤霉素浓度,因品种、种薯贮存天数、薯块大小、催芽或直播而稍有差别,浓度一般为0.2~1mg/kg,浸泡时间10~15min,浸种完后捞出。选通风荫凉,没有阳光透射的地方放置,务使在1~2h内晾干。对于切块不可晾干过度,否则切面边缘变色,周皮易与薯肉分离,常由此处发生烂薯。晾干后,即可置砂床或土床上分层催芽。床应设在通风遮荫避雨处,床土以砂壤土或河沙适宜,过湿引起烂块,过干不能发芽,切忌上床前后喷水。切块上床时应紧密排列,切面朝下,块间错开一缝,不使切块相碰触。每排完一层用一指厚湿润沙(土)隔开,共5~6层,最上层及四周覆沙6.6~10cm,以利保墒。芽长度达到3cm左右时,扒出薯块,堆放在原地经散射光照射使嫩黄芽绿化变紫，如此锻炼嫩芽 1～3d 以上即可播种。

3. 播种技术

(1)播种期：春播在 10cm 土层的温度达 6℃～7℃时，即可进行，春播愈迟，产量愈低。秋薯播种的适期，因种薯的来源、处理方法、秋霜日期、接茬时期、土质等确定，共同的原则是秋薯生长期保证在 70d 以上。

(2)密度与种植方式：马铃薯播种密度的确定，应依生产条件、品种、种薯大小、栽培方式、播种季节、气候、土壤条件及栽培目的而定。晚熟品种，整薯或大块、净作、春季播种和高温高湿地区宜稀；早熟品种、小薯块、间套作、秋冬季播种和冷凉地区应稍密。随着水肥的改善，尤其是钾肥的增加，可加大种植密度而提高产量。为提高大中薯率、结薯整齐而早熟，采用一穴单株(只留一个主茎)，适于密植；为使薯数和中小薯比例增加，采用一穴多株，可加大密度。根据目前生产水平，一般以 4000～6000 穴/hm^2 或 $1.5\times10^4\sim2.1\times10^4/hm^2$ 茎为宜。

如马铃薯与玉米套作，一般采用宽、窄行。不论海拔高低，其最佳套作行比为 2∶2，宽行种两行玉米，窄行种两行马铃薯。并采取双行错窝播种，种薯摆在垄的蔽荫坡的 2/3 处，使种薯上面覆土厚度有 12～13cm。播种时应选择晴天。

(三)施肥技术

马铃薯对主要元素的吸收量，因不同土壤条件、品种、密度、产量水平等而有差异。一般每生产 1.5t 块茎，需吸收 N 8.8kg，P_2O_5 3.3kg，K_2O 15.3kg，三要素的比例，大致接近于 2∶1∶3～4。生产 1t 块茎需要从土壤中吸收钙 0.9kg，镁 0.6kg。施用三要素的实际用量，因气候、肥料的种类和数量以及块茎的用途而有差异。如作种薯，一般应减少氮肥的施用量，增加磷钾化肥和农家肥的施用量。施肥时应做到农家肥与无机氮、磷、钾等化肥和微量元素肥料配合施用；马铃薯生产上必须重施底肥，合理搭配底肥与追肥，才能获得高产。底(基)肥施用量一般应占总肥量的 3/5 或 2/3。播种时做到“三肥”下种(水粪、渣肥、磷钾化肥)，水粪浸窝，渣肥盖种，以保温防寒，促苗生长。播种时将农家肥与化肥拌匀，穴施于 10cm 以下 2 个种薯中间的土层中，种薯与肥料间距 5～8cm。

(四)田间管理技术

1. 发芽出苗期管理

出苗前一般不浇水，需要灌水只能小水浅灌并松土。此外，注意播前或播后除草。稻田秋薯覆土宜浅，播种后垄面土壤要适当耙细，做好排水工作，雨后土壤板结立即破壳耙松土面，不让土壤发生闭气现象。

2. 幼苗期管理

(1)查苗补苗　齐苗后及时查苗、补苗和定苗。定苗时每块马铃薯保留 1～2 株壮苗，疏出多余弱、小苗，以利结大薯。马铃薯覆盖稻草不整齐有时会出现“卡苗”，需人工用手扒开稻草拉出薯苗。补苗时，需从茎数较多的穴内取苗，栽时挖穴要深并用水浇透，去掉下部叶，仅留顶稍 2～3 片叶后或浸生根剂插下，气温高时，可用树枝遮阳，保湿生根成活。

(2)中耕培土　当马铃薯幼苗出土高达 7～10cm 时，可进行第一次中耕，深度 10cm 左右，结合除草。10～15d 后进行第二次中耕，稍浅。现蕾时，进行第三次中耕，且离根系远些，更浅些，以免损伤匍匐茎，影响结薯。后两次中耕的同时结合培土，培土逐渐加厚。

(3)肥水管理　马铃薯幼苗出土后，需肥逐渐增多。一般于齐苗前用清粪水加尿素75～150kg/hm^2，施用效果良好。春马铃薯苗期遇冬春干旱，出苗时和齐苗后应适度灌溉，使表土经常保持湿润状态。

(4)防治虫害　出苗期需用杀虫剂防治地上、下部害虫，如蚜虫、瓢虫、地下蛴螬、蝼蛄、金针虫、地蚕等。一般每亩用60%的敌百虫0.5kg兑水250～400kg喷雾或用50%的敌敌畏乳油或1000倍乐果防治二十八星瓢虫和蚜虫。

3. 块茎形成期管理

管理目标以促为主，促控结合，促苗壮早结薯多结薯，并注意防治晚疫病。一般在现蕾期进行最后一次中耕并进行高培土，并追第二次结薯肥，以钾为主，结合施氮。此期保持60%～75%的土壤含水量。此期，如有徒长，在现蕾开花期喷施生长延缓剂，延缓茎叶生长，可使株高降低15～25cm，促薯膨大，提高大中薯比例。一般每公顷用600kg，浓度为2000～2500mg/kg的矮壮素或90～120mg/kg多效唑(PP333)喷施1～2次，效果较好。如发现晚疫病可用代森锰锌1000倍或瑞毒霉锰锌1000倍液或杜邦克露喷施，每隔7～10d一次，一般2--3次即可。发现青枯病株一般可拔除病株淹埋或烧毁，或用72%农用硫酸链霉素400倍液灌根或50～100mg/kg喷雾防治。

4. 块茎增长与淀粉积累期管理

此期必须依据品种特性、植株长相及栽培条件，适时地进行各种促控措施，防止茎叶发展不足或徒长。此期需水量逐渐减少，宜用小水勤浇，经常保持土层湿润。由于植株已封行，一般不再进行根际追肥，若后期表现脱肥的，可进行根外追肥，可用1%过磷酸钙、0.02%硫酸钾和0.1%磷酸二氢钾溶液，并结合微量元素喷施，一般能增产14%～30%。生长后期也可使用块茎膨大素促薯膨大，一般用150～225g/hm^{2}即可。

5. 收获与贮藏

(1)马铃薯的收获

马铃薯成熟后即可收获，马铃薯成熟期的标志是：大部分茎叶由绿转黄最后枯萎，块茎易与植株脱落而停止膨大。但根据商品需要(如作蔬菜或种薯)也可提前收获，保证较高的产值或种用价值。收获时一定要避免碰伤、擦伤等机械损伤和品种混杂。

(2)马铃薯的贮藏

块茎安全贮藏需要对薯块质量以及贮藏窖的温湿度、通气状况、防病虫传播等条件有所要求。收获后要晾干，剔除破伤薯、病薯和畸形薯。贮藏前先在通风处摊晾(春薯约半个月，秋薯约一周)，使薯皮坚实，进行“预贮”，并再次剔除病薯，然后贮藏。作为种薯贮藏，最好是在散射光下，窖温控制在1℃～5℃之间，最高7℃，相对湿度以85%～95%为宜；作为食用薯贮藏，窖温一般应保持在10℃～15℃，不使见光，以免积累茄素(龙葵碱素)降低品质。

第二章　蔬菜生产技术

第一节　我国蔬菜产业的现状、问题及发展前景

一、改革开放以来蔬菜产业的总体情况

(1)形成了一定的区域化布局

现有的种植面积主要集中在东部地区，以黄淮海、两湖、华东、东北等地为主。但随着经济的发展，蔬菜生产由东向西的转移不可避免。全国蔬菜优势产业区域主要分为两大类型。

①主要出口优势区

沿海出口优势区：福建、辽南、山东到广东一带。加工生产优势区：包括西北、山东（洋葱、胡萝卜、番茄加工）、云南（向亚太）、黑龙江（向东北亚地区）。陇海特种蔬菜出口优势区：是面向西欧最佳的生产带。

②主要国内生产优势区

冬季果菜生产区：华南、两广、海南、四川部分地区。

茎叶菜类冬春生产区：四川、重庆、两湖、江西部分地区。

水生蔬菜优势区：长江中下游、两湖、浙江、江西。

冬春反季节设施生产优势区：以35°N～40°N，日光温室生产为主体的地区。

夏秋淡季菜生产区（西菜东调区）：晋中、宁夏、晋北、辽西等地（8～10月初上市）。

冬春早菜区：云南、川西等地。

(2)播种面积和总产量保持了持续稳定的增长，蔬菜已成为我国第二大农作物。

(3)品种结构不断优化，市场供应形势明显改观。

(4)蔬菜产品出口增加、速度较快。

二、蔬菜产业目前存在的问题

(1)结构性、季节性、地区性生产开始过剩，蔬菜种植业风险加大。

(2)产业效益开始下滑。

(3)产品质量不高，产后环节薄弱，产品流通不畅。

三、我国蔬菜产业发展的前景展望

1. 搞好4个转变

由主攻生产向流通转变；由主攻数量向质量转变；由大路菜为主满足供应向增加更多花色品种转变；由内向型向外向型转变。

2. 实现“四化”

指“布局区域化、经营产业化、产品优质化、信息网络化”。

第二节 重庆市蔬菜产业的现状、问题及发展方向

一、重庆市蔬菜产业的现状及问题

(1)生产稳步发展,但市场保障能力仍然较弱。

(2)生产区域化开始形成,但核心保障基地不突出。

(3)品种日渐丰富,但结构性矛盾仍较突出。

(4)质量快速提升,但安全隐患仍然存在。

(5)科技进步加快,但科学种菜水平依然较低。

(6)经营模式多样,但规模化、集约化程度较低。

(7)加工发展快速,但拳头产品依然较少。

二、重庆市蔬菜产业发展方向及对策

1. 优化蔬菜生产区域布局和品种结构,保障蔬菜均衡供应

(1)抓好三大重点区域布局。一是遂渝高速公路沿线蔬菜生产优势带。布局在遂渝高速公路沿线的潼南、铜梁、璧山等地,以建设潼南县40万亩核心基地为重点,建成60万亩蔬菜基地。重点发展冬春鲜销精细蔬菜和设施蔬菜,把潼南县建成西部最大的无公害蔬菜产业大县。二是高山反季节蔬菜生产区。以建设武隆县30万亩核心基地为重点,依托渝东南、渝东北优势区县建成高山反季蔬菜基地面积50万亩。重点发展夏秋鲜销蔬菜,开发利用野生蔬菜资源,把武隆建成我国南方最大的高山优质蔬菜生产基地。三是三峡库区加工蔬菜带。在长江沿线的涪陵等区县发展榨菜生产,在石柱等区县发展辣椒生产,加工蔬菜播种面积200万亩,把石柱建成我国西部地区最大的辣椒生产县,把青菜头打造成为重庆的第一蔬菜品牌,使榨菜产业成为沿江农村的特色产业之一。

(2)构建三个梯次结构的供应基地。一是主城区蔬菜供应核心基地,由遂渝高速公路沿线蔬菜基地和武隆高山反季节蔬菜基地构成,建成蔬菜基地面积90万亩,保证主城自产蔬菜供应量的60%以上。二是区域中心城市蔬菜供应支撑基地,在万州、涪陵、江津、合川、永川、黔江六个区域中心城市建设蔬菜基地30万亩,保证区域中心城市城镇居民自产蔬菜供应量占80%以上。三是县城蔬菜自平衡供应基地,依托中小县城建设蔬菜基地30万亩,保证本地城镇居民自产蔬菜供应量占90%以上。

(3)优化蔬菜生产的品种结构。一是在保障市内市场均衡供应的基础上,面向北方冬春淡季市场和沿海夏秋淡季市场扩大生产销售。各地要按照不同的季节突出不同的重点,冬春季主抓大宗蔬菜,夏秋季主抓高山反季节蔬菜,早春季主抓沿江设施蔬菜,冬季主抓冬闲地(土)间套轮作蔬菜,要充分发挥重庆冬春和夏秋蔬菜在全国的特色和优势地位,获得比较效益。二是扩大榨菜、辣椒、萝卜和脱水蔬菜、蔬菜汁加工能力。三是提高蔬菜品质。特别是要着力提高我市蔬菜的质量安全水平,要积极开发野生蔬菜资源,拓展港澳和海外等市场。

(4)采取综合措施保障蔬菜均衡供应。一是实行错时播种,适当延长播种期,合理搭配早、中、晚熟品种,均衡和拉长上市时间。二是根据当地立体气候的特点,基地建设时既要考虑适当集中成片,也采取高中低海拔蔬菜基地适当搭配建设,利用天然立体气候差实现蔬菜错峰上市。三是兼顾鲜销和加工,防止出现蔬菜过度集中上市出现烂市。四是发展一定规模的设施蔬菜,要运用现代科技和设施条件实现蔬菜在淡季上市。五是发展耐贮蔬菜,在我市边缘地区要优先发展有一定耐贮性的蔬菜。六是鼓励有条件的地方,结合蔬菜产业的发展同步配套推进蔬菜气调(冷藏)库的建设,避峰上市,延长蔬菜供应的时间。

2.加快建设高标准生产基地,加强项目资金的管理

3.强化蔬菜生产的技术支撑,提高蔬菜的产量和质量

4.提高蔬菜生产的组织化程度,让菜农获得更大的利益

5.加强蔬菜产前、产中、产后服务,提升职能部门指导蔬菜生产的能力

第三节　蔬菜基地的规划及其建设

一、原则和考虑因素

1.原则

(1)发挥优势原则;(2)市场行为原则;(3)经济效益最大化原则;(4)兼顾社会效益与环境效益原则。

2. 应考虑的因素

(1)生态环境因素;(2)生产历史与现状;(3)土地资源;(4)劳动力资源状况及贮运条件;(5)目标市场确定与营销战略;(6)经营与管理体制;(7)措施及技术保障措施;(8)投资与经济效益。

二、蔬菜的安全级别

1.无公害蔬菜

无公害蔬菜生产的基本概念和技术要求是:“为保证一定产量和效益,在不对生产环境产生污染和农产品体内有毒残留物质不超标的前提下,允许限量使用限定的化学合成物质”。也就是说,无公害蔬菜生产,允许限量使用某些化肥、低毒农药和激素等,但蔬菜体内的有毒残留物质不能超过国家规定标准。因此,无公害蔬菜生产的产地必须具备良好的土、水、气的条件;在生产区域选择时,首先要保证基本没有遭受过污染,即“本底值”不高。

2.有机蔬菜

有机蔬菜在整个的生产过程中都必须按照有机农业的生产方式进行,也就是在整个生产过程中必须严格遵循有机食品的生产技术标准,即生产过程中完全不使用农药、化肥、生长调节剂等化学物质,不使用基因工程技术,同时还必须经过独立的有机食品认证机构全过程的质量控制和审查,以保证它的无污染、富营养和高质量的特点。

3.绿色蔬菜

为了保证绿色蔬菜的无污染、安全、优质和营养的特性,开发和生产绿色蔬菜有一套较为完整的质量标准体系,包括产地生态环境质量标准、生产操作规程和卫生标准等。绿色蔬

菜的标准又分为AA级和A级标准。AA级为有机食品标准,A级为无公害标准。

三、蔬菜农田基本建设

(1)农田基本建设:土地改造、坡改梯。形成"田成方、树成行、渠成网、路相通、标准栏舍+沼气配套齐全"的布置格局,成为一个农业基础设施完备、生产力高的良好农田生态系统。

(2)道路:主干道6~8m、次干道3.5~4m、人行便道1.5~2m;道路标牌设施。

(3)水利和电力:排水(拦山堰、排水沟、沟带路)、蓄水(坑塘整治、蓄水池、水窖)、灌溉。

(4)土壤的肥力调节及酸碱度调节:增施有机肥、土质调节、酸度调节。

(5)农业设施的建设:冷床、温床、塑料棚、温室。

(6)节水灌溉系统的建设:喷灌、微灌。

(7)生态循环系统:沼气、畜－沼－菜循环、果菜套作。

四、园艺设施及节水灌溉设施的建设

(一)园艺设施

园艺设施有地膜覆盖、小拱棚(一般为拱圆形小拱棚,宽1~3m,高0.5~1.5m)、中拱棚、塑料薄膜大棚、荫棚以及现代化温室等,下面主要讲述塑料薄膜大棚和荫棚。

1.塑料薄膜大棚

(1)塑料薄膜大棚的类型。按棚顶形状分:拱圆形、屋脊形;按骨架材料分:竹木、钢架混凝土柱、钢架、水泥、钢塑、可拆卸式钢管大棚等;按连接方式:单栋、双连栋、多连栋。

(2)塑料薄膜大棚的结构。竹架大棚有立柱、拱杆、拉杆、压膜绳、棚膜及门窗6部分。规格为:跨度6~10m,高2.2~2.7m,长30~60m。镀锌钢管大棚的材料主要为薄壁钢管,管径25mm,管壁厚1.2~1.5mm,管内外用热浸镀锌防锈,强度大;结构规范标准,方便安装和拆卸;无立柱,采光好,作业方便。用卡膜槽和蛇形钢丝弹簧固定薄膜(取消了压膜绳),先进的还可增加手摇式卷膜器和换气扇。

2.荫棚

用半透明或不透明覆盖材料(如遮阳网),可以减少太阳直射,降低温度,增加湿度,减少蒸发等。用于花卉、蔬菜、果树的育苗及反季节生产。

(二)蔬菜生产的灌溉

灌溉方式一般按照是否全面湿润整个农田和按照灌溉水输送到田间的方式以及湿润土壤的方式不同而分类,主要分为全面灌溉和局部灌溉两大类。

1.全面灌溉

灌溉时湿润整个农田根系活动层土壤,比较适合密植的作物。包括地面灌溉和喷灌两种方式。

(1)地面灌溉。传统的常规灌水方法都属于这一类。灌溉水从地表面进入田间,并借重力和毛细管作用浸润土壤。又分为:畦灌、沟灌、淹灌。

(2)喷灌是利用专门设备将有压力的水输送到灌溉地段,并喷射到空中分散成细小的水滴,像天然降雨一样进行灌溉。其突出优点是对地形的适应性强,机械化程度高,灌水均匀,灌溉水利用系数高,尤其适合于透水性强的土壤,并可调节空气湿度和温度。但基建投资较高，而且受风的影响大。

2. 局部灌溉

(1)滴灌。滴灌由地下灌溉发展而来，是利用一套塑料管道系统将水直接输送到每棵植物的根部，水由每个滴头直接滴在根部上的地表，然后渗入土壤并浸润作物根系最发达的区域。其突出优点是非常省水，自动化程度高，可以使土壤湿度始终保持在最优状态。但需要大量塑料管，投资较高，滴头极易堵塞。把滴灌毛管布置在地膜的下面，可基本上避免地面无效蒸发，称之为膜下滴灌。

(2)微喷灌。微喷灌又称微型喷灌。微喷灌是用很小的喷头(微喷头)将水喷洒在土壤表面。微喷头的工作压力与滴头大致相同，但喷洒孔口稍大，出流流速比滴头大，所以堵塞的可能性大大减小。

(3)软管带灌等。

第四节　蔬菜与主要蔬菜品种

一、发展蔬菜产业的意义

1. 蔬菜及其营养

蔬菜是指可以做菜、烹饪成为食品的，除了粮食以外的其他植物(多属于草本植物)。蔬菜是人们日常饮食中必不可少的食物之一。蔬菜可提供人体所必需的多种维生素和矿物质，包括蔬菜维生素(V_b、V_c、胡萝卜素)；矿质元素(钙、铁、磷、钾、碘)；碳水化合物；蛋白质；纤维素；维持人体酸碱平衡以及其他方面的作用等。

2. 发展蔬菜的意义

由于蔬菜生产的经济效益较高，蔬菜生产已成为农业生产的组成部分，同时也已成为农业增收、农民受益和稳定农村经济的第二大支柱产业。蔬菜是人民生活中必需的副食品，是稳定市场和稳定社会及其民心的重要指标之一。蔬菜生产是作为农业转轨、农村产业结构调整和农民脱贫致富的首选项目之一。蔬菜产业是食品工业的原料(如罐头、腌渍菜、蔬菜酱汁、脱水蔬菜、速冻蔬菜、调味品类等)，是农产品加工、物流及外销创收的重要农产品。

二、蔬菜的分类及种类

蔬菜的种类多，范围广。初步统计，现今全国栽培的蔬菜种类(含亚种、变种)已有 209 种。其中普遍栽培的种类也有 60～120 种。蔬菜分类方法一般有 3 种：按植物学分类，按食用器官分类，按农业生物学分类。蔬菜的农业生物学分类法：这种方法系根据蔬菜的农业生物学特性(即蔬菜植物学特性及农业生产栽培技术特点的综合)进行的分类，较适合生产上的要求。按照农业生物学分类，蔬菜可以分为以下 12 类。

1. 根菜类

指以膨大的肉质直根为食用部分的蔬菜。包括萝卜、胡萝卜、大头菜、芜菁、根用甜菜等。生长期中喜冷凉的气候。在生长的第一年形成肉质根，贮藏大量的养分，到第二年抽薹开花结实。一般在低温下通过春化阶段，长日照下通过光照阶段。要求疏松深厚的土壤。用种子繁殖。

2. 白菜类

以柔嫩的叶丛、叶球、嫩茎、花球供食用。如白菜类(大白菜、小白菜)、甘蓝类(结球甘蓝、球茎甘蓝、花椰菜、抱子甘蓝、青花菜)、芥菜类(榨菜、雪里蕻、结球芥菜)。生长期间需湿润和凉爽气候及充足的水肥条件。温度过高、气候干燥则生长不良。除采收菜薹及花球外,一般第一年形成叶丛或叶球,第二年抽薹开花结实。栽培上要避免先期抽薹。均用种子繁殖,直播或育苗移栽。

3. 绿叶蔬菜

以幼嫩的叶或嫩茎供食用。如莴苣、芹菜、菠菜、茼蒿、芫荽、苋菜、蕹菜、落葵等。其中多数属于二年生,如莴苣、芹菜、菠菜。也有一年生的,如苋菜、蕹菜。共同特点是生长期短,适于密植和间套作,要求极其充足的水分和氮肥。其中,菠菜、芹菜、茼蒿、芫荽等喜冷凉不耐炎热,生长适温15℃～20℃,能耐短期霜冻,其中以菠菜耐寒力最强。苋菜、蕹菜、落葵等,喜温暖不耐寒,生长适温为25℃左右。喜冷凉的主要作秋冬栽培,也可作早春栽培。

4. 葱蒜类

以鳞茎(叶鞘基部膨大)、假茎(叶鞘)、管状叶或带状叶供食用。如洋葱、大蒜、大葱、香葱、韭菜等。根系不发达,吸水吸肥能力差,要求肥沃湿润的土壤,一般耐寒。长光下形成鳞茎,低温通过春化。可用种子繁殖(洋葱、大葱、韭菜),也可无性繁殖(大蒜、分葱、韭菜)。以秋季及春季为主要栽培季节。

5. 茄果类

指以果实为食用部分的茄科蔬菜。包括番茄、辣椒、茄子。要求肥沃的土壤及较高的温度,不耐寒冷。对日照长短要求不严格,但开花期要求充足的光照。种子繁殖,一般在冬前或早春利用设施育苗,待气候温暖后定植于大田。

6. 瓜类

指以果实为食用部分的葫芦科蔬菜。包括西葫芦、南瓜、黄瓜、甜瓜、瓠瓜、冬瓜、丝瓜、苦瓜、西瓜等。茎蔓性,雌雄同株而异花。瓜类要求较高的温度及充足的阳光。西瓜、甜瓜、南瓜根系发达,耐旱性强。其他瓜类根系较弱,要求湿润的土壤。生产上,利用摘心、整蔓等措施来调节营养生长与生殖生长的关系。种子繁殖,直播或育苗移栽。春种夏收,有的采收可延长到秋季,还可夏种秋收。

7. 豆类

以嫩荚或豆粒供食用的豆科蔬菜。包括菜豆、豇豆、蚕豆、豌豆、扁豆、刀豆等。除了豌豆及蚕豆耐寒力较强能越冬外,其他都不耐霜冻,须在温暖季节栽培。豆类根瘤具有生物固氮作用,对氮肥的需求量没有叶菜类及根菜类多。种子繁殖,也可育苗移栽。

8. 薯芋类

以地下块茎或块根供食用,包括茄科的马铃薯、天南星科的芋头、薯蓣科的山药、豆科的豆薯等。这些蔬菜富含淀粉,耐贮藏,要求疏松肥沃的土壤。除马铃薯生长期短不耐高温外,其他生长期都较长,且耐热不耐冻。均用营养体繁殖。

9. 水生蔬菜

需生长在沼泽地区的蔬菜。如藕、茭白、慈姑、荸荠、水芹、菱等。宜在池塘、湖泊或水田中栽培。生长期间喜炎热气候及肥沃土壤。除菱角、芡实以外,其他一般无性繁殖。

10. 多年生及杂类蔬菜

指一次种植后，可采收多年的蔬菜。如金针菜、石刁柏、百合等多年生草本蔬菜及竹笋、香椿等多年生木本蔬菜。此类蔬菜根系发达，抗旱力强，对土壤要求不严格，一般采用无性繁殖，也可用种子繁殖。

11. 食用菌类

指能食用、无毒的蘑菇、草菇、香菇、金针菇、竹荪、猴头、木耳、银耳等。它们不含叶绿素，不能制造有机物质供自身生长。必须从其他生物或遗体、排泄物中吸取现存的养分。培养食用菌需要温暖、湿润肥沃的培养基。常用的培养基有牲畜粪尿、棉子壳、植物秸秆等。

12. 芽苗菜类

黄豆芽、绿豆芽、豌豆苗、赤豆苗、苜蓿芽、花生芽、萝卜芽、香椿芽等。

第五节 蔬菜生产中的主要技术环节

一、蔬菜生产的特点

1. 蔬菜生产的商品性

要求均衡上市、多种多样、数量充足、品质优良、产品新鲜。

2. 蔬菜生产的特殊性

易受环境条件影响，生产季节性强，产销淡旺季矛盾突出；产品柔嫩、水分多、易腐烂、不耐贮藏、运输量大。

3. 蔬菜经营和生产方式的多样性

经营多样性（生产、贮藏、加工、运输、销售）；生产方式多样性（不同地区、海拔的气候特点，不同栽培制度，不同栽培方法及形式）。

4. 蔬菜生产的集约性

与其他产业相比，蔬菜产业需要投入较多的资金、劳力和技术，相应获得的经济效益也较高。

二、蔬菜生产中蔬菜种类、品种的选择

1. 基本要求

蔬菜种类繁多，同种蔬菜不同的品种亦不少，不同品种的生态类型、生长习性及其地区适应性差异很大。选用好优良品种是获得成功的关键。近几年来，蔬菜品种发展很快，有国内培育的，国外引进的，也有南菜北种，以及地方品种的挖掘开发等各个方面的。作为生产者，要经常观测市场走向，顺应市场潮流，及时更新品种，以获取更大的经济效益。

2. 普通栽培的蔬菜

春季：瓜、果、豆类为主；秋冬季：叶菜类为主，配合根菜、茎用蔬菜以及其他蔬菜类。

3. 特菜

种类为西菜、南菜、营养保健蔬菜、野生蔬菜、药花两用、观赏食用两用蔬菜等。注意适度发展（$<15\%$）、近郊发展、周年产销和配套工作、产品宣传和消费引导。

三、蔬菜的育苗技术要点

1.营养土的配制和消毒

常用的配比:优质土壤+有机肥+化肥(如:菜园土6～7份、干猪粪1.5～2份、腐熟杂肥1.5～2份,过磷酸钙1～2kg/100kg土)。

2.播种期的确定

根据各种蔬菜定植期和育苗的长短,确定播种期。在气候适宜的条件下,一般白菜类、芥菜类、莴笋等育苗期约30d,甘蓝类(莲花白、花菜)约60d,葱蒜类约60～70d;大棚冷床育苗时,番茄90～110d,辣椒110～120d,茄子120～130d。低海拔地区播种育苗要早一些,高海拔地区播种育苗要晚一些。此外还要依保护设施的情况而变化。茄果类蔬菜于10月下旬～12月中旬播种,瓜类蔬菜于1月下旬至2月中旬播种。

3.育苗容器

使用育苗容器的目的是,在蔬菜幼苗的运输、贮藏、定植过程中,使幼苗不伤根或少伤根,以减少缓苗期,保证蔬菜植株的茁壮生长。现代蔬菜育苗中,常见的育苗容器有营养土块、塑料营养钵、塑料穴盘等。

4.育苗期的管理

冬春季育苗的管理:发芽期升温、保温和保湿;出苗后至冬季期间升温保温、透光通风、确保温度控制湿度;早春期间保湿控温、追肥提苗;定植前降温控水,锻炼幼苗。夏秋季育苗的管理:适当遮光、加强通风降温;抗旱保苗、节水灌溉;适当施用清淡肥水、培育壮苗。

四、大棚蔬菜栽培技术要点

(1)选择早中熟的抗病、丰产、抗寒、耐湿、耐弱光的品种。

(2)适期播种,培育壮苗。

(3)施足底肥,合理密植。

(4)合理追肥,结合根外追肥。

(5)加强温、湿度管理,注意通风换气。

(6)合理使用生长调节物质。

(7)加强病虫防治,注意进行无公害生产。

(8)使用节水灌溉技术。

五、菜地的排水与灌溉

1.排水的方式

(1)深沟高畦。一方面加厚土层,另一方面保证排水,要求菜地雨天不积水。

(2)沟渠配套。排水可分为明排和暗排,以明沟排水为主。种植园分毛排、支排、干排和主渠排四级,组成排水网。

2.灌溉方式

(1)地面灌溉。漫灌、沟灌、浇灌等,蔬菜、花卉等草本植物常采用渠道畦式灌溉。缺点为需水量大、有渗漏、易使土壤结构破坏。

(2)喷灌。有固定式和移动式,高大、低矮、微喷多种形式。较地面灌溉节约水分,不破坏土壤结构,可结合施肥喷药进行。

(3)微灌。更节约水分,对水源和动力的要求很低,适宜于各种地势,可连续供水,保持土壤结构,灌溉可结合施肥。可使根系达到最佳吸收模式。包括滴灌、微喷灌及软管带灌等多种形式。

六、蔬菜的土壤营养与施肥

1. 蔬菜对肥料要求的特点

(1)根系的盐基代换量高,吸收能力强,吸收 Ca^{2+}、Mg^{2+} 离子多。

(2)为喜 NO_3^- 作物。

(3)蔬菜需肥量大。

(4)对硼的吸收量高。

2. 施肥方法

(1)土壤施肥(分基肥和追肥两种方式)。全园施肥,全园铺施,翻入土中打碎耙平。多用于基肥或底肥(需充分腐熟);条施和沟施:作业行间开沟施入,翻入土中掩埋,适用于追施无机肥。优点是能节约肥料。随着浇水灌水施肥,将肥料溶于水中施用。

(2)叶面喷肥(根外施肥)。叶面施肥的优点很多,它避免了肥料可能在土壤中的吸附、分解、淋失等损失,还避免了由于顶端优势造成的肥料分配不均匀,而且吸收快、效果明显。是根系施肥的补充。

(3)CO_2 气肥。在园艺设施内人工追施 CO_2。

七、蔬菜的栽培制度

蔬菜栽培制度(茬口安排、种植制度)是指一个地区或一个种植单位在一定时间内,在一定土地面积上各种作物安排布局和茬口接替的制度。包括因地制宜地扩大复种面积,采取轮作、间套混作等技术来安排作物的种植结构并配以合理的施肥、灌溉、土壤耕作与休闲制度。常见的栽培制度:连作、轮作、间作、混作、套作。

1.连作与轮作

(1)连作。连作是在同一块土地上连续栽培同一种作物。另外,在同一块土地上不同年份内连年栽培同一作物,例如第一年春、夏季种番茄,收获后秋季在同一块土地上种大白菜或萝卜,到第二年春、夏季再种番茄,仍称"连作"。连作的缺点是连作障碍,包括病虫害严重、土壤理化状态与肥力不良化、产品品质降低等。防治措施为轮作、多施有机肥、排水洗盐、无土栽培。

(2)轮作。在同一块园地上,按一定的年限,轮换栽种几种性质不同的园艺作物的栽培制度,也称"换茬"或"倒茬"。轮作是合理利用土壤肥力,克服连作障碍的最佳途径,是开发和合理利用土壤资源的生物学措施。轮作年限:马铃薯、山药、生姜、黄瓜、辣椒等需间隔 2~3 年,茭白、芋、番茄、大白菜、茄子、冬瓜、甜瓜、豌豆、大蒜等需间隔 3~4 年,西瓜需间隔 6~7 年以上,小白菜、芹菜、甘蓝、葱蒜类、慈姑等在没有严重发病地块上可连作,但需增施底肥。

2. 间作、套作和混作

两种或两种以上的作物隔畦、隔行或隔株同时有规律地栽培在同一块土地上,称为间作。不规则地混合种植称混作。前季作物生长后期的株、行或畦间或架下栽植后季作物的种植方式,称为套作。套作的前后作共生的时间较短。

(1)特点。间、套作是有效利用生产季节,充分发挥土地潜力,增加复种指数,提高单产和年产量,实行排开播种,增加花色品种和淡季供应的一个重要措施。缺点是管理上较为复杂,应用机械作业困难较多。

(2)间套作配置的原则。合理搭配作物的种类和品种(生长期长与短、生长快与慢、早熟与晚熟的搭配);安排合理的田间群体结构(高与矮、深根与浅根、喜光与耐荫等的搭配);采取相应的栽培措施;必须注意两种作物在肥水、通风管理中矛盾不能太大;蔬菜套作的类型,除了采取菜菜间套作外,还可采取菜—粮间套作和果—菜间套作。

3. 多次作与重复作

在同一土地上一年内连续栽培多种蔬菜,可收获多次的称"多次作"或称"复种"制度。这是蔬菜生产的特点之一。重复作是一年的整个生长季节或一部分季节内连续多次栽培同一作物,多应用于绿叶菜或其他生长期短的作物,如小白菜、小萝卜等。

4. 蔬菜的栽培季节与茬口安排

蔬菜的栽培季节是指从种子直播或幼苗定植到产品收获完毕为止的全部占地时间。对于需育苗的蔬菜因为苗期不占大田面积,不计入栽培季节。为了便于制定与落实生产计划,通常把蔬菜的茬口分为以下两种。

(1)"季节茬口"。指一年当中露地栽培或保护地栽培的茬次,如越冬茬、春茬、夏茬、伏茬、秋茬、冬茬等季节茬口。

(2)"土地茬口"。指在轮作制度中,同一块菜地上,全年安排各种蔬菜的茬次,如一年一熟、一年两熟、二年五熟、一年三熟、一年多熟等。

5. 蔬菜的淡旺季与周年均衡供应

蔬菜生产的季节性与供应的淡旺季。夏季的高温、干旱、台风、暴雨、干热风,冬季的低温、弱光、高湿等自然条件,造成蔬菜产销的不足,形成淡季。在适宜蔬菜生长的季节,各地往往同时种植,造成集中上市,产销过剩,形成旺季。

此外,蔬菜生产有复合生态循环模式。复合生态循环模式是集"养殖—沼气—蔬菜种植"为一体的生态模式,是新型高效现代农业的未来发展趋势。这种"三位一体"生态模式是以太阳能为动力,以沼气为纽带,种植业和养殖业相结合,既能避免发展养殖业所带来的环境污染问题,又能为蔬菜等作物的生产提供充足的有机肥供应,促进绿色生态蔬菜产品的生产,形成生态良性循环。也有相应的蔬菜质量监控与可追溯制度建设问题。实行农产品追溯制度,建立农产品可追溯体系是确保农产品安全的有力保证。目前,利用信息系统技术,建立从农田到餐桌的全过程质量安全可追溯系统是进行可追溯管理的有效方法。建立蔬菜质量安全可追溯系统研究,对提高绿色蔬菜生产管理水平,推进蔬菜产业的发展有着深远的意义。

第三章　果树实用技术培训

第一节　概述

一、果树的有关概念

1. 果树

果树是园艺作物的一部分，是重要的经济作物之一。主要是指能生产供食用、具有一定的营养价值、美味的果实或种子的多年生植物及其砧木。

2. 果树栽培

从果树育苗开始，经过建园、栽植、管理等一系列技术，从而获得果实的整个过程。

3. 果树生产

包括果树栽培、育种、储藏、加工、运输、销售等各个环节的相互衔接(产、供、销一体化)，称为果树的产业化。

二、安全食品的几个概念

1. 无公害食品

果树的生长环境、生产过程以及包装、贮存、运输中未被有害物质污染，或虽有轻微污染，但符合国家标准的果品。

2. 绿色食品

经中国绿色食品发展中心认定，许可使用绿色食品标志的无污染的安全、优质、营养食品。分为A级绿色食品和AA级绿色食品。A级绿色食品：生产过程中允许限量使用限定的化学合成物质。AA级绿色食品：要求在生产过程中不使用任何有害化学合成物质。

3. 有机食品

根据有机农业生产要求和相应标准生产、加工，并且通过合法的有机食品认证机构认证的农副产品及其加工品。

三、重庆市果树生产情况

1. 生产概况

2009年果树总面积537万亩，总产量242万吨，总产值47.02亿元。柑桔320万亩，产量158.8万吨，总产值27.74亿元。淡季水果216.84万亩，产量83.24万吨，总产值19.28亿元。

2. 发展规划

(1)"124"产业发展计划。"1"是突出做强柑桔支柱产业;"2"是做大南方早熟梨和茶叶两个优势产业;"4"是做优淡季水果、花卉、中药材、花椒四个特色产业。

(2)重点支柱产业柑桔发展战略。重点发展甜橙、杂柑;稳步发展名柚;辅以发展早熟温州蜜柑及椪柑。鲜食与加工紧密结合,注重成片大规模发展。重庆市柑桔"三线、三片"发展战略如下:

三线:长江沿线(包括永川、江津、巴南、渝北、长寿、涪陵、石柱、丰都、忠县、开县、万州、云阳、奉节、巫溪、巫山);嘉陵江沿线(包括铜梁、合川、北碚、沙坪坝);国道319沿线(包括垫江、梁平)。

三片:一是以江津为中心的优质杂柑和晚熟甜橙为主、加工橙汁原料为辅的晚熟柑桔鲜销片;二是长寿—万州以橙汁加工原料为主,鲜食甜橙、杂柑、名柚为辅的加工柑桔生产片;三是云阳—巫山以优质脐橙为主的鲜销片。

第二节　果树整形技术

一、果树丰产树形的结构特点

果树整形是指通过修剪的手段,将果树培育成适合要求的丰产树形。丰产树形具有如下特点:

(1)低干矮冠,树冠扁圆

干高50～100cm,树高3.0m左右,冠高2.5m左右。

(2)少主多侧,骨架牢固

主干疏层形5～7个,自然开心形3～4个。主枝基角为60°～70°,腰角70°～80°,梢角40°～50°。

(3)适当的叶幕层厚度和层间距

一般第1、2两层的叶幕间距为60～80cm,叶幕厚度为60～90cm。

(4)结果枝组配备合理

结果枝组在树冠内的分布,应是"里多外少,下多上少,高低错落,均匀着生"。

(5)合理利用辅养枝提早结果

二、主要树形及特点

(1)主干形:枣、银杏、核桃等树种栽培时应用。

(2)疏散分层形:苹果、梨等树种常规生产采用此树形。

(3)自然圆头形:又名自然半圆形。主要适用于柑桔等常绿果树。

(4)自然开心形:主要适用桃等干部性弱、喜光性强的树种。

(5)树篱形:常用的有自然树篱形、自然扇形、Y型。

第三节 果树修剪技术

一、修剪的概念

通过剪除或损伤树体的任何器官来调节果树器官间的数量、性质、质量、年龄以及分布上的协调关系。

二、修剪时期

1. 休眠期修剪

休眠期修剪也就是冬季修剪，是指在正常情况下，从冬季落叶到第二年春季发芽前所进行的修剪。果树冬季修剪的最适宜时间，是在果树完全进入正常休眠以后，此时被剪除的新梢中，所含营养物质最少，因而损失最轻。

2. 生长期修剪

包括春季修剪、夏季修剪和秋季修剪。

三、修剪方法及作用

(1)短截：剪去一年生或当年生枝梢的一部分，并保留一定长度的枝段和一定数量的芽的修剪。程度：①轻—1/3；②中—1/2；③重—2/3；④极重—仅留枝梢基部 1～2 个芽的短剪。注意方法和剪芽的方向。

(2)缩剪：在多年生枝上有分枝的地方短截。具有短剪、疏剪的共同作用，反应范围比较大。

(3)疏剪：亦称疏删。即将枝梢从基部疏除。分轻疏剪(25%左右)、中疏剪(25%～75%左右)、重疏剪(75%以上)。

(4)环割及环剥：环剥操作时应注意以下几点：①环剥时间；②环剥宽度与深度；③尽量不在主干或骨干枝上环剥；④注意保护环剥伤口。

此外还有：长放、曲枝和圈枝、除萌和疏梢、摘心和剪梢、扭梢以及拿枝等修剪方法。

第四节 果实管理

一、提高坐果率的措施

1. 果树落花落果原因

(1)花器发育质量差；(2)授粉受精不良或没有授粉受精；(3)梢果矛盾突出；(4)营养不足；(5)花期用药或用肥不当；(6)土壤干旱缺水；(7)光照过弱；(8)病虫危害严重。

2. 提高坐果率的措施

(1)调节营养：如增加树体储藏营养以及调节树体养分的分配；(2)保证正常授粉受精；(3)外用生长调节剂；(4)防治病、虫害；(5)防自然灾害。

二、果实负载量的调控途径

(1)疏花疏果:早疏为宜。择优留果:疏除劣小果、次果、病虫果、畸形果。

(2)保花保果:人工辅助授粉;花期放蜂;花期前后,加强管理,如花期喷施0.3%硼砂、0.1%蔗糖或花后施0.3%~0.5%尿素或0.5%~1%过磷酸钾;栽培管理,如修剪、植株调整、环剥或使用生长调节剂等保果。

三、提高果实品质的途径

(1)果实品质的内容:营养成分、着色、质地、大小、形状、风味等。

(2)影响品质的因素:种类及品种的遗传特性;环境条件及栽培技术。

(3)提高果实品质的途径

①增施有机肥,采前控氮,增磷钾肥;②合理灌水:前促后控;③严格控制负载量;④调整树体结构,改善光照条件;⑤及时防治病虫;⑥应用单果套袋技术;⑦果园地面覆盖;⑧铺反光膜;⑨选择优良品种。

第五节　果园土肥水管理技术

一、果园土壤深翻

(1)果园土壤深翻时期。一般在9~10月和采果后进行,在树冠滴水线外进行全面深翻。

(2)深翻的深度。一般深度为20~60cm左右,半风化岩石或滩地,粘土深些;土层深厚疏松可浅些。

(3)深翻改土的方法:①扩穴改土;②隔行深翻;③全园深翻;④爆破改土。

(4)深翻注意事项

①以人工深翻为主,质量容易得到保证;②深翻时,表土、心土分开堆放;③尽量少伤根,特别是1cm以上的侧根不可断伤;④填土时,先填表土后填心土;⑤施有机肥,并混施磷肥:⑥一般可5~7年进行一次全园深翻。

二、果园培土与掺沙技术

(1)作用:增厚土层、保护根系、增加养分、改良土壤结构等。

(2)方法:把土块均匀分布全地、经晾晒打碎,通过耕作把所培的土与原来的土壤逐步混合起来。

(3)时期:一般在晚秋初冬进行,可起保温防冻、积雪保墒的作用。

(4)厚度:一般厚度为5~10cm。

三、果园土壤一般管理技术

(1)中耕除草。中耕的次数一般为每年4~8次。中耕的深度一般为5~10cm。

(2)树盘覆盖。一般有树盘覆草法、树盘生草法、树盘薄膜覆盖法。

(3)化学除草。果园常用除草剂:草甘膦、西马津、扑草净、阿特拉津、除草醚、茅草枯。

四、幼年果园土壤管理技术

(1)幼树树盘管理:幼树树盘应该保持疏松无杂草,以减少杂草对养分、水分的竞争,使树冠早形成。

(2)间作:种植间作物,充分利用阳光和土地,不但可以增加收入,还可达到“以短养长”的目的。

五、成年果园土壤管理技术

(1)清耕法:在生长季内多次浅清耕,松土除草,一般灌溉后或杂草长到一定高度即中耕。此法在果园、菜地、花圃均可应用。

(2)生草法:生草法或生草制,即全园种草或只行间带状种草,所种的草是人工播种(或移栽)的多年生牧草,或利用自然生杂草而只除去个别不适宜种类。实施生草法是果园土壤耕作管理的方向。

(3)土壤覆盖法:利用植物或其他材料,对果园土壤进行周年覆盖的土壤管理方法。有如下作用:①增加土壤有机质,土壤结构得到改良;②防止水土流失;③减少土壤蒸发,保持土壤水分;④调节土壤温度,达到冬暖夏凉,有利于根系的活动;⑤提高产量,改进品质。

(4)清耕覆盖作物法:在果树需肥最多的生长前期保持清耕,后期或雨水较多的季节种植覆盖作物,待覆盖作物长成,适时翻入土壤作绿肥,这种方法称清耕覆盖作物法。

(5)免耕法:又叫最少耕作法。是近30年左右才兴起的一种土壤管理制度。对果园土壤采用少耕或不耕,尽量保持土壤的自然结构,并利用除草剂适时除草。

六、果园施肥技术

(1)基肥:供果树在一年生长里所需要的基础肥料。主要特点是:肥效期长,分解慢,可陆续供果树吸收利用,施肥量大,占全年施肥量的50%左右,以有机肥为主,可适当增加一些速效化肥。一般在枝梢停止生长但根系还在生长时施用。基肥施用的原则:“深、重、全、早、优”。目前普遍提倡秋季施用,其效果大大优于冬季。主要优点是:①有利于吸收、转化;②有利于断根的恢复与愈合;③有利于恢复树势;④减少肥料流失,提高肥效;⑤提高树体抗性。

(2)追肥:在生长季果树最需要肥料时,因补充基肥不足或供应不上时所施用的肥料。以速效化肥为主。追肥的具体时间与次数应根据果树的种类、品种、树龄、树势、气候、土壤等而定。南方高温多雨,肥料容易损失,追肥应少量多次,如柑桔等几乎周年都在生长,挂果时期长,追肥次数应多;而落叶果树中桃、李、梅、枣等生长结果季节短,追肥次数可以少些。幼龄树主要培养树冠,应勤施薄施;初结果树前期梢果矛盾大,要控制氮肥,以防徒长,造成大量落果。施用时期主要有下面四个:

①萌芽开花肥:主要满足春梢生长和开花养分消耗的需要,减少落花落果。在生产上被认为是一次十分重要的追肥,施用量比较大,占追肥量(50%左右)的30%左右,以氮为主。

②稳果肥:又称花后肥,如花前追肥数量充足,这次追肥可以不施。此时除幼果迅速长

大外，新梢生长也较快，同化作用加强，都需要氮素营养供给。落叶果树注意控制新梢及时停止生长，转入花芽分化，所以氮肥用量要控制好，适当增加磷、钾肥，提高坐果率。

③壮果肥：在生理落果后施用，主要满足果实膨大和秋梢生长的需要，应氮、磷、钾配合施用，氮肥促进果实增大，磷肥、钾肥促进果实发育和提高品质。

④采果肥：这次肥料对成熟期较迟的果树尤为重要，有时与基肥结合施用。

(3)施肥方法

主要包括：①环状（轮状）施肥；②放射沟（辐射状）施肥；③条沟施肥；④穴状施肥；⑤全园施肥。

(4)根外追肥

①根外追肥方式：包括枝干涂抹或喷施、枝干注射、果实浸泡和叶面喷施。

②根外追肥的作用：方法简便，省时、省力；用量少，肥效高，经济；吸收快(15min～2h)，能及时补充果树的需要；可防止土壤对肥料的固定；减少生长季伤根；减少环境污染。

③根外追肥注意事项：喷布要均匀、周到，内外一致，以不滴水为度，并注意喷叶背；时间以上午10时前和下午4时后进行，注意不在大风时喷布，也不要在雨前进行；浓度应随着温度、风、季节等变化，防止叶片受伤害；不可与土壤施肥本末倒置；注意根外追肥和病虫防治结合进行。

七、果园灌水技术

(1)灌水时期

①萌芽开花期；②新梢生长和幼果膨大期：此期常称为果树的需水临界期；③果实迅速膨大期；④果实成熟及休眠期。

(2)果园排水：①明沟排水；②暗管排水。

第六节　果树病虫防治技术

一、果树病虫综合防治的方针和原则

(1)预防为主，综合防治。以改善果园生态环境，加强栽培管理为基础，优先选用农业和生态调控措施，注意保护利用天敌，充分发挥天敌的自然控制作用。

(2)选用高效生物制剂和低毒化学农药，并注意轮换用药，改进施药技术，最大限度地降低农药用量，有限度地使用中毒农药，严禁使用高毒、高残留农药和“三致”(致癌、致畸、致突变)农药，以减少污染和残留，保证果品质量符合国家标准。

二、果园病虫害综合防治技术

1. 农业防治技术

农业防治是无公害果品生产的基础措施。根据果树、病虫、环境三者之间的相互关系，采取合理的栽培、修剪、水肥管理等措施，使环境条件有利于果树的生长发育而不利于病虫的发生发展。

2. 生物防治

生物防治是无公害生产技术中的重要手段，就是充分利用昆虫天敌和其他有益生物制剂，对病虫进行针对性防治。

3. 化学防治

利用各种化学物质及其加工产品控制生物危害的防治方法。

4. 套袋

水果套袋就是水果的外衣，也是保护膜。水果套袋一般由纸制和PE(塑料薄膜)两种材料制成，有袋状和网状，根据不同的水果其尺寸和规格也不尽相同，颜色以土黄，浅褐色居多。

三、果树上化学农药使用技术

1. 依据病虫测报用药

要根据气候、天敌数量和种类、病虫害发生基数及速度等进行病虫测报，在充分考虑人工防治难度和速度、天敌生物控制及物理防治的可行性基础上，作出准确的测报，在病虫害发生时，若能用其他无公害手段控制，则尽量不采用化学合成农药防治或在危害盛期有选择用药，以综合防治来减少用药。

2. 对症选药

了解不同病虫害的危害症状，选择有效农药，是提高防效的重要条件。

选用正规厂家生产的，或技术部门推广的，或经过实践证明有效的药剂，千万不能使用"三证"不全的假劣产品，更不要盲目赶"新潮"，误用伪劣"新药"，以确保防治效果。

要严格按产品说明书使用农药，包括农药使用浓度、使用条件(水的pH值、温度、光、配伍禁忌等)、防治对象、残留期及安全间隔期等。

3. 适时用药

了解病虫害的发生规律。不失时机地抓住防治关键时期，如病害发生前、发病初期和虫、螨出蛰或卵孵化期用药，可收到事半功倍的效果。

如桃小食心虫，必须抓住4月幼虫出土期和幼虫出土后14～16d的成虫产卵期；梨木虱抓住谢花初期和套袋前2个时期；黄粉蚜抓住发芽前、开花前和套袋前3个时期；葡萄白腐病抓好萌芽和开花时降雨后用药，均可收到明显的防治效果。

要因地、因时、因病(虫)制宜，准确判断，抓住关键时机，才能达到预期目的。

4. 科学用药，提高药效

一是药剂复配要合理：不能凭主观想象或道听途说进行复配，以免贻误防治、造成浪费甚至出现药害。

二是用药间隔期不能超过药剂有效期：一般杀菌剂、杀虫剂间隔期为7～10d，波尔多液不超过15d。

三是保证喷药质量：喷药时要做到细、匀、密，着药部位准确，并且要不漏不淌。注意喷好叶背、枝叶茂密处、树冠顶部及果面等部位。

四是注意喷药时间：一般情况下，在清晨至上午10时前和下午4时至傍晚用药，可在树体保留较长作用时间，对人和作物较为安全，而在气温较高的中午用药则多产生药害和人员中毒现象，且农药挥发速度快，杀虫时间较短。

五是要轮换用：同一生长季节单纯或多次使用同种或同类农药时，病虫的抗药性提高，降低防治效果，增加损失。农药应该交替使用，以延长使用寿命和提高防治效果，减轻污染程度。要防止“同物异名”农药。

六是要安全用药：尽量使用高效、低毒、低残留农药，并按规定倍数稀释药剂，不随意提高浓度，以防产生药害和造成污染。

无公害果品采收前20d停止用药，要保证果实农药残留量符合国家标准。对喷施农药后的器械、空药瓶或剩余药液及作业防护用品要注意安全存放和处理，以防新的污染。

七是大力推广使用生物、植物和矿物源农药：减少化学农药的用量，防止污染，保护天敌，降低成本，提高果品质量。

5. 增强树势，综合防治

抓住落叶后至发芽前的有利时机，综合利用农业防治、物理防治等多种简单有效的方法，从源头上减少或消灭病虫害，为后期防治创造条件。

同时，要加强土肥水综合管理，合理整形修剪，改善果园风光条件，增强树势，提高果树抵御病虫害的能力。

第七节　柑桔优质栽培技术

一、品种选择

根据市场、区位、交通、社会和经济状况等因素，选择适合本地的主栽品种和搭配品种，同时注意早、中、晚熟柑桔品种的合理搭配。

二、园地选择

重庆地区种植柑桔的生态指标：海拔200～600m，年降雨量1200mm以上；年均温17℃～19℃，年有效积温5500℃以上；年日照时数＞1000h；土层深厚、肥沃，pH 6.0～6.5。

三、土壤管理

主要包括：(1)深翻改土；(2)种植绿肥；(3)合理间作；(4)培土；(5)覆盖；(6)土壤耕作。

四、施肥

1. 不同树龄施肥

(1)幼树施肥：每次施肥应分别施萌芽肥和壮梢肥。

(2)结果树施肥：①基肥：采果前后，重施有机肥料。②一般追肥分为3～4次进行。包括：2月中旬至3月上旬，以氮肥为主的萌芽肥；5～6月的稳果肥，避免大量施用氮肥，多采用叶面喷肥的方式进行；7～9月的壮果肥，以化肥为主增施钾肥并在采果前后施肥补充营养，恢复树势，促进花芽分化的采果肥。

2. 施肥量

一般以产果 100kg 施纯氮 0.7～1.0kg（折合尿素 1.5～2.1kg），氮、磷、钾比例为 10∶5∶8；成年盛果期树以有机肥为主，增施钾肥，每年每株共施油饼 2～3kg、磷钾肥 2～3kg、绿肥 20kg、人畜粪 70～100kg；施肥中基肥占总施肥量 50%、春肥 20%、夏肥占 30%。视情况酌加根外肥（叶面喷洒）。

3. 施肥方法

施肥方法有多种，包括环状（轮状）施肥；放射沟（辐射状）施肥；条沟施肥；穴状施肥以及全园施肥。

五、水分管理

水分管理主要涉及灌溉和排水问题。灌溉水水质应符合农业部“无公害食品——柑桔产地环境条件”（NY5016）的要求，无污染。春梢萌动及开花期（3～5 月）和果实膨大期（7～10 月）对土壤水分敏感。果实成熟前一个月，需保持土壤适度干旱，出现轻微卷叶可不灌水，有利于改善果实品质和促进花芽分化。

六、树体管理

（一）常用树形

（1）自然圆头形：适合柑桔的自然生长习性，修剪量轻，整形容易，成形快，进入结果期较早。主干高 25～30cm，3～5 个分布均匀的主枝，无明显的中心干。

（2）多主枝放射形：另外有自然开心形或变则主干形（柚）。

（二）柑桔修剪

（1）幼年树的修剪：注意开张角度，一般开张 40°左右；抹芽控梢；利用夏秋梢扩大树冠；冬季修剪时对延长枝不短截。

（2）结果树的修剪：采果后至萌芽前。

①对象：枯枝、病虫枝、衰弱枝、旺枝、密枝、交叉枝、下垂枝、衰退的结果枝和结果母枝等。②种类、品种修剪不同。甜橙较耐荫，剪除量较轻；宽皮柑桔较喜光，剪除量可大些；柚的结果母枝在盛果期，大多数是二年生春梢。修剪原则是“顶部重，四周轻；外围重，内膛轻”。③夏剪：摘心、抹芽等，是对春、夏、秋梢以及徒长枝的修剪，促进结果母枝多而壮，保证连年高产，重点在结果母枝发生前进行。

（3）老年树的修剪

目的是更新树冠，恢复树势，提高产量。①更新时期：早春萌芽前为宜。②更新方法：轮换更新、露骨更新。③更新后的管理：根系更新、防晒、适当疏芽、加强肥水供应和病虫防治。

七、柑桔高接换种技术

1. 当前推荐的换代新品种

(1)脐橙类:丰脐、21世纪、白柳新系、脐橙4号等。

(2)血橙类:意大利无核血橙塔罗科优系。

(3)锦橙类:100号锦橙、梨橙、北碚447、江津78-1、铜水72-1等。

(4)椪柑类:新生系3号、太田椪柑、兴春等。

(5)桔橙类:诺娃、大果无核桔橙9-5-3、不知火、天香、阳香、清见等。

2. 高接换种时间

一般在春、秋两季。春季2月下旬～3月,切接法;秋季8～9月,芽接和腹接法。

3. 高接换种位置和数量

主枝及部分侧枝;每株换接20～40个芽。切口下方和主枝上保留少许辅养枝。嫁接切口必须选在枝条的阳面或侧面。

4. 高接换种后的管理

检查嫁接芽成活;抹除树上萌蘖;摘心促发分枝(春梢长至20cm左右、夏梢长至30cm左右);剪砧及伤面保护;防止日灼(石灰水涂白);加强病虫害防治和肥水管理;加强肥水管理。

八、柑桔主要病虫及其防治

(一)柑桔天牛

有星天牛、褐天牛等。星天牛主要以幼虫蛀食根颈部和主根皮层;褐天牛幼虫多在距地面30cm以上的主干、主枝木质部内蛀食。树遭受天牛危害,轻者树体生长不良、树势衰弱,重者全树死亡。防止方法:

(1)树干涂白,防治产卵。

(2)捕杀成虫。成虫盛发期,根据活动规律,于中午高温时及黄昏前后进行人工捕杀。

(3)刮除虫卵、幼虫。幼虫孵化盛期,经常巡视果园,及时用小刀刮除卵块及初孵幼虫。

(4)药泥堵虫洞。

(二)吸果夜蛾

成虫以独特的虹吸式口器插入成熟果实吸取汁液,造成大量落果及贮运期间烂果。除柑桔外,尚可危害荔枝、龙眼、枇杷、葡萄、桃、李、柿等多种果蔬成熟的果实。

防治方法:一是喷药驱避。天黑时喷施1000倍水胺硫磷,借其特殊气味驱虫,每隔5～6d喷1次,连续2～3次,收获前30d应停止喷药。二是果实套袋。三是铲除中间寄主。将果园周围的汉防已、木防已和杂草铲除,切断幼虫食源,消灭幼虫,是控制危害的最好办法。四是诱杀蛾子。用糖、醋、酒、水按4∶4∶1∶1的比例配成糖醋液,再加入少量90%晶体敌百虫液充分搅匀制成毒饵,盛入瓷盘、陶钵等容器内,于傍晚多点放入果园里诱杀蛾子,有一定的效果。

(三)柑桔红、黄蜘蛛

红、黄蜘蛛是柑桔的重要害螨(虫),成螨、幼螨、若螨均可危害。取食时用口器刺破叶、果、嫩枝的表皮,吸食汁液,使叶片呈现许多黄白色针头大小的小斑,失去光泽,叶绿素被破坏。严重时引起大量落叶,甚至可以使叶片落光。这两种害螨的形态、危害症状有区别,发生特点也有差异,但防治方法和药剂基本一样。

柑桔红、黄蜘蛛的药剂防治:当气温在10℃以上,每叶平均2～3头或目测有螨叶率10%左右,15℃以上每叶平均4～5头或目测有螨叶率20%左右,20℃左右每叶平均5～8头或目测有螨叶率30%,即为用药防治适期。可用73%果满园乳油。

(四)柑桔锈壁虱

柑桔锈壁虱,柑桔的主要害虫。以成若螨群集叶果和嫩枝上,刺破表皮细胞吸食汁液,叶果被害后油胞破坏,内部芳香油溢出,经空气氧化变成黑色。春梢抽发后,逐渐转向新梢,聚集在叶被的主脉两侧危害,5、6月蔓延至果面上,6月下旬起繁殖迅速,7～10月为发生盛期。

防治要点:根据锈壁虱的发生规律,对该虫的防治应采取压低越冬基数。保护利用天敌,充分发挥天敌的自然控制作用,辅以农药防治的综合防治措施。

(1)农业防治:清洁果园;加强肥水管理,增强树势。

(2)药剂防治:在冬季清园后进行第一次喷药;这是控制锈壁虱全年危害的关键。20%丁硫克百威乳剂、拒螨大1000倍液、哒螨灵、20%砒唑锡(虫螨特)、三唑锡等。

(五)柑桔蚧壳虫

有矢尖蚧、吹绵蚧、糠片蚧、粉蚧、红蜡蚧等。以成、若虫吸食叶、果汁液,致果实不能充分成熟,严重影响柑桔质量和产量。

防治措施:

(1)增强树势:采果后重施基肥,增强树势。

(2)冬季清园:清除园中散落的病、虫、残果;剪除蚧虫严重枝,保证通风透光;越冬的虫卵用波尔多液消灭。

(3)适时喷药:柑桔蚧类一年发生3～4代,常在4～9月混合发生,以矢尖蚧为主,每年3、6、9月为重点,连续施药多次。药剂40.7%毒死蜱乳油、"新高脂膜"+25%扑虱灵可湿性粉剂1500液+50%马拉硫磷乳油1000倍液、40%速扑杀乳油1000～1500倍液防治。

(4)利用天敌生物防治:利用柑桔粉蚧类害虫的重要捕食天敌——黄胸小瓢虫来消灭蚧类虫害,是生产无公害水果的重要手段。

(六)潜叶蛾

又名鬼画符,是柑桔类果树新梢上最主要的害虫,也是柑桔类果树最常见的一种重要害虫,幼虫钻入嫩叶的表皮下取食,会使叶片严重卷曲,影响生长。

防治措施:

(1)农业措施。及时抹芽控梢。

(2)化学防治。当夏、秋梢芽长至3mm时或在新芽抽出50%时喷第一次药,以防治成虫为主;在傍晚连续喷药2～3次,每隔6～7d一次,直到新梢木质化。对已潜入叶内的低龄幼虫,一般于中午喷药效果较好。药剂:25%杀虫双、2.5%敌杀死乳剂、5%抑太保乳油、24%万灵液剂、40.7%乐斯本乳油、5%来福林乳油、25%灭幼脲悬浮剂1000倍液、20%杀灭菊酯等。

（七）柑桔大实蝇

俗称"柑蛆"，是国内外植物检疫性有害生物。仅危害柑桔类，以酸橙和甜橙受害严重，柚子、红桔次之，偶尔危害柠檬、香橼、佛手。幼虫在果实内部穿食瓤瓣，常使果实未熟先黄，黄中带红现象，而且被害果实严重腐烂，使果实完全失去食用价值，并提早脱落，影响产量和品质。防治方法：

(1)诱杀成虫。利用大实蝇成虫产卵前有取食补充营养(趋糖性)的生活习性，可用糖酒醋敌百虫液或敌百虫糖液制成诱剂诱杀成虫。

(2)断绝虫源。摘除青果；砍树断代。

(3)摘除蛆果，杀死幼虫。

(4)冬季清园翻耕，消灭越冬蛹。

（八）柑桔花蕾蛆

是危害柑桔的重要害虫，每年发生1代。柑桔现蕾时，上一年花蕾蛆的蛹羽化成成虫出土，将卵产于花蕾内。孵化后的幼虫危害花器。被害的花蕾花瓣变厚，不能开花，最终枯萎脱落。幼虫老熟后入土越冬。防治措施：

(1)地面撒药：掌握在成虫出土前进行。药剂可选用5%好年冬颗粒剂，每亩用量1～1.5kg；或者4.5%地虫快杀，每亩用量2～3kg。使用时按照每亩用量将药剂与10～15kg细沙充分拦匀，然后均匀地撒施于整个树冠的下部。

(2)树冠喷药：应掌握在有部分花蕾变白时进行。药剂：80%敌敌畏、2.5%溴氰菊酯。

(3)及时摘除被害花蕾，并集中烧毁，有效地减少下一代花蕾蛆的发生。

（九）柑桔凤蝶

在我国有11种，危害较严重的有玉带凤蝶、黄花凤蝶和柑桔凤蝶。它们以幼虫咬食叶片和新梢，是柑桔苗木和幼树的重要害虫。防治措施：

(1)人工捕杀各虫态的害虫。

(2)生物防治，注意保护天敌。喷洒青虫菌或B.t乳剂1000倍液防治低龄幼虫。

(3)化学防治：可供选用的药剂有80%敌敌畏乳剂或90%敌百虫1000倍液；50%辛硫磷或马拉硫磷1000倍液；18%杀虫双水剂600倍液等。

（十）柑桔溃疡病

是一种细菌性病害，主要危害柑桔叶片、枝梢和果实，产生溃疡病斑。危害严重时引起落叶、枯枝和落果；苗木和幼树受害严重时导致树体死亡。防治措施：

(1)严格实行检疫制度。

(2)建立无病苗圃。建立无病采穗圃，培育无病砧木，繁育无病苗木。

(3)新植果园预防。果苗用700～1000mg/kg农用链霉素加1%酒精浸泡15min进行杀菌处理。原无病区若初发病株，应彻底清除病源，挖除烧毁全部病株。

(4)病区果园要加强栽培管理。

(5)(药剂防治：77%可杀得、50%DT杀菌剂、14%胶氨铜、40%氧氯化铜、12%绿乳铜、

25%噻枯唑、农用链霉素或0.5%等量式波尔多液等。

(十一)柑桔炭疽病

是一种世界性的、危害较重的病害。引起落叶、枝梢枯死、果实腐烂及落果。

有两种症状类型:急性型(叶枯型)从叶尖开始,叶片很快脱落。从开始发病到叶片脱落一般3~5d。慢性型(叶斑型)症状多出现在成长叶片或老叶的叶尖或近叶缘处,圆形或近圆形,稍凹陷,病斑初为黄褐色,后期灰白色,边缘褐色或深褐色。病、健部分界明显。防治方法:

(1)加强栽培管理,柑桔园要深翻改土,增施有机肥和磷钾肥,避免偏施氮肥,及时排灌、防旱保湿及防虫。

(2)及时修剪衰弱枝,改善通风透光条件,增强抗病能力。

(3)剪除病梢、病叶、病果梗,清除落叶、落果,清园后喷1次石硫合剂或40%灭病威。

(4)采后处理,防止贮藏期发病,用特克多浸果。药剂可用40%灭病威、65%代森锌可湿性粉剂、70%甲基托布津可湿性粉剂、50%多菌灵。

第八节　梨乔砧密植优质丰产栽培技术

一、矮化栽培的意义

梨矮化栽培具有以下五个方面的重要意义:

(1)结果早、早丰产。

(2)方便管理,劳动效率高。

(3)经济用地。

(4)周期较短,品种更新快。

(5)成熟早,品质好。

二、园地的选择与改良

(1)交通方便,水源充足,土壤深厚,肥沃,疏松透气的壤质土为宜。

(2)丘陵山地能利用高差,减少树体之间的相互荫蔽,有利于密植栽培。

(3)山地土层一般较薄,肥力差,水土流失严重,故对所选园地要进行改良。

(4)深挖爆破,修筑等高梯地,以增厚活土层,防止水土流失。

(5)改土的同时,重压有机肥,每公顷至少7.5×10^4~10.0×10^4kg,为梨树的生长创造良好的土壤条件。

三、栽植密度和方法

(1)栽植密度:株行距为2m×3m、1m×3m、0.7m×3m。

(2)定植方式:单行、双行和多行密植。

(3)定植方法:生长整齐、健壮、无病虫害的甲级梨苗。

(4)授粉树的配置:20%～25%较为适宜。

四、梨密植栽培的树形

小冠矮化整形。矮、小、扁,骨干枝级数少,有干有轴,无主无侧,早果丰产,易于整形。

(1)折叠式扇形

(2)水平台阶式扇形

(3)纺锤形

(4)Y字形

五、整形修剪

梨整形修剪需掌握以下技术要点:

(1)控制冠高和冠宽

(2)轻剪缓放

(3)注重生长季修剪

(4)强调主从平衡

六、控冠早果的措施

控冠早果主要有以下技术要点:

(1)拉枝:直立而旺,开张角度小。时间:萌芽前或7～8月。角度:70°～80°。

(2)环割或环剥

(3)拿枝或别枝

(4)摘心或剪梢

(5)控根

(6)生长抑制剂的使用

七、保花保果与疏花疏果

(一)保花保果

梨树自花授粉坐果率极低,在授粉树配置不当或花期气候异常的情况下,都需要进行必要的保花保果:

(1)加强授粉:花期放蜂;人工辅助授粉。

(2)花期喷硼:盛花期喷0.2%～0.4%的硼砂或硼酸。

(3)控梢保果:幼果发育期注意及时控制枝梢生长,减轻梢果矛盾,有利于减轻落果,提高坐果率。

(4)加强肥水管理:注意前期适量追施氮肥,有利于减轻落果;干旱或多雨时及时灌溉与排水。

(5)防治病虫害:梨虎、梨大食心虫、梨小食心虫、梨黑星病、黑斑病等。

(6)加强头年秋季管理:及时施秋肥;注意防治病虫(梨网蝽)和干旱等造成叶片早落。

(7)疏花疏果。

(二)疏花疏果

1. 疏花疏果的时间

疏花在盛开初期和末期。疏果在盛花后一月左右(即生理落果后)进行。疏果原则:疏除小果、次果、病虫果、畸形果,一株中等大小的树负载100～200个果就行了。

2. 留果量的确定

(1)枝果比:密植丰产梨园枝果比以3∶1较适宜。(2)叶果比:砂梨15～25∶1为宜;白梨20～30∶1为宜;西洋梨30～40∶1为宜。(3)主干截面积大小:初结果梨树以每平方厘米的干截面积留0.6～0.7kg果实为宜,盛果期(鸭梨)每平方厘米干截面积留4～5个果为宜。

(三)果实套袋

疏果:谢花后30d以内,果面果点形成之前;果面喷一次广谱性杀菌剂和杀虫剂,然后及时套袋;注意封严袋口。

八、乔砧密植梨园的后期管理

1. 密度适当
2. 注意控高、控宽
3. 间移或间伐

第四章 植物组培苗快繁与无土栽培技术

植物组织和细胞培养是以植物组织或细胞离体操作为基础的实验性学科，又称为植物离体培养。它是指在无菌和人工控制条件下，利用适宜的培养基，对植物的器官、组织、细胞或原生质体进行精细操作和培养，使其按照人们的意愿生长、增殖或再生的一门生物技术学科。植物离体快繁技术是20世纪60年代发展起来的一个重要的植物离体繁育技术，与常规的植物营养繁育技术相比，该技术能在较小的空间、较短的时间及人为控制条件下快速、有效地繁育和规模化生产植物个体，因此，该技术一经建立就很快用于植物的繁育实践，目前已成为名贵花卉及其他一些重要植物主要的快速繁育方式。

第一节 实验室及基本技术

植物组织和细胞培养是对植物器官、组织、细胞甚至原生质体进行的离体操作与培养，并使其生长、发育形成完整植株的技术，要求严格的无菌条件和良好的培养条件，必须有最基本的实验室、实验仪器和设备，同时应熟练掌握基本的操作技术。

一、实验室的设计

1. 实验室的设计

植物组织和细胞培养对环境控制和操作技术要求很高，环境控制包括温度、光照、营养、湿度等的控制，操作技术包括洗涤技术、灭菌技术、无菌操作技术、培养基配制技术以及外植体消毒、接种、培养技术等，因而必须具备一定的设备和条件，方能顺利开展实验研究及生产。植物组织培养实验室与其他各类实验室相似，但在操作技术方面有特殊要求，即在连续的操作过程中保持无污染是其特点及关键。

完整的植物组织培养实验室通常包括洗涤室、准备室、接种室、培养室、细胞学实验室等部分。但从功能上至少包括准备室、接种室及培养室三个实验室，并且按顺序排列，在准备室与接种室之间应留有缓冲空间。此外，工业化生产还需有相应的发酵设备及用于栽培试管苗的专用花房或遮荫棚等。实验室的大小和设置可根据工作的性质和规模自行设计，无统一的标准。基本要求包括：(1)房间面积依规模而定，房间排列则要遵从工作的自然程序，使之成为一流畅的工作线，如器皿洗涤室——培养基配制室——材料准备室——无菌操作室——培养室——细胞学观察室；(2)实验室应清洁，远离尘埃；(3)实验室能有效地进行温度、光照和湿度的控制；(4)实验室设计应最大限度地节省能源、减少消耗、降低费用。

2. 无菌操作室

无菌操作室也叫接种室，进行植物材料的分离、消毒、接种和培养物的继代、转接等。由于植物组织和细胞培养往往需长时间的无菌操作，因此保持接种操作时的无菌条件就显得十分重要。接种室一般有直接使用和间接使用两种方式，直接使用是指所有的操作在接种室内的操作台面上完成，因此要求封闭性好，干燥清洁，能较长时间保持无菌；每次使用前必须对接种室空间、操作台面进行严格彻底的消毒灭菌；操作人员进入室内必须穿戴消毒衣帽、口罩及拖鞋，进出接种室不能过于频繁等；植物材料则应在室外整理、清洗后方能带进室内。此法使用空间大，要求无菌条件极其严格，适于大规模接种。间接使用是指接种室内放置超净工作台，所有的操作是在超净工作台内完成，因而接种室只需定期灭菌，使用前清扫、擦洗干净即可。此法对接种室的要求相对宽松，目前广为采用。

接种室不宜过大，其规模视实验需要而定。一般设内外两间，外间小为缓冲间。内间大为接种室，一般 $20m^2$ 左右或更大。接种室墙壁应光滑平整，地面铺瓷砖，便于清洁。为保证无菌环境，最好安装移动门，并且门与窗或门与门错开，使室内空气不对流，缓冲间与接种间以玻璃相隔，便于瞭望。缓冲间放置工作服、帽、拖鞋，并安装紫外灯，定期消毒。接种室内设置操作台或放置超净工作台，台面放置酒精灯、消毒瓶、消毒液、接种工具、培养瓶等，接种室一般应配备离心机、抽气泵等基本设备。室内安装紫外灯，一般每 $5m^2$ 左右安装一只 30W 的紫外灯即可达到良好的灭菌效果。

3. 化学实验室

又叫准备室，进行实验准备及用于植物组织培养所需器具的洗涤、干燥和保存，培养基的配制、分装和灭菌，试管苗的出瓶及整理、化学试剂的存放及配制，重蒸馏水的生产，待培养植物材料的预处理及培养物的常规生理生化分析等操作。实验室要求宽敞明亮，通风条件好。室内应有实验台、水槽、超声波洗涤仪、晾干架、放置各种培养器具的橱柜、药品柜、电热鼓风干燥箱、各种冰柜、天平、液氮罐、酸度计、移液器、电炉、水浴锅、微波炉、磁力搅拌器、培养基分装装置、灭菌消毒器、蒸馏水器等，有条件的可单独列出药品室、天平室和洗涤、灭菌消毒室，以防天平、药品受潮。

4. 培养室

培养室是植物组织和细胞培养物生长、发育的场所，大小根据研究和生产规模确定，设计应以充分利用空间和节省能源为原则，因此最好设在向阳面，并应有隔热性能(保温)。高度以比培养架略高为宜，墙壁地面光洁无缝，墙壁和天花板应具防火性能。室内安装培养架、日光灯、空调、紫外灯等设备。若是试管快繁应尽量采用自然光照，节约能源消耗。不同植物组织培养物所需光、温条件不同，当同时培养多种植物材料时，可设置多个小房间，这样便于根据不同植物控制温度。

培养室可分隔出一定的空间放置光照培养箱或小型的人工气候箱，用于植物原生质体培养、单细胞培养及遗传转化材料的培养。光照培养箱或小型的人工气候箱具有更能有效控制的光、温、湿条件。

5. 细胞学实验室

细胞学实验室用于进行培养物生长情况的显微观察、照相、细胞学鉴定等研究工作。室内配置体视显微镜、普通显微镜、倒置显微镜、荧光显微镜、配套显微照相装置、数码相机、切片机及配套制片、染色用品等。室内要求清洁、干燥、明亮、安静，以保证光学仪器不振动、不受潮、不污染。

6. 洗涤室

有一定规模的植物组织培养室都设有专用洗涤室，专供辅助人员进行洗涤工作和贮藏洗净的培养器皿。洗涤室应设置较大的洗涤池、工作台架、玻璃瓶、试管晾干架、大型烘箱等。

二、离体培养的基本设备

1. 基本操作设备——超净工作台

超净工作台具有灭菌效果好，使用方便，操作灵活等优点，是目前广泛使用的一种植物组织和细胞培养的无菌操作设备(图 4-1)。

双人单面超净工作台　　双人双面超净工作台

图 4-1　超净工作台

2. 灭菌消毒设备及瓶口封塞

常用的灭菌消毒设备包括高压蒸汽灭菌器、高温干燥箱、细菌过滤器、紫外灯等(图 4-2～图 4-4)。

瓶口封塞有多种形式，原则是能防止培养基干燥和杂菌污染，并适宜植物生长、分化。有螺丝口瓶盖、棉塞、透气封瓶膜、聚乙烯塑料薄膜、铝箔、硫酸纸、羊皮纸、牛皮纸或报纸等。螺丝口瓶盖方便耐用，尤其透气性螺丝口瓶盖对幼苗生长有利，但价格稍贵；棉塞是纱布包被棉花团，塞上瓶口后外包一层牛皮纸或报纸并用牛皮筋或线绳扎住。可反复使用，价格便宜，透气性好，适宜试管苗生长，但操作繁琐，费事费工，只适用于细口瓶的封口；透气封瓶膜，是一张特别的方形塑料纸，中央有一个圆形微孔滤膜片(大小与瓶口匹配)，能经受高温消毒，可反复使用，效果很好。聚乙烯塑料薄膜、果酱瓶瓶盖、铝箔封口等均不透气，但方便，可反复使用。帕拉胶片 ParafilmY 也叫蜡膜，伸展性强，不能进行高温灭菌，仅用于培养皿的封口，但为一次性使用，价格较贵。

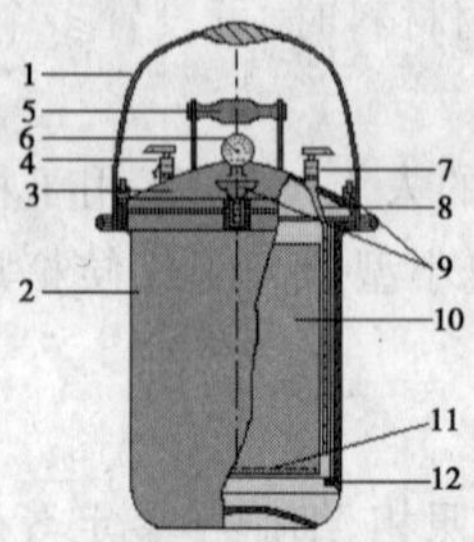

图 4-2　手提式蒸汽灭菌器及其构造图

1. 提手　2. 金属圆桶　3. 门盖　4. 安全阀门　5. 盖子提手　6. 压力表　7. 放气阀门　8. 放气软管　9. 固定螺栓　10. 内桶　11. 内桶底架　12. 加热管

图 4-3　各种型号的立式高压灭菌器

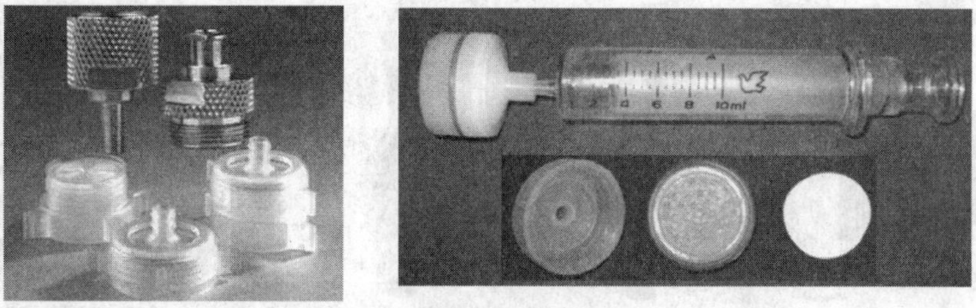

图 4-4　可换膜针头过滤器

3. 培养设备

培养设备是指专为培养物提供适宜生长的光、温、水、气等环境条件的设备，主要包括：

(1)光照培养箱

多用于小规模培养，如原生质体培养、单细胞培养、遗传转化及一些名优珍稀植物的外植体分化培养和试管苗生长试验。有可调湿和不调湿两种规格。选择光照培养箱，主要应考虑培养箱的容积、光照强度、控温范围、控温精度等技术指标(图 4-5)。

(2)人工气候箱

条件许可的话，还可采用全自动调温、调湿、控光的人工气候箱，来进行植物组织培养和试管苗快繁。

(3)培养架

培养架是培养室内放置大量培养容器，对离体材料进行培养的重要设施，培养架可用塑钢、铝合金或不锈钢等材料制作，但应漆成白色或银灰色，每层隔板可用玻璃、木板或不锈钢丝网制成。根据空间高矮设计层数，最低一层离地 20cm，以后每层间隔 40～45cm。培养架上一般采用白色荧光灯作为光源，光源设计在培养物的上方。培养架长度以安装的日光灯长度为准，如采用 40W 日光灯，则长 1.3m，灯管距离隔板约 40cm 处。宽度依工作情况设计，一般安装 3～4 支日光灯，日光灯间距 20cm，这时的光强度为 2000～3000lx，符合大多数组织培养对光的需求，培养架在室内平行排列(图 4-6)，可采用自动定时器控制光照时间。

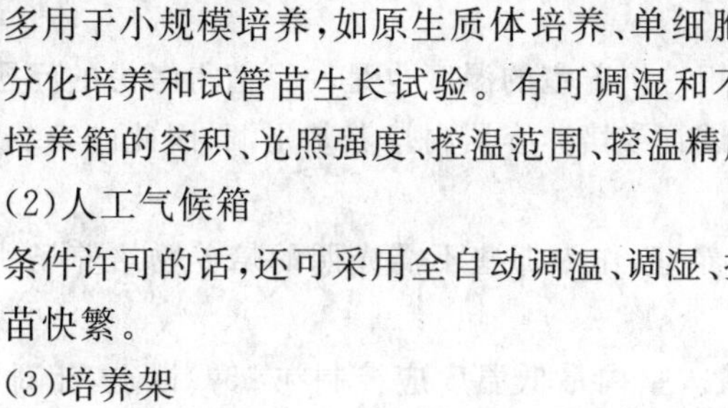

图 4-5　光照培养箱

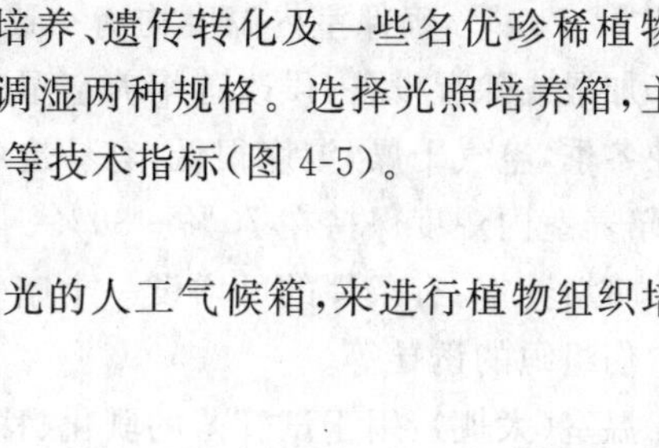

图 4-6　组织培养培养架

(4)摇床(振荡器)或转床

摇床或转床是液体培养必不可少的重要设备。在进行液体培养时，培养材料浸入溶液中，会引起氧供应不足，为改善通气条件，常用旋转床或摇床(图 4-7)。

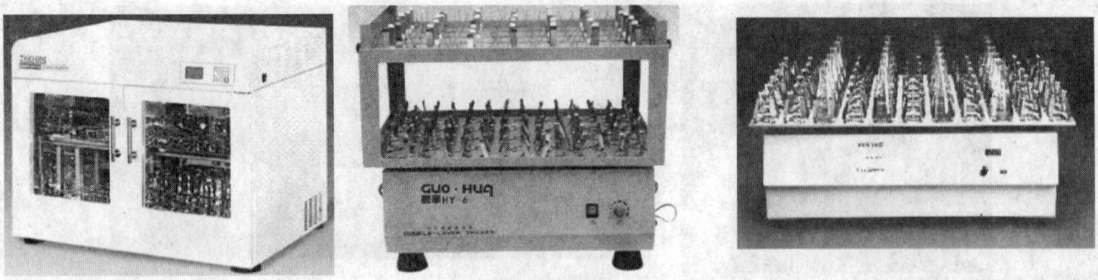

恒温振荡器　　　　双层振荡器　　　　单层振荡器

图 4-7　各种振荡器

(5)其他

①空调：供升温及降温用，可保持室内恒温。组织培养物需要保证一定的温度和光照，一般 20℃～30℃，确保室内温度均衡一致。

②加湿或除湿设备：供改善培养室湿度用。培养室的湿度也是一个值得考虑的问题，特别是在冬季，空气干燥，湿度很低，容易造成试管或培养容器内培养基干涸，因此应安装加湿器，使培养室内湿度保持在 70%～80%。

③暗培养室：有条件的可增设一个暗培养室，作为那些不需光照的培养物培养场所，如某些愈伤组织的诱导等。

④温室(大棚)：用于试管苗的驯化、移栽。室内最低温度应控制在 15℃以上，相对湿度在 70%以上。

4. 常规设备

(1)天平

植物组织培养需要配制大量的培养基，这就需要根据培养基中添加物质的量使用不同类型的天平。目前植物组织培养实验室多使用电子天平(图 4-8)。

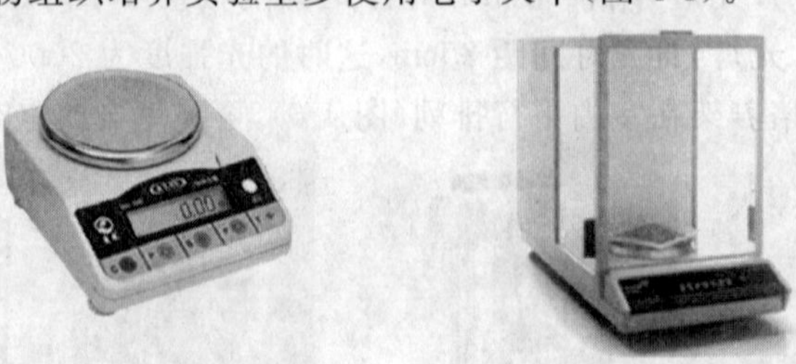

图 4-8　电子天平(左为精度 0.01g 天平，右为精度 0.0001g 天平)

(2)显微镜

显微镜是植物组织细胞培养中培养组织、细胞制片观察，细胞、原生质体生长动态观察及微小组织、细胞解剖分离的重要设备。

(3)纯水器

在植物组织培养中常要求使用蒸馏水或去离子水。蒸馏水可用金属蒸馏水器大批制备。假若需求更高纯度的重蒸馏水，可用硬质玻璃双蒸馏水器制备。去离子水是用离子交换器制备的，成本低廉，但不能除去水中的有机物(图 4-9)。

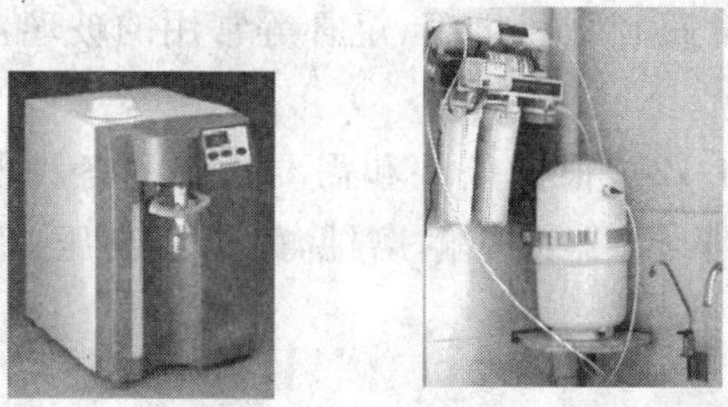

图 4-9　**纯水器**

(4)酸度计

在配制培养基时需要用酸度计来测定和调整培养基的 pH。一般实验室用小型酸度测定仪,既可在配制培养基时使用,也可测定培养过程中 pH 的变化。若是用于大规模生产,通常还采用 pH 为 5.0～7.0 的精密试纸来代替。酸度计有台式、笔式、便携式等不同类型(图 4-10)。

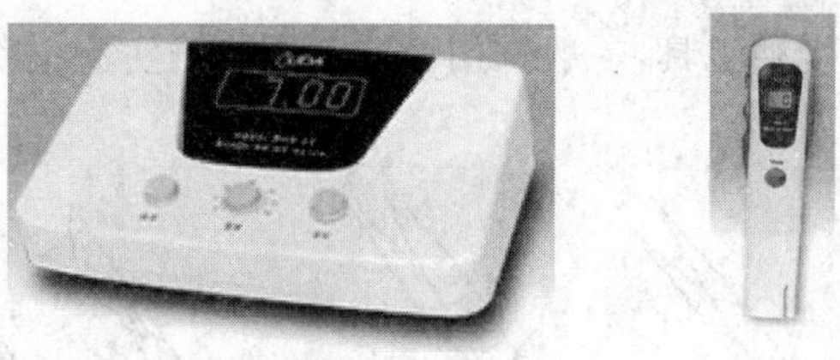

图 4-10　**pH 计**

(5)移液器

移液器是制备培养基时移取母液的重要器具。有 10mL、5mL、2mL、1mL、0.5mL、0.1mL 等不同规格(图 4-11)。

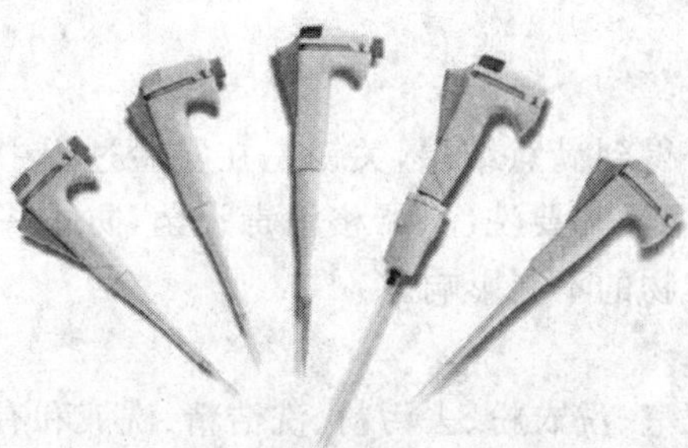

图 4-11　**移液器**

(6)冰箱

冰箱或冰柜是植物组织细胞培养室必备的仪器设备,用于试剂、母液及贵重药品的保存,试验材料的处理、保存等。有条件的实验室除配备普通冰箱外,还应配备低温冰箱和超低温冰柜。普通冰箱主要用于存放母液、培养材料的低温处理;低温冰箱在－25℃～－18℃存放酶制剂;超低温冰箱主要用于重要材料的超低温保存。

(7)其他

植物组织细胞培养室应配备用于细胞或原生质体培养的台式离心机(低速)2000～4000r/min,真空泵、微波炉、普通恒温箱、干燥箱、磁力搅拌器、培养基分装器、血球计数板等常用设备及各种试剂瓶、容量瓶、滴瓶、量筒、烧杯等常用的玻璃器皿。

5. 培养器皿

培养器皿种类繁多(图 4-12),根据条件和需要可采用各种器皿作培养容器。无论使用哪种器皿,均需遵循以下原则:(1)器皿应耐腐蚀,耐高温高压;(2)透明度好;(3)易于放入、取出外植体。

图 4-12 各种培养器皿

6. 常用器械

植物组织培养所用的接种工具,一般选用医疗和微生物实验室使用的工具(图 4-13)。

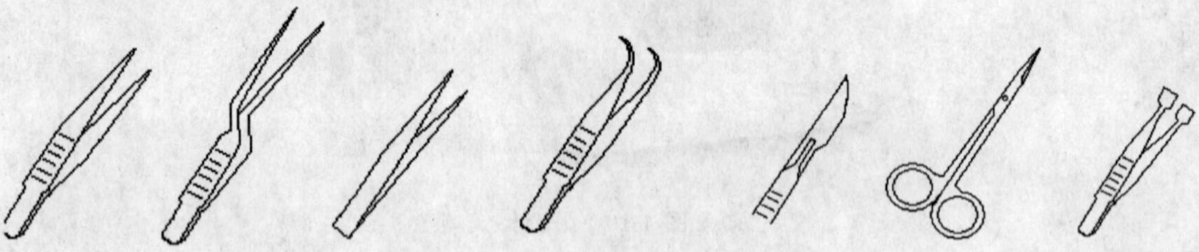

图 4-13 组织培养所用的接种工具

三、植物组织培养的基本技术

(一)洗涤技术

植物组织培养工作能否得到满意结果,关键是在实验过程中是否保证无菌,防止污染。因此,培养材料及所需培养用具都要洗净、严格消毒灭菌,防止一些有毒、有害化学物质(如重金属离子、酸碱等)对培养物的不利影响。

1. 洗涤剂

广泛使用的洗涤剂有肥皂、洗衣粉、去污粉、洗洁精、洗液和有机洗涤剂等。

2. 洗涤方法

新器皿的洗涤:用 1%盐酸溶液浸泡一昼夜,再用肥皂水洗,然后用清水反复冲洗,再用去离子水冲洗三次,干燥后备用。

污染器皿的洗涤:洗涤前,应先在高压灭菌锅中灭菌,方可洗涤。主要目的是将病菌孢子杀死,避免污染环境。

油污等严重污染的器皿:先用碱洗(如用肥皂水洗除一般脏物),再用自来水充分冲洗后晾干,然后浸泡到铬酸洗涤液中 2～24h。若洗涤吸管等一类长器皿,可将洗液放于大标本缸内,把吸管装在防酸尼龙丝网袋里,一道浸入洗液内,浸好后取出,滴干洗液,盖好洗液缸,以免洗液吸水失效,然后经流水冲洗干净。

带石蜡或胶布器皿洗涤:将石蜡或胶布剥除,进行常规洗涤。或放在过量水中煮沸,趁热倒去沸水，反复数次后进行常规洗涤。也可放入铬酸洗涤液中浸几天后，再进行常规洗涤。

载玻片、盖玻片的洗涤：载、盖玻片因体积小、薄而脆，易破裂，应分别洗涤。将载、盖玻片放入水中煮沸，取出后洗净，再用 90%酒精浸泡，干燥后擦净放入培养皿内烘干、消毒，或者浸在 95%的酒精中，用时取出擦干。

洗净的玻璃器皿应透明发亮、内外壁水膜均匀，不挂水珠。

(二)灭菌和消毒技术

1. 无菌操作室消毒

紫外线消毒：紫外线消毒是环境消毒的常用方法。紫外线波长为 260nm，也是 DNA 分子吸收光波的高峰波段。紫外线一般由紫外灯产生，紫外线肉眼看不见，我们看到的紫外灯光实质上是荧光。紫外线杀菌效果好，方法简单，操作方便，在植物组织培养研究中必不可少，一般在 $5m^2$ 左右空间安装一只 30W 的紫外灯在 30～40min 内就可以达到良好的灭菌效果。

熏蒸消毒：是一种能杀死微生物的蒸汽环境消毒的方法。适于无菌室的定期灭菌。即采用甲醛和高锰酸钾（$2mL/m^2$ 甲醛与过量的高锰酸钾）产生的蒸汽熏蒸一夜或至少 4h。也可与紫外灯照射配合使用，杀菌效果更好。

2. 玻璃器皿、接种器械的灭菌

干热灭菌：主要利用高温干燥箱（烘箱）。适于玻璃器皿、金属器械等的灭菌；含有棉花、纸张和塑料的物体不能进行干热灭菌。用法是在 150℃下保持 2h 即可达到灭菌效果。

湿热灭菌：即高压蒸汽灭菌，是最常用的灭菌方法。一般玻璃器皿、器械及无菌水等灭菌应在 0.130～0.137MPa 压力下保持 1h。

湿热灭菌应注意首先要加热排除灭菌锅内的冷空气，冷空气的排尽与否对灭效果影响很大。

CO^{60} 灭菌：一次性的塑料器皿大都经过 CO^{60} 射线灭菌的。这种灭菌方法效果好，但受条件限制。

火焰灼烧灭菌：主要是对接种器械，如镊子、剪刀、解剖刀等进行的灭菌。即先点燃酒精灯，用 70%酒精擦拭接种器械，等晾干后，蘸上 95%酒精在酒精灯上灼烧，反复三次，待冷却后即可使用。

3. 培养基灭菌

湿热灭菌：这一方法是在上面已介绍过的高压蒸汽灭菌器中进行，培养基的灭菌方法具体如下：灭菌前检查灭菌锅内水量是否充足并添加蒸馏水到要求的位置，然后将培养基放入灭菌锅内，盖好盖，关闭放气阀，打开电源，加热升温，当温度升至 0.032MPa 时，打开放气阀彻底排出锅内冷空气，然后关闭放气阀，使压力继续上升。当锅内压力升至 0.1MPa(121℃)时，计时 15～20min，计时结束后，关闭电源。待灭菌锅自然冷却、压力表指针回落至零后，取出培养基，置于接种室备用。

培养基容器大小不同，灭菌时间不同，可以参考表 4-1。

表 4-1 培养基湿热灭菌所必需的最少时间

容器的体积(mL)	在 121℃下灭菌所需的最少时间(min)
20～50	15
70～150	20
250～500	25
1000	30
1500	35
2000	40

过滤灭菌:将带菌液体或气体通过孔径<0.45μm 微孔滤器装置,使细菌、真菌受到阻隔留在滤板上,而液体或气体进入无菌容器内,从而达到除菌的目的。主要用于对热不稳定、易失活、易分解的物质,如酶、抗生素及含有热不稳定物质的培养基的灭菌。

4.培养材料消毒

离体的培养材料若来自田间、野外及温室,则表面必定携带各种微生物,因此必须将这些微生物彻底杀死,否则这些微生物在培养基中的生长速度远远超过外植体,达不到组织培养目的。

(1)常用消毒剂

一般植物材料的消毒主要采用化学消毒剂进行消毒。消毒剂的选择原则是所利用的消毒剂应该是消毒后易除去或易分解而又不影响植物材料生长分化的试剂,即用无菌水多次冲洗后,大部分药剂能被洗掉或自动分解为低毒性物质。

许多化学试剂都能起到表面消毒的作用,其中较常见的消毒剂的消毒效果见表 4-2。

表 4-2 常用消毒剂的效果比较

消毒剂	使用浓度(%)	去除难易	消毒时间(min)	效果
次氯酸钙	9～10	易	5～30	很好
次氯酸钠	2	易	5～30	很好
过氧化氢	10～12	最易	5～15	好
溴水	1～2	易	2～10	很好
硝酸银	1	较难	5～30	好
氯化汞	0.1～1	较难	2～10	最好
抗菌素	40～50mL/L	中	30～60	较好

不同植物材料不同外植体选用上述一、二种于工作中即可。使用得最多、效果较好的是70%或 75%酒精与 0.1%氯化汞或次氯酸钠的配合,即外植体先用 70%的酒精漂洗作短暂灭菌,一般在 10～30s 左右,再用 0.1%氯化汞或其他灭菌剂灭菌。要正确选择消毒剂的浓度和作用时间,以减少消毒剂对植物组织的毒害作用。

(2)组织表面消毒

叶片组织消毒:剪取下来的叶片经流水冲洗后,在无菌条件下,用75%的酒精漂洗10～60s或用浸有75%酒精的纱布迅速擦拭叶片两面,然后投入到0.1%升汞溶液中5～8min,再用无菌水冲洗3～4次。消毒时间根据供试材料的情况而定,特别幼嫩的叶片时间宜短;茸毛较多的叶片消毒可在消毒液中加入表面润湿剂吐温80(Tween－80)数滴,在持续灭菌的时间内轻轻摇动三角瓶或广口瓶,以促进叶片组织与灭菌溶液充分接触,提高灭菌效果。

茎尖、茎段组织消毒:将叶片及其他组织去除后,在流水下冲洗,用70%的酒精漂洗10～60s,视植物组织木质化程度而定,木质化程度高者浸泡时间可长些。然后用0.1%升汞溶液或2%的次氯酸钠液浸8～10min,无菌水冲洗三次即可接种。

种子消毒:首先将成熟种子进行水选,剔除瘪粒种子,留下饱满种子,然后用70%的酒精漂洗1min(种皮厚可延长时间),再用0.1%升汞溶液5～10min,无菌水冲洗3～5次,无菌水浸泡过夜即可接种。

幼穗组织消毒:对于水稻、小麦、玉米等禾本科植物,幼穗往往被多层苞片包裹,此时只需剪去伸展开的叶片,在无菌条件下用70%酒精擦拭苞叶进行表面消毒,然后去除苞叶取出幼穗即可接种。

第二节　植物离体培养的培养基

一直在田间生长的植物,在外部供给一些无机物就可以完成它的生命周期,而从一株植物上分离的离体器官、组织、细胞或原生质体,要能正常的生长、发育,除了必需的无机盐外,还必须有某些有机物质和生长调控物质,由这些物质共同组成的培养基是植物离体培养生长、发育的基础。

一、培养基的成分及其作用

1. 水

培养基中95%是水,所以水质应该引起高度重视。以研究为目的的植物组织和细胞培养应该用经硼硅酸盐玻璃蒸馏过的水;原生质体、细胞和分生组织培养,应使用重蒸馏水;蒸馏水最好贮存在聚乙烯容器中,因为玻璃中常含有微量的铅、砷等重金属离子,这些物质在蒸馏水贮存过程中,逐渐被释放出来,从而影响培养基的成分。离体培养一般不用自来水制备培养基,如果没有蒸馏水,大规模培养时也可用去离子水,但这种水仍然含有相当多的有机污染物和微生物。

2. 无机营养物质

植物体内的矿质元素种类很多,但对植物生长必需的元素,目前公认的有16种。其中C、H、O、N、P、K、Ca、Mg、S在培养基中含量较多,为大量元素;其他的Fe、Zn、B、Mn、Cu、Co、Mo、Cl则含量较少,为微量元素。

3. 有机营养物质

尽管绝大多数培养的植物细胞都能合成其自身所需的全部维生素，但其数量并非最适水平，为了保证培养物达到最佳生长状态，往往需要在培养基中添加一种或几种维生素、氨基酸和其他有机营养物质。有时添加此类物质的浓度较高，但这并不意味植物真的需要这么多，而是有其他作用，如维生素 C 具有抗氧化作用，VB_2 能够促使 IBA 被光氧化。

(1)维生素类物质

维生素类与植物体内各种酶的形成有关。维生素类的种类很多，在植物组织培养中通常以 B 族维生素为主，使用浓度一般为 0.1～1.0mg/L，其中以维生素盐酸硫胺素(VB_1)、盐酸吡哆醇(VB_6)、烟酸、VB_{12}、生物素及 VC 最常用。在各种维生素中，VB_1 可能是必需的，而烟酸及 VB_6 对生长有促进作用。肌醇(环己六醇)本身不促进外植体生长，但可能有助于活性物质发挥作用，提高 VB_1 的效果，从而促进外植体生长、胚状体及芽的形成；培养基中的肌醇用量为 50～100mg/L。

(2)氨基酸类物质

适量添加大多数氨基酸(amino acids)到培养基中对培养效果都有正效应。甘氨酸是小分子量的化合物，可以直接被细胞吸收利用，被广泛地使用在大多数培养中。谷氨酰胺能促进胡萝卜细胞悬浮培养物胚状体的形成。谷氨酰胺作为培养基中的无毒氮源部分取代了无机氮源后，提高了大麦花药培养中花粉胚和绿苗的诱导频率，降低了愈伤组织的形成频率。人们也陆续发现脯氨酸、天门冬酰胺、精氨酸、丝氨酸、丙氨酸、酪氨酸等氨基酸对植物组织培养的显著促进作用。在植物组织培养中，有时也使用水解乳蛋白或水解酪蛋白(caseinhy-drolysate，CH)，它们是牛乳用酶法等加工的水解产物，是含有 20 种氨基酸的混合物。用量为 10～1000mg/L。

(3)碳源

植物组织培养中被培养的外植体，由于其光合作用的能力较低，需要在培养基中添加一些碳水化合物作为生长发育的能源。一般是添加蔗糖、葡萄糖和果糖，其中以蔗糖最常用，效果也最好。糖类在培养基中除了作为碳源和能源外，还具有维持培养基一定渗透压的作用。大多数植物细胞对蔗糖的需求范围是 1%～5%(可维持的渗透压范围为 152～415kPa)，但个别植物组织培养中蔗糖的浓度也可高达 7%甚至 15%，如玉米、油菜等植物的花药培养。一般来说，蔗糖作为碳源和稳定剂的比例为 3∶1～3∶2，即有 1/4～2/5 的蔗糖用于保持培养基的渗透压。

(4)肌醇

肌醇(inositol，环己六醇)本身没有促进生长的作用，但有帮助活性物质发挥作用的功能，使培养物快速生长，对胚状体和芽的形成有良好的作用。肌醇在糖类互相转化中起作用，常可由磷酸葡萄糖转变而成，还可进一步形成果胶物质，是细胞壁的构建材料。肌醇还可与 6 分子磷酸残基结合形成植酸，植酸可与钙、镁等阳离子结合形成植酸钙镁，也可以进一步形成磷脂，参与到细胞膜的构建中。肌醇用量一般为 100～200mg/L。

(5)生物素

生物素(biotin)又称维生素 H，多从含量较高的卵黄(α 型)及肝组织(β 型)中提取，亦可人工合成。生物素分子量为 244.31，分子式为 $C_{10}H_{16}O_3N_2S$，是羧基转化酶作用的一种辅酶，故又称辅酶R,具有α、β两型,其生物活性基本相同。生物素用量一般为0.01～1.0mg/L。

4. 固化剂和悬浮剂

固体培养基需要加入固化剂,某些液体培养需要加入悬浮剂。

(1)琼脂

琼脂(agar)是从石花菜属海藻中提取的一种球状衍生物,由中性琼脂糖和大量的与其相近的琼脂胶粒组成,主要成分为多聚半乳糖,在大多数培养基中用作凝胶化试剂。琼脂的使用浓度一般为0.4%～1%。如果琼脂浓度太高,培养基就会硬化,浓度太低就会流质化,不能满足固定培养的要求。琼脂在偏碱条件下易固化,pH低于4.5～4.8时,则不能凝胶化。

琼脂以颜色浅、透明度好、洁净的为上品。市售的琼脂几乎都含有一定的杂质,特别是钙、镁及其他微量元素。一般在植物组织培养试验中应特别注意这些杂质的影响。

(2)琼脂糖

琼脂糖(agarose)作为一种纯度较高的固化剂代替琼脂,在花药培养中能提高花药培养的效率和质量,这可能是由琼脂和琼脂糖化学成分上的差异引起的,高度纯化的琼脂糖以阿拉伯糖为基本组成单位。与琼脂比较,琼脂糖对培养组织毒性小。但由于琼脂糖价格昂贵,一般组织培养中也不使用,主要用于原生质体、细胞培养及某些植物的花药培养方面。

一些报道还提到采用滤纸、玻璃球、玻璃棉、石英砂、蛭石、硅胶、明胶、聚丙烯酰胺,甚至马铃薯、南瓜等等来代替琼脂,然而到目前为止,比琼脂更方便、更好的支持物尚未发现。尽管如此,这些研究还是为我们解决生产中的一些实际问题指明了途径。如我国南方的许多工厂化的育苗中心常采用卡拉胶代替琼脂,因为它价格较低,而且使用时不需要高温溶解。

(3)Gelrite

Gelrite(脱乙酰吉兰糖胶)是一种高纯度天然阴离子多糖,干粉呈米黄色,无特殊的味道和气味,约于150℃不经熔化而分解。耐热、耐酸性能良好,对酶的稳定性亦高。不溶于非极性溶剂,溶于热水及去离子水,水溶液呈中性,在一价或多价离子存在时经加热和冷却后形成凝胶。胶强度550～850g/cm^2。近年的研究表明,以Gelrite代替琼脂作培养基的固化剂,不仅能节约成本10%～15%,而且可使在以琼脂为固化剂时离体培养难以成功的植株或基因型获得再生植株。优点是:比琼脂更均一,批次间差异更小;无酚类等污染物,灰分少,适用于敏感细胞及组织;用量仅为琼脂一半;胶体澄清,易于观察和营养吸收。吴伟民研究了固化剂Gelrite浓度对草莓花药愈伤组织诱导及分化的影响。

(4)Ficoll

Ficoll(聚蔗糖)是一种被广泛使用的悬浮剂。以Ficoll作为悬浮剂进行花药液体培养比固体培养有较好的培养效率。Ficoll 400在花药液体漂浮培养中的使用浓度一般为20%。

5. 植物生长调节剂

植物组织与细胞的离体培养中,植物生长调节剂(激素)是调控植物组织和细胞生长、发育及脱分化和再分化的重要物质。在培养基的成分中,只有配合使用适当的植物激素才能诱导细胞分裂的启动、愈伤组织的生长以及根、芽的分化或胚状体的发育等。植物生长调节剂以微小的量影响植物细胞的分裂、分化、发育和形态建成。

(1)生长素类

它们的主要作用是诱导愈伤组织的形成、胚状体的产生以及试管苗的生根，更重要的是配合一定比例的细胞分裂素诱导腋芽及不定芽的产生。生长素类常用2,4-D(2,4-二氯苯氧乙酸)、NAA(萘乙酸)、IAA(吲哚乙酸)、IBA(吲哚丁酸)，它们作用的强弱顺序为2,4-D>NAA>IBA>IAA。它们使用的适宜浓度：IAA为10^{-10}～10^{-5}mol/L，以1～10mg/L最常用；2,4-D为10^{-7}～10^{-5}mol/L；NAA的适宜浓度范围比前两者都高。在大多数情况下，只用2,4-D就可成功地诱导外植体产生愈伤组织，假若将2,4-D等生长素类物质与一种细胞分裂素配合使用时，效果会更好。虽然2,4-D诱导细胞分裂较好，但这个化合物趋向于抑制植物的形态发生，故在诱导再分化时就很少用它(但在禾本科及某些单子叶植物的培养中，2,4-D却对其器官分化有较好的促进效果)，一般多用NAA或IBA或IAA与一种细胞分裂素配合使用。值得一提的是，低浓度的2,4-D往往有利于胚状体的分化，NAA有利于单子叶植物的分化，而吲哚丁酸诱导生根的效果最好。

(2)细胞分裂素类

常用的细胞分裂素类有：激动素(KT)、6-苄基腺嘌呤(6-BA)、玉米素(ZT)、2-异戊烯腺嘌呤(2-iP)和噻重氮苯基脲(TDZ)。它们的主要作用是促进细胞的分裂和器官分化、延缓组织的衰老、增强蛋白质的合成、抑制顶端优势、促进侧芽的生长及显著改变其他的激素作用。它们作用的强弱顺序为TDZ>ZT>2-iP>6-BA>KT。但在组织培养中通常使用人工合成的、性能稳定又价格适中的KT和6-BA，二者的最适浓度为10^{-7}～10^{-6}mol/L。

此外，赤霉素(GA3)、脱落酸(ABA)、B9和多效唑(PP333)、香豆素、水杨酸(SA)、苯基脲及其衍生物、根皮苷(PZ)及其衍生物、根皮酚(PG)等生长调节物质也见用于组织培养中。

6. 其他添加物

一些天然有机物如椰乳(coconut milk,CM)、番茄提取物(potato extract,PE)、酵母提取物(yeast extract,YE)、麦芽提取物(malt extract,ME)、玉米乳(corn milk)马铃薯煮汁(tomato juice,TJ)等也常用于植物组织培养中，并表现出了良好的促进作用。其他有机提取物如洋葱汁、番茄汁、苹果汁、柑桔汁、黄瓜的果实、未熟玉米的胚乳等在植物组织培养中也有应用，它们遇热较稳定，大多在培养困难时使用，有时有效。

7. 其他

(1)活性炭

活性炭(active carbon)有很强的吸附作用，通常使用浓度为0.5～10g/L。它可以吸附非极性物质和色素等大分子物质，包括琼脂中所含的杂质，培养物分泌的酚、醌类物质以及蔗糖在高压消毒时产生的5-羟甲基糠醛及激素等。茎尖初代培养，加入适量活性炭，可以吸附外植体产生的致死性褐化物，其效力优于Vc和半胱氨酸。但活性炭的吸附作用是非选择性的，其在吸附有害物质的同时还会吸附一些有机营养成分和激素。

(2)抗氧化剂

植物组织在切割时会溢泌一些酚类物质，接触空气中的氧气后，自动氧化或由酶类催化氧化为相应的醌类，产生可见的茶色、褐色甚至黑色，这就是酚污染。这些物质渗出细胞外就造成自身中毒，使培养的材料生长停顿，失去分化能力，最终变褐死亡。在培养基中加入抗氧化剂(antioxide),或用抗氧化剂进行材料的预处理或预培养,可预防醌类物质的形成。抗氧化剂包括抗坏血酸(Vc)、聚乙烯吡咯烷酮(PVP)和牛血清白蛋白等。

(3)pH

植物生长对培养基的 pH 都有要求,多数植物喜欢弱酸性的 pH 环境,因此培养基的 pH 常被调整到 5.6~5.8,有时到 6.0,有些喜酸植物还可以到 5.4,甚至 4.6。

二、培养基

(一)母液的制备与保存

在一些发达国家,培养基常由专业公司或实验室生产,出售的培养基为粉状,使用时只需要用蒸馏水溶解,然后加入琼脂、糖和其他附加物并定容后即可。我国常规的组织培养工作中,配制培养基是一项基本工作,为简便起见,常将配方中的药品一次称量供一段时间使用,即将培养基的各成分含量按一定倍数增大配成一定浓度的贮存液,用时再进行稀释,这种贮存液就叫贮备液或母液。母液一般按照药品种类和性质分别配制,单独保存或者几种混合保存。制备母液一方面是为了制备培养基时方便,减少工作量;另一方面则是为了提高培养基中各成分含量的准确性,减少称量误差。

现以 MS 培养基母液的制备为例简单介绍培养基母液的制备方法,MS 培养基是应用最广的一种培养基。一般配制时可根据药品种类和性质分别配制成大量元素母液、微量元素母液、铁盐母液和有机成分母液,激素母液也应单独制备保存。

1. 大量元素母液

大量元素母液浓度一般为原培养基浓度的 10、20 或 50 倍,有时也可用到 100 倍,倍数不宜过高,也不应过低。倍数太高,准确性降低,倍数太低,则需经常配制,工作量加大。实验室少量制备培养基时可使用较低的倍数,工厂化大规模生产时,母液浓度可配制高一些。MS 培养基的大量元素无机盐由五种化合物组成,首先按各成分含量的 10 倍称量,用蒸馏水分别溶解,按顺序逐步混合。注意在溶解 $CaCl_2 \cdot 2H_2O$ 时,蒸馏水需加热沸腾,除去水中的 CO_2,以防止产生 $CaCO_3$ 沉淀;药品称量过程要尽量快,防止一些药品因吸湿而增加称量误差。后用蒸馏水定容到 1000mL 的容量瓶中,即为 10 倍的大量元素母液(表 4-3)。

表 4-3 MS 培养基大量元素母液制备

序号	培养基		扩大倍数	母液		
	成分	浓度(mg/L)		称量(mg)	体积(L)	浓度(mg/L)
1	NH_4NO_3	1650	10	16500	1	16500
2	KNO_3	1900	10	19000	1	19000
3	$CaCl_2 \cdot 2H_2O$	440	10	4400	1	4400
4	$MgSO_4 \cdot 7H_2O$	370	10	3700	1	3700
5	KH_2PO_4	170	10	1700	1	1700

2. 微量元素母液

由于培养基中微量元素浓度多在 0.001～0.1mg/L 之间，所以，母液宜配制成原培养基成分含量的 100 倍液，个别元素还可配置成 1000 倍液。微量元素药品称量很小，称量准确性要求很高，应使用灵敏度高，感量为万分之一的电子分析天平。MS 培养基的微量元素无机盐由 7 种化合物(Fe 除外)组成。微量元素用量较少，特别是后两类用量甚微，一般分两次制备。即前 5 种：硫酸锰、硫酸锌、硼酸、碘化钾和钼酸钠分别按含量的 100 倍称量，用蒸馏水充分溶解。按顺序混合均匀后定容到 1000mL，即为 100 倍的微量元素母液 I，但也有人将 KI 单独配制，贮存于棕色瓶中。后两种含量甚微的硫酸铜和氯化钴按各自含量的 1000 倍称量，分别溶解后混匀定容到 1000mL，即为 1000 倍的微量元素母液 II(见表 4-4)。

表 4-4　MS 培养基微量元素母液制备

类别	序号	培养基		扩大倍数	母液		
		成分	浓度(mg/L)		称量(mg)	体积(L)	浓度(mg/L)
Ⅰ	6	$MnSO_4 \cdot 4H_2O$	22.3	100	2230	1	2230
	7	$ZnSO_4 \cdot 7H_2O$	8.6	100	860	1	860
	8	H_3BO_3	6.2	100	620	1	620
	9	KI	0.83	100	83	1	83
	10	$Na_2MoO_4 \cdot 2H_2O$	0.25	100	25	1	25
Ⅱ	11	$CuSO_4 \cdot 5H_2O$	0.025	1000	25	1	25
	12	$CoCl_2 \cdot 6H_2O$	0.025	1000	25	1	25

3. 铁盐母液

铁属于微量元素，但为了保证铁素的稳定供应，MS 培养基及绝大多数常用的培养基都用螯合剂 Na_2 · EDTA(乙二胺四乙酸二钠)和 $FeSO_4 \cdot 7H_2O$(硫酸亚铁)来单独配制铁盐母液，或者用 Na · F · EDTA 形态的铁盐配制。配制时先按表 4-5 将称量好的 $FeSO_4 \cdot 7H_2O$ 和 Na_2 · EDTA 分别用 350～400mL 蒸馏水溶解，可适当加热，然后混合搅拌均匀，并定容到 1000mL，最后将溶液 pH 值调至 5.5，贴上标签，贮存备用。

表 4-5　MS 培养基的铁盐母液制备

序号	培养基		扩大倍数	母液		
	成分	浓度(mg/L)		称量(mg)	体积(L)	浓度(mg/L)
13	Na_2 · EDTA	37.3	100	3730	1	3730
14	$FeSO_4 \cdot 7H_2O$	27.8	100	2780	1	2780

4. 有机物质母液

有机成分大多为水溶性，但一些药品如叶酸需要用少量的稀氨水才能溶解。MS 培养基的有机成分有甘氨酸、肌醇、烟酸、盐酸硫胺素和盐酸吡哆素。培养基中的有机成分原则上应分别单独配制，扩大适当的倍数制成一定浓度的母液，MS 培养基的有机成分可根据其培养基中的含量配制成50倍的甘氨酸母液，100倍的盐酸硫胺素、盐酸吡哆素、烟酸母液、20倍的肌醇母液(如表4-6)。

表4-6　MS培养基有机物质母液的制备

序号	培养基		扩大倍数	母液		
	成分	浓度(mg/L)		称量(mg)	体积(L)	浓度(mg/L)
15	甘氨酸	2	50	100	0.1	1000
16	肌醇	100	20	2000	0.1	20000
17	盐酸硫胺素	0.4	100	40	0.1	400
18	盐酸吡哆素	0.5	100	50	0.1	500
19	烟酸	0.5	100	50	0.1	500

5. 激素母液

植物组织培养中使用激素种类和含量是根据不同的研究目的而定的，但激素在培养基中含量甚微，因而，在制备培养基前也应先将可能使用的激素配制成一定浓度的母液贮存，一般激素母液配制的最终浓度以0.5mg/L为好。多数植物激素不是水溶性的，所以配制时应注意：IAA、ZT和NAA先用少量95%乙醇充分溶解，然后用蒸馏水定容到一定体积；IBA用少量50%乙醇溶解后，加水定容；乙醇浓度太高时，加水会导致沉淀。2,4-D用1mol NaOH溶解后，加水定容；KT、BA先溶于少量1molHCl，再加水定容。

激素的用量一般采用mg/L表示，过去也用M(克分子浓度)表示。为了计算方便，现将mg/L与M换算表列于表4-7、表4-8。

表4-7　主要激素的mg/L和M的换算表

mg/L	($\times 10^{-6}$M*)					
	NAA	2,4-D	IAA	6-BA	KT	GA_3
1	5.371	4.524	5.708	4.439	4.647	2.887
2	10.741	9.048	11.417	8.879	9.293	5.774
3	16.112	13.572	17.125	13.318	13.940	8.661
4	21.483	18.096	22.834	17.757	18.586	11.548
5	26.853	22.620	28.52	22.197	23.231	14.435
6	32.223	27.144	34.250	26.636	27.880	17.323
7	37.594	31.668	39.959	31.075	32.526	20.210
8	42.965	36.193	45.667	35.515	37.173	23.097
9	48.339	40.717	51.376	39.945	41.820	25.984
分子量	186.20	221.04	175.18	225.26	215.21	346.37

* 10^{-6}M$=10^{-3}$mM$=1\mu$M

表 4-8 主要激素的 M 和 mg/L 的换算表

mg/L	(×10^{-6}M＊)					
	NAA	2,4-D	IAA	6-BA	KT	GA_3
1	0.1862	0.2210	0.1752	0.2253	0.2152	0.3464
2	0.3724	0.4421	0.3504	0.4505	0.4304	0.6927
3	0.5586	0.6631	0.5255	0.6758	0.6456	1.0391
4	0.7448	0.8842	0.7007	0.9010	0.8608	1.3855
5	0.9310	1.1052	0.8759	1.1263	1.0761	1.7319
6	1.1172	1.3262	1.0511	1.3516	1.2913	2.0782
7	1.3034	1.5473	1.2263	1.5768	1.5065	2.4246
8	1.4896	1.7683	1.4014	1.8021	1.7217	2.7710
9	1.6758	1.9894	1.5766	2.0273	1.9369	3.1173

母液含有相当丰富的营养物质,易受污染。配制好的母液应放置在普通冰箱中备用。母液的保存时间不宜过长,当出现沉淀或浑浊及霉变时,应重新配制。保存时应贴标签,注明类型、日期、浓度等。

MS 培养基中的蔗糖为 30g,在制备培养基时直接加入即可。

(二)培养基的制备

配制培养基时先将贮存母液按顺序放好,将洁净的各种玻璃器皿,量筒、烧杯、移液器(管)、玻璃棒、漏斗等放在指定的位置,准备好 pH 计或 pH 精密试纸、1mol NaOH 和 1mol HCl,称好所需的琼脂、蔗糖,配好所需用的生长调节物质,准备好重蒸馏水及作封口用的封口膜和包装线等。

1. 移液与定容

每次配制培养基时应按培养基中各成分的含量和母液浓度,求出每升培养基吸取母液的体积,计算公式:

$$吸取量(mL)=\frac{培养基中物质的含量(mg/L)}{母液浓度(mg/L)}\times 1000$$

表 4-9 配制 1L MS 培养基各母液的吸取量

母液类型	1L MS 培养基的吸取量(mL)
大量元素	100
微量元素Ⅰ	10
微量元素Ⅱ	1
铁盐	10
甘氨酸	2
肌醇	5
盐酸硫胺素	1
盐酸吡哆素	1
烟酸	1

按以上公式求算的各母液吸取量，结果如表 4-9，制备培养基时，先按表 4-9 的顺序和吸取量吸取各成分母液加入 1000mL 瓷量杯中，再按目的加入一定浓度的激素或其他附加成分。充分混匀后加入用蒸馏水溶化的 30g 蔗糖和已融化的琼脂，最后用蒸馏水定容到 1000mL。

2. 调 pH

由于培养基的 pH 直接影响培养物对离子的吸收，因而过酸或过碱都对植物材料的生长有很大影响；此外，琼脂培养基的 pH 还影响凝固情况。所以，培养基定容后应立即进行 pH 的调整。最好用酸度计测试，既快又准，如无条件也可用精密 pH 试纸，培养基偏酸时用 1mol NaOH 来调节，偏碱用 1mol HCl(盐酸)来调节。

3. 分装、包扎

pH 调好后，将培养基及时分装于培养容器中，分装时要尽量避免培养基污染瓶口，后盖上瓶盖或用无菌培养容器封口膜外加一层牛皮纸封口。

4. 灭菌

培养基采用湿热灭菌，在高压锅内于 0.1MPa 压力下灭菌 20min。灭菌后及时取出放平，待冷却后即可接种。

第三节　植物离体微繁

植物离体微繁技术是 20 世纪 60 年代发展起来的一个重要的植物离体繁育技术。与常规的植物营养繁育技术相比，该技术能在较小的空间、较短的时间及人为控制条件下快速、有效地繁育和规模化生产植物个体。因此，该技术一经建立就很快用于植物的繁育实践，目前已成为名贵花卉及其他一些重要植物主要的快速繁育方式。

一、植物离体微繁的概念和发展

1. 植物离体微繁的概念

植物离体微繁(micropropagation)又称微体繁殖、试管繁殖(test-tube propagation)或离体繁殖(propagation in vitro)，是指利用植物组织培养方法对分离的植物外植体进行离体培养，通过诱导外植体的增殖在短期内获得遗传性一致的大量再生个体的技术。

植物离体微繁是植物无性繁殖的又一重要方式，它具有常规无性繁殖的遗传特点，通过试管微繁，能够获得在遗传上与其亲本植物完全相同的个体和后代，从而使品种的遗传特性代代相传。一个个体经过试管繁育产生的在遗传上相同的一个群体称为一个无性系或者克隆(clone)。

2. 植物离体微繁的发展

植物离体微繁技术是在植物组织培养技术研究和发展中发展起来的一个重要的高等植物离体繁育技术。1960 年 Morel 利用他和 Martin 在 1952 年发明的茎尖分生组织脱毒技术，在兰花上获得了去病毒株，通过脱毒株的微繁增殖，可使一个兰花茎尖在一年内生产出 400 万株在遗传特性上和母本植株完全相同的兰花植株。这一重要的试管繁殖方式，使从事商业性兰花生产的人立刻理解到该技术蕴含的巨大价值，很快应用到生产并建立了兰花工业(orchid industry)，开创了组织培养法进行植物快速繁殖的先例。1958 年，Wickson 和

Thimann 在茎尖培养研究中的另一个重要发现是应用外源细胞分裂素可促成在顶芽存在情况下处于休眠状态的腋芽的发育，而且也促进了由原来的茎尖在培养中长成的侧枝上的腋芽的生长，形成一个微型的多枝多芽的小灌木丛状的结构，若这些小枝条取下来再重复上述过程，就可在相当短的时期内，获得成千上万个小枝条，这些枝条也能转移到生根培养基上生根并进一步发育成完整植株。20 世纪 50 年代 Morel 和 Martin 以及 Wickson 和 Thimann 的重要发现和卓有成效的研究工作，建立了植物试管微繁研究与利用的基础，这一技术不仅是对兰花种植业的革命，而且开辟了利用茎尖培养法快速繁殖其他重要植物的新途径。1982 年 Kim 首先报道了马铃薯试管微薯(microtuber)的诱导方法，Pilar Tovar(1985)、Rolando Lizarrage(1989)也报道了这方面的工作，试管微薯的诱导为利用地下茎繁殖的植物的微繁殖开创了另一个新途径。20 世纪 80 年代末，日本千叶大学 Kozal 教授发明了无糖微繁技术，这一技术是在培养基中不用添加糖和生长调节物质，只是通过提高培养空间的光照度、CO_2 浓度、温度和湿度，以及气流交换速度等来增强组培植物的光合速率，从而促进微繁植物的增殖、生长和发育，无糖微繁技术开创了一个全新的植物微繁新技术。据初步统计，从 20 世纪 60 年代至今，人们已用各种微繁技术成功培育了 1226 个属的 2776 种植物，欧美发达国家的许多重要花卉已基本实现试管产业化的生产。

我国的试管苗应用始于 20 世纪 70 年代，相继在兰属植物、荫生植物、观叶植物、观花植物、果树、蔬菜等重要植物上取得了重要发展。此外，还对我国传统药用植物进行了离体培养和试管繁殖研究，目前已有 100 多种药用植物经过离体培养获得试管植株，苦丁茶、芦荟、怀地黄、枸杞、金钱莲、石斛等药用植物的试管微繁已部分用于生产，此项技术对于中药材的优良种质和濒危品种的繁殖、保存、良种选育、缩短栽培年限等方面，均可发挥重要作用。随着茎尖培养脱病毒技术以及离体快繁技术的日趋成熟，我国也逐步建立了一批工厂化试管苗繁育基地，在马铃薯、草莓、香蕉、甘蔗、桉树、杨树以及一些花卉上已有商业化的试管苗生产体系。"香蕉产业"等一批试管微繁产业带来了巨大的经济及社会效益，从 1986 年到 1992 年，我国香蕉主产区的香蕉组培苗栽培总面积达 18 万 hm^2，仅 2000 年，全国香蕉商品组培苗量达 1 亿株左右，占全国商品组培苗总量的 2/3。目前我国约有 2000 个组培室，在上千种植物中建立了组培再生技术，年产组培苗几亿株。

3. 植物离体微繁的特点

与常规的营养繁殖相比，植物离体微繁的突出特点是：(1)繁殖效率高，在人工控制和离体条件下，试管苗有较高的增殖倍数(能以几何级数增长)、较短的增殖周期和周年连续生产的特性；(2)占用空间少，由于试验与生产过程中的微型化和精密化以及多层集约架式培养，使得空间利用比室外苗圃平面利用率提高了几十倍或几百倍，一个 $20m^2$ ～$30m^2$ 的培养室一年就可以生产十几万至几十万株试管苗，同时节约了人力和物力；(3)微繁培养条件可控性强，不受季节和灾害性气候的影响，培养材料完全在人工提供的培养基质和环境条件下进行，培养材料的增殖速率、生长周期等重要特性都可通过对生长基质成分(如激素、营养和 pH 等)、温湿度、光强、光质、光周期等因素调控进行有效控制，使培养材料的生长条件接近理想要求；(4)管理方便，同时便于种质的保存和交换。

二、植物离体微繁的一般方法

（一）植物离体微繁的过程

植物离体微繁一般分为5个阶段，分别是阶段Ⅰ，无菌培养物的建立；阶段Ⅱ，诱导中间繁殖体的生长与分化；阶段Ⅲ，中间繁殖体的增殖；阶段Ⅳ，试管苗的壮苗和生根；阶段Ⅴ，试管苗的出瓶移栽与管理。其中前4个阶段在无菌条件下完成，而最后一个阶段是在温室中进行的。但Debergh和Maene(1981)建议，在阶段Ⅰ前要增加一个阶段0，主要是控制供体植株的生长环境条件并采取有效措施减少供体植物的表面污染和内生菌污染。

（二）无菌培养物的建立

1. 供体植株选择

供体植株对于培养体系的成功建立有着重要的影响，尤其对于脱除植物病毒时选择没有感染病原菌的植株作为原始材料进行培养就更为重要。生长在田间或温室的材料，由于内生菌和表面污染源的存在，很可能造成初代培养的失败。如果室外栽培的材料污染严重，多次接种都难获得无菌的材料，就必须采取严格的预防措施，先将植物样本掘出，剪除一些不要的枝条，改为室内盆栽，喷施杀虫剂和杀菌剂，经常施肥，加强管理。不便移栽的可套塑料袋，避免灰尘和污染，等长出新枝条后，再行采样接种，可获得理想的培养效果。

2. 外植体

植物种类不同，其无性繁殖的能力也不一样，对同一种植物而言，选取的组织和器官不同，其再生能力也有很大差异。木本植物、较大草本植物的茎段是比较适宜的外植体，通常经离体诱导侧芽萌发并生长，即可成为进一步繁殖的材料，如月季、变叶木、朱蕉、巴西铁树、菊花、香石竹等。对一些较易繁殖的草本植物，或本身短小或缺乏显著的茎，也可采用茎尖、叶片、叶柄、花萼、花瓣等作为外植体，如非洲紫罗兰、秋海棠类、倒挂金钟、虎尾兰等。

3. 取样和表面灭菌

从田间或温室选无病虫害的健壮植株，剪取幼嫩的茎尖、茎段或叶片组织。离体材料首先在流水中冲洗10～30min，去掉表面大部分微生物，之后，将外植体移于超净工作台面，在无菌条件下，用70%乙醇快速漂洗或擦拭消毒，随即移入2%次氯酸钠溶液或0.1%升汞液中消毒8～10min(为提高表面消毒效果，可加入几滴Tween 60或80)。无菌水洗3～4次以去除外植体表面残存的消毒剂，消毒后的外植体置无菌滤纸上进行适当分割。

4. 接种与培养

消毒和分割好的外植体(茎尖、茎段、叶片等)及时接入诱导茎、芽发生或发育的诱导培养基中，置23℃～25℃、2000～3000lx光照条件下培养。

（三）中间繁殖体的生长与分化

大多已经试验成功的植物或再生能力较强的植物，获得了无菌培养物，继代培养能连续生长和增殖，就可认为已经建立了无菌培养系。但对于一些难分化或者前人没有试验过的植物来说，仅仅获得无菌材料并不能算是建立了无菌培养系。这时需要诱导外植体生长与分化，使之能够顺利增殖。植物试管微繁中中间繁殖体的生长与分化有4种方式。

1. 顶芽和腋芽的发育

植物的每个枝条都有顶芽和腋芽(图4-14)。腋芽存在于每个叶片的叶腋中，每个腋芽都有发育成一个枝条的潜力。离体培养条件下,顶芽和腋芽在适宜的培养基中都可被诱导而发育。单个芽可萌生出单一的苗或多个苗(试管苗)。苗逐渐伸长,随着叶片的形成,新芽逐渐发育。将新形成的芽切割下来进行培养可使之再萌生出新苗(图4-15)。如果在这一过程中使用适当种类和浓度的细胞分裂素,可以促使具有顶芽或没有顶芽的休眠侧芽启动生长,形成一个微型的多枝多芽的小灌木丛状的结构。将这种丛生苗的一个枝条转接继代,重复芽—苗增殖的培养,从而迅速获得无数的嫩茎,繁殖系数呈几何级数增长。一些木本植物和少数草本植物可以通过这种方式进行再生繁殖,如月季、洒金柳、茶花、叶子花、菊花等。这种繁殖方式也称为"无菌短枝扦插"或"微型扦插",是一种不经过脱分化途径增殖并使无性系后代保持原品种特性的一种微繁方式。

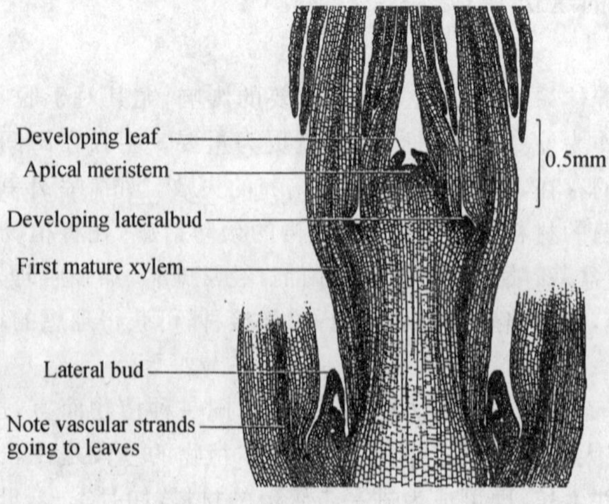

图4-14 植物茎尖分生组织示意图

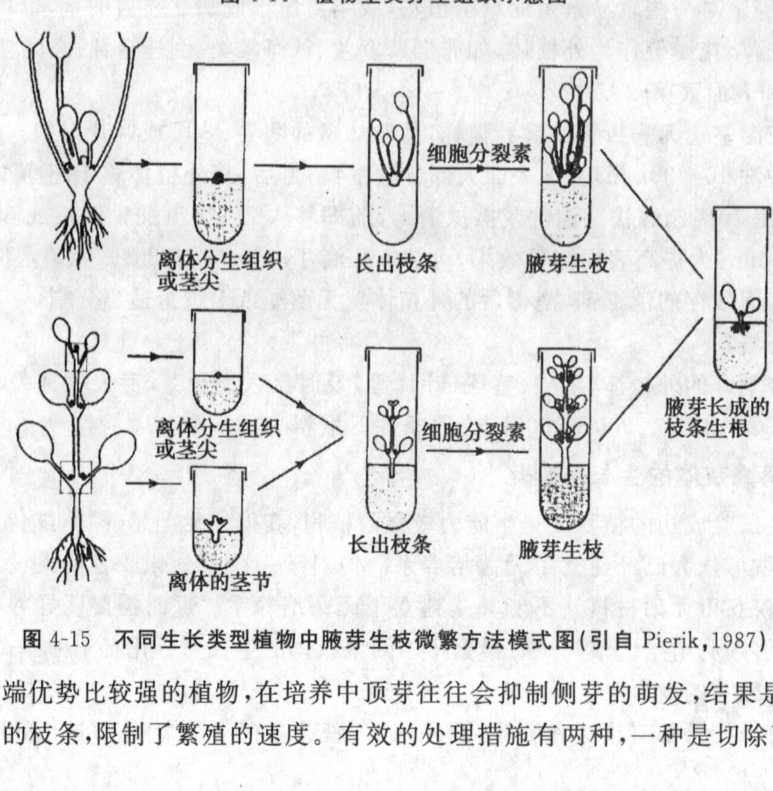

图4-15 不同生长类型植物中腋芽生枝微繁方法模式图(引自Pierik,1987)

对于顶端优势比较强的植物,在培养中顶芽往往会抑制侧芽的萌发,结果是只获得分枝很少且独立的枝条,限制了繁殖的速度。有效的处理措施有两种,一种是切除顶芽,另一种是适当增加细胞分裂素的浓度。一般随着继代培养次数的增加，顶端优势现象即可削弱，逐渐长出多分枝的丛生苗。

图 4-16　大花蕙兰(*Cymbidium hybridium*)的微繁技术(文颖，2005)

A：切取外植体；B：形成的原球茎；C：继代培养；D：假植 30d 的幼苗（一级苗）；
E：已定植大苗；F：当年开花株

2. 不定芽的发育

从现存的芽（顶芽和腋芽）之外的任何器官、组织上通过器官发生重新形成的芽称为不定芽(adventitious bud)。在自然条件下，很多植物器官（特别是根、茎、叶）上都可产生不定芽，离体条件下，许多植物的器官如茎段（鳞茎、球茎、块茎、匍匐茎）、叶、叶柄、根、花茎、萼片、花瓣等都可诱导不定芽的产生。

微繁殖中不定芽的产生有两个途径，一是从外植体上直接产生，这类不定芽通常是从表皮细胞或表皮以下几层细胞中产生的，有时带有少量的愈伤组织(callus)。二是由外植体诱导产生愈伤组织产生。通常将完全从愈伤组织上分化不定芽的方式叫做器官发生型的再生方式，将较少发生或不发生愈伤组织、直接从外植体上再生不定芽叫做器官型的再生方式。离体培养产生的不定芽通常需要切割分离，转接到生根培养基上才能形成完整的再生植株。

3. 体细胞胚的发生与发育

胚状体形成是高等植物组织培养过程中的普通现象。由于胚状体具有成苗数量多、速度快、结构完整等特点，因此利用体细胞胚进行无性系大量繁殖具有极大的潜力。目前，包括裸子植物、双子叶和单子叶植物都有胚状体发生。

4. 原球茎的发育

在兰科等植物的组织培养中，常从茎尖和侧芽培养中产生原球茎(protocomb)。原球茎可增殖并萌发成小植株。原球茎最初是兰花种子发芽过程中的一种形态学构造。种子萌发初期并不出现胚根，只是胚逐渐膨大，以后种皮的一端破裂，膨大的胚呈小圆锥状，称作原球茎。因此，原球茎可理解为缩短、呈珠粒状、由胚性细胞组成、类似嫩茎的器官。培养的兰科等植物茎尖组织周围可产生几个到几十个原球茎，原球茎培养一段时间后逐渐转绿，相继长出毛状假根，叶原基发育成幼叶，转移培养生根即成完整的再生植株(图 4-16)。扩大繁殖应在原球茎转绿前进行，将原球茎切割成小块，或给予针刺等损伤，转移到新鲜的增殖培养基上，可以增殖出更多的原球茎。一些种类可在慢速旋转的液体培养基中增殖。

(四)中间繁殖体的增殖

在第 2 阶段培养的基础上所获得的芽、苗、胚状体和原球茎等等中间繁殖体，数量相对有限，需要进一步培养增殖(图 4-17)，使之越来越多，才能发挥快速繁殖的优势。增殖培养基对于同一种植物来说，每次几乎完全相同，一般含有适宜浓度和种类的细胞分裂素或细胞分裂素与生长素的组合。培养物在这一阶段以一定的繁殖系数迅速增殖，并在一定的时间内达到一定的繁殖群体。这个阶段就是中间繁殖体的增殖阶段，这个阶段的最大特点是：(1)试管苗增殖速度快，几乎呈几何级数增殖；(2)培养条件一致，培养基、光温条件、增殖速率、每代培养天数相同；(3)增殖代数多。

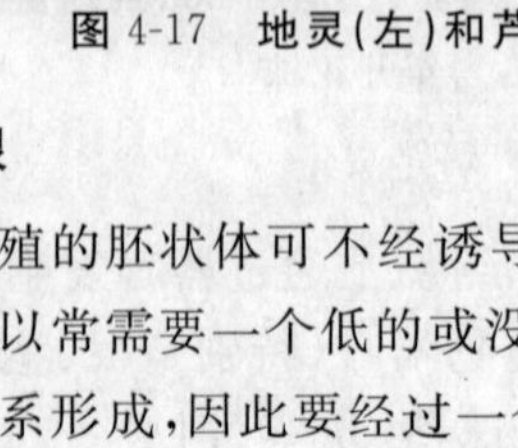

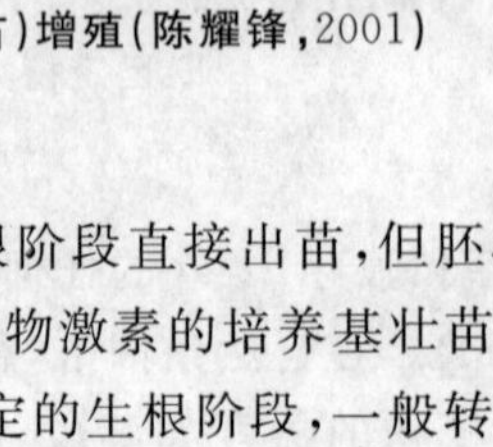

图 4-17　地灵(左)和芦荟(右)增殖(陈耀锋，2001)

(五)壮苗与生根

经中间繁殖体增殖的胚状体可不经诱导生根阶段直接出苗，但胚状体途径发育的苗一般较多，个体较小，所以常需要一个低的或没有植物激素的培养基壮苗生根。而经中间繁殖体增殖的茎芽没有根系形成，因此要经过一个特定的生根阶段，一般转移到壮苗生根培养基上诱导生根，同时调整培养基成分和环境条件壮苗。

试管苗生根有试管内生根和试管外生根两种方式。试管内生根是要将试管苗分离成单苗或者小丛苗转接在生根壮苗培养基上进行壮苗生根。多数植物微繁壮苗生根阶段只需一次培养，一般认为矿物元素浓度较高时有利于发展茎叶，而较低时有利于生根，所以在此阶段多采用 1/2 或 1/4 的 MS 培养基，全部去掉或仅用很低浓度的细胞分裂素，并加入适量的生长素(如 NAA、IAA 和 IBA 等)，随植物种类不同，一般 2～4 周即可生根(图 4-18)，当长出洁白的正常短根时即可出瓶移栽。对于少数诱导生根较难的植物，如山茶花、香石竹等，需采用液体培养基的纸桥培养法诱导生根。若在增殖阶段培养基中细胞分裂素用量过高，小苗体内积累了较多细胞分裂素，在生根培养基上仍不能停止增殖，容易引起生根困难，这种情况下往往要延长第 4 阶段，一般需要再转接一次生根培养。

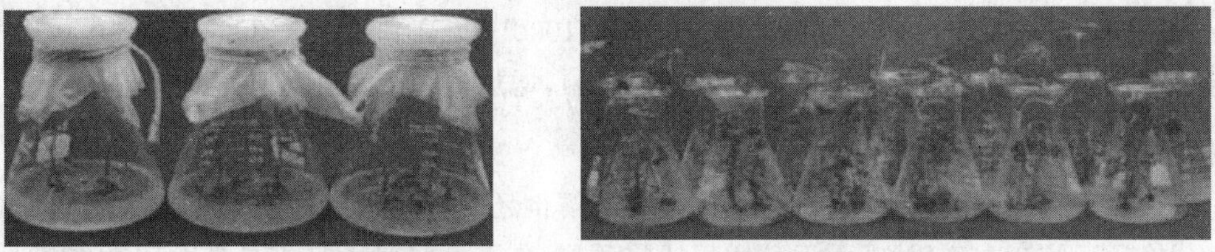

图 4-18　葡萄试管苗壮苗生根(左)及炼苗(右)(陈耀锋，1996)

试管外生根是从试管苗上切取嫩茎插条直接在介质中生根的方法，它减少了一次培养基制作的材料、能源消耗以及试管内生根需要无菌操作的工时耗费。一般做法是将切下的枝条用适当浓度的生长素溶液浸蘸处理，然后栽种在营养钵中；月季则可以先在试管内诱导枝条形成根原基，然后再移栽土中，遮荫保湿，待其生根。一些植物如越桔(*Vaccinium*)、南美捻(*Feijoa*)等的嫩茎在试管外生根远比在试管内好。

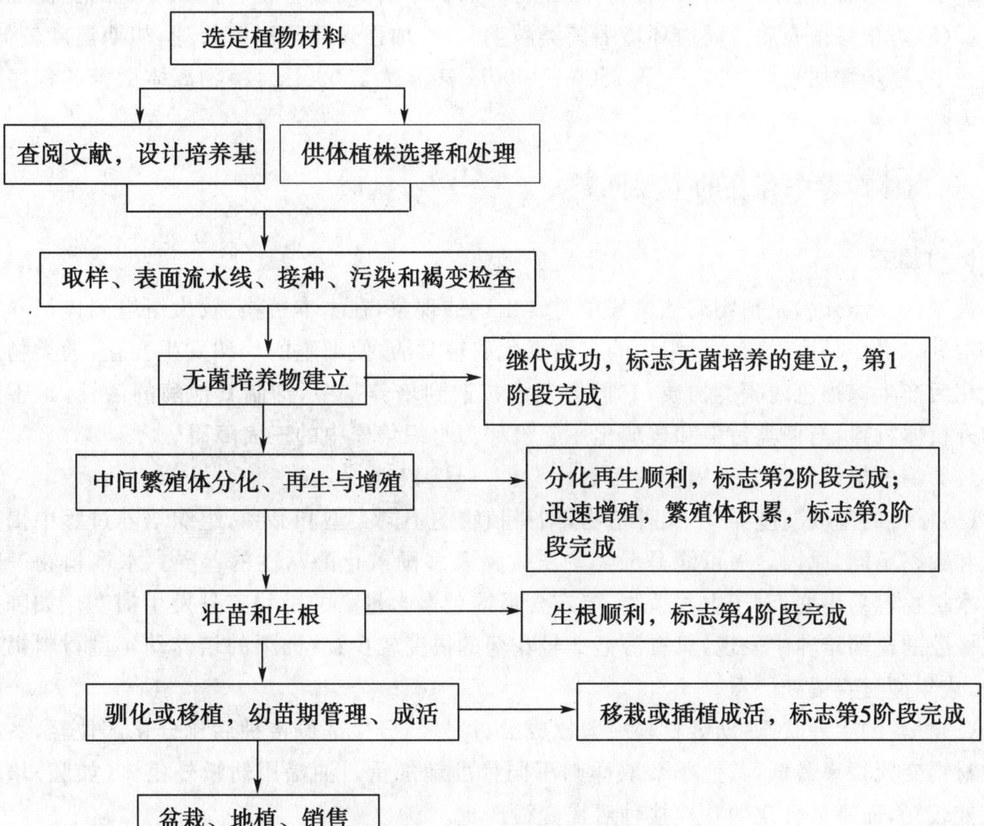

图 4-19　试管微繁程序简图

已证明杜鹃(*Rhododendron*)嫩茎在试管内或试管外生根都同样好,在不灭菌的条件下,1cm 的银毛球嫩茎可以百分之百地生根。有些植物如月季、香石竹等,需要接种在生根培养基上一段时间,此后无论生根与否都可移栽成活,但省去这一步却难以成功。

试管内生根或壮苗的目的是为了成功地移植到试管外环境中,也是使试管苗逐步适应外部环境的一个过渡时期。因此要加强试管苗对自然环境条件的适应能力,使它们减少对异养条件的依赖,逐步提高其光合自养能力,主要措施是减少培养基中糖含量和提高光照强度,一般糖的用量减少一半,光强由原来的 500～1000lx 提高到 1000～3000lx 或 5000lx。同时,试管苗出瓶前应打开瓶口炼苗 3～5d(图 4-19),增加试管苗对外界环境的适应性。

(六)试管苗出瓶移植与管理

试管苗是在控制条件下生长的,无论在形态解剖还是在生理特性上都有很大脆弱性,例如水分输导系统存在障碍,叶面无角质层或蜡质层,气孔开张过大且不具备关闭功能等。这样的试管苗一旦出瓶种植,环境发生了不利于其生长的剧烈变化,可能很快失水萎蔫,最后死亡。因此为确保移栽成活,必须注意:(1)保持试管苗出瓶后的水分平衡,试管苗周围的空气相对湿度在 90%～100%,尽量减少叶面的蒸腾,大型现代化温室一般采用保湿帐篷(Humidity Tent)、自动气雾化系统(Automatic Mist System)、雾化系统(Fog System)保持适宜的湿度,以提高移栽幼苗的成活率。(2)选择疏松通气、易消毒处理的栽培介质,常用的有粗粒状蛭石、珍珠岩、粗沙、炉灰渣、谷壳(或谷壳炭)、锯木屑等,或者将它们以一定的比例混合应用。(3)防止移植介质及周边环境中菌类滋生。(4)加强光照与温度管理,初期温度较低,光照适中,逐步增加光照强度,一般 1500～4000lx 甚至达 10000lx。植物离体微繁的程序可总结为图 4-19。

三、离体微繁中存在的主要问题

(一)褐变

褐变(browning)是植物离体微繁中常常出现的现象,在木本植物、较大组织离体培养中比较常见。褐变是由于离体组织中的多酚氧化酶被激活,使细胞的代谢发生变化,酚类物质被氧化后产生棕褐色的醌类物质,它们会逐渐扩散到培养基中,抑制其他酶的活性,毒害培养的外植体材料,与菌类污染和玻璃化一起被称为组织培养中的三大障碍。

1.影响外植体材料发生褐变的因素

(1)材料的基因型差异:不同种植物,同一植物的不同类型和品系,组织培养过程中褐变程度和频率不同,原因之一可能是酚类物质含量及多酚氧化酶活性的差异。木本植物一般比草本植物容易褐变,对于木本植物,单宁含量或色素含量高的植物容易发生褐变。如陈正华在橡胶的花药培养中发现,只有海垦 2 号花药的褐变较少;欧洲栗的培养幼年型材料褐变较轻,成年型材料褐变严重。

(2)材料的生理状态:幼龄材料一般比成龄材料轻,分生部位接种后比分化部位轻,冬春季取材褐变死亡率最低,其他季节取样则不同程度地加重。油棕用幼嫩外植体(如胚)培养时褐变较轻,而高度分化的叶片接种后褐变很严重。

(3)培养基成分:培养基的成分会影响外植体培养的褐变。过高的无机盐浓度会引起棕榈科植物外植体酚的氧化,油棕用 MS 无机盐培养外植体易褐变,用降低了无机盐的改良

MS可获得愈伤组织和胚状体。此外，激素也影响材料褐变，细胞分裂素BA或KT能刺激多酚氧化酶活性提高。

(4)其他因子的影响：外植体大小。枇杷的微茎尖(1mm以下)在培养时因酚类物质氧化褐变死亡，而较大的茎尖培养时褐化现象会消失。人为的切割和不良环境条件能够引起膜系统正常结构的破坏，造成酚类物质外渗，引起褐变，培养时间过长，造成酚类物质累积，易引起材料褐变甚至全部死亡。

2. 克服外植体褐变的措施

(1)选择适当的外植体和培养条件：许多成功的经验表明，选择适当的外植体并建立最佳培养条件是克服材料褐变的重要手段。在最适宜的细胞脱分化和再分化的培养条件下，使外植体处于旺盛的生长状态，便可大大地减轻褐变。Danhua和Carole研究了外植体起源与组织褐变的关系，认为生长在避荫处的外植体比生长在全光下的外植体褐变率低，腋生枝上的顶芽比其他部位枝的顶芽褐变率低；选取分生组织进行培养可以有效地减轻褐变，而选择适宜的无机盐成分、蔗糖浓度、激素水平也十分重要，适宜低温、低pH和初代暗培养也有降低褐变的作用。

(2)抗氧化剂和抑制剂的作用：在培养基中加入抗坏血酸(Vc)、聚乙烯吡咯烷酮(PVP)、半胱氨酸等抗氧化剂或用其对材料进行预处理或预培养可预防酚类物质形成，在培养基中加入0.1%～0.5%的活性炭可以吸附酚类物质从而起到减轻褐变的毒害作用。

(3)其他防止褐变的措施：对易于褐变的外植体材料进行连续转移和预处理可以减轻酚类物质对培养物的毒害作用。天刺黑莓茎尖培养，接种后1～2d转入新培养基，褐变现象基本不发生；山月桂树的茎尖培养，接种后12～24h转入液体培养基中，然后每天转移1次，连续1个星期，褐变得到完全抑制；外植体经流水冲洗后，放置在5℃左右的冰箱内低温处理12～24h，消毒后先接种在只含蔗糖的琼脂培养基中培养5～7d，使组织中的酚类物质先部分渗入培养基中，取出外植体用0.1%漂白粉溶液浸泡10min，再接种到合适的培养基上，褐化现象便完全被抑制。

(二)玻璃化

试管苗玻璃化(vitrification)是指组织培养过程中特有的一种生理失调或生理病变，试管苗呈半透明状、外观形态异常的现象。玻璃化苗绝大多数为来自茎尖或茎切段培养物的不定芽。通常玻璃化苗恢复正常的比例很低，在继代培养中仍然形成玻璃化苗，因此，玻璃化苗是试管苗生产中亟待解决的问题。

1. 玻璃化苗的形态学、解剖学特征

从形态上看，玻璃化苗水渍化呈半透明状，植株矮小肿胀，茎尖顶端分生组织相对较小，茎尖发育部分保持分生组织特性的时期也缩短，节间短或几乎没有，叶表面缩小或增大，叶片常皱缩并纵向卷曲，脆弱易破碎，其颜色不正常。

显微学观察表明，玻璃化苗一般茎皮层及髓部的薄壁组织过度伸长、细胞间隙大、输导组织发育不良或畸形，导管和管胞木质化不完全。叶片栅栏组织细胞层数减少，或仅有海绵组织，叶肉细胞间隙大。表皮组织发育不良，包括叶表角质层变薄或缺少角质层蜡质。

2. 玻璃化苗的生理生化特点

玻璃化苗细胞中含水量高，叶绿素、蛋白质、纤维素和木质素等含量较低；某些酶的活性发生明显的变化，例如与木质素合成有关的羟基肉桂酸CoA连接酶和与木质化进程有关的苯丙氨酸解氨酶的活性比正常苗低得多。与正常苗相比，玻璃化苗的内源激素状况也有显著的变化，如 Kevers 和 Gaspar 报道石竹玻璃化组织的乙烯产量总是高于正常组织；牛自勉等研究发现苹果玻璃化苗的叶片及茎尖中 GA_3、IAA、ABA 含量极显著上升，而 CTK 含量则显著下降；Gersani 等报道石竹玻璃化苗叶片生长素的极性运输大大降低，Bttcher 等也报道玻璃化石竹对赤霉素的敏感性高于正常苗，提示玻璃化苗的内源赤霉素也可能发生改变。

3.影响试管苗玻璃化的因素

外植体的种类、培养基成分和培养条件等各种内外因素都影响玻璃化苗的发生，其中研究较多的是培养基水势、细胞分裂素、氮源和碳源的存在状况。

(1)外植体：外植体类型及大小显著影响着玻璃苗的发生，外植体愈幼小，玻璃化苗发生的概率愈大；外植体的取材部位也会显著影响玻璃苗的发生。

(2)培养的环境条件：试管苗在培养过程中，光照、温度、湿度、pH 均会影响玻璃化苗的发生。众多研究表明，液体培养比固体培养更容易产生试管苗玻璃化，培养容器内相对湿度过高容易产生玻璃化，因此，提高培养液中琼脂浓度能够降低玻璃化苗的发生频率。光照强度提高，培养温度相对降低或用 40℃热击处理，pH7.0 培养，均可消除玻璃化现象。

(3)培养基成分：MS 培养基是控制玻璃化发生较理想的培养基，培养基中增加 K、P、Fe、Ca、Mn、Zn 元素的含量，降低 B 含量，增加硝态氮，降低铵态氮，可起到降低玻璃化率的作用。周音等研究表明，培养基中糖含量与生菜玻璃苗发生率呈负相关，在含糖 2%的培养基中玻璃苗发生率为 66.7%，含糖 5%的培养基，玻璃苗率则降至 43.3%。培养基中的 NH_4^+ 过多容易导致玻璃化苗的发生；Kevers、Pagues 和 Debergh 指出，玻璃化苗发生百分率和细胞分裂素成正相关，其中 BA 的影响大于 ZT。细胞分裂素的主要作用是促进芽的分化，打破顶端优势，促进腋芽发生，因而玻璃化苗也相应表现出茎节短、分枝多的特性。周菊华等研究表明，在瑞香茎尖培养中，如果培养基中激素组合为 KT 2.0 mg/L+IBA 0.1mg/L 时，玻璃苗百分率为 8.3%，而为 BA 2.0 mg/L+ NAA 0.2 mg/L 时，则为 37.5%，差异十分显著。

4.玻璃化苗的综合控制

(1)选择合适的外植体：玻璃化是生长因子不平衡的产物，是培养物对不良培养基和培养环境的反应结果，因此选择对逆境耐受能力较强的材料是避免玻璃化苗发生的基本措施。顶芽部位一般有利于减少玻璃化苗产生，但依植物类型而异，如菊花培养中能作为外植体的部位很多，目前用得最多的是茎尖、带芽茎段和叶片，此外花序梗、花序轴、花瓣、花托、胚、胚轴、子叶和根等部位也经常用作外植体。但以茎尖、带芽茎段和种子作外植体萌发出的芽都有不同程度的玻璃化，特别是茎尖和带芽茎段一般在接种 5d 后就表现玻璃化并逐渐死亡，以种子为外植体萌发出的不定芽有 29.67%的玻璃苗。胡开林等(1998)在青花菜(*Broccoli*)组织培养时发现用花蕾作外植体诱导的芽不发生玻璃化，而用子叶、上胚轴和花序柄作外植体诱导的芽全部发生玻璃化。可见，外植体的种类能显著影响玻璃化的发生。

(2)改善培养基组成：适当降低培养基中 NH_4^+ 浓度，适当添加 IAA、GA_3、ABA，减少 BA 用量均可降低玻璃化苗的发生频率。一般认为 IAA 对植物幼茎、叶柄等组织木质化的分化有直接作用，GA_3 促进蛋白酶、核酸、淀粉酶的生物合成，GA_3、IAA 的急剧下降可能诱发木质素、蛋白质以及核酸等物质合成的失调，而 ABA 的适当含量是维持植物正常生长所必需的。注意碳源种类和浓度的选择，张敏等研究在不同碳源下草莓玻璃化苗发生情况，结果表明，以蔗糖为碳源时草莓的玻璃化率显著低于以果糖、葡萄糖为碳源的玻璃化率。

(3)改善培养条件：适当提高培养时的光照强度，延长光照时间，降低培养容器内的空气相对湿度，改善供氧状况，采用有透气膜的培养容器等培养条件的改良均可以降低玻璃化苗的发生频率。在高温季节，降低培养室内温度、减小接种密度、增加继代次数或减少继代周期的天数、及时转移等也有助于降低玻璃化现象。

(三)遗传的稳定性

在商业性微繁中，一旦建立了无菌培养体系，就以此作为大规模繁殖的起点进行连续继代增殖，中间则很少对其进行遗传稳定性分析，或者与亲本植株进行比较。而离体微繁的主要目的是获得大量的在遗传上与亲本植株完全一致的群体，因此仔细选择外植体、控制好培养条件对于防止变异的发生是非常重要的。

在繁殖过程中，经过了愈伤组织阶段则很容易发生体细胞无性系变异。在常规的无性繁殖中，偶然会发生自发突变，由于大多数突变都是有害的，因此在繁殖过程中要将其除去，但在离体微繁中，突变苗不容易确认，在增殖过程中一直保持并进行着遗传变异的累积，只有在移栽到田间后才能表现出来，因此突变发生得越早，产生突变繁殖体的比例越大。

实践证明，茎尖分生组织是遗传学上最稳定的部分，通过顶芽和腋芽繁殖途径进行增殖是最能保持原品种优良特性的繁殖方式，在石刁柏、香石竹等的繁殖过程均没有发现突变的发生。若在培养过程中不能通过腋芽增生的途径而必须经过不定芽途径进行增殖，则需小心选择外植体和注意激素水平，尽量缩短愈伤组织生长的时间，使之尽早分化。

(四)污染

1. 污染的来源

污染一般来源于两个方面，一是植物材料本身，如表面所带有的各种细菌、真菌等微生物由于表面消毒不完全而带入培养过程，或是不能被一般表面消毒所清除的植物材料内部的微生物(包括侵入的细菌、真菌、内生菌、病毒、类菌原体等)随着材料带入培养过程的，这类污染不容易清除，尤其是内部带菌时；另一部分是在无菌操作和培养过程中由外界环境进入培养容器而引起的，如培养基、接种工具或器皿消毒不严格，没有严格按照无菌操作技术规程进行，封口部分老化或霉变造成培养过程中微生物进入培养容器中引起污染。这类污染可通过严格操作而控制。

2. 污染的症状

在初代培养中，表面微生物引起的污染通常在2～3d就能在外植体周围或培养基表面形成明显的不同形状、不同颜色的菌落。而在外植体培养后3～5d内并未发现细菌污染，以后则不断出现明显的或不明显的细菌菌落，就可能是由内生细菌引起的污染。在某些植物初代培养或前几代的继代培养中存在的污染，并不形成明显的菌落而只在培养基内部形成“丝状物”、“晕状物”，不易被肉眼察觉，如不仔细观察很容易被忽视(背光检查时较易被发现)。因此在培养时我们肉眼所看到的细菌和霉菌菌落很可能只是污染的一部分，有些微生物只有使用特殊的培养基和培养条件时才能被检测到。另外，有的微生物只有在成熟或老化的组织中才能生长或是由于内生菌所引起的，只有在培养物多次继代之后才能表现出来，这种情况在很多木本植物、天南星科、百合科等植物培养中是常遇见的现象。

3. 污染所引起的危害

污染引起早期培养的失败，试管苗生长速度减慢、生活力下降、增殖效率降低、玻璃苗增加及生长不均匀、叶片失绿甚至死亡等；在后期导致试管苗移栽困难和死亡；污染也会引起培养物的遗传变异。而存在于无病症的健康植物组织中的内生休眠病原菌，一旦寄主遇到恶劣的环境或外界微生物干扰时能够重新活动，如试管苗带有的胡萝卜软腐欧文氏菌可以引起多种作物的病害，潜伏感染根癌土壤杆菌的紫菀属、感染田野黄单胞菌的鸢尾属试管苗移栽后表现出典型的病害。

4.污染的防止

(1)供体材料的选择：除选择健康、无病虫害的材料之外，应尽可能使用温室和人工气候条件(培养室或人工气候箱)中培养的植物作材料。只有在田间或天然条件下才能取到的材料可先在温室和人工条件下培养一段时间，使用新生长的部分，如木本植物的枝条取回后可插入水中待萌动后使用。在培养材料时一般应将温度控制在20℃～25℃，相对湿度在70%左右，并进行合理的灌溉。对于那些容易污染的材料可在取材前用杀菌剂、抗生素进行处理，尤其是内生菌污染严重的材料。取材季节以材料积累了较丰富的营养和内源激素为佳，此时材料或抵抗病菌的能力强，或病菌还没活跃起来。一般情况，大多在材料休眠末期或萌动前期取材较为有利。如柑桔取休眠后期即将萌动的芽作为外植体比较合适；在桉树的离体培养中，3～5月份取的外植体比下半年取的外植体污染少，且褐化率低。而番木瓜春夏外植体的污染率达47.5%，秋冬只有7.5%，这与外植体本身在不同的气候条件下，其表面携带的病原菌有关。

(2)培养物的检测：有些培养物的污染往往要较长时间才能表现，有些微生物在一般植物组织培养基上生长缓慢，不经细致检查不易发现，所以初期培养阶段要反复检查材料的污染情况，特别要注意培养物和培养基接触的部分。为了确保初代接种的效果，一般采用小容器、多数量、互相隔离的方法。

(3)合理的扩繁殖程序：获得了最初的无菌培养物之后应将其中一部分作为“原原种”进行专门保存，分批繁殖和复检后再进行大规模生产。有时造成大规模污染的主要原因之一就是没有一个合理的程序，无限反复扩大由交叉感染所造成的。

(4)严格无菌操作规程：接种室环境清洁度不高，超净工作台过滤装置能力欠佳，以及接种器具、器皿等带菌会造成材料的大量污染，操作人员除自身做到尽量少带菌外，严格无菌操作是很重要的。

5.已污染培养物的处理

使用抗菌素来控制已污染的培养物已有一些报道。在抗菌素的使用上，应遵循Folkiner于1989年提出的3个条件，即必须弄清楚要抑制菌的种类；使用的抗生素是否对培养的植物组织有不良影响；还要确立抗生素的使用浓度、处理时间的长短，因为没有一种抗生素能对所有引起污染的微生物都有效，所以抗生素也不能完全代替灭菌技术，最好加在培养基当中作为一种辅助防止污染的措施。抗菌素经常只能抑制细菌生长而不能完全杀死它，潜伏的污染可能在植物以后的生长中造成问题，抗生素本身对培养物的生长和分化也可能产生不良影响，因此未经充分试验应避免长期在培养基中添加抗生素。

对于已污染的培养物，如果植物材料很难得到或重新建立要花费很多时间，因此希望采取一些措施恢复其无菌状态，方法之一是使培养物在试管内长成小植株后移栽，待它生长成健壮的幼苗后再重新消毒接种。另一种方法在毛白杨上曾经成功使用，让已污染植株在一个较大的容器中生长，适当降低容器中的相对湿度，待植株长到一定高度后取较大的茎尖用低浓度的 $HgCl_2$（0.01%）消毒 3～5min 后重新接种，但这种方法对已污染的愈伤组织和有内生菌的材料将不起作用。

四、植物离体微繁的应用

（一）植物离体微繁的条件

20 世纪 60 年代以来的植物组织培养技术的广泛研究，使微繁殖技术已在不同植物中获得了成功和应用。80 年代微繁工业被认为是能够带来巨大经济效益的产业，快繁产业首先在西方发达国家兴起，许多国家和地区纷纷建立植物繁殖公司，全球年产量到 2002 年已达 10 亿多株。一些国家和地区的观赏植物、无性繁殖作物和果树有 40%～80%甚至全部种苗、种薯都是由组培繁殖提供的，植物微繁已成为能给投资者带来巨大经济效益的重要技术之一。但这一技术由于具有相对较高的成本，不可能适应于所有植物的苗木生产，这一技术能否在生产上被利用首先取决于三个条件：其一，本身的方法是否稳妥而完善。也就是说，是否已经解决了这一植物微繁殖中的技术问题，是否已具备了一套完备而稳定的技术路线和生产方法，而且已被实验证明是行之有效的、可靠的。第二，成本是否低于常规方法。微繁殖形成规模化生产后，是否具有显著的经济效益。第三，是否具有进行这一生产的设备、条件及人员。微繁殖是在无菌条件下的规模化生产，必须具备一定的设备和条件，同时还需要研究人员和训练有素的技术人员。目前，虽然植物组织培养技术有了广泛而深入的发展，但由于各种各样的原因，一些植物微繁殖技术的某些环节还没有突破，虽然一些植物的微繁殖技术比较成熟，但效率低、成本过高、市场需求不大，这些都限制了微繁殖技术在生产中的应用。

（二）植物试管微繁的应用

1. 名贵花卉的繁殖

加速一些名贵花卉的繁殖。如兰科（Orchidaceae）植物主要靠分株繁殖，年繁殖率极低，虽然兰花（*Cymbidium*）的无菌播种可以得到大量的小苗，但它不能提供遗传性状均一的植株。同时，兰花又是世界各国人民喜爱的名贵花卉之一，利用茎尖组织进行兰花的微繁殖不仅可以极高地提高兰花的繁殖效率，而且能得到遗传均一、性状稳定的后代群体。因此，自 1960 年 Morel 利用兰花茎尖去病毒和大量繁殖的方法成功之后，这一新技术在兰花生产上得到了广泛的应用，现已成为常规方法并在许多国家和地区发展成为一种新型的产业。郁金香（*Tulipa gesneriana*）、百合（*Lilium brownii*）、风信子（*Hyacinthus orientalis*）等鳞茎类花卉，常用作插花与盆栽花，这些植物通常以分球方式进行繁殖，繁殖率低，并常受病毒感染而退化，利用鳞茎和其他组织快速繁殖这类植物也有了广泛的应用。

2. 无病毒苗的繁殖

像马铃薯（*Solanum tuberosum*）、草莓（*Fragaria ananassa*）、香石竹（*Dianthus caryophyllus*）、百合（*Lilium brownii*）、地灵（*Stachys floridana*）、莲藕、香蕉、甘蔗、葡萄（*Vitis vinifera*）、苹果（*Malus pumila*）等，可先用茎尖分生组织培养的方法去除病毒，经鉴定后确认是无病毒植株时再用这一方法进行大量繁殖，得到的无病毒苗可用作原种或直接栽培生产，这样，就可以大量繁殖无病毒苗。

3. 杂合园艺植物的繁殖

非洲菊(*Gerbena jamesonii*)、花烛(*Anthurium scherzerianum*)等如果用常规种子繁殖，则可能由于后代分离而不能得到性状一致的后代，用组织培养微繁殖技术可产生遗传特性一致的无性系。

4. 特殊基因型的繁殖

如通过常规育种或生物工程产生的新品种、新类型、国外引入的优良品种或材料、果树中的芽变(bud mutation)材料、木本植物的优良单株等植株的快速繁殖。这里不仅包括了繁殖速度较慢的植物，也包含了繁殖速度较快的植物，例如草莓，草莓是匍匐茎繁殖速度较快的植物，以茎段、叶片和叶柄为外植体培养繁殖率很高，尤其是茎尖培养生长快、繁殖率高，国外报导草莓茎尖繁殖率为 10^6，即一个茎尖离体培养一年内可繁殖一百万至数百万个试管苗。我国曾利用这一技术快速繁殖了引进的草莓优良品种，并在短期内获得了大量的无性系后代。

5. 濒危植物的拯救

试管微繁可用于一些濒危植物、稀有植物的保存和繁殖，如我国新疆的盐桦、南方的竹柏等植物，存量极少，试管微繁可以拯救这些植物，并很快繁育成一定群体。

随着科学研究的不断发展，技术的不断完善，相信会有越来越多的植物可使用这一技术来繁殖。

第四节　无土栽培技术

无土栽培是指不用天然土壤栽培作物，而将作物栽培在营养液中，这种营养液可以代替天然土壤向作物提供水分、养分、氧气、温度，使作物能够正常生长并完成其整个生命周期。传统农业中作物的生长离不开土壤，如粮食、棉花、油料、蔬菜、果树、茶叶、花卉、烟草等，都必须利用土壤栽培，可以说，农业生产特别是种植业就是利用土壤的栽培技术，农业与土壤是密切相关的。而自美国 W·F·Gericke 教授试种一株无土栽培番茄成功以来，作物栽培终于摆脱自然土壤的束缚，可进入工厂化生产的诱人发展前景。

无土栽培无须依赖土壤，它是将蔬菜等作物种植在装有营养液的一定栽培装置中，或是在充满营养液的砂、砾石、蛭石、珍珠岩、稻壳、炉渣、岩棉、蔗渣等非天然土壤基质材料做成的种植床上，因其不用土壤，故称无土壤栽培，而且由于它不用一般的有机肥和无机肥，而是依靠提供营养液来代替传统的农业施肥技术，所以无土栽培又被称为营养液栽培，即简称水培、水耕栽培技术。

无土栽培由于不用土壤，在技术上是一重大突破，同时，由于技术的不断完善，先进设施、新型的基质材料的应用，无土栽培已完全可以根据不同作物的生长发育需要进行温、水、光、肥、气等的自动调节与控制，实行工厂化生产。因而无土栽培是当代现代化农业的高新技术，是现代设施栽培的新技术(图 4-20)。

图 4-20　无土栽培技术图

一、无土栽培的优点

1. 不受土地条件限制

无土栽培改变了“万物土中生”的依赖土地生存的传统观念和土壤耕种方式，在不宜耕种的地方如沙石、不毛之地，甚至宇宙飞船上都可以栽培作物。在家庭、办公室可利用窗台、阳台、走廊、屋顶及其他空闲地栽种植物，这不仅可以创造经济效益，还可以净化空气、节约用水，清洁卫生，既不污染环境，也不为环境所污染。利用无土栽培技术在胜利油田废弃场地、山东寿光市盐碱地上生产高产优质蔬菜已获得成功。

2. 劳动强度小，水肥用量降低

无土栽培无需传统耕作中的耕种、除草、土壤消毒、追肥等繁琐环节，单位劳动力管理的规模可大大增加，劳动强度明显下降。营养液栽培的水肥供应一般采用微管道灌溉系统，较易实行定点、局部化，可明显降低水肥的浪费。试验证明可比土壤栽培节水 3～7 倍，肥料利用率提高 20%～30%。

3. 病虫害明显减少

无土栽培可防止因土传病原传播的多种恶性病害的发生，切断了一个较重要的病虫害传播渠道。另外，由于人为改善了根际微环境，植株生长健壮，增强了其自身的抗病能力，避免了土壤栽培中因多年盐分积累和连作导致的土壤盐渍化及重茬减产现象。同时，基质的消毒同土壤消毒相比更经济、方便。

4. 优质高产

无土栽培不仅有通过设施而达到的适于作物生长的光、温、气等条件，还具有基质和专门的水肥供给系统，提供了适于根部发育的最佳小环境。且各种环境因子均能人为地较好控制。因而能够更好地协调植株的地上与地下、营养生长与生殖生长等的关系，容易发挥高产的潜能。

无土栽培技术较成熟的国家和地区，单位面积产量可比土壤栽培提高 0.4～20 倍(因作物而异，一般在 2～4 倍之间)，中国试验示范结果也多在 30%以上。例如，一般农田种植的西红柿亩产约 800～1200kg，而水培法亩产可达 3 万 kg，高的在 5 万 kg 以上。生产及试验证明，无土栽培不仅提高了产量，同时也明显促进了作物的生长速度，产品的外观品质和理化性状也有不同程度的改善：如无土栽培的番茄形状端正、颜色鲜艳、着色均匀、味道较好、营养价值(Vc、糖等)比土壤栽培均有改善；叶菜、瓜果中的硝酸盐含量可得到理想控制；无土栽培的花卉花期早、长，颜色艳，香味浓，部分在土壤栽培条件下不易开花的品种，在无土栽培条件下也能较容易地达到目标。

5. 便于工厂化生产

无土栽培充分显示出农业可以像工业生产一样，机械化、自动化生产作物，完全由人工控制植物生长。现在世界上已有全自动化无土栽培设施和立体化无土栽培工厂。

二、无土栽培的种类

无土栽培的类型和栽培方式很多。根据其栽培是否使用固体的基质材料，可把无土栽培分为两个基本类型，即无基质栽培和基质栽培。

1. 无基质栽培

无基质栽培即没有固定根系的基质，根系直接和营养液接触，主要包括以下几种：

(1)营养液膜栽培(NFT)：这种方法是以约0.5cm的浅层营养液流过植物根系，这层营养液很浅，像一层水膜，故称为营养液膜技术。

(2)深液流水培(DFT)：营养液的液层较深，植株悬挂于液面上，其重量由定植网框或定植板所承载，根系垂入营养液中，深液流技术又可分动态浮根法、M式、浮板毛管法。

(3)雾气培：是将营养液用喷雾的方法，直接喷到植物根系，根系悬挂在容器中的内部空间。

2. 基质栽培

基质栽培是植物通过基质固定根系，并通过基质吸收营养液和氧的方法。根据使用材料的不同，又可分为：

(1)无机基质：包括砂培、砾培、蛭石培、珍珠岩培、炉渣等。

(2)人工基质：岩棉培、聚乙烯发泡材料、聚氨酯泡沫等。

(3)有机基质：包括锯木屑、蔗渣、草炭、稻壳、熏炭、树皮、麦秆、椰壳糠、膨化鸡粪、菌糠等。

三、无土栽培的方法

无土栽培法可以分为5种，即水溶液培养法、砂培养法、培养基培养法、混合培养法和营养膜培养法，其中最常用的是水培法和砂培养法。

1. 水培法

栽培介质为水。在生长过程中并不需要添加营养液，这大多培养一些具有膨大鳞茎的植物和一些水生植物。

例如水仙，石蒜科植物，鳞茎肥大，蓄有充足的养分，基部丛生白色肉质根，在秋冬时节放入容器中，以美丽的鹅卵石或彩石护住根部，或尽量让根须生长。一般在室内培育45～60d就能开花。冬季置一盆于室内，清洁雅致，香气四溢，被作为传统的年节花卉。水仙的培育不需添加任何营养剂，就能生长很好。一般为防止徒长，白天让其接受阳光照射，晚上将容器的水倒掉，以湿纱布护住根部，这样可以控制徒长且植株健壮美观。

2. 砂培法

砂培方法也是省钱省力的养花措施。基质用清洁的河沙，排水性能良好，盆底的小孔须用瓦片填住，以防河沙下漏。河沙需经常保护湿润，每周用清水灌透1次，培养液肥是花宝，夏季至少每天施用1次，冬季可隔日1次。适于砂培的花卉种类很多，如天竺葵、紫罗兰、常春藤、石蒜、仙客来、仙人掌类、洋水仙等。仙人掌类为多肉植物，体内含大量水分，种类繁多,体形多样,耐干燥,易于栽培管理。栽培基质可用纯沙或纯沙加少量腐叶土。仙人掌虽然耐土旱,但并不意味着可以不浇水,如果长期不浇水,植物体就易产生萎缩、凹陷的现象。砂培的仙人掌,生长良好,清洁美观。

四、无土栽培技术要点

1. 水质

水质与营养液的配制有密切关系。水质标准的主要指标是电导度(EC),pH 和有害物质含量是否超标。电导度(EC)是溶液含盐浓度的指标,通常用毫西门子(mS)表示。各种作物耐盐性不同,耐盐性强的(EC=10mS)如甜菜、菠菜、甘蓝类。耐盐中等(EC=4mS),如黄瓜、菜豆、甜椒等。无土栽培对水质要求严格,尤其是水培,因为它不像土壤栽培具有缓冲能力,所以许多元素含量都比土壤栽培允许的浓度标准低,否则就会发生毒害,一些农田用水不一定适合无土栽培,收集雨水用作无土栽培,是很好的方法。无土栽培的水,pH 不要太高或太低,因为一般作物对营养液 pH 的要求以中性为好,如果水质本身 pH 值偏低,就要用酸或碱进行调整,既浪费药品又费时费工。

2. 营养液

营养液是无土栽培的关键,不同作物要求不同的营养液配方。目前世界上发表的配方很多,但大同小异,因为最初的配方本源于对土壤浸提液的化学成分分析。营养液配方中,差别最大的是氮和钾的比例。

配制营养液要考虑到化学试剂的纯度和成本,生产上可以使用化肥以降低成本。配制的方法是先配出母液(原液),再进行稀释,可以节省容器便于保存。需将含钙的物质单独盛在一容器内,使用时将母液稀释后再与含钙物质的稀释液混合,尽量避免形成沉淀。营养液的 pH 要经过测定,必须调整到适于作物生育的 pH 范围,水增时尤其要注意 pH 的调整,以免发生毒害。

3. 基质的理化性状

用于无土栽培的基质种类很多。可根据当地基质来源,因地制宜地加以选择,尽量选用原料丰富易得、价格低廉、理化性状好的材料作为无土栽培的基质。无土栽培对基质的要求是:具有一定大小的固形物质;具有良好的物理性质;具有稳定的化学性状,本身不含有害成分,不使营养液发生变化。要求基质取材方便、来源广泛、价格低廉。

4. 供液系统

无土栽培供液方式很多,有营养液膜(NFT)灌溉法、浸灌法、双壁管式灌溉系统、滴灌系统、虹吸法、喷雾法和人工浇灌等。归纳起来可以分为循环水(闭路系统)和非循环水(开路系统)两大类。目前生产中应用较多的是营养液膜法和滴灌法。

五、无土栽培的基本应用

无土栽培可以完全代替天然土壤的所有功能,可以为作物提供更好的水、肥、气、热等根际环境条件。人类可以用无土栽培代替土培,但它的推广应用需要有一定的设备、技术条件和相当的经济基础,而且要求一定的社会化生产程度,在现阶段或今后相当长的时期内,无土栽培不能完全取代土培,只能够作为土壤栽培的一种补充形式,只有这样才能从根本上把握无土栽培的应用范围和价值。

1. 用于反季节和高档园艺产品的生产

当前多数国家用无土栽培生产洁净、优质、高档、新鲜、高产的蔬菜产品，多用于反季节和长季节栽培。例如，近几年在厚皮甜瓜的东进、南移过程中，无土栽培技术发挥了巨大的作用。利用专用装置，采用有机基质培养技术，为南方地区栽培甜瓜提供了有效的途径，在早春和秋冬栽培上市，经济效益十分可观。

另外，无土栽培也可用于花卉，多用于栽培切花、盆花用的草本和木本花卉，其花朵较大、花色鲜艳、花期长、香味浓，尤其是家庭、宾馆等场所，无土栽培盆花深受欢迎。另外草本药用植物栽培和食用菌无土栽培，同样效果良好。

2. 在沙漠、荒滩、礁石岛、盐碱地等进行作物生产

在沙滩薄地、盐碱地、沙漠、礁石岛、南北极等不适宜进行土壤栽培的不毛之地可利用无土栽培大面积生产蔬菜和花卉，具有良好的效果。在我国直接关系到国土安全和经济安全，意义重大。例如，新疆吐鲁番西北园艺作物无土栽培中心在戈壁滩上兴建了112栋日光温室，占地面积34.2hm^2，采用沙基质槽式栽培，种植蔬菜作物，产品在国内外市场销售，取得了良好的经济和社会效益。

3. 在设施园艺中应用

无土栽培技术作为解决温室等园艺保护设施土壤连作障碍的有效途径被世界各国广泛应用，在我国设施园艺迅猛发展的今天，更具有其重要的意义。我国现有温室、大棚90万hm^2之多，已成为世界设施园艺面积最大的国家，但长期土壤栽培导致连作障碍日益严重，直接影响设施园艺的生产效益和可持续发展，适合国情的各种无土栽培形式在解决设施园艺连作障碍的难题中发挥了重要的作用，为设施园艺的可持续发展提供了技术保障。

4. 在家庭中应用

采用无土栽培在自家的庭院、阳台和屋顶来种花、种菜，既有娱乐性，又有一定的观赏和食用价值，便于操作、洁净卫生，可美化环境。

5. 太空农业上的应用

随着航天事业的发展和人类进住太空的需要，在太空中采用无土栽培种植绿色植物生产食物可以说是最有效的方法。无土栽培技术在航天农业上的研究与应用正发挥着重要的作用，如美国肯尼迪宇航中心对用无土栽培生产宇航员在太空中所需食物做了大量研究与应用工作，有些粮食作物、蔬菜作物的栽培已获成功，并取得了很好的效果。

第五章　肥料种类及科学施用

作物在生长发育过程中受到很多因素的影响，施肥是影响最大的因素之一。施肥的目的在于营养作物，要提高作物单位面积产量，就需要科学合理地施肥，提高肥料利用率，因此，了解肥料的特性，掌握植物、土壤和肥料之间的相互关系才能获得作物的优质和高产。

第一节　植物所需的营养成分及对养分的吸收

一、营养成分

植物所需的营养成分非常复杂，所含化学元素可多达几十种，但并不都是植物所必需的。人们通过研究，现已确定高等植物必需的营养元素共 16 种，它们分别是 C、H、O、N、S、P、K、Ca、Mg、Fe、B、Mn、Cu、Zn、Mo、Cl。在这 16 种营养元素中，根据它们在植物体中的含量可分为大量营养元素和微量营养元素，其中含量大于 0.1%的称为大量营养元素，含量小于 0.1%的称为微量营养元素。

二、营养吸收

1. 吸收原理

植物对养分的吸收是一个复杂的过程，其吸收养分的器官主要是根系，此外也能通过茎、叶对养分进行吸收。养分从土壤中进入植物体内包括两个过程：一是养分向根表迁移，二是根系对养分的吸收。然而养分离子向根表迁移通常有 3 条途径，即截获、质流和扩散。

截获是指纵横交错分布于土壤中的根系，与土粒密切接触而吸收养分的方式。大量研究表明，以这种方式吸收的养分只占土体中有效养分供应量的 1%左右。质流是指由于植物的蒸腾作用，消耗了根际周围土壤中的水分，使其含量降低，促进了根际以外的水分向根表流动，以补充消耗的水分，溶解在土壤的养分也随之到达根表。当气温较高，植物蒸腾作用较强时，通过质流到达根表的养分较多。扩散是指根际土壤中，由于根系对养分吸收，使根际土壤与周围土体之间产生养分的浓度梯度，高浓度养分向低浓度扩散的现象。扩散受到多种因素的影响，如土壤含水量、养分扩散系数、土壤质地及土壤温度等。

养分迁移的 3 种途径在土壤中往往是同时存在的，但在不同条件下，三者所起的作用有程度上的差异。通常认为，在长距离内，质流是补充根表养分的主要形式，而在短距离内，离子扩散对补充根表养分的作用较大，而截获补充根表养分的距离最短，所占吸收的养分比率最低。

作物对养分的吸收根据是否耗能可以分为主动吸收和被动吸收两种形式。

被动吸收是根系吸收养分的方式之一，是一种非代谢性吸收，通过物理作用或物理化学作用而进行的吸收过程，是一个不消耗能量的过程，对养分离子没有选择性，养分离子顺浓度梯度进入根表。

主动吸收又称代谢性吸收，是一个需要消耗能量的过程，对外界离子具有选择性，而且养分离子是逆浓度梯度进入细胞膜内。

作物对养分的吸收除了通过根系外，还可以通过叶部。这种通过叶部吸收养分的方式称根外营养或叶部营养，对作物所需的大量营养元素来说，叶部营养是补充根部营养的一种辅助手段。与根部营养相比，叶部营养具有几个特点：直接供给植物养分，防止养分在土壤中的固定；叶部营养吸收快，能及时满足植物的需要；叶面喷施能直接影响到植物的代谢，对根部营养有一定的促进作用；有效施用微量营养元素的重要手段和补充大量元素的辅助手段。叶部营养虽然有众多优点，但它不能代替土壤施肥，尤其是大量营养元素，对于氮、磷、钾三要素，仍然以土壤施用为主，叶部营养只是根部施用的补充。

2. 影响吸收的因素

植物吸收养分因外界环境条件而不同，其影响因子主要有光照、温度、水分、通气性、pH、养分浓度和离子间的相互关系等。

光照是植物进行光合作用必不可少的条件，较强的光照条件会促进光合作用，同时也促进植物对养分的吸收和利用，光照弱时植物对养分的吸收有障碍；在温度6℃～38℃的范围内，植物吸收养分的能力随温度的增加而增加，温度不仅影响植物吸收养分的能力，还会影响土壤中养分的有效性，只有在适当的温度范围内，植物才能正常或较多地吸收养分。水分的作用主要有两方面，一是加速肥料的溶解和有机物质的矿化，二是导致养分的流失。在适宜的水分含量范围内，根系对养分的吸收量增加；而过量的水分导致养分浓度降低，有可能造成养分的流失。通气有利于植物根系的有氧呼吸，因而能促进植物对养分的吸收。土壤反应即介质的pH常会影响根系对阴阳离子的吸收。各种试验表明，在酸性条件下，植物吸收阴离子的数量多于阳离子；而在碱性条件下，植物吸收阳离子的数量多于阴离子。养分浓度影响养分的吸收速率，在一定浓度范围内，植物吸收养分的速度随浓度的增加而增加，缓慢增加到一定程度后稳定在一定的速率。如果继续提高养分浓度，养分吸收的速率会出现迅速增加—缓慢增加—趋于稳定的现象，即植物吸收养分的二重图型，在高浓度条件下，质膜会失去选择透性。因而，在农业生产中，若土壤的保肥能力较弱，又大量施用化肥，就有可能产生“二重图型”，这种情况下，不仅不利于养分的吸收，还会造成土壤溶液浓度过高，从而影响水分的吸收。土壤中离子间的相互影响可以产生协同作用和拮抗作用，离子间的协同作用通常体现在阳离子与阴离子之间，而拮抗作用则一般出现在阳离子与阳离子之间或阴离子与阴离子之间。

施肥不仅影响作物的产量，还影响作物的品质，如何通过施肥来达到改善农产品的品质，是人们在生产中极为关注的问题。矿质养分在气候因子的配合下，对植物体内的合成有很大影响，它通过影响生化过程或生理过程在很大程度上影响植物体内某些化合物的含量。如氮素能增加贮藏组织中氨基酸、蛋白质的含量，磷能促进淀粉的累积，钾能增加果树或瓜果类蔬菜果实中的糖含量等。因此，要达到提高产量，改善品质的作用，在施肥中需要了解植物的营养特性、外界环境条件、土壤肥力及气候条件等，才能有针对性地选择肥料品种及合理的施用方法。

第二节　氮　肥

一、植物的氮素营养

不论是植物还是动物，氮都是必需的营养元素，在农业生产中使用得最多的是氮肥，只有在氮肥得到满足的基础上，才需要提供其他的如磷肥、钾肥或微量营养元素肥料，因此，在生产中氮肥往往成为影响作物产量的主导因素，而氮肥在农业生产中又存在一系列需要重视和解决的问题：如它在土壤中存在挥发、淋失、反硝化作用等，而有些氮肥的品种如碳铵等，其利用率又极低，这些问题都需要我们去研究、探索，氮肥在农业生产中为何占据如此重要的位置这与它本身的功能、作用是密不可分的。

氮是植物需求量较高的营养元素，一般植物含氮量为干物重的 0.3%～5.0%，其含量高低因作物种类、器官、生长时期不同而异，豆科作物含氮量高，而非豆科作物含氮量较低。在营养生长期，氮素大部分在茎叶等幼嫩器官中，而进入生殖生长期后，大约有 60%～70%的氮素转入籽粒等贮藏器官中。

氮在植物体中主要是大分子化合物的构成元素。氮不仅是蛋白质的组成成分，也是核酸、核蛋白、叶绿素和许多酶的组成成分，同时还是一些植物激素的成分。

作物对氮的吸收通常分为无机氮和有机氮，以无机态氮为主，主要是铵态氮和硝态氮，也能吸收少量的有机氮，如小分子的氨基酸、酰胺等。植物缺氮或氮素过多都会给作物生长带来不利影响，当植物缺氮时，作物地上部和根系生长都受到显著抑制，出现茎秆细长，分枝分蘖少，同时繁殖器官的形成和发育也受到抑制，不仅花和果实稀少，还提前成熟。氮在植物体中是个易于移动的元素，能优先保证生长中心的需求，可从老叶转移到幼叶，所以缺氮的症状通常为从植株下部的老叶开始出现黄化。氮素过多则易出现叶色浓绿，营养体徒长，易倒伏，不仅影响作物的通风透光，而且还易染病虫害，成熟期延迟。因此，合理适量的氮素供应，能使植株健壮生长，繁殖器官的形成和发育良好，获得明显的作物增产和品质的改良。

二、氮肥的种类

氮肥的种类很多，但通常可以划分为铵态氮肥、硝态氮肥、酰胺态氮肥、氰氨态氮肥和长效氮肥 5 大类，以下就农业生产中常用氮肥品种作简要介绍。

1. 碳酸氢铵

碳酸氢铵（NH_4HCO_3），含氮 16.5%～17.0%，俗称碳铵，白色结晶，易分解挥发，易吸湿，有强烈的氨臭味，在土壤中迅速解离成 NH_4^+ 和 HCO_3^-，对土壤性质没有不良影响，所以适合于各种土壤和作物类型，碳铵可以作基肥、追肥，但不宜作种肥，与种子直接接触会降低出苗率，由于其挥发性很强，在施用中要注意施用方法。首先，可以采用沟施或穴施，但要深施覆土，这点极为重要，其次要考虑施肥的季节，优先用于早春、晚秋或冬季，不适合在夏季使用，要注意防高温，防潮，不能与碱性肥料混合施用。碳铵虽然物理性质不良，但由于制造流程简单，在目前我国氮肥生产中，仍占有相当大的比重，因此，在生产中如何扬长避短地合理施用，对提高利用率就极为重要。

2. 硫酸铵

硫酸铵(NH_4SO_4),含氮 20%~21%,白色结晶,溶解度高,物理性质好,施入土壤后,迅速解离成 NH_4^+ 和 SO_4^{2-},其中 NH_4^+ 易被植物吸收,而 SO_4^{2-} 在土壤中易在微生物的作用下转化成为硫化物,与土壤中的 H^+ 结合转化成为硫酸,由于作物的选择性吸收 NH_4^+,而把 SO_4^{2-} 残留在土壤中,因此这种肥料称为生理酸性肥料,在有机质含量较低的土壤中不宜长期单一地施用,否则会使土壤酸化。硫铵可作基肥、追肥,也可作种肥,若在酸性土壤中施用应配合有机肥料或石灰(将石灰在播种前均匀施用并翻耕在耕作层中),但不能与石灰混合,在砂性土中施用应少量多次。

3. 氯化铵

氯化铵(NH_4Cl),含氮 24%~25%,白色结晶,有一定的吸湿性,施入土壤后,迅速解离成 NH_4^+ 和 Cl^-,其中 NH_4^+ 易被植物吸收或土壤胶体吸附,副成分 Cl^- 比 SO_4^{2-} 有更高的活性,与土壤中的 H^+ 结合,使土壤酸化,因此也是生理酸性肥料。由于 Cl^- 对土壤中的硝化有一定的抑制作用,故氯化铵在水田中的效果良好,而在干旱少雨区或排水不良的低洼地不宜,因氯化铵中附带的 Cl^- 较高,不适合于忌氯作物如烟草、甜菜、葡萄、柑桔、薯类作物等施用。氯化铵可以作基肥、追肥,但不宜作种肥和秧田施肥,特别不能与种子直接接触,以免影响种子的出苗或出现烧苗等现象。

4. 硝酸铵

硝酸铵(NH_4NO_3),含氮 34%,白色结晶,中性或弱酸性反应,铵态氮和硝态氮各占一半,吸湿性强,容易结块,是一种强氧化剂,能助燃,属易燃易爆危险品,在运输或贮藏中都需注意安全。硝酸铵施入土壤后,易溶于土壤溶液中,迅速解离成 NH_4^+ 和 NO_3^- 离子,这两种形态的氮都是易于被植物吸收的良好氮源,硝酸铵肥效快,特别适合作追肥,既可施入土壤中,也可作叶面喷施,不宜用作种肥或基肥。由于硝酸铵易随下渗水而流失,因而宜用在旱地,不适宜用在水田,硝铵的适应性广,但在经济作物中效果更佳。

5. 尿素

尿素[$CO(NH_2)_2$],含氮 46%,是固体氮肥中含氮量最高的肥料,也是亚太地区最适宜发展的氮肥,白色结晶,结晶颗粒较大,易溶于水,吸湿性低,物理性质良好,属中性肥料。施入土壤后在脲酶的作用下形成不稳定的碳铵,碳铵进一步水解,分解成为氨和二氧化碳,尿素水解成氨的速度受较多因子影响,与土壤类型、土壤有机质含量、水分、温度及尿素施用量等有密切的关系,在有机质含量较高、温度较高、旱地和中性条件下分解较快,一般 3~9d 可完成分解。尿素可作基肥和追肥,因尿素中含有极少量的对植物有毒害作用的缩二脲,故不宜作种肥。尿素分子小,电离度小容易透过细胞膜,不易引起叶片的质壁分离,因此,在所有氮肥中,该品种是最适合于作叶面喷施的氮肥品种,但作根外追肥的浓度通常不能过大,在禾谷类单子叶作物中,可用 2%的浓度,但在果树或蔬菜等双子叶植物中宜用 0.5%~1%的浓度。

6. 长效氮肥

农业生产中常用的氮肥品种一般系速效性肥料,施入土壤后,通过不同途径发生损失。如氨易挥发,硝态氮易流失等,为了提高氮肥的利用率,世界各国都在研究长效的新型氮肥品种,如尿素甲醛、脲素丁醛、包膜尿素等。这类肥料的特点是:在水中溶解度小,在土壤中养分的释放慢,可减少氮的挥发和淋失,肥效稳长,能在作物生长期源源不断地供给氮素养分，大量施用也不易引起烧苗，省时省力，提高肥料利用率和劳动生产率，但缺乏规模化生产，成本较高，仅在极少数经济作物中施用或在试验研究中使用，一般用作基肥。

三、氮肥的合理分配及施用

1. 氮肥的合理分配

氮肥的合理分配需要考虑三个方面：

一是根据土壤条件。我国土壤类型繁多，肥力等级有较大差异，应优先将氮肥分配在中、低肥力的土壤上，铵态氮肥宜分配在水田中，硝态氮肥宜分配在旱地中，生理酸性肥料硫酸铵和氯化铵宜分配在中性或碱性土壤中，并注意深施覆土，在砂性土壤中氮肥要少量多次，尿素的适应性广，几乎适应于所有土壤。

二要考虑植物的营养特性。由于各种作物类型对氮素的需要量及氮素的形态有不同的要求，即使是同一作物类型，因品种的差异，其耐肥能力及在各个生育期施用氮肥的效果也有差异。如油菜、棉花、茶树、叶菜类蔬菜等对氮素的需求量较多，禾谷类的水稻、小麦和玉米次之，而需氮较多的豆科作物因能自身固定空气中的氮素，解决所需氮素的大部分，因而在施用量上反而要求最低。同样是水稻，杂交稻的需氮量高于常规稻，粳稻高于籼稻，矮秆品种高于高秆品种。

三是根据氮肥品种特性。氮肥的品种类型繁多，不同的氮肥品种其挥发性、移动性、对作物的有效性均有所差异。铵态氮肥表施易挥发，硝态氮肥移动性强，不宜作基肥，更不适合用在水田；氯化铵特别适宜用在水田，而不宜用在忌氯作物上，硫酸铵对喜硫作物效果良好，尿素适合用在几乎所有作物中，特别适合作根外追肥。

2. 氮肥的用量

施肥的第一个环节是确定氮肥的用量，而氮肥的用量又与作物种类、土壤肥力、气候条件和农业技术相关。确定某一作物的氮肥用量主要来源于同一区域内多点多年的田间试验，也可采用推算方式确定氮肥的用量。

氮肥适宜用量的估算公式：

$$N_f=\frac{N_P-N_S}{E_f}$$

式中：N_f——获一定产量水平的氮肥用量，以纯氮计；

N_P——为达到一定目标产量的作物需氮量；

N_S——为作物生长期土壤的有效供氮量；

E_f——氮肥的氮素利用率。

以上公式还可转化成为以下公式进行估算：

$$\text{肥料用量(kg)}=\frac{\text{作物单位产量养分吸收量}\times(\text{目标产量}-\text{空白田产量})}{\text{肥料中养分含量}\times\text{肥料当季利用率}}$$

在生产中，往往利用后者对氮肥用量进行估算。

3. 氮肥与其他肥料的配合

由于我国土壤中普遍缺氮，因而氮肥几乎在所有土壤中施用均对作物产生一定的增产效果。单施氮肥增加到一定程度后增加氮肥用量，产量却难再增长，作物需要平衡营养，因而必须根据土壤的基础养分状况配合适量的磷肥、钾肥或配合有机肥才能使作物高产、稳产，既满足作物对养分的需求，又能培肥土壤，使地力常新。氮肥在施用方法上，无论是基肥还是追肥，适当深施覆土是提高氮肥利用率，增加肥料经济效益的有效方式之一。

第三节　磷肥

一、植物的磷素营养

与氮一样，磷也是植物必需的营养元素，同时也是能量的载体，包含在各种核酸成分里。土壤自身是没有氮的，土壤中的氮是大气中的氮通过各种形式进入到土壤中的，然而土壤中却天然含有磷素，只是由于土壤母质的差异，土壤中含磷量的变幅很大。我国有大约2/3的耕地缺乏磷素，合理向土壤提供磷素是提高土壤供磷量，达到作物高产的生产措施之一。

植物体内的含磷量通常为干重的0.2%～1.1%，大部分以核酸、核蛋白、磷脂、植素等有机态磷的形态存在，无机磷的形态相对较少，主要以钙、镁、钾的磷酸盐形态存在。通常油料作物、豆科作物含磷量较高，禾本科作物含磷量较低。在作物器官中，在营养生长期主要分布在幼嫩组织中，进入生殖生长期后又向籽粒等贮藏器官转移。

磷在植物体中，不仅是核酸、核蛋白、磷脂、植素等的构成元素，也是高能磷酸化合物ATP的构成元素，伴随着作物体内能量的转移和变化。此外，磷素还对作物体内的代谢发生作用，不管是碳水化合物代谢，还是氮素代谢或脂肪代谢，磷素均不可缺乏；同时还有提高作物抗旱、抗寒和抗病的能力；磷素有促进作物早熟，缩短生育期的作用。增施磷肥可以提高油菜、花生等油料作物种子中的脂肪含量，还能提高豆科作物中的蛋白质含量，对糖类作物甜菜也能提高含糖量。因此，磷肥不仅具有提高产量的作用，还有改善品质的功效。

作物吸收磷素有无机磷和有机磷两大类，但以吸收无机磷为主。自然界中，有各种磷酸盐形态存在，然而作物主要吸收正磷酸盐，也能吸收某些有机磷化物，如小分子的己糖磷酸酯、甘油磷酸酯等。作物对磷的吸收受土壤pH、通气状况、温度、土壤质地及土壤中存在离子的影响，其中，以pH对磷的吸收影响最大。磷在土壤中难于移动，植物根系只能吸收距根表1～4mm根际土壤中的磷，油料作物和豆科作物对土壤中磷的吸收能力较强，有根毛的作物比无根毛的作物吸收能力强，相对来说，禾本科作物对磷素的吸收能力较弱。

磷素的丰缺状况较为复杂，不同作物在外观的表征各不相同。由于磷在植物体内的移动性较强，缺素症状往往从基部的老叶首先体现出来。缺磷时，植株生长发育迟缓、矮小、瘦弱，水稻、小麦缺磷时，分蘖延迟或不分蘖，株间不散开而形成“僵苗”，对磷素较为敏感的油菜、玉米、大豆等则会在茎叶上或叶柄上呈现出紫色或紫红色斑块，缺磷严重时，叶片脱落。缺磷还会造成玉米果穗秃顶，油菜脱荚，开花延迟，籽粒不饱满等现象。磷素过多也会对作物带来不良影响，首先生殖器官发育过早，光合产物累积不足，造成作物早衰，降低作物产量，磷素过多还有可能引起诱发性的缺素症，因为水溶性磷可以与土壤中的锌、铁、镁等形成溶解度较小的化合物，降低这些营养元素的有效性。

二、磷肥的种类

磷肥的生产方法有3大类，即酸制法生产磷肥、热制法生产磷肥和机械法生产磷肥。与之对应，根据磷肥中磷酸盐溶解度的大小和肥效的快慢，可以将磷肥划分为3大类型，分别是水溶性磷肥、弱酸溶性磷肥和难溶性磷肥。

(一)水溶性磷肥

凡有效成分溶解于水，养分为磷酸一钙的磷肥，称为水溶性磷肥，包括过磷酸钙、重过磷酸钙等，在农业生产中，过磷酸钙是主要磷肥品种。

1. 过磷酸钙

含 P_2O_5 12%～18%，俗称普钙，呈深灰色，粉末状，酸性反应，具有腐蚀性和吸湿性，主要成分为 $Ca(H_2PO_4)_2$，还有硫酸钙及少量的硫酸铁、硫酸铝和游离酸。普钙施入土壤后在水分的作用下解离成磷酸二钙和磷酸，是一种异成分溶解反应，能使根际土壤的 pH 降低，磷酸根在向周围土壤扩散的过程中，能溶解土壤中的铁、铝、钙、镁等成分，在酸性土壤中，磷酸一钙会被土壤中的铁、铝氧化物所固定，而在石灰性土壤中又易与钙、镁等结合形成稳定的磷酸钙盐，使磷失去有效性。所以，磷肥在微酸性条件下有效性最高。

过磷酸钙适合于各类土壤及作物，可以作基肥、种肥和追肥。因过磷酸钙在土壤中易被固定，故磷肥的利用率低。为提高磷肥的利用率，应尽量减少其与土壤的接触面积，以降低其固定率，因此，在施用中需要注意以下几方面：

第一，集中施用，无论以何种方式施入土壤中，都应相对集中施于根际土壤，提高局部土壤的供磷强度，促进磷对根表的扩散，有利于根系对磷的吸收；第二，分层施用，可将 2/3 的磷肥作基肥，集中较深地施入根系的密集层，以满足作物中后期对磷的需求，将 1/3 作种肥或施于表层土壤中，以满足作物幼苗期等临界营养期的营养需求；第三，与有机肥混合施用，以减少磷肥与土壤的接触面积，降低其化学固定，有机肥分解产生的有机酸能络合钙、铁、铝等离子，以减少这些离子对磷的化学沉淀作用；第四，与石灰配合施用，即先施入石灰，数天后再施入过磷酸钙，它们不能混合施用；第五，可制成颗粒磷肥，这样可减少与土壤的接触面积，有效减少对磷的吸附与固定；第六，根外追肥，这种方法不仅用量省，见效快，还能有效减少磷肥在土壤中的固定，其喷施浓度视作物而不同，一般单子叶植物及果树为 1%～3%，双子叶植物 0.5%～1%。

2. 重过磷酸钙

这是由硫酸处理磷矿粉制得磷酸，再以磷酸和磷矿粉作用后制成的。这是一种高浓度磷肥，含 P_2O_5 40%～50%，因其含磷量是普通过磷酸钙的 2 倍或 3 倍，故又称为二料或三料过磷酸钙。由于其主要成分是磷酸一钙，并含有 4%～8%的游离磷酸，因而具有较强的吸湿性和腐蚀性，呈深灰色粉末或颗粒。因主要成分与普钙相同，故在施用中的注意事项也与普钙相类似，只是用量比普钙少。

(二)枸溶性磷肥

凡是能溶于 2%柠檬酸或中性柠檬酸铵溶液的磷肥称为枸溶性磷肥或弱酸溶性磷肥，如钙镁磷肥、钢渣磷肥、脱氟磷肥、沉淀磷肥等，其中农业生产中常见的代表性品种是钙镁磷肥。

钙镁磷肥含 P_2O_5 为 14%～18%，不溶于水，能溶于 2%的柠檬酸溶液中，呈灰棕色，粉末状，呈碱性反应，其主要成分为无定形磷酸钙盐 $Ca_3(PO_4)_2$，是由磷矿石与适量的含镁矿物在高温下熔融，经水淬冷成玻璃状碎粒，再磨成细粉状而成。

钙镁磷肥中所含的磷酸盐不能被植物直接吸收，只有在土壤中，借助于酸的作用使肥料中的磷酸盐逐步溶解，才能被植物吸收，因此在酸性土壤中，其转化过程如下：

$$Ca_3(PO_4)_2 \rightarrow CaHPO_4 \rightarrow Ca(H_2PO_4)_2$$

在转化过程中，因肥料本身呈碱性，能中和部分土壤酸，调节了土壤反应，从而提高了肥料中磷的有效性。

若将钙镁磷肥施入中性或石灰性土壤，则较难发挥其有效性，只有在作物根系或微生物分泌的酸的作用下，缓慢地释出磷素，因而可与生理酸性肥料氯化铵、硫酸铵配合施用以利提高其肥料利用率。钙镁磷肥可以作基肥、种肥和追肥，但以基肥适当深施的效果为佳，基肥和追肥都宜集中施和早施，也可于有机沤制后施用，利用沤制过程中产生的有机酸，促进磷酸盐的溶解。钙镁磷肥在土壤中施用的效果与土壤的性质和作物种类有关，在酸性土壤中的效果略高于过磷酸钙，而在石灰性土壤中的效果则略低于过磷酸钙，对油菜、豆科作物的效果略好于禾本科作物，如水稻、小麦、玉米等。

(三)难溶性磷肥

既不溶于水，也不溶于弱酸，只能溶于强酸的磷肥称难溶性磷肥，如磷矿粉、鸟粪磷矿粉、骨粉等。由于肥效迟缓，肥效长，又称为迟效性磷肥。

磷矿粉是由天然矿石直接磨成粉末而成，一般呈灰褐色，由于结构紧密，极难溶于水，因而在土壤中直接施用，其效果极差，需要在一定的条件下才能发挥其肥效。影响磷矿粉施用效果的一是土壤条件，二是作物特性。首先，酸性土壤环境对磷矿粉的溶解是有利的，而且随酸度增加，其溶解性随之提高，但过高的土壤酸度，对大部分作物的生长均不利，过酸的土壤还需施用石灰加以调节。在我国南方的红壤、黄壤及沿海的咸酸田中是施用磷矿粉较为适宜的区域，其效果可接近过磷酸钙。然而在北方的碱性反应石灰性土壤中，磷矿粉中的磷无法溶解，肥效不稳定或根本没有效果。此外，作物类型对磷矿粉的利用能力也有较大差异，油菜、萝卜、荞麦及豆科作物对磷矿粉的利用能力较强；玉米、土豆、芝麻等中等；而小麦、水稻等禾谷类作物对磷矿粉的利用能力最弱。磷矿粉在生产中一般作基肥，不宜作追肥和种肥，作基肥时，宜深施或撒施，与生理酸性肥料混合施用其效果较好，也可与普钙配合施用、磷矿粉在土壤中不易流失，因而后效较长。

三、磷肥的合理分配及施用

与氮肥和钾肥相比，磷肥的利用率很低，合理施用，提高利用率是一个较为复杂的问题，因此，需要根据土壤条件、作物特性、轮作制度、磷肥品种等多种因子综合考虑。

1. 土壤条件与磷肥的分配

我国土壤中，缺磷的土壤约占2/3，特别是黄淮海区域，大部分土壤均缺乏磷素，在缺磷的土壤中，大多数情况下，磷肥都表现出增产的效果，土壤中有效磷含量的高低直接影响磷肥的效益，而有效磷含量又与土壤反应、土壤熟化度或有机肥的施用状况有关。若土壤pH低于5.5或高于7时，土壤中有效磷的含量一般都较低，因为在低pH的条件下，土壤中铁、铝氧化物对磷素产生强烈的吸持作用；而在高pH的条件下，则又与钙、镁离子及其碳酸盐发生反应，产生化学沉淀。此外，土壤的熟化度和有机肥的施用也影响土壤供磷的高低。土壤本身的供磷状况即有效磷含量的高低是合理分配和施用磷肥的依据，应优先把磷肥分配在有效磷含量低的土壤或新开垦的土壤中。

2. 作物条件与磷肥的分配

不同作物对磷的需要与敏感程度是不同的，体现出对磷吸收能力及施肥增产效果的差异。通常豆科作物，油菜、萝卜、荞麦等对磷反应敏感，而玉米、番茄、土豆等对磷反应中等，小麦、水稻等对磷的反应较差。因此，应优先将磷肥施在对磷敏感的喜磷作物中，但对于吸磷能力弱的水稻、小麦在缺磷土壤中应注意磷素的补充，磷素不足往往成为限制这类作物增产的主要因子之一。

在不同的轮作制度下，磷肥应重点施入能充分发挥肥效的茬口上。在水旱轮作中，磷肥不需要每茬都施用，可以"旱重水轻"或"旱重水免"，即重点施入旱作中，或水田中仅少量施用，因为水旱轮作中，土壤经历着干湿交替的过程，由旱田作转为水田时，土壤中的有效磷增加，其原因是：处于还原状态的水田，易使难溶性磷酸高铁转化成为较易溶解的磷酸低铁，或使闭蓄态的磷释放出来。在酸性土壤淹水后 pH 上升，而石灰性土壤淹水后 pH 下降，均有利于土壤磷素的释放。在冬季，由于土壤温度低，可重点把磷肥分配在越冬作物中，并适当早施。

3. 磷肥品种特性与合理分配

磷肥的品种很多，有水溶性、弱酸溶性和难溶性 3 大类，每一类均有不同特点，其反应有酸性的，也有碱性的。不同品种其有效磷的含量也有较大差异，因此，在磷肥的施用中，除了考虑土壤条件、作物需求外，还应根据磷肥的品种特性选择适宜的品种。一般情况下，水溶性磷肥普钙和重钙适应于大多数作物和各种土壤，可以作种肥、基肥和追肥，但在中性或石灰性土壤上更为适宜；在酸性土壤中，以枸溶性磷肥更为经济和有效，通常作基肥；而只有在酸性较强的土壤中，对磷吸收能力又极强的作物施用磷矿粉作基肥才能体现出效果。

4. 磷肥与其他肥料的配合施用

只有平衡供给作物养分才能取得良好的增产效果。在农业生产中，氮、磷肥的合理配合是增加产量，提高肥料利用率的有效措施之一。在缺氮少磷的低肥力土壤中，若单施磷肥是不能取得效果的，而应与适量的氮肥相配合才能获得相互促进的正效应。在氮、磷的配合中，应通过测土分析土壤养分状况，考虑作物营养特性并结合当地农业措施进行综合考虑，对于豆科作物等自身具有固氮能力的作物，应以磷肥为主配合氮肥，而对于需氮较多的作物如棉花、玉米、水稻、小麦等，在数量上，应氮多于磷，进行合理配比，若在缺钾的土壤中还需注意与钾的配合。此外，在施肥方法上，一定要相对集中施用，特别是固磷能力强的土壤中，可采用沟施、穴施、条施等方法，尽量减少水溶性磷肥与土壤的接触面。因磷在土壤中的移动性较小，将磷肥作基肥施入根系的密集层中，能促进根系的下扎及保证作物中后期对磷素的需求，深施的基肥与浅施的种肥相配合，能较好地发挥磷素营养的增产效果。

第四节　钾　肥

一、植物的钾素营养

钾是农业生产的三要素之一，对作物产量及品质有较大影响。我国土壤大部分含钾较高或通过施用有机肥或草木灰可得到钾素的补充，因而在我国北方生产力水平不高的部分土壤区域其钾素的矛盾并不突出，缺钾的土壤主要分布在南方的红壤、砖红壤、赤红壤等酸性土壤区域。随着氮、磷用量的增加以及各种高产、优良品种的培育，钾肥在农业生产中的重要性逐步显示出来。

植物体内钾的含量通常为1%～5%，不同的作物种类差异较大。含钾较高、需钾较多的作物有烟草、甜菜、棉花、土豆等，相对而言，禾本科作物的含钾量较低。钾在作物体内主要以离子态或可溶性盐类存在，而不以有机化合物的形态存在，但钾又是细胞中极为丰富的阳离子，钾在植物体内的移动性极强，再利用能力也突出，较为集中地分布于幼嫩的组织中，如生长点、芽、幼叶等。

钾的营养功能体现在多方面：第一，钾是作物体内许多酶的活化剂，目前已确定植物体内有 60 多种酶需要钾作活化剂，能活化的酶类包括合成酶类、氧化还原酶类和转移酶类，它们分别参与糖类代谢、蛋白质代谢等生化过程，还能促进光合作用，促进碳水化合物的运转等，在植物的生长发育中起到独特的作用。第二是体现在对作物品质的影响方面，在钾素供应充足的条件下，能提高蛋白质含量、油脂含量，并对纤维作物的品质产生明显影响，不仅提高纤维作物的纤维拉力，还能提高麻类作物的麻皮厚度和出麻率等，使之纤维品质得到明显改善。在果树和瓜果类蔬菜中施用钾肥，还能使果实中含糖量增加、食味改善、风味口感好、外观色泽鲜亮等。第三是提高作物的抗逆能力，钾肥施用后，能提高作物抵御不良环境的能力，不仅提高抗病、抗虫的能力，还提高抗旱、抗寒、抗倒伏的能力。

由于钾在植物体内易于移动，所以缺钾的症状通常是从下部的老叶开始。缺钾的外观症状不如缺氮、磷明显，在初期体现出植物生长缓慢，老叶边缘发黄、变褐，严重时表现出焦枯或灼烧状，叶片皱缩。但不同作物的外观表征有一定差异。如水稻在分蘖期吸钾较多，此时缺钾易出现褐色斑点，叶尖、叶缘坏死，严重时易倒伏。玉米缺钾时，生长缓慢，随后从老叶尖端和边缘开始退绿，成枯黄叶片，严重时整个叶片干枯。蔬菜一般在生育后期表现为老叶边缘失绿，出现黄白色斑，变褐、焦枯，并逐步向上位叶发展，老叶依次脱落。果树枝条下部叶边缘发黄、皱缩，新生枝生长不良。若钾肥用量过多，也会造成离子不平衡，有可能影响其他阳离子如镁、钙的吸收。

土壤中的钾素形态有 4 种，分别是水溶性钾、交换性钾、非交换性钾和矿物中的钾，其中，易被植物吸收的是水溶性钾和交换性钾。在土壤中，钾素的转化包括钾素的释放和固定两个相反的过程。钾素的释放是指缓效态钾转化成为速效态钾的过程，土壤中不同的母质其释放能力有较大差异，其缓效钾含量高低对钾素的释放有较大影响，此外，干湿交替、冻融交替也可以促进钾的释放。钾素的固定是指水溶性钾或交换性钾进入粘土矿物层间孔隙而转化成为缓效钾的过程，有吸附固定、晶格固定和有机固定 3 种方式。影响钾素固定的因素主要有粘土矿物类型、土壤质地、水分条件、土壤酸碱度等。粘土矿物的固钾能力顺序为蛭石＞拜来石＞水云母＞蒙脱石，在壤土、砂土、粘土等土壤类型中，越粘重，固钾能力越强，酸性土因存在大量水化铝离子，因而其固钾能力较弱。

二、钾肥的种类

总体来说，我国钾矿资源不足，世界上钾矿资源相对集中在西欧、中欧和北美地区，尤其是加拿大和俄罗斯的钾盐蕴藏极为丰富，我国最大的钾盐矿是青海省柴达木盆地的察尔汗盐湖，因而，每年需进口相当数量的钾肥。钾肥的种类不多，在农业生产中常用的钾肥主要有氯化钾、硫酸钾、草木灰和少量的窑灰钾肥。

1. 氯化钾

KCl,含 K_2O 60%,国产的为白色或浅黄色结晶,加拿大产氯化钾为浅红色结晶,易溶于水,有一定的吸湿性,肥效快,是化学中性、生理酸性肥料。施入土壤后,迅速转化成为钾离子和氯离子,钾离子既能被植物直接吸收,也能被土壤胶体吸附,而氯离子在土壤中是负吸附,若在雨水多的旱地或水田中,氯离子易随下渗水向土壤深层迁移、流失,但在缓冲能力较弱的砂性土中,因作物的选择性吸收而易使土壤致酸,因而,可配合石灰或有机肥的施用,以中和酸性,防止土壤的酸化,避免对作物的危害。氯化钾可以作基肥、追肥,但不宜作种肥,由于肥料中含氯离子,因而不适宜在土豆、烟草、柑桔、茶树等忌氯作物中施用。氯化钾在麻类、棉花等纤维作物中对品质有良好影响。

2. 硫酸钾

K_2SO_4,含 K_2O 50%～52%,白色或浅黄色结晶,易溶于水,吸湿性小,肥效快,与氯化钾一样,也是化学中性、生理酸性肥料。硫酸钾施入土壤后其转化过程也与氯化钾类似,只是致酸的作用比氯化钾稍弱,若长期单一施用,也会造成土壤酸化和板结。因其含硫素,所以特别适合十字花科、葱蒜类及对氯敏感的作物。可以作基肥、追肥和种肥,甚至叶面喷施,在粘土中可作基肥一次性施入,但在沙性土中则应分次施用,作根外追肥的浓度以2%～3%为宜。因硫酸钾的致酸性,在生产中最好配合有机肥或碱性肥料施用。

3. 草木灰

草木灰是植物燃烧后的残灰,成分很复杂,含有植物所需的多种矿质元素,主要有钾、钙、镁、硫、铁、硅及微量元素等,其中以钾、钙较多,磷次之。草木灰的成分差异很大,不同植物灰分含量不同,就是同一植物不同器官、组织其灰分也有较大差异,在幼嫩组织中钾和磷的含量较多,衰老组织则钙、硅较多。草木灰中的钾主要以碳酸钾的形态存在,其次是硫酸钾和氯化钾,由于主要是水溶性钾,可被植物直接吸收利用。草木灰可以作基肥、追肥和盖种肥,也可以用浸提液喷施,因能促进土壤表层温度增加,可作苗床基肥,促进壮苗早发。草木灰是碱性肥料,因而不能与铵态氮肥、腐熟的有机肥混合施用,以免造成氮素的挥发损失。高温燃烧的草木灰呈灰白色,肥效较差,而低温燃烧的草木灰呈黑灰色,肥效较高。

4. 窑灰钾肥

这是水泥工业的副产品,含 K_2O 8%～12%,其中还含有镁、硅、硫及多种微量元素,呈灰褐色,强碱性,吸湿性强,易结块。可作基肥、追肥,但不能作种肥,不能与种子或幼苗根系直接接触,会影响种子的出苗或幼苗生长。旱作中作基肥时,可以采用沟施或穴施,并适当早施,因呈碱性,所以不能与铵态氮肥和腐熟的有机肥混合施用,否则会引起氮素的损失。

三、钾肥的合理分配

钾肥的使用效果与土壤性质、作物种类、肥料特性和气候因子等相关,要充分发挥钾肥的增产和改善品质的效果,需注意以下几方面:

1. 土壤供钾与钾肥肥效

土壤有效钾的含量和供钾能力会直接影响钾肥的施用效果。在土壤供钾量较低时,施用钾肥有明显效果,当土壤供钾中等时要在一定条件下即氮、磷用量相对较高时,钾肥的配合才有效果。土壤质地是影响钾肥肥效的另一重要因素,土壤质地越细,对钾的束缚力越强,施入的肥料越易被固定,若要达到同样的效果,粘土比沙土要施用更多量的钾肥。因此,沙性土中钾的有效性比粘土高，但沙性土中，钾肥的肥效快而不持久，因此在沙性土中钾肥需要分次施用。

2. 作物种类与钾肥

不同作物的需钾量和吸钾能力各不相同，同一作物不同品种对钾的需求也不相同。一般情况下，油料作物、薯类作物、糖用作物、麻类作物、豆科及烟、茶、桑、果树等均是需钾较多的作物类型，而禾本科作物通常需钾量相对较低。同是水稻，其矮秆比高秆品种对钾肥更为敏感，粳稻比籼稻更敏感。作物在不同生育期对钾的需求量也有显著差异，如禾谷类作物在分蘖至拔节期对钾的需求量最大，占总吸收量的60%～70%，而茄果类蔬菜则在花蕾期对钾的需求最多，对大部分一般作物，则是苗期较为敏感。

3. 肥料配合与钾肥肥效

氮、磷、钾是植物的三要素，它们在植物体内对代谢的影响可以是相互促进、相互制约的。不同作物对氮、磷、钾的需求比例不同，因而其配合的效果首先取决于作物的种类及土壤中氮、磷、钾的含量，若土壤中氮磷供应量低，氮磷肥的用量也不高时，配施钾肥的效果往往不佳；当氮磷用量增加到一定水平后，而土壤供钾水平不高时，施用钾肥的增产效果明显；当氮磷用量较高，而土壤极为缺钾时，钾肥的效果最为显著。此外，有机肥对钾肥的效果也产生一定影响，当有机肥用量较高时，往往钾肥的效果不理想。

4. 钾肥的施用技术

要发挥钾肥的肥效，采用科学的施用技术就极为重要。钾肥在一定的用量范围内，作物产量是随钾肥用量的增加而增加的，但单位钾素的增产值则随施肥量的增加而减少，加之钾素营养在吸收中有奢侈吸收的特点，施用量大时虽不会产生危害，但投入产出低，经济效益不佳，因而经济适量就更为重要。总体来讲，钾肥适宜于深施、早施、集中施，重施基肥，看苗追肥。其 K_2O 施用量一般在 37.5～75kg/hm^2。

第五节　微量元素肥料

植物必需的营养元素共 16 种，除 9 种大量营养元素外，还有 7 种微量元素，即 Fe、B、Mn、Cu、Zn、Mo、Cl，这些微量元素在植物体中许多是作为酶和辅酶的组成成分，主要是通过酶系统而发生作用。对植物的叶绿素、蛋白质的合成，光合作用，以及体内氧化还原作用的正常进行，对其他养分的吸收利用方面起着促进和调节作用，使作物能够正常地生长发育，从而提高农产品的产量和品质。微量元素肥料具有施用方便、投资少、成本低、经济效益大，但科学性强等特点，缺乏与中毒的范围极小，若施用不当，会给农作物带来危害。

从营养元素平衡的观点来看，某些微量元素已成为提高作物产量的限制因子，特别是近十年来，氮、磷、钾肥用量的提高，以及产量的大幅度增长，引起了某些微量元素的缺乏。正如前面所介绍的，大量施用磷肥及在酸性土壤中过量施用石灰，可引起植物诱发性的缺锌。所以，微量元素的不平衡通常有可能是两方面的原因所引起，一方面是自然条件（土壤中天然含量低），另一方面则是由于人为的作用所造成或加剧的。

一、植物的硼素营养与硼肥

微量元素大部分是金属元素，只有硼和氯是非金属元素，硼是 1808 年发现的，直到 1927

年才在多种植物上证实了硼是对高等植物的生长发育不可缺少的微量元素，但硼的主要作用机理却仍未获得突破，它不像N、P是作物体的结构成分，作物体内还未发现含硼的有机化合物，但它对作物某些物质的合成具有促进作用，并对某些生理过程进行调节。

1. 植物的硼素营养

硼在植物体内的含量变幅较大，通常在1～100mg/kg之间，双子叶植物中的含硼量一般高于单子叶植物，其总的趋势是：

根类植物、豆科植物＞树、蔬菜＞谷类作物及禾本科牧草

硼在植物体内的分布主要在叶片。茎尖、根尖、种子、果实中的含硼量也较高，但低于叶片，此外，花中的含硼量也较高，尤其是子房和柱头。

硼的主要生理作用包括几个方面：一是硼对代谢的影响。同位素示踪试验表明，硼对作物体内碳水化合物的运输起着促进作用，缺硼时，蔗糖的运输速率下降，基于这一现象，人们就提出了糖硼络合物的假说，认为硼可与糖形成络合物，在透过细胞膜时，比单独的糖更易透过。二是硼参与果胶、木质素的形成。早在1929年就有人发现，缺硼时，植物体内的果胶物质显著减少，并认为，需硼较低的单子叶植物的细胞壁中，果胶物质比需硼较多的双子叶植物少，这一事实也支持这一看法。三是硼参与核酸、蛋白质的合成。缺硼时，蛋白质的合成受阻，叶片中积累过多的游离态氮、氨基酸和酰胺。四是硼对作物生殖器官形成的影响。研究测定表明，硼在花中的含量最高，花药和花丝对硼又非常敏感，硼对花粉管的伸长有明显的刺激作用，但机理不详。所以缺硼会引起某些作物不能正常开花结实，如在棉花中出现的"蕾而不花"或"蕾花脱落"，油菜的"花而不实"或结实率很低等现象都有可能是缺硼所引起的。五是硼对光合作用的影响。硼在叶片中含量高，而在叶绿体中含量更高，缺硼时，叶绿体的数目和体积都大大减少，甚至叶绿体膜的结构还会受到伤害，严重时，整个叶绿体的片层结构和基粒破坏，叶绿体退化，从而光合作用的效率也随之而下降。六是硼对生长素的活性起一定的调控作用。硼对生长素的含量和生长素氧化体系起作用，硼还影响到某些次生物质的形成和活性，如当植物从营养生长转化成生殖生长时，有些有毒的物质，如黄碱素等在花器官中积累，抑制了花粉管的萌发，而硼酸能与黄碱素类物质形成非活性的物质，使之失去毒性。此外，硼还能解除醌的毒害，由于硼能够调节多酚氧化酶所活化的氧化体系，缺硼时，多酚氧化酶活性增加，其结果是酚的氧化速度加速而形成醌，醌过度积累则产生一些黑色物质，导致植物中毒，如甜菜的腐心病，萝卜出现的褐腐病等都可能是醌类物质过量积累的表现，所以，人们认为硼具有保护功能。

缺硼引起植物的生理病害，有十多种俗名。甜菜的腐心病，花椰菜花球的褐化病，芹菜的茎裂病，苜蓿的黄化病，烟草的顶腐病，苹果的缩果病，柑桔的硬化病，杏的褐斑病，郁金香的花瓣褪色病，油菜、小麦的不稔病等。缺硼的症状可以出现在植株的各个部位，例如，主茎顶端。可出现顶端生长点坏死，根尖生长点坏死，叶片增厚变脆皱缩，甚至出现坏死的斑点，花药萎缩，花粉异常，花色素消失，落花，落蕾，不稔，果实、块茎、贮藏根等出现褐色斑点，维管束系统变色等症状。越是生长点旺盛的部位越易体现，这主要是由于硼在植物体内很难移动，所以缺硼的症状首先体现在新生组织受阻。然而在不同作物上，缺硼的表现则不尽相同。其缺硼的临界值一般是20mg/kg，20～100mg/kg则是正常水平，若叶片的含硼量超过200mg/kg则可能出现毒害现象。

2. 硼在土壤中的含量、形态及转化

土壤中的硼主要来自于成土母质,在成土过程中,海相沉积物的含硼量最高,每千克沉淀物中达几十 mg 或几百 mg,陆相沉积物含硼量较低,如玄武岩发育的土壤在10～40mg/kg之间,花岗岩发育的土壤则更低,在 10mg/kg 左右。土壤中的含硼量变幅通常为 2～200mg/kg,影响土壤含硼量的因子除了成土母质之外,水分状况也十分重要,雨水多的地区,硼容易流失,土壤含硼量低,而干旱地区则有可能出现硼的积累,土壤有机质对它有一定的影响。我国北方地区的含硼量一般高于南方,含硼量最高的是珠峰地区,最低的属花岗岩上发育的红壤。此外,土壤盐渍化的过程中在表层也可能出现硼的积累。

硼在土壤中有 4 种形态:分别是水溶性硼、吸附态硼、有机态硼和矿物态硼。植物主要吸收前两种形态的硼,但在土壤中含量很低。矿物态硼主要指含硼矿物晶格中的硼,对植物呈无效态。硼在土壤中的几种形态可以相互转化,对植物有效的形态主要是水溶性硼和吸附态硼,在土壤中有效的可以转化成无效的,无效的也可以转化成有效的,这两种过程同时存在,其转化过程受诸多因素的影响。诸如含硼矿物的性质、土壤酸碱度、有机质含量、气候条件、土壤质地等的影响。其中,土壤的酸碱度是影响土壤中硼的有效性的一个极为重要的因素,但其作用相当复杂,在 pH4.7～6.7 之间,硼的有效性最高,水溶性硼与 pH 呈正相关,pH 7.1～8.1 之间,硼的有效性下降,水溶性硼与 pH 呈现负相关,在干旱的盐渍土中,也经常有硼酸盐的积累现象。

土壤中有效硼的含量多在 0.05～5mg/kg 之间,一般以 0.5mg/kg 为缺硼的临界值,低于 0.25mg/kg 为严重缺乏,0.5～1mg/kg 为中等含量,1～2mg/kg 则为丰富。我国南方的红壤、赤红壤、黄壤、紫色土及北方某些区域的黄绵土、褐土、棕壤、暗棕壤及白浆土,当水溶性硼含量低于 0.25mg/kg 时,施用硼肥可产生明显增产效果。

3. 硼肥的种类及施用技术

我国农业生产中使用的硼肥种类主要是硼酸和硼砂,也有少部分地区使用硼泥或硼镁肥,此外,还有一些含硼的复合肥料如含硼过磷酸钙,含硼硝酸钙等。

硼酸或硼砂都是白色结晶或白色粉末,易溶于水,属速效性肥料,溶解度高,适合作叶面喷施,并可进行拌种或浸种。

在作物所需的各种微肥中,硼肥是需要谨慎施用的元素之一,虽然硼在植物体内难于移动,但它在土壤中的移动性却较强,对于缓效性的硼肥如氧化硼或含硼的玻璃肥料也可在土壤中施用,可作基肥,但必须均匀,土壤中的硼肥一般有一定的后效,但不宜多施(0.5～0.75kg/亩硼酸或硼砂)。

使用硼砂浸种的浓度一般为 0.01%～0.1%,硼酸是 0.01%～0.05%,其叶面喷施的浓度一般为 0.1%～0.2%。大田作物一般在蕾期或花期施用,也可间隔喷几次,在苹果树上喷硼,能防止缩果病。

硼肥的施用,在缺硼的棉花和油菜产区都大见成效,尤其是对油菜的花而不实,棉花的蕾花脱落现象都有很好的防止效果,如在陕西的宝鸡、渭南、兴平等地,硼肥的施用使棉花增产达 20%～25%,西北的黄绵土上,油菜增产 14%～28%,小麦增产 13%～22%。

二、植物的锰素营养与锰肥

锰发现于 1772 年,是一个亲硅元素,其硫化物稳定性差,溶解度大,在火成岩中以硅酸盐矿物存在，成矿矿物主要是氧化锰，亦有碳酸盐矿物和硅酸盐矿物。

(一)植物的锰素营养

锰在植物体中的含量通常在10～300mg/kg之间，在特殊情况下也可高达1×10^{4}mg/kg，与植物种类和环境条件有一定关系，如烟草、土豆、甜菜等这些喜钾的作物，其锰的含量较高，在50～260mg/kg之间，而水稻、大麦等作物其正常含量为30～60mg/kg。锰在植物体内的分布是：叶片＞茎秆＞穗部，锰在植物体内的移动性小。锰在植物体内缺乏的临界值在植物体内小于20mg/kg。对锰敏感的植物有：甜菜、莴苣、大豆、高粱、苹果、葡萄等；对锰不敏感的植物：主要有玉米、黑麦等；中间过渡型的作物：水稻、花椰菜、番茄、甘蔗、萝卜。锰中毒的界限一般是1000mg/kg，不同的作物对锰的忍耐力呈现出一定的差异。

锰在作物体内的主要营养功能有：

(1)锰与光合作用：锰从两方面参与了光合作用，一是通过对叶绿素的影响，二是参与光合放氧过程。锰在叶绿体内以结合态参与希尔反应，也就是光系统中水的光解，缺锰时，水的光解不能顺利进行，光合作用的进程会受到影响，在叶绿体中锰含量较高，缺锰时常表现为幼嫩叶片脉间失绿变黄。

(2)调控植物体内的氧化还原体系：由于锰在植物体内可以变价，它可以作为一种氧化剂使体内的Fe^{2+}转化成Fe^{3+}，转化的比率受细胞的氧化还原电位支配，锰强烈地影响这一过程，因而，植物体内铁和锰的比例十分重要。如Mn/Fe的浓度比：小麦1/2.5，大豆1/1.5～1/3.5，总之，锰具有较高的氧化还原电位，在植物体内是一个很重要的氧化还原剂。

(3)锰作为酶参与许多物质的代谢：锰在植物体内参与许多酶的活化作用，例如糖酵解过程中己糖磷酸激酶、烯醇化酶，三羧酸循环中异柠檬酸脱氢酶、草酰琥珀酸脱氢酶，以及柠檬酸合成酶等都需锰作活化剂，所以锰在植物体内参与多种酶的物质代谢。

作物缺锰的症状是首先在幼嫩的叶片间失绿发黄，呈现出清晰脉纹，中部叶片呈现出褐色的小斑点，散布于整个叶片，叶软下披，严重时呈焦灼状，甚至停止生长，然而，锰过多也会产生失绿的现象，叶缘、叶尖发黄焦枯，并带有褐色的坏死斑点。

(二)锰在土壤中的含量、形态及转化

世界上锰在土壤中的平均含量是850mg/kg，我国土壤中锰的变幅较大，42～5000mg/kg，平均值是710mg/kg，土壤中的锰来自于成土母质，玄武岩和石灰岩风化发育的土壤含锰最高，花岗岩发育的土壤相对较低，含锰较高的土壤有：棕色石灰土、红色石灰土、草甸土、黑土、白浆土以及砖红壤，平均含量在900mg/kg以上。

土壤中锰的形态可以划分为5种：

(1)水溶性锰：存在于土壤溶液中，含量较低，通常在1～100mg/kg之间，水溶性锰的形态是Mn^{2+}，对植物是高度有效的形态。

(2)代换性锰：土壤溶液中的Mn^{2+}很容易被土壤胶体吸附变成代换性锰，而这种代换性锰又可被其他阳离子代换出来供植物吸收。土壤代换性锰的变幅很大，在1～200mg/kg之间，这决定于胶体的含量及Mn^{2+}的来源。如果土壤还原性锰含量高，土壤pH低，而且具有较强的还原条件，则Mn^{2+}的来源丰富，在富含胶体的土壤中，代换性锰必然含量较高；在pH高，有机质含量少的砂质土壤中，则代换性锰含量则较低。

(3)易还原态锰：指的是能用0.2%氢醌提取的锰，有人认为是Mn^{3+}，有人认为是含水

氧化物的络合物。但通常人们习惯性地把水溶性锰、代换性锰和易还原态锰三者称为活性锰，其含量的高低能反映母质和成土过程的特点。

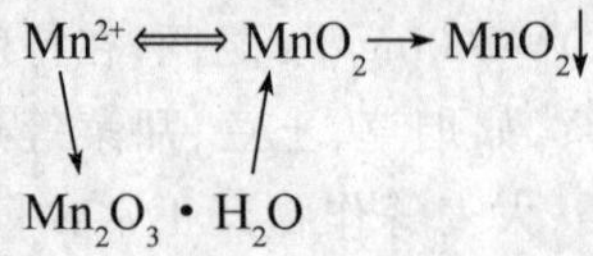

(4)有机态锰：指的是与有机质结合的锰，其中也包括水溶性的有机态络合锰，植物残体中的锰，土壤有机质的含量与锰含量呈现正相关，其中相当部分可为植物直接吸收，所以是锰养分的重要仓库，另一部分待有机质分解后可释放出来。

(5)矿物态锰：指的是矿物晶格中的锰，含锰矿物种类很多，能够形成多种氧化物，而且锰常与铁、镁等在矿物中共生，形成混杂的复合氧化物，其中最主要的有软锰矿、黑锰矿、水锰矿和褐锰矿，其中软锰矿最为稳定。

土壤中锰的有效性取决于锰的存在形态和各种形态之间的转化，首先是决定于母质和成土作用，进一步的转化过程中，又决定于许多条件，如土壤 pH、氧化还原电位、有机质、土壤的吸收性能、铁的影响等，其中最重要的是土壤酸碱度和氧化还原电位。土壤中锰的有效性随 pH 的升高而降低，因而植物在中性或碱性土壤中易出现缺锰症状，而酸性土中却易出现锰过多的中毒症状，因而施肥过程中石灰、草木灰或生理碱性肥料施用不均或过多，就有可能会引起锰的缺乏，生理酸性肥料却有相反的影响。土壤中水溶性锰和代换性锰在 pH 大于 5 时就迅速减少。锰的氧化还原电位比铁高，因此，锰比铁易还原而难氧化，加之溶解度也大于铁，所以在土壤中铁的含量通常大于锰，而锰的有效性却高于铁。在还原条件下，锰的有效性迅速提高，在氧化性强的沙性土壤中，锰可转化成为高价氧化物而难于被植物利用。锰的缺乏、锰过多也可能引起缺铁的失绿病。在酸性土壤中，锰过多的危害可以用铁肥来解除，另外，磷肥也有降低锰有效性的趋势。

植物体内锰的正常范围变化很大，为 20～500mg/kg，小于 2mg/kg，有可能出现缺锰，在不同的作物中，其临界值有所不同。我国土壤中全锰含量较高，其总的趋势是：南方酸性土区域有效锰的含量较高，北方石灰性土壤中有效锰含量较低，因此，缺锰的土壤主要分布在北方，当土壤中活性锰含量低于 50mg/kg，这类地区多为黄潮土，在燕麦、小麦、甜菜、玉米、花生、棉花、红薯等作物上施用锰肥有效果。

(三)锰肥的种类及施用技术

锰肥多为工业产品，常见的锰肥有硫酸锰、氧化锰、二氧化锰、氯化锰、碳酸锰、EDTA-Mn，含锰的玻璃肥料等。农业生产中常用的是硫酸锰(Mn 26%～28%)，粉红色结晶，易溶于水，其次是氯化锰，这两种锰肥均为速效性肥料，既适合于叶面喷施，也可施用于土壤中，而碳酸锰和含锰玻璃肥料是缓效性锰肥。

锰肥的用法及用量：

(1)叶面喷施：叶喷是矫正缺锰症的有效措施，尤其是某些易使可溶性锰失效的土壤条件更显其优越性。一般采用硫酸锰，浓度为 0.05%～0.1%，喷至叶面布满雾珠，每亩液量 50kg。

(2)种子处理：可用硫酸锰配成 0.05%～0.1%溶液浸 12～24h，拌种的用量为4～6g/kg 种子，这种方式用肥量少、操作简便、成本低，并避免了不良土壤条件对肥效的影响，也可与叶喷相结合，将能收到更好的效果。

(3)施入土壤；各种锰肥均可施入土壤，缓效性的如碳酸锰、氧化锰适宜作基肥，可溶性的锰肥作追肥，可溶性的锰肥施入土壤后，很容易转化成无效态，土施一般采用集中施用的方式，若把锰肥与酸性肥料混合施用可提高效果。硫酸锰土施用量为每亩 1～2kg。

三、植物的锌素营养与锌肥

锌作为一种化学元素早在 16 世纪就已被发现，但直到 19 世纪才发现在植物中也有锌，直到 20 世纪人们在玉米生长需锌的基础上用更精确的试验证明了锌是高等植物必不可少的元素之一。

(一)植物的锌素营养

植物正常生长所需的锌量极少，只相当于所需氮量的 1/1000 左右，这样微量的锌，通常在植物的生活环境中就能得到满足。每千克作物干物质中，锌的含量从几 mg 到几十个 mg，其平均含锌量约 12mg，通常在 0.5～60mg 之间，高低相差达百倍。

锌在植物体内易于移动，其分布是顶芽含锌量最高，叶次之，茎较少，由下而上逐渐增多，易从老叶向新叶发生转移，因而其缺乏症状从老叶体现出来。

以前只知道碳酸酐酶是植物体内唯一含锌的酶，70 年代以后，随着试验手段及分离技术的不断提高，才逐步弄清楚作物体内还有许多脱氢酶，蛋白酶和肽酶都含有锌，锌还是多种酶的活化剂，锌正是通过酶和其他许多生理活性物质的影响来参与作物的代谢。此外，生长素的形成和蛋白质的合成均需要锌，锌对叶绿素和光合作用也有影响。

土壤中锌素不足可能引起一些生理病害，例如：玉米是一种对锌比较敏感的作物，缺锌时，出现白苗病、节间缩短、发育延迟，高粱、蚕豆、燕麦也出现类似症状。在果园，各种落叶果树如苹果、梨、桃、梅、杏、葡萄等，缺锌则叶片显著变小，出现所谓的“小叶病”。近代在水稻中也频繁出现缺锌症状，最早出现在秧苗期，下部产生褐色细小斑点，新叶基部失绿发白，其明显的症状出现于分蘖盛期，先在下部叶片中脉两侧出现细小斑点，中脉逐步变成白色或赤褐色，由基部向中部、尖端逐渐扩展，叶片短而窄，有的叶片折断，下披，病株根细，呈暗褐色，新生的白根少，呈老化状态。

不同作物缺锌症状各有差异，但叶片变小、节间缩短是比较普遍的症状，早期均不易发现辨认，对锌进行植株诊断的指标是：叶片浓度小于 20mg/kg 为缺乏，大于 400mg/kg 则中毒受害，适宜的浓度在 25～150mg/kg 之间。

(二)土壤中锌的含量、形态及转化

土壤中的锌主要来自岩石矿物，地壳含锌约 70mg/kg，每种岩石的含锌量差异较大，如花岗岩 40mg/kg，玄武岩 100mg/kg，石灰岩 20mg/kg，砂岩 16mg/kg 等，而土壤中的含锌量是 10～300mg/kg，平均 100mg/kg。总的趋势是南方土壤高于北方土壤，我国绝大部分土类的平均含锌量都高于世界平均水平。

土壤中的锌大致分为 4 种形态：即水溶态锌、代换吸附态、沉淀态及有机态锌。

一般认为，土壤的可溶性锌和代换性锌是最为有效的，但各种形态之间本身就在不断地变化和相互转化之中，很难严格划分，例如，溶液中包括了部分有机络合态，矿物态中包含了部分吸附态，土壤中有效性锌含量高低受多方面因素的影响。

(1)pH 和石灰质:植物的缺锌症多发生于 pH 较高的石灰性土壤上,刚施过石灰的有机质土更易发生,其原因不仅是在高 pH 下的溶解度降低。更主要是石灰质对锌有强烈的固定作用,只有在 pH 更高的碱性土中,锌才有可能形成钠盐而使其溶解度有所回升(见下图所示)。

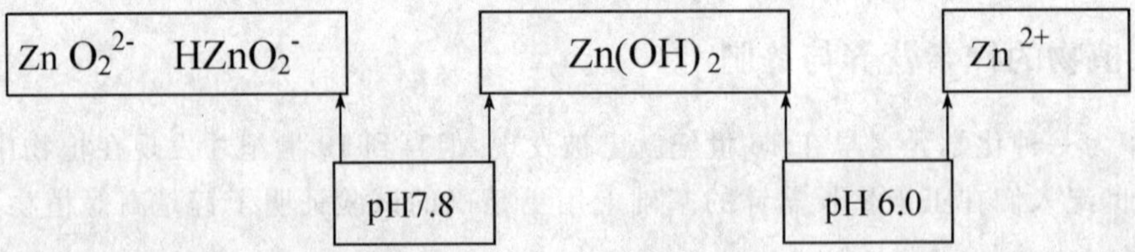

(2)有机质的影响:在有机质含量过高或大量施用有机肥的土壤中,植物亦有可能出现缺锌的症状,但有机质对锌亦有一定的富集和保持作用。

(3)土壤的温度和通气性:土壤中锌的有效性随土温上升而呈增加的趋势,因为微生物活性加强后,促进了有机物中锌的分解和释放,所以在寒冷条件下易缺锌,此外,若通气不良的嫌气条件下,如果未腐烂的有机质过多,将会发酵产生降低锌有效性的二氧化碳,在长期渍水的土壤中,锌有可能形成难溶性的 ZnS、$ZnSiO_3$、$Zn_3(PO_4)_2$ 等形态。

(4)锌与磷、氮营养元素的关系:通常,在磷酸盐含量过高或过多施用磷肥的土壤上,植物容易出现缺锌症状,此外,在大量施用氮肥时也有可能产生类似的症状,其原因有以下几种可能:一是磷与锌之间相互作用形成了较难溶解的化合物;二是由于磷素的增加,减少了锌从根部向地上部运转的速度;三是使植物细胞内磷、锌之间不平衡。至于与氮的关系,其可能的原因是锌在根中以锌蛋白的络合物的形式保留下来,这种锌在根中的滞留使地上部可能缺锌,另外,由于大量氮肥促进了植物的茂盛生长,增加了对锌的需求。

我国土壤中的有效锌含量总的趋势是北方低于南方,我国南方的酸性土壤中的锌量常常是适中的。只有在较特殊或施用石灰的情况下才可能缺锌,缺锌土壤主要是在北方的石灰性土壤,包括石灰性水稻土,如东北、华北的某些土壤锌低于临界值。当土壤有效锌低于 0.5mg/kg 时,施用锌肥有一定的效果。

(三)锌肥的种类及施用

锌肥的种类很多,多为工业产品,如硫酸锌、碱式硫酸锌、氧化锌、碳酸锌、含锌玻璃肥料、硫化锌等,真正在农业生产中最常用的品种是硫酸锌,既有较大规模的生产,价格也较低,通常是白色或无色的结晶,易溶于水,碱式硫酸锌微溶于水,而其他一些品种大部分难溶于水,锌肥的施用方法有以下几种。

(1)处理种子:用锌肥处理种子是省肥省工而且效果相当明显的一种方法。锌在植物体内需要甚微,而锌在植物体内的移动性又极强,在多数情况下,用锌处理种子,就可以补充锌素营养的不足,锌肥处理种子用量少,一般用 0.01%~0.05%的硫酸锌浸种 6h 左右。水稻种子可用 0.1%浸种 24h,拌种用量为 2~6g $ZnSO_4$/kg 种子,加适量的水溶解,边喷边拌,还可以蘸秧根或浸根,主要用于水稻。

(2)叶面喷施:这常作为一种应急处理措施采用。通常是在出现缺锌症状后采用,另外,对大面积的生产来讲,喷施也比较费工费时,除了飞机喷洒大面积作业外,其余则很难大规模作业。但喷施的效果还是应当肯定的。因为正常情况下,吸收率还是比较高的,硫酸锌的喷施浓度一般为 0.1%~0.3%,亩用液量为 50kg。

(3)土壤施用:锌肥施入土壤可在苗床上施用,也可在大田作基肥或追肥,基肥由于可对一季或几季作物发挥效用,可以选择难溶性缓效品种如氧化锌、含锌玻璃肥料等,也可选用速效性的硫酸锌,其施用既可撒施,也可条施或穴施。可与尿素或生理酸性肥料混施,但不能与磷肥或碱性石灰性物质混施,其施入的位置在水田可撒施混入耕作层,但在旱地,撒施于表层则基本无效,应施在根系活动的区域,因为锌肥在土壤中难于移动,用量 1～2.5kg$ZnSO_4$/亩。

四、植物的钼素营养与钼肥

钼是 1778 年发现的一种化学元素,在地壳中,钼多以稳定而又丰富的硫化物(MoS_2)形态存在。在 1900 年,人们从植物中检测出了钼。直到 1939 年,有两位学者用更为精密的水培试验方法,令人信服地确定钼是番茄植物不可缺少的营养元素,从此,钼被公认为植物必需的微量营养元素之一,并且在多种作物上得到证明。

1. 植物的钼素营养

植物对钼的需求极少,它是所有已知必需营养元素中需要量最少的一种,大多数作物的钼含量在 1～10mg/kg 之间,但也有低于 0.1mg/kg 或高于 200mg/kg 以上的。植物体内钼含量受很多因子的影响,如作物种类、气候因素、土壤环境等。通常豆科植物的需钼量最大,其次就是对钼很敏感的十字花科作物,相对需钼较少的是禾本科作物。总的来讲,虽然植物的需钼量较少,但大部分却能忍耐相当高量的钼。如在花椰菜中,钼的积累量高达 1500mg/kg,却不见中毒症状。豆科植物的钼主要分布在根瘤中,地上器官中又以叶居多。

钼在植物体内的作用主要体现在氮代谢方面。首先,它在硝酸还原酶和固氮酶中起作用。硝酸还原酶是一个黄素蛋白,黄素腺嘌呤二核酸是其辅酶,钼络合在辅基上,并与酶蛋白联结,所以,缺钼时,硝态氮易在体内积累,减少蛋白质的合成。第二个作用是促进共生固氮,因为固氮酶中含有钼,固氮酶的两个组分一个是铁蛋白,一个是铁钼蛋白,钼结合在铁钼蛋白中,形成固氮酶的活性中心。所以钼对生物固氮有积极的促进作用,除此之外,钼还对过氧化氢酶,多酚氧化酶的活性有促进,但对磷酸酶的活性有抑制作用。

钼在植物体内也是一个不易移动的元素,属于再利用能力很差的元素。其缺乏症状通常从新生组织开始,但与缺硼不一样的是,生长点不易坏死,植物的正常含钼量一般为 0.1%～1.0%,也可高达 300mg/kg,若成熟叶片的含钼量小于 0.1mg/kg 时,植物有可能缺钼,但不同作物其临界值有些差异。植物缺钼时,叶色变淡、发黄,严重时,叶片出现斑点、边缘卷曲、叶片畸形,缺钼症状若已明显,则已严重缺素,但其症状不易分辨。

2. 钼在土壤中的含量、形态及转化

成土母质是土壤中钼的主要来源。土壤中钼含量通常在 0.5～5mg/kg 之间,平均 2.3mg/kg,个别土壤中可高达 20～30mg/kg,甚至超过 100mg/kg,土壤中钼含量和母质中的钼有一定的依赖关系。

土壤中的钼通常有水溶性钼、代换性钼、有机态钼、矿物态钼 4 种形态,不同形态的钼在土壤中是可以相互转化的。矿物态的钼和有机态的钼可以通过风化或分解释放出来,使之转化为水溶性或代换性钼。反之,后者又可被固定或转化成有机态或矿物态,钼是一个变价元素,形态转化往往伴随着价变,高价态是可溶性而有效的,低价态是难溶的。

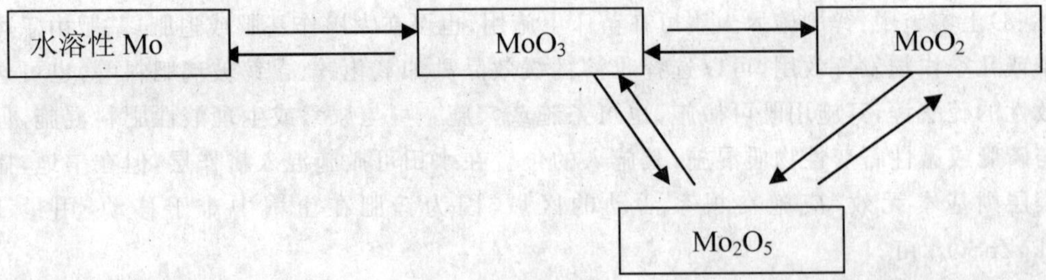

水溶性钼和代换性钼对植物是有效的，除此之外，矿物态和有机态中亦有少量的钼对植物是有效的。土壤有效钼和全钼的比值通常变动在 0.01～0.3mg/kg 之间，土壤全钼量显然是影响土壤有效钼含量的一个因素，除此之外，土壤有效钼主要受到土壤 pH、铁铝等氧化物、土壤质地、土壤湿度及土壤中其他阳离子的影响。土壤 pH 是一个十分重要的因素，在酸性条件下，钼被紧密地吸附固定，而在碱性条件下，吸附的钼则容易释放出来，所以，在酸性土壤中施用石灰，提高 pH 一个单位，钼浓度则可增加 100 倍，钼的溶解度随 pH 的升高而增加。

土壤有效钼含量，在不同的土壤类型上差异极大，如江苏北部的砂质石灰冲积土平均含量为 0.04mg/kg，陕西黄土母质发育的土壤平均含钼 0.11mg/kg，花岗岩母质发育的土壤为 0.3～0.6mg/kg 等。全国范围内，有效钼含量低于 0.15mg/kg 的土壤面积很大，主要分布在我国的东北部，当土壤有效钼含量低于 0.1mg/kg 时，施用钼肥有效。钼肥的效果在豆科作物中较显著，如在东北的大豆、花生以及豆科绿肥上均有不同程度的增产作用。

3. 钼肥的种类及施用

常见的钼肥品种主要有：钼酸铵、钼酸钠、钼酸钙、硫化钼、三氧化钼以及含钼的玻璃肥料（硅酸型）。农业生产中应用最为广泛的主要是钼酸铵和钼酸钠，它们均为白色结晶，易溶于水，而三氧化钼的溶解度低。

钼肥的施用：钼肥在农业生产中虽然可作基肥、追肥和种肥，但由于钼肥比其他微肥价格高，主要提倡的施用方法是小剂量的施用，在实际应用中最广泛、最简便而又有效的方法就是处理种子。可用钼酸铵配制成 0.05%～0.1% 的溶液，约 1kg 溶液/kg 种子，浸 12h 左右，拌种则需湿拌，其用量为 2～4g/kg 种子。

由于作物一生需钼量很少，低剂量的拌种效果还大于较多钼肥施于土壤的效果。

叶面喷施也能获得与种子处理相同的效果，其喷施时间宜在早期进行，在苗期至开花期可喷 2～3 次，钼酸铵的浓度为 0.01%～0.1%，50kg/亩，在严重缺钼的情况下，用种子处理和叶面喷施相结合的方法能取得较好的效果。对于钼肥，极少采用土施的方法，若在土壤中施用，则需混合细土以便施得均匀，其用量为 5～10g/亩。

五、植物的铁素营养及铁肥

铁在古代就已被人们所熟知了，在地壳中它是一个无处不有的元素。在地壳中，铁以高铁化合物为主，在还原条件下，硅酸盐和氧化物风化形成 Fe^{2+}，通常，不溶性的高铁氧化物 Fe_2O_3 和其水化形态 $Fe(OH)_3$ 在地表环境中占绝对优势。所以，铁在水中的移动受到一定的限制，然而铁可以形成许多稳定的化合物。

1. 植物的铁素营养

铁在植物体内的含量较高，变幅较大，通常为25～500mg/kg，不同的种类及不同的部位其含量差异较大，蔬菜植物中，含铁量可达100～800mg/kg，豆科植物较高，禾本科植物较低。铁在植物体内主要分布和积累于叶绿体中，由于铁具有形成螯合物的倾向，因而又是许多酶的活化剂和组成成分。铁在植物体内是一个可以变价的元素，所以它有许多独特的生理功能。

虽然铁不是叶绿素的组成元素，但其对叶绿素的形成却是不可缺少的，缺铁会引起植物的失绿症已是一个肯定的事实。研究认为，铁在叶绿素分子组成中的卟啉环的形成中是必需的，而卟啉环的前体物质吡咯环的形成过程中起催化作用的酶也需铁作活化剂，所以缺铁会引起叶绿体变小或解体。

铁是细胞色素的成分。细胞色素是一系列铁卟啉蛋白质结合物，铁就和叶绿素中的镁一样，络合在卟啉环的中央，同时，又通过咪唑基与蛋白质相联，并参与电子传递(通过价变)。

铁与光合作用的关系。铁氧还蛋白是一个含铁的电子转移蛋白，它在作物体内参与光合作用、硝酸还原、生物固氮等电子传递。铁也是固氮酶的成分，固氮酶中的两个组分，一个是钼铁蛋白，一个是铁蛋白，这两个蛋白相结合才具有固氮的能力。所以它在生物固氮中起到很重要的作用。除此之外，铁还是许多酶的成分，如接触酶、过氧化物酶、琥珀酸脱氢酶、细胞色素氧化酶等。

缺铁的症状以果树最常发生。典型的症状为顶端和枝梢叶片失绿发黄，叶脉保持绿色，由于铁在植物体内是最不易移动的元素之一，因而缺铁症首先是从嫩叶失绿开始，老叶仍然正常。禾本科植物一般不会出现缺铁症状，即使出现，也只是轻微的脉间失绿，呈条纹状，不会出现坏死的斑点。铁与硼、钙相同的是都不易移动，症状首先出现在新生组织，但铁不易引起顶端生长点坏死。对铁进行诊断的指标一是叶片中铁的含量，二是土壤中有效铁的含量，一般叶片中铁低于10～80mg/kg，植物可能出现缺铁的状态，但不同作物种类临界值有差异。

2. 土壤中铁的含量、形态及转化

我国土壤中全铁含量平均达2.5%，总的趋势是，南方酸性土壤中有效铁的含量很高，北方石灰性土壤中含铁量很低，尤其是南方水田面积大，渍水土壤由于还原性强，亚铁浓度比旱地土壤高，因此在南方极少见到缺铁的现象，而北方却时有缺铁现象发生。北方土壤一般pH较高，在许多苹果树中出现缺铁性的黄叶病，植物缺铁的原因很多，有时不一定是土壤供铁不足，也有可能是由于土壤的HCO_3^-过多，或其他营养元素不平衡。

土壤中铁的存在形态大致可以分为4种：水溶态、代换态、有机态、矿物态。对植物最为有效的是水溶态和代换态，但含量较低，而较难利用的有机态和矿物态则是铁的贮备形态。土壤中各种形态的铁在一定的条件下相互转化，受到土壤pH、重碳酸盐和石灰质、氧化还原电位及其他营养元素的影响。

3. 铁肥种类及施用

铁肥的种类有：硫酸亚铁、氧化亚铁、硫酸铁、氧化铁、硫酸亚铁铵、磷酸亚铁铵等，但在农业生产中广泛使用的品种主要是硫酸亚铁($FeSO_4 \cdot 7H_2O$),该品种是浅蓝色,易溶于水,但由于铁肥在土壤中易于氧化而且水解产生氢氧化物,故容易转化成不溶解的状态。

铁肥的使用应针对作物和土壤条件,采用适当的方法,通常采用的方法:一是植物处理,二是土壤施用。

植物处理:对于易溶性的铁肥可用叶面喷施的方法,其浓度为0.05%～4%,络合态的铁肥可配成0.1%～0.2%。铁在体内较难移动,一般要间断地喷2～3次,由于植物是直接吸收,可以避免土壤反应而失效,并可节省肥料的用量。但施用应在早期,以防止失绿症的发生,植物处理的另一方法就是埋瓶法,用于果树,在春季将萌芽时,离树干1m处挖开土壤露出树根,选择直径5mm左右的根作处理部位。把配好的0.1%～0.3%硫酸亚铁溶液装在玻璃瓶内,把选好的处理根切断,立即插入瓶内溶液中,使根不断从瓶中吸收铁素养分,在控制果树缺绿症上有良好的效果。此外,也可采用注射法(树干上)。

土壤施用:无机铁肥若施在土壤中,其用量较大,否则很难收到效果。在缺铁土壤中pH多偏高,铁肥中释放的铁在土壤中很快变成无效态,若将有机铁肥施入土壤中,其效果高于无机铁肥,尤其是络合态铁,但经济上不合算。其硫酸亚铁的土壤施用量通常为200kg/亩左右。铁肥在土壤中有一定的后效。

第六节　复合肥料

一、复合肥料的定义及类型

复合肥料是指同时含有两种或两种以上氮、磷、钾主要元素的化学肥料。含有氮、磷、钾三要素中的任意两种的称二元复合肥,如磷酸二氢钾、磷酸铵、硝酸钾等;同时含有氮、磷、钾三要素的称三元复合肥,如铵磷钾肥、硝磷钾肥等;在二元或三元复合肥中添加微量营养元素的则称为多元复合肥;若除营养元素之外,在复合肥中再添加植物生长调节剂、农药等则称为多功能复合肥。

复合肥料的有效养分和含量,通常以$N\text{-}P_2O_5\text{-}K_2O$相应的百分数表示,几种主要营养元素含量百分数的总和就称为复合肥料的总养分含量,如10-10-10则表明是含氮、磷、钾各10%,是三元复合肥,总养分含量为30%;若是25-10-0则表明是氮磷二元复合肥,总养分含量为35%。

在复合肥料中,根据总养分含量的高低分别划分为高浓度复合肥料(养分总量大于40%);中浓度复合肥料(养分总量30%～40%);低浓度复合肥料(养分总量25%～30%)。

复合肥料按照其制造方法一般可以划分为化成复合肥料和混成复合肥料两大类型。

化成复合肥:在生产工艺流程中发生显著的化学反应而制成的复合肥料,一般是二元型复合肥,无副成分。

混成复合肥:通过几种单质肥料或化成复合肥进行简单的机械混合,有的经过二次加工造粒而成,常含有副成分。

二、复合肥料的特点

与单质化肥相比，复合肥料具有以下优点和局限性：复合肥料养分种类多、含量高、副成分少、养分均衡，能同时供给作物两种以上主要养分；复合肥料一般经过造粒，物理性质好，不易吸潮，便于贮存、运输和施用；副成分少，在土壤中不残留有害成分，对土壤不会产生不良影响；此外，混成复合肥料还可以配比多样化，可以有针对性地考虑作物营养特性和土壤养分特点进行专用复合肥料的生产，实现产品系列化。

复合肥料除了以上优点之外，也有一些局限性。如化成复合肥料养分种类、比例固定，不能满足不同土壤和不同作物的需要；此外还难于满足施肥技术的要求，复合肥料中各种养分只能采用同一施肥时期、同一施肥深度、同一施肥方法，这样也不利于充分发挥各种营养元素的最佳施肥效果。

复合肥料是近代化肥的发展方向，在许多发达国家其复合肥料总产量已超过单质化肥，如美国、英国、法国、日本等国家的复合肥料施用量占化肥总消耗量的60%～70%，但在我国的发展较为缓慢，而且在化肥总量中所占比例不高，影响了肥料的科学施用。现在国内外复合肥料发展的总趋势是高效化、液体化、缓效化和多功能化。

三、复合肥料的常用种类及性质

1. 磷铵

这是一种化成复合肥料，在生产中，磷酸与氨反应可生成磷酸一铵(12-52-0 或 10-50-0)和磷酸二铵(18-46-0 或 16-48-0)，磷铵是它们的混合物，呈灰白色，颗粒状，物理性质好，一般不易吸潮结块，便于贮存、运输和施用。磷酸铵是水溶性肥料，易溶于水，属化学中性。磷铵由于氮低磷高，与大部分作物所需氮、磷比例不合，故可以将磷铵作为其他复合肥料的原料，如添加尿素可以生产尿素磷铵，加入硝铵可以生产硝磷酸铵，这样可增加其在大部分作物中的适应性。

磷铵适合于各种土壤和作物，宜作种肥和基肥，作种肥时，宜种、肥相隔，以免危害种子的发芽，作基肥时，施用量应以 P_2O_5 计算，不足的氮素，可用单质氮肥进行补充。磷铵不宜与草木灰、石灰等碱性肥料混合施用，以免引起氨的挥发和降低磷素的有效性。

2. 硝酸磷肥

这是由硝酸分解磷矿而制得的氮磷二元复合肥，吸湿性强，其生产方法有冷冻法、碳化法和混酸法，其养分规格有 20-20-0 和 26-13-0 等多种。产品中的磷一部分是水溶性的，一部分是枸溶性的；而氮则是硝态氮，易随水流失，因而该品种适合用于旱地和北方地区。

硝酸磷肥可作基肥、追肥和种肥，种肥用量一般 75～150kg/hm^2，但不宜与种子直接接触，基肥用量 225～375kg/hm^2，硝酸磷肥与等量氮、等量磷的单质相比，在油菜中增产效果显著，适合用在水稻、玉米、小麦、土豆、棉花、烟草、花生等作物中，但在豆科作物中效果稍差。

3. 磷酸二氢钾

这是由磷酸和硫酸钾(或氯化钾)反应制成，含 P_2O_5 52.2%，K_2O 34.4%，是一种高浓度的磷钾二元复合肥，白色或乳白色，结晶态，易溶于水，呈酸性反应，适合在各种土壤和作物中施用。由于该产品价格较为昂贵，因此在生产中，最适宜的施用方法是作叶面喷施或浸种、拌种。作叶面喷施的浓度通常为0.1%～0.3%，在禾谷类作物的拔节期到抽穗期喷施，溶液用量通常为750kg/hm^2，浸种浓度一般为0.2%。

4. 硝酸钾

这是由硝酸钠与氯化钾反应而制成，含N 13.5%，K_2O 45%～46%，白色结晶，易溶于水，吸湿性较小，易燃易爆。肥料中的阴阳离子均可被作物吸收利用，是一种不含副成分的肥料，特别适合于忌氯喜钾的作物，如烟草、土豆、番茄、葡萄等，可作基肥、追肥和种肥，在生产中作根外追肥的效果较佳，其浓度为0.6%～1.0%。作种肥可用浸种的方式，浓度为0.2%，能加快种子的出苗，促进根系生长。作追肥时，肥效快，能迅速消除作物缺钾症状。

5. 尿磷钾肥

这是由尿素、磷铵、氯化钾按不同比例机械混合造粒而成，其品种有19-19-19、27-13.5-13.5、23-11.5-23、23-23-11.5等多种系列。我国土壤类型繁多，气候差异大，在各种经济作物中可根据作物的营养特性和土壤的基础肥力对该系列品种进行选用。

6. 铵磷钾肥

这是由硫酸铵、硫酸钾、磷酸盐按不同比例机械混合造粒而成，也可用磷铵加钾盐制成。物理性质好，肥效快，其品种有12-14-12、10-20-15、10-30-10等多种系列，由于该系列品种通常含磷较高，可适当配合单质氮、钾肥。宜作基肥进行条施或穴施，主要用于烟草、棉花和甘蔗等经济作物。

四、复合肥料的合理施用

(1)根据土壤供肥特点及作物营养特性选择适宜的复合肥料品种。

我国北方地区缺磷土壤较多，磷肥效果明显，而钾肥效果不佳，选择的复合肥料品种应以氮磷复合肥料为主，而大部分的南方土壤缺钾面积呈现出扩大的趋势，经多年磷肥推广作用，缺磷程度有所缓和，选择复合肥料品种可以氮钾复合肥为主。在谷类作物的栽培中，通常以提高产量为主要目的，土壤养分状况是选择复合肥料养分形态和比例的主要依据；而在经济作物中常以增进品质为主，所以根据作物营养特性多选用三元复合肥料。

(2)根据复合肥料的特点，选择相应的施用技术。

如磷铵适合作基肥；而价格较为昂贵的磷酸二氢钾和硝酸钾则适合采用根外追肥；含有铵态氮的复合肥不能与碱性物质混合，并注意深施覆土；含硝态氮的复合肥料适宜用在旱地，避免在水田中使用。

(3)按复合肥中养分比例计算施用量，并注意与单质肥的配合。

计算复合肥用量时，如果复合肥养分比例接近或相等，一般以含氮量计算肥料用量，如果养分比例差异大，则以高量的那种养分计算复合肥料的用量，不足的养分可用其他单质肥料进行补充。如磷铵，是高磷低氮的化成复合肥，则应以P_2O_5含量进行计算，不足的氮素用单质氮肥补充调整。

第七节　有机肥料

有机肥是我国农业生产中的一项重要肥料，我国农民在农业生产中有使用有机肥的优良传统，很多区域十分重视有机肥的使用。21 世纪，“生态农业”、“有机农业”在发达国家受到广泛的关注，美国、法国及日本等还把有机肥料规定为生产绿色食品的主要肥源。

有机肥又称农家肥，其原料来源广泛，主要来自农村、城市的有机废弃物，成分复杂，数量大，是天然有机质经微生物分解或发酵而成的一类肥料。化肥的发展对提高我国农业生产起到了极为重要的作用，虽然化肥具有养分含量高、肥效快、使用方便等优点，但在培肥地力方面有机肥却有着化肥无法比拟的优点，虽然肥效缓慢，却能改良土壤，培肥地力。由于有机肥和化肥的特点正好是相互补充的关系，所以在施肥中特别强调化肥和有机肥的合理配合及搭配，它们可以缓急相济，取长补短。

一、有机肥的作用

1. 提供无机及有机养分

有机肥料含有作物生长所需的各种大量营养元素和微量营养元素，其中钾素的利用率较高，各种粪尿肥中钾的有效性可达 50%～80%，有效磷也可达 25%～50%，氮的有效性相对较低，而各种微量元素的有效性也较高，所以有机肥在土壤养分的平衡中有较为重要的作用。有机肥料除了在微生物的作用下能分解释放出各种无机养分外，还含有各种水溶性化合物、淀粉、纤维素、半纤维素、木质素、脂肪、树脂、单宁、有机酸、醛、醇、酚等，其中像可溶性糖、酚类等一些可溶性化合物易被作物吸收利用。有机肥料中的含氮有机物也是作物良好的氮源，作物能够吸收如尿素、氨基酸、酰胺等小分子的有机化合物。虽然大部分有机氮要在微生物的作用下才能逐步分解释放其中的氮素，但肥效稳长。

2. 有机肥的改土作用

有机肥除了对作物有营养作用之外，还有改良、培肥土壤的重要作用，是化肥所不能替代的。有机肥能增加和补充土壤有机质，农业生产中要获得高产优质，土壤的肥力是基础，而有机质又是土壤的物质基础之一，所以施用有机肥是补充土壤有机质的重要手段。有机肥可以改善土壤的理化性状。有机肥施入土壤后，经微生物分解、缩合可形成新的腐植质，它与土粒有较强的复合能力及粘结性，能促进土壤水稳性团聚体的形成，有效地改善土壤的结构性。施用有机肥也能提高土壤的生物活性，因为有机肥料能为土壤微生物提供能量和营养物质，能促进土体中微生物的繁殖，增强呼吸作用及氨化、硝化作用等。

二、有机肥与化肥配合的效果

(一)有机肥与化肥的特点比较

(1)有机肥料含有机质多，有显著的改土作用；化肥只能供给作物矿质营养，一般无直接的改土作用。

(2)有机肥料含有多种养分，但养分含量低；化肥养分较单一，但养分含量高。

(3)有机肥的养分多为有机态,释放慢,肥效稳长;化肥养分释放快,肥效不持久。

(4)有机肥种类多,成分复杂。多数有机肥含水量高,体积大,运输费用大。一些有机肥有臭味、病原菌、寄生虫卵等,有些还含有过量的重金属及还原性有害物质等,须经无害化处理后,方可施用。化肥施入土壤易挥发、淋失或固定,降低利用率。

有机肥料有很多优点,但也有一定的局限性,而有机肥料的不足之处正是化肥的优势。因此为了提高肥料的经济效益必须坚决执行我国的肥料方针,即有机与无机肥料配合施用,取长补短,缓急相济,充分发挥肥料的增产潜力。

(二)两种肥料配合的效果

1. 促进增产、增效、培肥地力

据西南大学国家紫色土肥力监测基地的肥料长期定位试验表明,在有机肥猪粪的基础上配合氮、磷、钾的处理比只是化肥氮、磷、钾配合的处理,使水稻、小麦增产的幅度达9.98%~19.28%,河南潮土的长期施肥试验也表明,与不施肥和单施化肥相比,施有机肥或有机肥与化肥配施显著提高了土壤全氮、酸解有机氮、酸解铵态氮、氨基酸态氮、非酸解有机氮和有机碳的含量,在供应等氮磷钾的情况下,有机无机配施增加了土壤供氮能力、有机质含量和作物产量,是维持土壤肥力和保护环境最优的施肥方式。中国农科院土肥所在6种典型土壤——红壤、灰漠土、垆土、潮土、褐土、黑土长期耕作施肥后,探讨对活性有机质及碳库管理指数(CMI)的影响,其结果是,有机无机肥配合(MNPK)施用10年,土壤总有机质、活性有机质和CMI均有极显著的上升,但上升程度不同。由此可见,在我国的主要农区土壤上,有机肥和化肥配施是一种良好的施肥方法,不仅能培肥土壤,而且能有效提高土壤对作物养分供给能力、增加作物产量,能够保持土壤肥力的稳定与提高。

2. 改善作物品质

大量研究资料表明,有机肥在改善作物品质、食味品质以及外观品质方面具有独特的作用。烟草施肥中有机肥与化肥的配合可以使烟叶中的烟碱协调至2%~3%,糖碱比为8~10∶1,氯含量下降,上、中等烟增加4%~20%。蔬菜中进行有机无机配施对降低硝酸盐含量,提高维生素含量也有较为明显的促进作用。西南大学陶启珍等多年在无机肥的基础上配施腐植酸类肥料的结果表明其能明显地改善西瓜等果实的糖分,降低酸度,口感改善。

三、有机肥的类型

我国有机肥的来源极为丰富,性质复杂,地区差异大。有机肥的分类没有一个统一的标准和严格的分类系统,但根据有机肥的来源、特性及积制的方法通常将其分为以下几种类型,即粪尿肥、堆沤肥、绿肥、饼肥、腐植酸类肥料及泥土肥6大类。

1. 粪尿肥

粪尿肥是人畜肥料的总称,包括人粪尿和家畜粪尿,由于性质的差异,在使用中各有其特点。

人粪尿是一种来源广泛,养分含量高,氮多、磷钾少,易腐熟,肥效快的流体有机肥料,俗称“细肥”,但人粪和人尿在成分和性质上有很大差别。在各种有机肥料中,人粪尿的有机物含量低,C/N较小,易分解。

家畜粪尿是指猪、牛、羊、马等家畜的排泄物。其中含有丰富的有机质和无机营养物质，是农村优质有机肥料的主要来源，占有机肥料总量的63%～72%。畜粪中的氮素大部分是有机态的，须经微生物的分解才能被作物吸收利用，属迟效性肥料。畜粪中的磷，一部分是卵磷脂和核蛋白等有机态磷，另一部分是无机磷酸盐类，由于这些盐类与其他有机质共同存在，磷被分解出来以后，能和有机酸形成络合物，可以减少被土壤中铁、铝、钙等离子的固定，所以畜粪中的磷素肥效较高。畜粪中的钾大部分是水溶性的，肥效高。畜尿是良好的氮钾肥料，磷的含量少，呈碱性反应。

猪粪粪质细，纤维少，C/N小，养分含量高，氮素含量比牛粪高一倍左右，磷、钾含量也高于牛粪和马粪，所以猪粪尿肥劲柔，后劲长，既长苗，又壮棵，适用于各种土壤和作物，既能作基肥也可作追肥。牛粪尿肥质较细密，含水量高，通透性差，养分含量低，特别是含氮量低，C/N大，所以牛粪分解腐熟缓慢，发酵温度低，故称为冷性肥料。为加速分解腐熟，新鲜的牛粪稍风干后，常加入少量的钙镁磷肥或磷矿粉混合堆制，通常作基肥使用。马粪含纤维素高，粪质粗松，水分易蒸发，含水量少，同时粪中含有大量高温性纤维分解菌，能促进纤维素的分解，所以马粪尿腐熟分解快，在堆制过程中放出大量热量，故称热性肥料，多用于温床酿热物。在蔬菜早春育苗中，可提高苗床温度，幼苗可提前移栽，提早成熟。羊粪粪质细密干燥，肥分浓，三要素含量在家畜粪中最高，所以羊粪尿易分解腐熟，能发热升温，也是热性肥料，羊粪可与猪粪、牛粪混合堆制，不仅可缓解它的燥性，还能达到肥劲平稳，这种堆肥适合于各种土壤。

2. 堆、沤肥

堆肥与沤肥的共同特点是：它们利用相同的原料，一般以作物秸秆为主，掺入人畜粪尿或以城乡生活废物、垃圾、山青湖草等为主要原料混合后按一定方式积制而成。其区别在于，堆肥在堆制的过程中以好气性微生物的分解为主，沤肥则以嫌气性微生物的分解为主，最终达到腐熟、提高肥效的目的。堆沤肥材料中含有的养分大都不能直接被作物吸收利用，需通过堆沤腐熟过程使有机物料释放养分，经过发酵产生的高温还可杀灭寄生虫卵和各种病原菌，杀死各种危害作物的病虫及杂草种子，实现无害化，同时还缩小了有机物料庞大的体积，节约运输成本，施用后便于耕作，提高了耕作质量。一般北方以堆肥为主，而南方地区以沤肥为主。

堆肥分为普通堆肥和高温堆肥。普通堆肥一般混土较多，堆积腐解时温度较低，所需堆置时间较长，适用于常年积造，通常有平地式和半坑式两种方式。高温堆肥以纤维素多的有机物料为主，加入一定量的人畜粪尿等物质，以调节C/N。堆腐过程中有明显的高温阶段，堆置时间较短。适合于集中处理大量农作物秸秆物料或生活垃圾，使之短期内迅速腐熟。

沤肥是肥料发酵的另一种方式，其材料与堆肥相似，一般是在田头、渠道边、村边、住宅边等地挖坑沤制。沤肥是在嫌气微生物作用下腐熟的，因此控制与调节好嫌气微生物的活动条件是获取优质沤肥的关键。制作沤肥时，沤肥坑不能有渗漏，表面保持3～7cm的浅水层，以隔绝空气和保持坑内温度。切忌时湿时干，否则生成的氨经硝化后再处于嫌气条件易引起反硝化损失。沤制前要把粗长的秸秆材料切细或轧碎，沤制时可加入少量人粪尿、旧沤粪液或适量速效性氮肥、石灰，并及时翻拌，以促进微生物的繁殖活动和分解。沤肥一般用作基肥，多数施在稻田，沤肥肥效长而稳，但供肥强度不大，应配合施用速效性氮、磷、钾肥。

3. 绿肥

凡是利用绿色植物体直接翻压到土壤中作肥料的称之为绿肥。为作绿肥而栽培的植物称为绿肥作物。我国绿肥种类繁多，可供栽培利用的有 200 多种，按植物学分类可以分为豆科绿肥和非豆科绿肥；按栽培季节划分可以分为春季绿肥、夏季绿肥、秋季绿肥和冬季绿肥；若按栽培年限划分又可分为一年生绿肥、越年生绿肥和多年生绿肥；按生长环境还可分为旱地绿肥和水生绿肥等。

在我国的南方各省区，主要利用冬闲田栽培紫云英、苕子、巢采、肥田萝卜等绿肥植物，而在西北或东北则主要种植紫穗槐、沙打旺、草木樨、毛叶紫花苕子等。由于绿肥大多生长迅速，适应性广，可以因地制宜地实行间、套、插等种植，在轮作中占有重要地位，多数可兼作饲料，为发展畜牧业、养殖业创造了条件。

绿肥的利用方式主要有 3 种：直接翻耕、堆沤制和饲用。

4. 饼肥

饼肥是指各种含油较多的种子，压榨去油后剩余的残渣。常见的有菜籽饼、花生饼、芝麻饼、大豆饼、茶籽饼、蓖麻饼、桐籽饼及棉籽饼等。

各种油饼中含有大量的有机质和丰富的蛋白质，并含有一些脂溶性的维生素，养分浓度高。这既是营养价值很高的饲料，又是优质的有机肥料。饼肥成分因品种、榨油方法不同而异，一般有机质含量为 75%～85%，N 为 2%～7%，P_2O_5 为 1%～3%，K_2O 为 1%～2%，还含有微量元素。其中氮素含量最多，磷、钾次之，尤以豆饼的含氮量高，约为 6%～7%，茶子饼含量最低，约为 1.11%；菜子饼、蓖麻饼、芝麻饼含磷较高，可达 2%～3%。饼肥中的氮、磷多呈有机态。氮以蛋白质形态为主，磷以植素、卵磷脂为主，钾大都是水溶性的，用热水浸提可提取油饼中 96%以上的钾。此外，饼肥含有一定的油脂和脂肪酸化合物，吸水较慢。所以饼肥是一种迟效性有机肥，必须经过微生物的发酵分解后，才能发挥肥效。

饼肥的适应性较广，可以用作基肥、种肥和追肥，主要用于经济价值较高的花卉，苗木育种，或用于烟草、果树的基肥施用。

5. 泥炭及腐殖酸类肥料

泥炭在我国分布较广，蕴藏量十分丰富。它是一个重要的有机肥源，也是制造腐殖酸类肥料的重要原料。因此合理开采利用泥炭，在扩大肥源、提高土壤肥力、增加农作物产量方面具有重要意义。泥炭利用的方式很多，既可直接施用，也可用作垫圈或堆肥的材料，还可用作营养钵或作为生产肥料的原料。

腐殖酸类肥料是指由泥炭、褐煤、风化煤为主要原料经酸或碱等化学处理和加入一定量的氮、磷、钾或微量元素所制成的肥料。如腐殖酸铵、硝基腐殖酸铵、腐殖酸钾、腐殖酸钠、腐殖酸微量元素肥料及腐殖酸复合肥等。

腐植酸铵和硝基腐植酸铵是农业生产中用得较多的腐肥。试验证明，腐肥在多种作物和不同土壤中均有一定的肥效，腐铵氮含量低，供肥稳长，一般宜作基肥，可沟施或穴施，每公顷用量 750～1500kg，腐铵配合水溶性磷肥施用，可减少磷在土壤中的固定，在瘠薄土壤、沙质土、盐碱土、酸性红壤以及冷浸田等效果显著。硝基腐铵与腐铵性质相近，腐植酸含量高，大部分溶于水，因含有硝态氮，对作物的生长刺激作用以及保护水溶性磷的能力均较强，每公顷的用量为600～1125kg。腐植酸钠有液体和固体两种形态，对蔬菜和块茎作物刺激效果最好，在水稻、小麦中刺激作用居中，而在大豆和油料作物中效果较差。腐植酸钠通常可浸种或叶面喷施，其浓度为0.01％～0.05％。

6. 泥土肥

泥土肥包括河泥、沟泥、湖泥、塘泥、熏土、炕土等重新用于农田的物质。泥土肥中有一定量的有机质，通常质地较粘重，颜色较深，其养分含量受环境的影响，其养分含量和有机质含量均较低，不同来源的泥土肥养分差异较大，如沟泥、河泥的有机质含量比湖泥和塘泥高。由于泥土肥的养分含量低，一般不单独施用，长江下游的江苏和浙江多以塘泥、湖泥、沟泥等为主要原料，加入绿肥、作物秸秆、有机废弃物、猪粪等混合沤制生产草塘泥。由于是在嫌气条件下进行腐熟，有机物分解缓慢，养分损失少，能积累较多的腐植质，因此是迟效性肥料，养分释放平稳和持久，养分的当季利用率低，肥效稳长。在太湖地区主要用作基肥，在改良低产田方面有显著的效果，由于氮、磷含量均较低，供肥的强度不足，在生产中要与速效性肥料配合才能起到既肥土又肥苗的效果。

第六章　主要农作物病虫害识别与防治技术

农业生产活动及农产品常常会受到各种灾害的危害,造成严重的经济损失。其中最为重要的是自然灾害,有生物性和非生物性灾害之分。农作物病虫害是重要的生物性灾害源之一,在大田农业生产活动中非常常见。

第一节　农作物病虫害识别基本知识

一、农作物病害识别基本知识

农作物病害识别是一个综合知识运用的过程,也是病害防治的关键所在。要确定作物的病害种类就必须做好收集病害资料和分析病害资料两部分工作,二者缺一不可。

(一)现场观察,收集资料

现场观察是农作物病害识别的重要步骤,观察时一般由宏观到微观,从现状追溯其病史。当我们进入发病作物田块时,根据病害发生的三要素(环境条件、感病植物、病原),细心观察作物生长的生态环境、作物生长状态以及发病植株上各种症状的综合表现,得出一些总的概括性的认识。进一步的详细调查,包括以下几个方面。

1. 症状观察

病害的症状,包括感病植物的非正常状态(病状或被害状)和病原的形态或其在植株上形成的病症、卵块、分泌物(如蜜露、吐丝)或分泌物所构成的特征。通过看、嗅、触摸对症状的形态、色泽、质地以及气味进行辨识。广义的症状包括上述的外部症状和通过解剖甚至是用显微镜观察才能辨识病害植株的细胞和组织病变。尽管可以让农户采集病害标本进行诊断,但大多数植保工作者都应该到发病的田间进行症状观察,以详尽观察发病个体的全面表现(发病部位、病变类型)、植株的典型症状、初期症状、中期症状和后期症状以及它们之间的关系。对所观察到的症状要进行详尽的文字记录并区分出症状类型。

2. 了解发病过程和病史

发病过程实质上是病害发现过程和植株发病以后观察到的情况。病史是指在以往的年份里观察到的情况,特别是类似的病害症状有没有出现过,最好是向直接管理发病田块的人员询问发病的时间、病变过程、以前发生过的病害及有无类似病变现象,由此可以判断病原的来源、传播途径,为有效防治提供信息。

3. 生态环境的调查

作物的生态环境包括土壤和耕作情况、土质、pH、轮作制度、施肥、灌水、播种时间、播种方式等农业措施,种子来源及以往抗病性表现和天气变化情况,如温度(最高温度、最低温度、平均温度及它们的变化)、相对湿度、雾露、降雨、风、霜冻、下雪和日照等。这些生态环境对病害的发生都有不同程度的作用。

现场观察和收集资料要注意每一个细节,切忌一开始就妄下结论并把以后的调查变为这一定论而收集证据的过程,调查中尽可能做到全面、准确,还要注重对比,以明确诱发和影响病害发生的因素。

(二)致病因素的鉴定

由于不同的病原微生物可以引起相同的症状,而同一种病原微生物在不同的寄主植物上和不同的环境条件下可以引起不同的症状,因此必须进一步鉴定病原的属性,才能作出正确的诊断。主要有两种方法:

(1)根据代表性的、特殊性的症状和病原鉴定结果,加上植保工作者的直觉判断作出诊断,称为"直接法"。这种方法适用于病变过程和症状十分典型,植保工作者实践经验丰富、业务技能较强的情况。

(2)对于植物病情尚不完全清楚,症状又无特异性,植保工作者又感到经验不足时,先把几种可能的病害表征与观察到的异常现象一一对应比较,逐步排除相同点少的病害,称为"汰选法"。值得注意的是这个过程中可能还需要作进一步调查和实验。

(三)识别结果的检验

无论是初步识别还是作出治疗前的最后诊断都不是诊断的终结,只有通过相应的治疗,控制了该种病害的继续发展以后才能证明所作诊断是正确的。因为这样做一方面是符合逻辑,另一方面可以及时修正错误的诊断,减少化学防治工作出现大的错误。

二、农作物虫害识别基本知识

农作物害虫种类很多,而不同害虫间有共性,也有特殊性,识别农作物害虫,应根据害虫的系统性状和特征以及被害状进行。

(一)根据害虫的系统性状和特征进行识别

与常见农作物关系最大的害虫有 6 个目。

(1)鳞翅目。即蛾类和蝶类,属完全变态。特征是成虫口器虹吸式,有两对翅膀,其上密布各种颜色的鳞片,如天蛾、尺蠖、凤蝶等;幼虫为多足型,有 3 对胸足、4 对腹足、1 对臀足,体分 12 节,口器咀嚼式。做种类鉴别时,成虫好鉴别,幼虫较困难。

(2)鞘翅目。通常叫甲虫。成虫、幼虫均为咀嚼式口器。特征是成虫有一对硬壳的翅膀盖在身体上,有锐利牙齿,如天牛、金花虫、小蠹、象甲、金龟子等;其幼虫多无足(胸足和腹足均已退化),如天牛、小蠹、象甲等;有的只有胸足,腹足退化,如一些金花虫、金龟子等。此目中还有捕食害虫的天敌昆虫,如异色瓢虫、步行虫等。

(3)同翅目。除雄蚧及粉虱外,均属不完全变态。主要特征是体小而软,具有针状刺吸式口器,从头的后下方伸出,前翅质地均一,革质或膜质,休息时放置体上呈屋脊状。如蚜虫、介壳虫等。

(4)直翅目。特征是成虫有一对触角为丝状,口器咀嚼式。前翅狭长、革质,后翅膜质、较发达。属不完全变态,若虫,与成虫相似,无蛹期,如蝼蛄、蝗虫等。

(5)双翅目。属完全变态。特征是成虫前翅发达,为膜质透明,有简单的脉序,后翅特化为平稳棍。复眼很大，几乎占头的大部分；触角长而多节者为丝状或念珠状，短而少节者为芒状；蝇类口器为舐吸式，蚊类口器为刺吸式；幼虫无足，蛆式。城市园林常见的害虫有菊潜叶蝇、种蝇、柳瘿蚊、菊瘿蚊等。还有寄生在鳞翅目幼虫或蛹内和捕食蚜虫的天敌昆虫，如食蚜蝇等。

(6)膜翅目。属完全变态。特征是成虫口器咀嚼式，也有的嚼吸式；翅膜质，前翅较大具翅痣，后翅前缘有一列钩刺叫翅钩；腹部通常可见6节，第1节和后胸愈合称为"并胸腹节"；幼虫咀嚼式口器，除有6对胸足外，还有6～8对无趾钩的腹足，而蛀食性种类腹足多退化。主要害虫有蔷薇叶蜂、玫瑰茎蜂等。还有些是寄生或捕食害虫的天敌昆虫，如赤眼蜂、肿腿蜂、胡蜂等。

(二)根据植物被害状进行识别

1. 危害树枝、树干和花茎内部的害虫

一般多为天牛类、木蠹蛾类、透翅蛾类、吉丁虫类、象甲类、小蠹虫类、蜂类、螟蛾类和卷蛾类等害虫。天牛、木蠹蛾所蛀食的隧道较深且长，一般不规则，多往外排粪，但天牛的幼虫一般体为白色或黄色、无足，而木蠹蛾的幼虫一般为红色、有足。透翅蛾和枝天牛在大树上危害枝条(透翅蛾在苗圃也危害幼苗的树干)，多蛀食髓部，被害处膨大，隧道规则，但枝天牛危害2年生筷子粗的枝条，虫瘿为长圆形，里面幼虫白色、无足；而透翅蛾多危害手指粗的枝条，虫瘿为椭圆形，里边幼虫白色、有足。蜂类危害枝条内部，一般咬食髓部，不形成虫瘿，其幼虫多为白色、无足。小蠹虫和吉丁虫一般以蛀食枝干的皮层为主，但小蠹虫蛀食坑道较规则，有母坑道和子坑道，呈放射状，其幼虫多为白色、短粗、稍弯曲；而吉丁虫坑道一般不规则，其幼虫细长、带状、白色、胸部较宽、腹部和中间最细。还有一些蛀食嫩枝嫩梢的害虫，如松梢螟、菊天牛、玫瑰茎蜂等。

2. 危害叶部的害虫

(1)危害嫩梢嫩叶，造成卷叶或皱缩，但没有咬伤，上有油脂分泌物的多是蚜虫和木虱等危害，蚜虫腹部背面有腹管，夏天在叶片上很少有卵；而木虱和粉虱则没有腹管，在叶片上常有很多卵。粉虱的幼虫多固定不动且有蛹，而木虱则相反。

(2)危害嫩梢并常把叶片粘在一起的多为卷叶虫类，而把许多叶子用丝连缀在一起，里面有许多虫子，则多为巢蛾或缀叶螟类。

(3)幼虫钻入叶肉里危害的有潜叶蛾、细蛾、潜叶蝇、瘿蚜、象鼻虫、叶蜂等。潜叶蛾一般最后把叶片搞成一个灰褐色近圆形斑，里面有黑色虫粪；潜叶蝇则在叶片里穿成一些弯弯曲曲的黄白色隧道。

(4)把叶片纵向折叠成"饺子"状，幼虫藏在里面危害，多为梨星毛虫；也有的是蚜虫，但蚜虫危害的叶片多皱缩不平，有粘液状的排泄物。

3. 危害根部和根际部分的害虫

(1)地表根际部分皮被咬坏，多为地老虎，当伤口环绕茎部时，上部即行死亡；有时将苗咬断，拉回窝里去。

(2)咬坏幼树苗根而没有明显隧道的多为金针虫、蛴螬等；而有明显隧道的多为蝼蛄。

(3)根上有小虫，虫体上有白色蜡质的多为棉蚜。

(4)还有些危害花卉根的动物，如根结线虫等，可引起植株根系的小瘤状突起。

下面将结合南方地区农业生产实际情况，以作物为主线，分别介绍水稻、玉米、小麦、马铃薯、烟草、辣椒、油菜、柑桔等常见的病虫害识别方法和常用防治技术。

第二节　水稻常见病虫害

水稻在世界范围内广泛种植，是世界上一半以上人口的主食。水稻也是我国主要的粮食作物，占总耕地面积的 26%，占粮食总产量的 43%。

一、常见病害种类识别及防治技术

(一)水稻稻瘟病

又称稻热病、火烧瘟、叩头瘟。分布在全国各稻区，主要危害叶片、茎秆、穗部。因危害时期、部位不同分为苗瘟、叶瘟、节瘟、穗颈瘟、谷粒瘟。

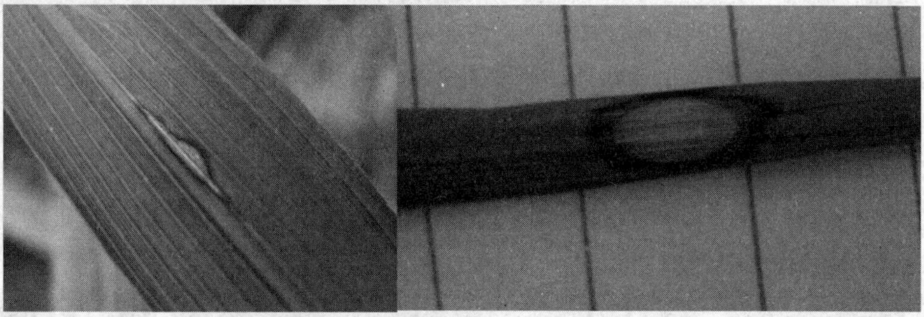

图 6-1　水稻稻瘟病叶瘟症状

【症状识别】苗瘟由种子带菌引起，发生时期在 3 叶前。病苗基部呈灰黑色，上部变褐，卷缩而死。田间湿度较大时病部产生大量灰黑色霉层，即病原菌分生孢子梗和分生孢子。

叶瘟则在整个生育期都能发生。危害较重的在分蘖至拔节期。由于气候条件和品种抗病性不同，病斑分为 4 种类型。慢性病斑：开始在叶上产生暗绿色小斑，逐渐扩大为梭形斑，两端常有延伸的褐色坏死线(图 6-1)。后期病斑中央灰白色，边缘褐色，外围有淡黄色晕圈，叶背有灰色霉层，病斑较多时连片形成不规则大斑。急性病斑：在感病品种上形成暗绿色近圆形或椭圆形病斑，叶片正反面都产生褐色霉层，条件不适应发病时转变为慢性型病斑。白点病斑：感病品种的嫩叶发病后，产生白色近圆形或短梭形病斑，不产生孢子，气候条件利其扩展时，可转为急性病斑。褐点病斑：多在高抗品种或老叶上，产生针尖大小的褐点局限于叶脉间，较少产孢，该病在叶舌、叶耳、叶枕等部位也可发病。

【病原】*Pyricularia oryae* Cav. 称稻梨孢，属半知菌亚门真菌。有性态为 *Mycosphaerella malinverniana* (Catt.) Miyake，属子囊菌亚门真菌，自然条件下不常见。

【发生规律】病菌以分生孢子和菌丝体在稻草和稻谷上越冬。翌年产生分生孢子借风雨传播到稻株上，萌发侵入寄主向邻近细胞扩展发病，形成中心病株。病部形成的分生孢子，借风雨传播进行再侵染。适温高湿，有雨、雾、露存在条件下有利于发病。菌丝生长温限 8℃～37℃，最适温度 26℃～28℃。孢子形成温限 10℃～35℃，以 25℃～28℃最适，相对湿度 90%以上。孢子萌发需有水存在并持续 6～8h。适宜温度才能形成附着胞并产生侵入丝，穿透稻株表皮，在细胞间蔓延摄取养分。阴雨连绵，日照不足或时晴时雨，早晚有云雾或结露条件，病情扩展迅速。品种抗性因地区、季节、种植年限和生理特点不同而异。籼型品种一般优于粳型品种。

【防治技术】采取以选择抗病丰产的优良品种，合理优化布局为中心，压低菌源为前提，推行“重两头、巧中间”的药剂防治策略。具体技术如下：

(1)根据当地气候选择抗病品种，重庆地区可选陵优2号等品种。

(2)无病田留种，及时处理病稻草，消灭菌源。

(3)按水稻需肥规律，采用配方施肥技术，后期做到干湿交替，促进稻叶老熟，增强抗病力。

(4)水稻播种时，用56℃温汤浸种5min，或用20%的三环唑1000倍液浸种24h进行种子消毒。

(5)药剂防治要抓住关键时期，适时用药。在每块田选择5个点(田的周围和生长茂盛的地方定点)，每点调查20丛，共100丛。一般在圆秆后孕穗前，病丛率达到20%～30%时，应立即施药防治。但对历年重病田、感病品种和发病早的高产田，即使病丛率未达到上述指标时，也应提早防治。可每亩用20%井冈霉素可湿性粉剂25～50g、或20%纹枯净可湿性粉剂30～50g兑水对准稻株基部喷雾。

(二)水稻纹枯病

【症状识别】病害从苗期到抽穗期均可发生，分蘖盛期、末期至抽穗期是病害的盛发期，尤其在抽穗期前后发病最重。

图6-2 水稻纹枯病症状

A. 叶部症状 B. 茎部症状 C. 茎部菌核

叶鞘部位感病，在近水面处产生暗绿色水浸状边缘模糊小斑，逐渐扩大呈椭圆形或云纹形，中部呈灰绿或灰褐色，湿度低时中部呈淡黄或灰白色，中部组织破坏呈半透明状，边缘暗褐。病情严重时数个病斑融合形成大病斑，呈不规则状云纹斑，常致叶片发黄枯死。叶部受病菌侵染，病斑呈云纹状，边缘褪黄，发病快时病斑呈污绿色并且叶片很快腐烂。茎秆部位受侵染时，病部初为污绿色，后变灰褐色，常不能抽穗，抽穗的秕谷较多。天气潮湿时，病部长出白色网状菌丝，后汇聚成白色菌丝团并形成菌核，菌核深褐色，易脱落。高温时，病斑上产生一层白色粉霉层(图6-2)。

【病原】*Thanatephorus cucumeris* (Frank) Donk. 称瓜亡革菌，属担子菌亚门真菌。无性态 *Rhizoctonia solani* Khün.，称立枯丝核菌，属半知菌亚门真菌。

【发生规律】病菌主要以菌核在土壤中越冬，也能以菌丝体在病残体上或在田间杂草等其他寄主上越冬。第2年春灌时菌核飘浮于水面与其他杂物混在一起，插秧后菌核粘附于稻株近水面的叶鞘上，适宜条件下生出菌丝侵入叶鞘组织危害，气生菌丝危害邻近植株，形成初侵染源。早稻菌核是晚稻纹枯病的主要侵染源。菌核数量是引起发病的主要原因。每亩有6万粒以上菌核，即具备纹枯病流行条件。高温高湿是发病的另一主要因素，气温18℃～34℃都可发生，以22℃～28℃最适。发病相对湿度70%～96%，90%以上最适。长期深灌，氮肥过多，水稻郁闭，徒长促进纹枯病发生和蔓延。

【防治技术】

(1)打捞菌核，减少菌源。在发病严重的田块，要每季大面积打捞菌核并带出田外深埋。

(2)栽培管理方面要施足基肥，早施追肥，不可偏施氮肥，增施磷钾肥。使水稻前期不披叶，中期不徒长，后期不贪青。灌水做到浅水分蘖、够苗露田。晒田促根、肥田重晒、瘦田轻晒、湿润长穗，不提前断水、防止早衰，要掌握"前浅、中晒、后湿润"的原则。

(3)药剂防治要抓住防治适期，分蘖后期病穴率达15%即施药防治。病情严重时用2.5%井冈霉素100mL兑水50kg喷雾或兑水400kg泼浇。每亩用20%粉锈宁乳油50～76mL、50%甲基硫菌灵或50%多菌灵可湿性粉剂100g、30%纹枯利可湿性粉剂50～75g、50%甲基立枯灵(利克菌)或33%纹霉净可湿性粉剂200g，每亩用药液50L。

(三)水稻白叶枯病

【症状识别】水稻白叶枯又称白叶瘟、地火烧、茅草瘟。整个生育期均可发病，苗期、分蘖期发病最重，各个器官均可染病，叶片最易染病。其症状因病菌侵入部位、品种抗病性、环境条件有较大差异(图6-3)。

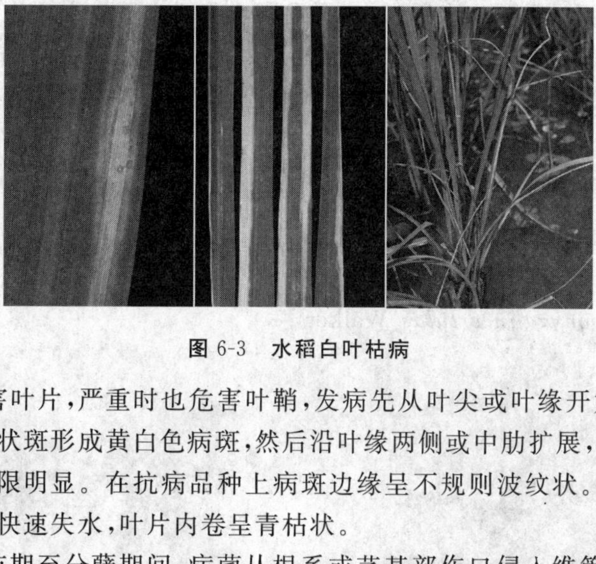

图6-3　水稻白叶枯病

叶枯型主要危害叶片，严重时也危害叶鞘，发病先从叶尖或叶缘开始，出现暗绿色水浸状线状斑，很快沿线状斑形成黄白色病斑，然后沿叶缘两侧或中肋扩展，变成黄褐色，最后呈枯白色，病斑边缘界限明显。在抗病品种上病斑边缘呈不规则波纹状。感病品种上常在叶片上部出现灰绿色，快速失水，叶片内卷呈青枯状。

急性凋萎型在苗期至分蘖期间，病菌从根系或茎基部伤口侵入维管束时易发病。主茎或2个以上分蘖同时发病，心叶失水青枯，凋萎死亡，其余叶片也先后青枯卷曲，然后全株枯死，也有仅心叶枯死。病株茎内腔可观察到大量菌脓，有的叶鞘基部发病呈黄褐或褐色，折断用手挤压溢出大量黄色菌脓。白叶枯病形成枯心苗后，其他叶片也逐渐青枯卷缩，最后全株枯死，剥开新青卷的心叶或折断的茎部或切断病叶，用力挤压，可见有黄白色菌脓溢出，即病原菌菌脓，有别于大螟、二化螟及三化螟危害造成的枯心苗。

【病原】*Xanthomonas oryzae* 称水稻黄单胞菌。包括白叶枯病菌和条斑病菌两个致病变种：即 *Xanthomonas oryzae pv. oryzae* (Ishi-yama)稻生黄单胞菌和 *Xanthomonas oryzae pv. oryzicola* 水稻黄单胞菌水稻生致病变种，属细菌。

【发生规律】带菌种子、带病稻草和残留田间的病株稻桩是主要初侵染源。田边杂草也能传病。细菌在种子内越冬，播后由叶片水孔、伤口侵入，形成中心病株，病株上分泌带菌的黄色小球，借风雨、露水、灌水、昆虫、人为等因素传播。病菌借灌溉水、风雨传播距离较远，低洼积水、雨涝以及漫灌可引起连片发病。晨露未干病田操作造成带菌扩散。高温高湿、多露、台风、暴雨是病害流行条件。稻区长期积水、氮肥过多、生长过旺、土壤酸性都有利于病害发生。水稻在幼穗分化期和孕期易感病。一般中稻发病重于晚稻，籼稻重于粳稻。矮秆阔叶品种重于高秆窄叶品种，不耐肥品种重于耐肥品种。

【防治技术】栽培管理过程中，提倡施用酵素菌沤制的堆肥，加强水浆管理，浅水勤灌，雨后及时排水，分蘖期排水晒田，秧田严防水淹。及时销毁病稻草，不让病菌与种、芽、苗接触，清除田边再生稻株或杂草。发现中心病株后，开始喷洒20%叶枯宁(叶青双)可湿性粉剂，每亩用药100g，兑水50L，用叶枯宁防效不良时，可再施用叶枯宁同时混入硫酸链霉素或农用链霉素4000倍液或强氯精2500倍液，防效明显提高。

二、常见害虫种类识别及防治技术

我国已知的危害水稻的害虫有385种，常见种类有30余种，自播种、秧苗期至成熟期，种子、苗、根、茎、叶、花穗、谷粒均可受到不同害虫危害。在我国农作物重大害虫中，水稻害虫超过半数。其中，三化螟、二化螟、大螟、稻褐飞虱、白背飞虱、黑尾叶蝉、稻纵卷叶螟、粘虫、稻直纹弄蝶是我国最重要的水稻害虫，严重影响我国水稻生产。此外，在不同稻区各有特殊的重要害虫，如新疆的稻水蝇、东北的稻小潜蝇和稻摇蚊、华南的稻瘦蚊、江浙一带及华南诸省的稻眼蝶、局部地区的稻象虫等危害水稻严重，甚至成灾。下面，就主要水稻害虫的识别和防治技术作一简要介绍。

(一)稻蛀螟类害虫

我国稻区稻蛀螟主要有三化螟、二化螟、大螟，均是鳞翅目昆虫。其中大螟属夜蛾科，其余属螟蛾科。

1. 三化螟 *Tryporyza incertulas* Walker

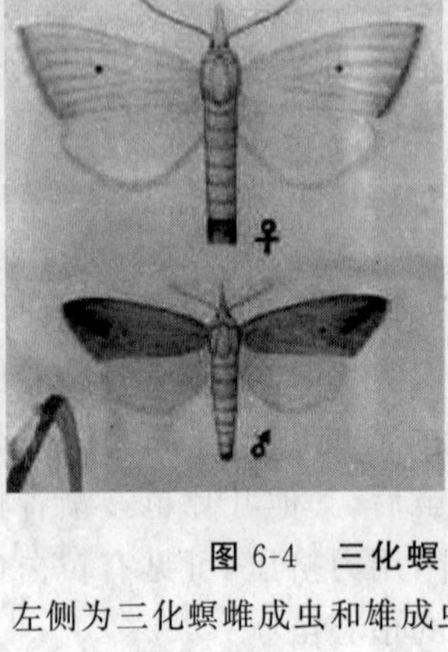

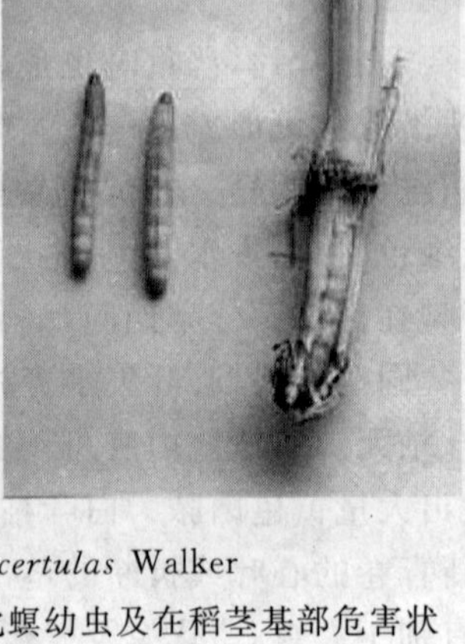

图6-4 三化螟 *Tryporyza incertulas* Walker

左侧为三化螟雌成虫和雄成虫；右侧为三化螟幼虫及在稻茎基部危害状

【识别特征】成虫：体长9～13mm，翅展23～28mm。雌蛾前翅为近三角形，淡黄白色，翅中央有一明显黑点，腹部末端有一丛黄褐色茸毛；雄蛾前翅淡灰褐色，翅中央有一较小的黑点，由翅顶角斜向中央有一条暗褐色斜纹（图 6-4）。

卵：长椭圆形，密集成块，每块几十至一百多粒，卵块上覆盖着褐色绒毛，像半粒发霉的大豆。

幼虫：4～5 龄。初孵时灰黑色，胸腹部交接处有一白色环。老熟时长 14～21mm，头淡黄褐色，身体淡黄绿色或黄白色，从 3 龄起，背中线清晰可见。腹足较退化。

蛹：黄绿色，羽化前金黄色（雌）或银灰色（雄），雄蛹后足伸达第 7 腹节或稍超过，雌蛹后足伸达第 6 腹节。

【危害症状】三化螟危害造成枯心苗，苗期、分蘖期幼虫啃食心叶，心叶受害或失水纵卷，稍褪绿或呈青白色，外形似葱管，称作假枯心。把卷缩的心叶抽出，可见断面整齐，多可见到幼虫，生长点遭破坏后，假枯心变黄死去成为枯心苗，这时其他叶片仍为青绿色。受害稻株蛀入孔小，孔外无虫粪，茎内有白色细粒虫粪。有别于大螟、二化螟危害造成的枯心苗。

【防治方法】

（1）消灭越冬虫源。在螟蛾羽化前，全面处理虫源田稻茬。晚稻收割前对明年有效虫源田内的白穗群撒白灰标记，冬季及时挖除白穗稻茬；只挑选螟害轻的田块作绿肥留种田；春季，掌握在越冬幼虫化蛹初期（即在“惊蛰”前后），灌水浸田 5～7d，淹死幼虫和蛹。

（2）栽培治螟。降低混栽程度，缩减三化螟碾转增殖危害的桥梁田；调整品种和栽植期，使易受害期避开蚁螟盛孵期，可减轻危害。

（3）根据预测预报抓准在蚁螟盛孵期施药。每亩用 18％杀虫双 250～300mL、40％乐果 200～250mL、50％杀螟硫磷 75～100mL、90％敌百虫结晶 125～150g 或 30％乙酰甲胺磷乳油 150～250mL，兑水喷雾或撒毒土，施药后保持 3～5cm 浅水层 2d 以上。

2. 二化螟 *Chilo suppressalis*；striped rice borer

【识别特征】中国分布北达黑龙江克山县，南至海南岛，是水稻的劲敌。幼虫蛀食茎秆，造成枯心。成虫翅展雄约 20mm，雌 25～28mm。头部淡灰褐色，额白色至烟色，圆形，顶端尖。胸部和翅基片白色至灰白，并带褐色。前翅黄褐至暗褐色，中室前端有紫黑斑点，中室下方有 3 个斑排成斜线。前翅外缘有 7 个黑点。后翅白色，靠近翅外缘稍带褐色。雌虫体色比雄虫稍淡，前翅黄褐色，后翅白色（图 6-5）。

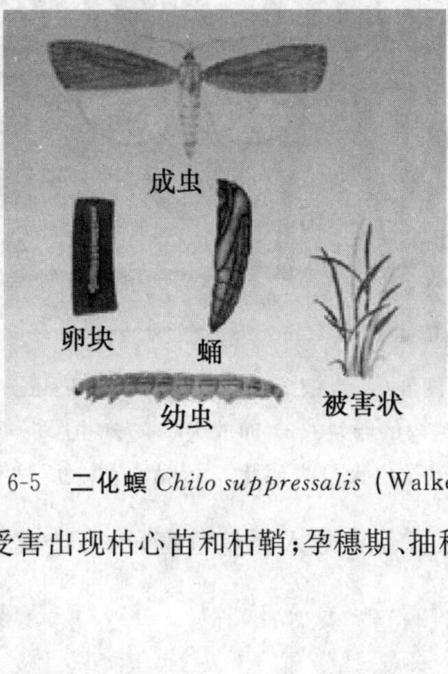

图 6-5　二化螟 *Chilo suppressalis* (Walker)

【危害症状】水稻分蘖期受害出现枯心苗和枯鞘；孕穗期、抽穗期受害，出现枯孕穗和白穗；

灌浆期、乳熟期受害，出现半枯穗和虫伤株，秕粒增多，遇刮大风易倒折。二化螟危害造成的枯心苗，幼虫先群集在叶鞘内侧蛀食危害，叶鞘外面出现水渍状黄斑，后叶鞘枯黄，叶片也渐死，称为枯梢期。幼虫蛀入稻茎后剑叶尖端变黄，严重的心叶枯黄而死，受害茎上有蛀孔，孔外虫粪很少，茎内虫粪多，黄色，稻秆易折断。有别于大螟和三化螟危害造成的枯心苗。

【防治方法】

(1)消灭越冬虫源：①二化螟危害严重的田块，稻草内有大量越冬幼虫，必须在未进入发蛾期以前处理完有虫稻草。②烧毁茭白残株，铲除田边杂草，消灭越冬幼虫。③收拾虫害严重田块冬作地上露地的稻桩集中销毁。④早春掌握在越冬幼虫化蛹高峰期灌水浸田3～4d，可大量杀蛹。⑤虫害的重灾区，早稻随割、随挑、随脱粒、随晒稻草。既可避免幼虫爬到邻近稻田危害，又可杀死幼虫和蛹，减少晚稻的虫源。

(2)点灯诱蛾。在二化螟蛾进入盛发阶段，发动群众点灯诱杀蛾子，采用黑光灯诱蛾效果更好。

(3)人工捕蛾、采卵、拔除虫伤株。在秧田采用捕蛾采卵，可以减轻螟害；二化螟在迟熟早稻上危害造成虫伤株，幼虫又有先集中后分散的习性，在螟卵盛孵到幼虫转株前，将虫伤株拔除，带出田外沤肥，可消灭大量幼虫，防止分散危害。

(4)药剂防治同三化螟。

3. 大螟 *Sesamia inferens*

【识别特征】成虫雌蛾体长15mm，翅展约30mm，头部、胸部浅黄褐色，腹部浅黄色至灰白色；触角丝状，前翅近长方形，浅灰褐色，中间具小黑点4个排成四角形。雄蛾体长约12mm，翅展27mm，触角栉齿状。卵扁圆形，初白色后变灰黄色，表面具细纵纹和横线，聚生或散生，常排成2～3行。末龄幼虫体长约30mm，粗壮，红褐色至暗褐色，共5～7龄。蛹长13～18mm，粗壮，红褐色，腹部具灰白色粉状物，臀棘有3根钩棘(图6-6)。

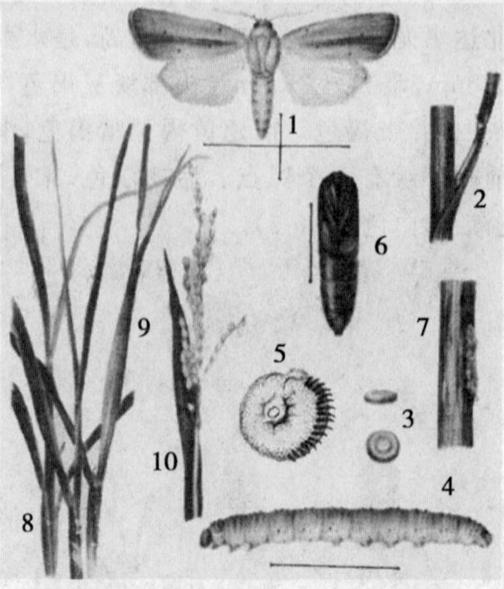

图6-6 大螟 *Sesamia inferens* Walker

1. 成虫 2. 产在叶鞘内的卵块 3. 卵放大 4. 幼虫 5. 幼虫腹足趾钩排列状 6. 蛹 7. 蛀孔外排出大量粪便状 8. 枯心苗 9. 枯孕穗 10. 白穗

【危害症状】基本同二化螟。幼虫蛀入稻茎危害，也可造成枯梢、枯心苗、枯孕穗、白穗及虫伤株。大螟危害的孔较大，有大量虫粪排出茎外，有别于二化螟。大螟危害造成的枯心苗，蛀孔大、虫粪多，且大部分不在稻茎内，多夹在叶鞘和茎秆之间，受害稻茎的叶片、叶鞘部都变为黄色。大螟造成的枯心苗田边较多，田中间较少，有别于二化螟、三化螟危害造成的枯心苗（图 6-6）。

【防治方法】(1)对第一代进行测报，通过查上一代化蛹进度，预测成虫发生高峰期和第一代幼虫孵化高峰期，报出防治适期。(2)有茭白的地区冬季或早春齐泥割除茭白残株，铲除田边杂草，消灭越冬螟虫。(3)根据大螟趋性，早栽早发的早稻、杂交稻，以及大螟产卵期正处在孕穗至抽穗或植株高大的稻田是化防之重点。防治策略狠治一代，重点防治稻田边行。生产上当枯鞘率达 5%或始见枯心苗危害状时，大部分幼虫处在 1～2 龄阶段，及时喷洒 18%杀虫双水剂，每亩施药 250mL，兑水 50～75kg 或 90%杀螟丹可溶性粉剂 150～200g 或 50%杀螟丹乳油 100mL 兑水喷雾，也可用 90%晶体敌百虫 100g 加 40%乐果乳油 50mL 兑水喷雾。虫龄大于 3 龄时，每亩可用 50%磷胺乳油 150mL 兑水补治。

(二)稻飞虱类

稻飞虱，昆虫纲同翅目(Homoptera)飞虱科(Delphacidae)害虫。俗名火蠓虫。以刺吸植株汁液危害水稻等作物。常见种类有褐飞虱[*Nilaparvata lagans* (Stål)]、白背飞虱[*Sogatella furcifera* (Horváth)]和灰飞虱[*Laodelphax striatellus* (Fallen)]。其中以褐飞虱发生和危害最重，白背飞虱次之。

表 6-1　3 种稻飞虱的形态特征

虫态	褐飞虱	白背飞虱	灰飞虱
卵	卵呈香蕉状，长 0.89mm，10～20 粒成行排列，前部单行，后部双行	卵长椭圆形稍弯曲，长 0.8mm，5～10 粒成单行排列	卵长椭圆形稍弯曲，长 0.75mm，2～5 粒成簇或双行排列
若虫	老龄若虫体长 3.2mm，体灰白至黄褐色。3～5 龄若虫腹部第 5～7 节背面各有 1 个明显的“山”字形潜斑纹	老龄若虫体长 2.9mm，体灰褐色至黄褐色；从 2 龄起胸部背面有蓝色云状纹；腹部第 3、第 4 节背面各镶嵌 1 对乳白色近三角形纹	老龄若虫体长 2.7～3.0mm，深灰褐色。3～5 龄若虫第 3、第 4 腹节背面各镶嵌 1 个淡色“八”字形纹
成虫	长翅型成虫体长 3.6～4.8mm，短翅型 2.5～4mm。深色型头顶至前胸、中胸背板暗褐色，有 3 条纵隆起线；浅色型体黄褐色	长翅型成虫体长 3.8～4.5mm，短翅型 2.5～3.5mm，头顶稍突出，前胸背板黄白色，中胸背板中央黄白色，两侧黑褐色	长翅型成虫体长 3.5～4.0mm，短翅型 2.3～2.5mm，头顶与前胸背板黄色，中胸背板雄虫黑色，雌虫中部淡黄色，两侧暗褐色

【防治方法】(1)农业防治：加强田间管理，合理科学地施用氮磷钾肥，重施基肥、早施追肥，实行科学的水肥管理，防止禾苗贪青徒长。

(2)物理防治：在水稻分蘖期，将稻田分成 1.5～2m 的小厢，用柴油 7.5kg/hm^2 掺细沙 225kg 撒入田内，用竹竿拍苗，使虫跳进水内，触油而死，1d 后将油水排出。

(3)生物防治:稻田养蛙、鸭,保护利用稻田蜘蛛、黑肩绿盲蝽等自然天敌,同时利用频振式杀虫灯诱杀,能有效控制稻飞虱的种群数量。

(4)化学防治:坚持使用高效、安全对口农药。要抓准在低龄(一、二龄)若虫盛发期用药防治。注意事项:因稻飞虱多集中在稻丛基部危害,应注意尽量对准基部喷药;喷药时田间应保持一定水层。防治稻飞虱的化学农药有:5%锐劲特,亩用30~40mL;48%毒死蜱,亩用50~80mL;10%吡虫啉,亩用30~50g;亩用25%噻嗪酮50~60g加80%敌敌畏100mL;亩用10%吡虫啉30~50g加80%敌敌畏100mL。

(三)稻纵卷叶螟类

稻纵卷叶螟(*Cnaphalocrocis medinalis* Guenée)和稻显纹纵卷叶螟[*Susumia exigua* (Butler)]属鳞翅目,螟蛾科。它们原是间歇性、局部性害虫,后来随着耕作制度的改革、品种的变更、肥水条件的改善,其危害程度明显上升。

【识别特征】稻纵卷叶螟成虫体长7~10mm,翅展16~19mm。雌蛾体、翅黄褐色。前翅外缘有一黑褐色宽带纹,翅面上有3条黑褐色横纹。雄蛾前翅短横纹前有一眼状纹。卵扁平,椭圆形。初产时乳白色,后转黄褐色。老熟幼虫体长14~19mm,细长圆筒形而稍扁,头褐色,胸腹部浅黄绿色。蛹体长7~10mm,长圆筒形,末端有8根钩刺(图6-7)。稻显纹纵卷叶螟又名黄纵卷叶螟。成虫体长5~6mm,翅展约15mm,前翅上3条横纹都横贯全翅;幼虫体长14~18mm,色泽较黄。

图6-7 稻纵卷叶螟 *Cnaphalocrocis medinalis* Guenée

【防治方法】(1)农业防治:选用抗(耐)虫水稻品种,合理施肥,使水稻生长发育健壮,防止前期猛发旺长,后期恋青迟熟。科学管水,适当调节搁田时间,降低幼虫孵化期田间湿度,或在化蛹高峰期灌深水2~3d,杀死虫蛹。(2)保护利用天敌,提高自然控制能力:我国稻纵卷叶螟天敌种类多达80余种,各虫期均有天敌寄生或捕食,保护利用好天敌资源,可大大提高天敌对稻纵卷叶螟的控制作用。卵期寄生天敌,如拟澳洲赤眼蜂、稻螟赤眼蜂,幼虫期如纵卷叶螟绒茧蜂,捕食性天敌如蜘蛛、青蛙等,对纵卷叶螟都有很大的控制作用。(3)化学防治：根据水稻分蘖期和穗期易受稻纵卷叶螟危害，尤其是穗期损失更大的特点，药剂防治的策略，应狠治穗期受害代，不放松分蘖期危害严重代别的原则。药剂防治稻纵卷叶螟施药时期应根据不同农药残效长短略有变化，击倒力强而残效较短的农药在孵化高峰后 1～3d 施用，残效较长的可在孵化高峰前或高峰后 1～3d 施用，但实际生产中，应根据实际，结合其他病虫害的防治，灵活掌握。参考实用药剂：①金爱维丁（5%阿维菌素乳油，深圳诺普信品牌产品）；②乐斯本（48%毒死蜱乳油，陶氏益农）；③5%氟铃脲乳油；④10%氟铃 · 毒死蜱乳油。使用化学药剂防治时注意轮换和混配用药，不同区域使用药剂请咨询当地植保技术专家。

（四）稻叶蝉类

国内较常见危害水稻的叶蝉有 14 种，其中黑尾叶蝉、白翅叶蝉发生最普遍，发生量大，危害最重。叶蝉不但刺吸水稻营养液，破坏输导组织造成危害，而且是水稻病毒病的传毒媒介。

（1）黑尾叶蝉，Rice leafhopper，［拉丁文：*Nephotettix cincticeps*（Uhler）］。成虫体长 4～6mm，黄绿色，在头冠两复眼间有一黑色横带，前翅绿色，雄虫翅端、胸部和腹部腹面黑色，雌虫则为淡褐色。中国各稻区均有分布，长江流域发生尤多，也见于亚洲其他地区和非洲。寄主植物为稻麦类、茭白、甘蔗、稗、看麦娘等。成虫和若虫群集稻茎基部刺吸汁液，严重时全株枯死。抽穗灌浆期在穗部和叶片上刺吸。能传播病毒病，如普通矮缩病、黄矮病和黄萎病，并可诱发菌核病。在河南信阳一年 4 代，湖南 6 代，广州 8 代。在华南可终年繁殖，长江流域以若虫在绿肥田、麦田和杂草上越冬。成虫趋光性强，并喜趋嫩绿稻株。卵产于叶鞘边缘内侧或茎、叶组织中。若虫有群集性，耐饥力弱。夏秋高温干旱年份盛发，长江流域在 7～8 月世代重叠，发生数量大，危害双季晚稻苗最烈。水稻不同品种混栽时有利于发生。日本粳型品种和菲律宾国际稻系统较能抗虫。天敌主要有褐腰赤眼蜂和叶蝉缨小蜂以及多种蜘蛛等（图 6-8 左）。

图 6-8　黑尾叶蝉（左）和白翅叶蝉（右）

（2）白翅叶蝉，Rice white-winged leafhopper，［拉丁文：*Empoasca subrufa*（de Motschulsky）］。寄主植物与黑尾叶蝉同，成虫体长 3.5mm，头、胸部橙黄色，前翅白色有虹彩，腹部腹面黄色。长江流域年发生 3～4 代，华南 4～6 代，以成虫在麦田、绿肥田越冬，华南终年繁殖，山区和半山区发生危害较重（图 6-8 右）。

（五）稻蝗

国内已知稻蝗有 15 种以上，其中分布较广，危害严重的有 5 种：中华稻蝗、小稻蝗、长翅稻蝗、宁波稻蝗、短翅稻蝗。其中，中华稻蝗分布最广，遍布国内各稻区，以长江流域发生普遍，发生量亦较多。

中华稻蝗[*Oxya chinensis* (Thunberg)]，主要危害水稻、玉米、高粱、麦类、甘蔗和豆类等多种农作物。对作物的危害是以成、若虫咬食叶片，咬断茎秆和幼芽。水稻被害叶片呈缺刻，严重时稻叶被吃光，也能咬坏穗颈和乳熟的谷粒。

【识别特征】成虫：体长 30.7～36.5mm。黄绿色或黄褐色。头部两侧在复眼后方各有黑褐色纵带 1 条，直至前胸背板后缘为止。触角丝状，超过前胸背板后缘（图 6-9）。

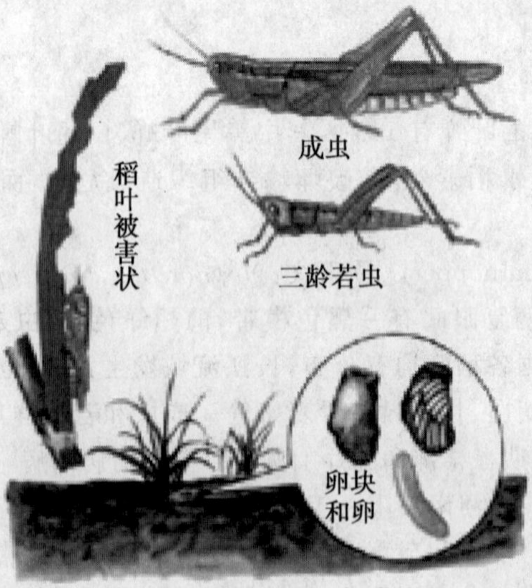

图 6-9　中华稻蝗 *Oxya chinensis* (Thunberg)

卵：卵囊为茄形，长约 12mm，宽约 8mm，褐色。卵囊表面为膜质，顶部有卵囊盖。囊内有上、下两层排列不规则的卵粒，卵粒间填以泡沫状胶质物，每囊含卵 10～40 粒。卵粒长约 3mm，中央略弯曲，一端略粗，深黄色。

若虫：多为 6 龄。1 龄无翅芽；2 龄不明显；3 龄前翅芽三角形，后翅芽圆形；4 龄前翅芽向后延伸，后翅芽下后缘钝三角形，伸过腹部第 1 节前缘；5 龄翅芽向背面翻折，伸达腹部第 1～2 节；6 龄两翅芽已伸达腹部第 3 节中间，后足胫节有刺 10 对，产卵管背腹瓣明显。

【防治方法】：(1)化学药剂防治。采取秧田联防和大田适期施药防扩散的防治策略。即中稻区 5 月中下旬在秧田田埂统一施药，杀死初孵幼虫。6 月水稻移栽后由田边向田内 5m 范围内施药，杀死初迁入本田的低龄若虫。防治指标：每丛稻有成、若虫 0.5 只。有效药剂和用法：5%锐劲特悬浮剂 1000～2000 倍液喷雾 1 次即可，防效 95%以上；50%辛硫磷乳油每公顷 1500mL 或 50%杀螟松可湿性粉剂 1000 倍液喷雾或每公顷 1500g 喷雾，防效均达 90%以上。(2)其他方法。冬春铲除田埂草皮，破坏越冬场所；放鸭啄食；人工连续网捕以及打捞田中浪渣，消灭卵囊。

第三节 玉米常见病虫害

一、常见病害种类识别及防治技术

(一)玉米大斑病

玉米大斑病又称条斑病、煤纹病、枯叶病、叶斑病等。

【症状识别】病菌以浸染叶片为主,也浸染叶鞘和苞叶。发病初期,叶上出现水浸状青色病斑,以后逐渐沿叶脉向两端扩展,形成中央黄褐色,边缘褐色的梭形大斑,大的可达(15～20)cm×(1～3)cm(图 6-10)。温度高时,病斑在叶正反两面生大量灰黑色霉层,即病菌的分生孢子梗和分生孢子。病斑可结合连片,使植株早期枯死。

图 6-10 玉米大斑病病斑

【病原】该病病原为 *Exserohilum turcicum* (Pass.) Leonard et Suggs,称大斑凸脐蠕孢,属半知菌亚门真菌。

【发生规律】病菌以菌丝体或分生孢子在病残体内外越冬。玉米秸秆上越冬病组织重新产生的分生孢子是田间传播发病的初次侵染菌源,其借风雨气流传播。适宜于发病的温度为 20℃～25℃,超过 28℃对病害有抑制作用。在春玉米区,从拔节到出穗期间,气温适宜,又遇连续阴雨天,病害发展迅速,易大流行。玉米孕穗、出穗期间氮肥不足发病较重。低洼地、密度过大、连作地易发病。

【防治技术】(1)加强农业防治。适期早播,避开病害发生高峰。施足基肥,增施磷钾肥。做好中耕除草培土工作,摘除底部 2～3 片叶,降低田间相对湿度,使植株健壮,提高抗病力。玉米收获后,清洁田园,将秸秆集中处理,经高温发酵用作堆肥。实行轮作。(2)药剂防治。对于价值较高的育种材料及丰产田玉米,可在心叶末期到抽雄期或发病初期喷洒 50%多菌灵可湿性粉剂 500 倍液或 50%甲基硫菌灵可湿性粉剂 600 倍液、75%百菌清可湿性粉剂 800 倍液,隔 10d 防一次,连续防治 2～3 次。

(二)玉米小斑病

【症状识别】该病常和大斑病同时出现或混合侵染,因主要发生在叶部,因此二者统称叶斑病。发生地区,以温度较高、湿度较大的丘陵区为主。此病除危害叶片、苞叶和叶鞘外,对雌穗和茎秆的致病力也比大斑病强,可造成果穗腐烂和茎秆断折。其发病时间,比大斑病稍早。发病初期,在叶片上出现半透明水渍状褐色小斑点,后扩大为(5～16)mm×(2～4)mm 大小的椭圆形褐色病斑，边缘赤褐色，轮廓清楚，上有 2～3 层同心轮纹(图 6-11)。病斑进一步发展时，内部略褪色，后渐变为暗褐色。天气潮湿时，病斑上生出暗黑色霉状物(分生孢子盘)。

图 6-11　玉米小斑病症状

【病原】该病病原为 *Bipolaris maydis*（Nisikado et Miyake）Shoeml 称玉蜀黍平脐蠕孢，属半知菌亚门真菌。

【发生规律】病菌主要以休眠菌丝体和分生孢子在病残体上越冬，成为翌年发病初侵染源。分生孢子借风雨、气流传播，侵染玉米后产生的分生孢子进行再侵染。发病适宜温度 26℃～29℃。产生孢子最适温度 23℃～25℃。孢子在 24℃下，1h 即能萌发。遇充足水分或高温条件，病情迅速扩展。玉米孕穗、抽穗期降水多、湿度高，容易造成小斑病的流行。低洼地、过于密植荫蔽地、连作田发病较重。

【防治技术】(1)加强农业防治。清洁田园，深翻土地，控制菌源；摘除下部老叶、病叶，减少再侵染菌源；降低田间湿度；增施磷、钾肥，加强田间管理，增强植株抗病力。(2)药剂防治。发病初期喷洒 75%百菌清可湿性粉剂 800 倍液或 70%甲基硫菌灵可湿性粉剂 600 倍液、25%苯菌灵乳油 800 倍液、50%多菌灵可湿性粉剂 600 倍液，间隔 7～10d 一次，连防 2～3 次。

(三)玉米黑粉病

【症状识别】苗期病苗茎叶扭曲畸形，矮缩不长，茎基部可产生小的瘤状物。以后叶片、茎秆、雄穗、果穗、腋芽甚至叶鞘等可相继感染而出现病瘤。病瘤小而多，常密集成串成堆，大小如豆粒，内部很少形成黑粉。茎部病瘤由腋芽受侵后而成，病瘤大小不等，小如鸡蛋，大如拳头或更大些(图 6-12)。病瘤初期呈银白色，内部白色，肉质多汁。以后病瘤迅速膨大，表面变暗，内部由白色变灰至黑，失水后内部变成黑粉状。

图 6-12　玉米黑粉病症状

【病原】该病病原为担子菌亚门的玉蜀黍黑粉菌[*Ustilago maydis*（DC.）Corda]。

【发生规律】病瘤内的黑粉状冬孢子是主要侵染源。冬孢子萌发后可产生出担孢子。冬孢子和担孢子萌发后均可侵染玉米幼嫩组织。冬孢子萌发的适温为 26℃～34℃，最高 38℃。担孢子萌发的适温为 20℃～26℃，最高 40℃。冬孢子和担孢子在水滴中萌发很好，在相对湿度较高时也能萌发。冬孢子没有明显的休眠期，遇到合适的温湿条件就能萌发，这对病菌的侵染十分有利。因此，高温、高湿是玉米黑粉病发生的先决条件。

【防治技术】

(1)减少菌源。彻底清除田间的病残株，带出田外深埋，以减少菌源，防止再侵染；实行秋翻地、深翻土地，轮作、倒茬。

(2)加强栽培管理，合理密植。避免偏施氮肥，灌溉要及时，特别在抽雄前后易感病阶段必须保证水分供应足，以及彻底防治玉米螟等均可减轻发病。

(3)药剂拌种或种子包衣不仅能抑制种子所带病源菌，防治其远距离传播，对种子萌发时，土壤带菌的侵染也有一定的防治作用。目前生产应用的包衣剂和拌种剂种类很多，应选择内吸性强、残效期长的药剂，如 20%辛酮种衣剂，在重病区注意在药剂中适当增加一些杀菌剂如多菌灵粉剂，以增强防治效果。

二、常见害虫种类识别及防治技术

(一)玉米螟 Corn borer

玉米螟俗称玉米钻心虫，属鳞翅目，螟蛾科，是玉米的主要虫害。我国发生的玉米螟有亚洲玉米螟[*Ostrinia furnacalis* (Guenée)]和欧洲玉米螟[*O. nubilalis* (Hübner)]2 种。在川渝各地的春、夏、秋播玉米都有不同程度受害，尤以夏播玉米最重。玉米螟，可危害玉米植株地上的各个部位，使受害部分丧失功能，降低籽粒产量。

【识别特征】成虫黄褐色，雄蛾体长 10～13mm，翅展 20～30mm，体背黄褐色，腹末较瘦尖，触角丝状，灰褐色，前翅黄褐色，有两条褐色波状横纹，两纹之间有两条黄褐色短纹，后翅灰褐色；雌蛾形态与雄蛾相似，色较浅，前翅鲜黄，线纹浅褐色，后翅淡黄褐色，腹部较肥胖。卵扁平椭圆形，数粒至数十粒组成卵块，呈鱼鳞状排列，初为乳白色，渐变为黄白色，孵化前卵的一部分为黑褐色(为幼虫头部，称黑头期)。老熟幼虫，体长 25mm 左右，圆筒形，头黑褐色，背部颜色有浅褐、深褐、灰黄等多种，中、后胸背面各有毛瘤 4 个，腹部 1～8 节背面有两排毛瘤前后各两个。蛹，长 15～18mm，黄褐色，长纺锤形，尾端有刺毛 5～8 根(图 6-13)。

玉米螟雄成虫

玉米螟雌成虫

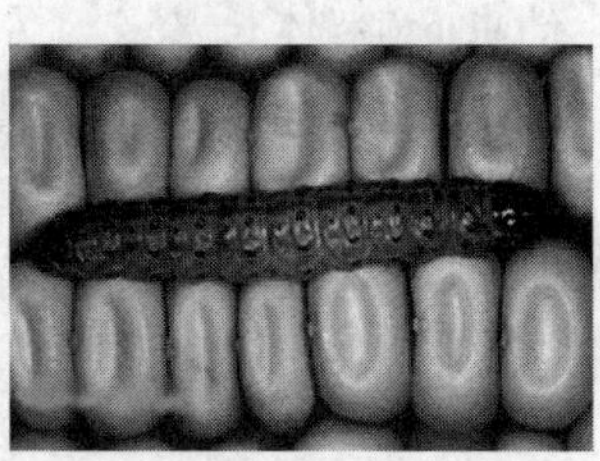

图 6-13　玉米螟成虫和幼虫

【防治方法】(1)越冬期防治。于冬季或早春虫蛹羽化之前处理玉米秸秆、穗轴、根尖，杀灭越冬幼虫，减少虫源。(2)抽雄前防治。掌握玉米心叶初见排孔、幼龄幼虫群集心叶而未蛀入茎秆之前，采用1.5%的锌硫磷颗粒剂，或呋喃丹颗粒剂，直接丢放于喇叭口内均可收到较好的防治效果。(3)穗期防治。花丝蔫须后，剪掉花丝，用90%的敌百虫0.5kg、水150kg、粘土250kg配制成泥浆涂于剪口，效果良好；也可用50%或80%的敌敌畏乳剂600～800倍液，或用90%的敌百虫800～1000倍液，或75%的锌硫磷乳剂1000倍液，滴于雌穗顶部，效果亦佳。(4)人工摘除卵块和田间释放天敌赤眼蜂，也可减轻危害。

(二)玉米蚜

玉米蚜[*Rhopalosiphum maidi* (Fitch)]属同翅目，蚜科。俗名：麦蚰、腻虫、蚁虫。分布在全国各地。

【识别特征】无翅孤雌蚜体长卵形，长1.8～2.2mm，活虫深绿色，披薄白粉，附肢黑色，复眼红褐色。腹部第7节毛片黑色，第8节具背中横带，体表有网纹。触角、喙、足、腹管、尾片黑色。触角6节，长度约为体长1/3。喙粗短，不达中足基节，端节为基宽1.7倍。腹管长圆筒形，端部收缩，腹管具覆瓦状纹。尾片圆锥状，具毛4～5根。有翅孤雌蚜长卵形，体长1.6～1.8mm，头、胸黑色发亮，腹部黄红色至深绿色。触角6节，比身体短。腹部2～4节各具1对大型缘斑，第6、7节上有背中横带，8节中带贯通全节。其他特征与无翅型相似。卵椭圆形。

【防治方法】(1)采用麦棵套种玉米栽培法，比麦后播种的玉米提早10～15d，能避开蚜虫繁殖的盛期，可减轻危害。(2)在预测预报基础上，根据蚜量，查天敌单位占蚜量的百分比、气候条件及该蚜发生情况，确定用药种类和时期。(3)用玉米种子重量0.1%的10%吡虫啉可湿粉剂浸拌种，播后25d防治苗期蚜虫、蓟马、飞虱效果优异。(4)毒麦秆插心叶熏蒸法在夏玉米大喇叭口期(此时为玉米蚜发生的初盛期)，用40%氧化乐果乳剂和80%敌敌畏各0.5kg，兑水50kg，配制成高浓度药液，再将剪成7～8cm长的麦秆放入药液中浸泡1h便制成“毒麦秆”，取出后每株玉米心叶内插入3根毒麦秆，对蚜虫防效可达97%以上。

(三)黏虫

黏虫[*Mythimna seperata* (Walker)]又称剃枝虫、行军虫，俗称五彩虫、麦蚕，属鳞翅目夜蛾。是一种危害粮食作物和牧草的多食性、迁移性、暴发性大害虫。除西北局部地区外，其他各地均有分布。大发生时可把作物叶片食光，而在暴发年份，幼虫成群结队迁移时，几乎所有绿色作物被掠食一空，造成大面积减产或绝收。

【识别特征】成虫体长17～20mm，翅展36～45mm，淡黄褐至淡灰褐色，触角丝状，前翅环形纹圆形，中室下角处有一小白点，后翅正面暗褐，反面淡褐，缘毛白色。卵半球形，直径0.5mm，白至乳黄色。幼虫6龄，体长35mm左右，体色变化很大，密度小时，4龄以上幼虫多呈淡黄褐至黄绿色不等，密度大时，多为灰黑至黑色。头黄褐至红褐色。有暗色网纹，沿蜕裂线有黑褐色纵纹，似“八”字形，有5条明显背线。蛹长20mm，第5～7腹节背面近前缘处有横脊状隆起，上具刻点，横列成行，腹末有尾刺3对(图6-14)。

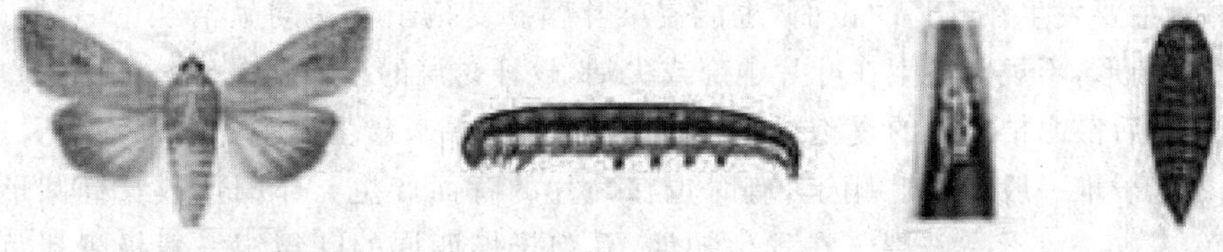

1　　2　　3　　4

图 6-14　黏虫

1. 成虫　2. 幼虫　3. 卵　4. 蛹

【防治方法】(1)在南方黏虫可顺利越冬，发病地区减少小麦种植面积，可减少越冬代及一代虫源数量，秋季在玉米、高粱等高秆作物田结合中耕培土，锄草灭荒，对控制三代黏虫效果明显。(2)从黏虫成虫羽化初期开始，用糖醋液、黑光灯或枯草把可大面积诱杀成虫或诱卵灭卵。(3)在玉米、高粱苗期百株有幼虫 20～30 头，或玉米生长中后期百株有幼虫 50～100 头时，就应施药防治。在幼虫 3 龄以前，每公顷用灭幼脲 1 号有效成分 15～30g，或灭幼脲 3 号有效成分 5～10g，加水后常量喷雾或超低容量喷雾，田间持效期可达 20d。也可用 90％敌百虫 1000 倍液或 80％敌敌畏 1000 倍液，或 50％辛硫磷乳油 1500 倍液，或 25％氧乐氰乳油 2000 倍液均匀喷雾。(4)黏虫天敌有蛙类、鸟类、蝙蝠、蜘蛛、线虫、螨类、捕食性昆虫、寄生性昆虫、寄生菌和病毒等多种。其中步甲可捕食大量黏虫幼虫，黏虫寄蝇对一代黏虫寄生率较高。黏虫黑卵蜂对卵寄生率较高，在有些地区黏虫卵索线虫对黏虫幼虫寄生率很高，麻雀、蝙蝠可捕食大量黏虫成虫，瓢虫、食蚜虻和草蛉等可捕食低龄幼虫，各地可根据当地情况注意保护利用。

第四节　小麦常见病虫害

一、常见病害种类识别及防治技术

(一)小麦锈病

小麦锈病又叫黄疸，分条锈病、叶锈病、秆锈病 3 种，是在小麦上发生最广、危害最重的一类病害。小麦感染锈病后，初期在麦叶或麦秆的表面上出现褪绿的斑点，以后长出黄色或红褐色粉疱，即病菌夏孢子堆，粉疱破裂散出似铁锈的粉末，故名锈病。后期又长出黑色的疱斑或粉疱，即病菌冬孢子堆。

【症状识别】3 种锈病的主要特征归纳为："条锈成行叶锈乱，秆锈是个大病斑"。各种锈病的具体症状如下：

条锈病：主要危害叶片，在叶鞘、秆及穗上亦能发生。最初形成褪绿的条斑，接着在斑内逐渐形成夏孢子堆。夏孢子堆鲜黄色、卵圆形。比秆锈和叶锈的都小，在叶片上循叶脉纵向排列成线条状，极为整齐，这是此病最典型的症状。后期，表皮轻微破裂，散出鲜黄色粉末，即夏孢子。小麦即将成熟时，在夏孢子堆的内部或边缘形成暗黑色较扁平而突起斑点，排列成行，此斑点不易破裂，即冬孢子堆。小麦苗期叶片上条锈病有夏孢子堆，并不排列成条，初期从原侵染点以同心圆式向四周扩散，后密集成片(图 6-15A)。

叶锈病：主要发生在叶片的正面，也能侵染叶鞘。夏孢子堆初期呈桔红色，后期呈黄褐色，圆形或椭圆形，不规则散生在叶片中部或尖端，较秆锈病的小而比条锈病的大，表皮破裂不显著。破裂后散出桔红色的夏孢子。小麦成熟时，在原来产生夏孢子堆的地方又产生冬孢子堆。冬孢子堆一般产在叶鞘上，有时也在叶片的背面产生。卵圆形或长椭圆形，较扁平，暗黑色，表皮一般不易破裂。在发生初期，夏孢子堆四周的叶组织一般极少褪色，到后期，麦叶局部或全部变黄枯死（图 6-15B）。

秆锈病：主要发生在茎秆和叶鞘上，叶片上较少，严重时，也能在穗上发生。最初在表皮下产生棕红色、长椭圆形或圆形有脓疱状小斑点，略隆起，即夏孢子堆。夏孢子堆不规则散生，发病严重时能相互愈合成较大的长条形孢子堆，后变为锈褐色，表皮破裂，并向外翻起如唇状，散出大量锈褐色粉末，即夏孢子。抗病品种上有时不产生夏孢子堆，而只显现黄色或褐色的枯死斑点。小麦生长后期，在夏孢子堆的附近或原来的部位产生一种椭圆形或长条形的黑色斑点，即冬孢子堆。成熟后表皮破裂，露出黑色锈粉状物，即冬孢子（图 6-15C）。

图 6-15　小麦锈病

A. 小麦条锈病　B. 小麦叶锈病　C. 小麦秆锈病

【病原】小麦 3 种锈病的病原菌均属担子菌亚门真菌。小麦条锈的病原为：*Puccinia striiformis* West.，称条形柄锈菌（小麦专化型）；小麦叶锈病原为：*Puccinia recondita* var. *tritici* Erikss. et Henn，称小麦隐匿柄锈菌；小麦杆锈的病原为：*Puccinia graminis* var. *tritici* Erikss. et Henn。

【发生规律】小麦 3 种锈病的病原菌随气流传播。孢子成熟遇到轻微气流，向外飞散传播，可刮至 1500～4300m 高空，吹送到几百公里甚至更远以外，造成病害流行。小麦品种自身的抗病性强弱对发病程度影响很大。锈菌孢子的萌发和侵入要求叶面有水滴或空气中湿度饱和，因此，结露、降雾、下雨有利于锈病发生，以结露最为有利。适于发病的温度：条锈为 9℃～16℃、秆锈 18℃～25℃、叶锈 15℃～22℃。因此在春季，条锈发生最早，叶锈次之，秆锈最晚。空气中孢子初期数量多，易大发生。

【防治技术】(1)加强田间管理，适时播种：在秋苗容易发生条锈、叶锈病的地块避免过早播种，对减轻秋苗发病有显著作用。合理施肥，避免氮肥过多，特别避免过晚施用，以防止贪青晚熟。增施磷、钾肥促进小麦植株生长健壮，抗病高产。(2)消灭自生麦苗：小麦自生苗是 3 种锈病的主要越夏寄主。结合田间管理铲除自生麦苗，可以减少大量越夏菌源，压低秋苗发病率，可减轻锈病危害。(3)药剂防治：用 65%代森锌可湿性粉剂 0.5kg 加水 250～300kg，进行喷雾；用 15%三唑酮可湿性粉剂兑水喷雾，每亩用药量 60～80g；也可用 25%多菌灵可湿性粉剂 500 倍液、50%甲基托布津可湿性粉剂 800 倍液、25%粉锈宁可湿性粉剂 1500～2000 倍液喷雾。

(二)小麦白粉病

【症状识别】该病可侵害小麦植株地上部各器官，但以叶片和叶鞘为主，发病重时颖壳和芒也可受害。发病初期叶面出现 1～2mm 的白色霉点，后逐渐扩大为近圆形至椭圆形白色霉斑，霉斑表面有一层白粉，遇外力或振动立即飞散。这些粉状物就是该菌的菌丝体和分生孢子。后期病部霉层变为灰白色至浅褐色，病斑上散生有针头大小的小黑粒点，即病原菌的闭囊壳。

【病原】小麦白粉病的病原为 *Blumeria graminis* (DC.) Speer. f. sp. *tritici* Marchal，称禾本科布氏白粉菌小麦专化型，属子囊菌亚门真菌。

【发生规律】在小麦孕穗期至抽穗期温度不高于 25℃，其分生孢子均可萌发。适宜温度 10℃～18℃。在 18℃左右，相对湿度在 80%～97%之间为最适条件。相对湿度越高，分生孢子萌发率也越高，病害发生就越严重。一般阴雨天多、湿度较大、光照不足容易出现白粉病严重流行。病菌靠分生孢子或子囊孢子借气流传播到感病小麦叶片上，遇温湿度条件适宜，病菌萌发长出芽管，穿透叶片角质层，侵入表皮细胞，形成初生吸器，并在寄主体表长出菌丝，后在菌丝丛中产生分生孢子梗和分生孢子，成熟后脱落，随气流传播蔓延，进行多次再侵染。病菌在发育后期进行有性繁殖，在菌丛上形成闭囊壳(图 6-16)。

图 6-16　小麦白粉病症状

【防治技术】(1)小麦收后及时铲除各种场合的自生小麦，消灭初期侵染源。(2)合理密植，采用精量、半精量播种，适当晚播，提高植株抗病能力。(3)注意氮肥的合理施用，配方施肥，适时排灌水。(4)适时进行药剂防治：在小麦白粉病普遍率达 10%或病情指数达 5%～8%时，即应进行药剂防治。每亩使用 15%粉锈宁可湿性粉剂 50g 兑水 30kg，在早春喷洒一次即可基本控制危害，并可有效防治冻害兼防治条锈病和白粉病。在发病较多的地区，可以用 15%粉锈宁可湿性粉剂按种子重量 0.12%拌种，控制秧苗病情，减少越冬菌量，减轻发病，并能兼治散黑穗病。

(三)小麦赤霉病

【症状识别】主要引起苗枯、穗腐、茎基腐、秆腐和穗腐，从幼苗到抽穗都可受害。其中影响最严重是穗腐。

(1)苗枯：由种子带菌或土壤中病原体侵染所致。

(2)穗腐:小麦扬花时,在小穗和颖片上产生水浸状浅褐色斑,蔓延至整个小穗,导致小穗枯黄。湿度大时,病斑处产生粉红色胶状霉层。小穗发病后扩展至穗轴,病部枯褐,使被害部以上小穗形成枯白穗(图6-17)。

图6-17 小麦赤霉病症状

(3)茎基腐:自幼苗出土至成熟均可发生,麦株基部组织受害后变褐腐烂,致全株枯死。

(4)秆腐:一般发生在穗下第1、2节,开始在叶鞘上出现水渍状褪绿斑,随后扩展为淡褐色至红褐色不规则形斑或向茎内扩展。

【病原】由多种镰刀菌引起。有 *Fusarium graminearum* Schw.,称禾谷镰孢,是优势种;*F. avenaceum* (Fr.) Sacc.,称燕麦镰孢;*F. culmorum* (W. G. Smith) Sacc.,称黄色镰孢;*F. moniliforme* Sheld.,称串珠镰孢等,都属于半知菌亚门真菌。

【发生规律】初侵染菌源量大,小麦抽穗扬花期间降雨多、雨日多、湿度大,利于病害流行。适宜发病的环境持续时间越长,则病害流行越重。菌源量少与感病期气候干旱、少雨可制约病害流行。我国中、南部稻麦两作区,病菌除在病残体上越夏外,还在水稻、玉米、棉花等多种作物病残体中营腐生生活越冬。病残体上形成的子囊壳成为翌年主要侵染源,此时正值小麦扬花期。借气流、风雨传播,溅落在花器凋萎的花药上萌发,先营腐生生活,然后侵染小穗,几天后产生大量粉红色霉层(病菌分生孢子)。在开花至盛花期侵染率最高。穗腐形成的分生孢子对本田再侵染作用不大,但对邻近晚麦侵染作用较大。病菌还能以菌丝体在病种子内越夏越冬。

【防治技术】清除作物秸秆等病残体或冬前耕翻将病残体深埋,以减少田间初侵染菌源数量;适时播种,合理施肥,降低田间湿度,防止田间积水过多。在齐穗扬花期用50%多菌灵,或70%甲基托布津可湿性粉剂800~1200倍液喷雾,每亩100kg,可以有效地控制病害流行,一般用药1~2次。

二、常见害虫种类识别及防治技术

(一)麦蚜

麦蚜可危害多种禾本科作物及杂草,从小麦苗期到乳熟期都可危害,刺吸小麦汁液,造成严重减产,麦蚜还能传播小麦黄矮病毒病。

麦蚜在温暖地区可全年发生孤雌生殖,危害小麦的蚜虫有很多种,但主要是麦二叉蚜、麦长管蚜及玉米蚜3种。这3种蚜虫均以成虫或若虫刺吸叶、茎秆、嫩穗中的汁液,影响小麦的正常发育。长管蚜和麦二叉蚜终年在麦田或禾本科杂草上越冬;玉米蚜冬季以卵在苹果属的果树上越冬,早春繁殖危害麦田或禾本科杂草。小麦苗期一般麦二叉蚜发生最多,灌浆后即迁飞到杂草上寄生,因麦二叉蚜怕光,一般分布在叶片背面;长管蚜不怕光,一般分布在叶片正面,抽穗灌浆后往往群集于穗上危害。玉米蚜也怕光,喜潮湿,多集中在植株下部及叶鞘中间,危害茎秆(图 6-18)。

图 6-18　麦蚜田间聚集

【防治方法】适期冬灌和早春划锄镇压,减少冬春季麦蚜的繁殖基数;保护利用天敌,实行小麦与油菜、小麦与绿肥间作种植,增加天敌数量,并诱集天敌向麦株转移;返青期施肥水要避开瓢虫产卵盛期,保护瓢虫卵和幼虫;严格掌握害虫防治指标和天敌利用指标,减轻对天敌的杀伤。

小麦抽穗至灌浆期是防治麦蚜的关键时期。可用 2.5%天达高效氯氟氰菊酯乳油 1500 倍液加 3%天达啶虫脒乳油 1000 倍液作植株喷雾,防效可达 95%以上;50%辟蚜雾可湿性粉剂,每亩用量 10～12g,兑水 15～30kg 喷雾,防效达 90%以上,对天敌基本无害。尿洗合剂(尿素洗衣粉和水之比为 1∶300～500)喷雾,具有较好的灭蚜效果。抗蚜威(群蚜威)对蚜虫有特效,防治对有机磷农药产生抗性的蚜虫有良好的效果,且对蚜虫有特效,防治对有机磷农药产生抗性的蚜虫有良好的效果,且对叶片背面的麦二叉蚜也有防治效果。

(二)小麦吸浆虫

小麦吸浆虫为世界性害虫,广泛分布于亚洲、欧洲和美洲主要小麦栽培国家。国内的小麦吸浆虫亦广泛分布于全国主要产麦区,我国的小麦吸浆虫主要有 2 种,即红吸浆虫和黄吸浆虫。小麦红吸浆虫主要发生于平原地区的渡河两岸,而小麦黄吸浆虫主要发生在高原地区和高山地带。

小麦吸浆虫属双翅目瘿蚊科。麦红吸浆虫学名为[*Sitodiplosis mosellana* (Gbhin)]、麦黄吸浆虫为[*Comtarinia tritci* (Kiby)]。

【识别特征】麦红吸浆虫:雌成虫体长 2～2.5mm,翅展 5mm 左右,体桔红色。前翅透明,有 4 条发达翅脉,后翅退化为平衡棍。触角细长,雄虫体长 2mm 左右。卵长 0.09mm,长圆形,浅红色。幼虫体长约 3～3.5mm,椭圆形,橙黄色,头小,无足,蛆形,前胸腹面有 1 个"Y"形剑骨片,前端分叉,凹陷深。蛹长 2mm,裸蛹,橙褐色,头前方具白色短毛 2 根和长呼吸管 1 对。

麦黄吸浆虫:雌体长 2mm 左右,体鲜黄色。卵长 0.29mm,香蕉形。幼虫体长 2～2.5mm,黄绿色,体表光滑,前胸腹面有剑骨片,剑骨片前端呈弧形浅裂,腹末端生突起 2 个。

蛹鲜黄色，头端有 1 对较长毛。

【危害症状】以幼虫潜伏在颖壳内吸食正在灌浆的麦粒汁液，造成秕粒、空壳。小麦吸浆虫以幼虫危害花器、籽实和（或）麦粒，是一种毁灭性害虫。

【防治方法】(1)选用抗虫品种：选用穗形紧密，内外颖毛长而密，麦粒皮厚，浆液不易外流的小麦品种。(2)轮作倒茬：麦田连年深翻，小麦与油菜、豆类、棉花和水稻等作物轮作，对压低虫口数量有明显的作用。在小麦吸浆虫严重田及其周围，可实行棉麦间作或改种油菜、大蒜等作物，待雨年后再种小麦，可减轻危害。(3)化学防治：在小麦抽穗至开花前，每亩用 80% 敌敌畏 150mL，加水 4kg 稀释，喷洒在 25kg 麦糠上拌匀，隔行每亩撒一堆，此法残效期长，防治效果好。或用 40% 乐果乳剂 1000 倍液、2.5% 溴氰菊酯 3000 倍液、40% 杀螟松可湿性粉剂 1500 倍液等喷雾。

(三)小麦害螨

危害小麦的害螨主要有麦圆叶爪螨[*Penthaleus major* (Duges)]和麦岩螨[*Petrobia lateens* (Muller)]2 种，皆属前气门目，前者属叶爪螨科，俗称麦圆红蜘蛛；后者属叶螨科，俗称麦长腿红蜘蛛。

1. 麦圆叶爪螨

【识别特征】属于蛛形纲蜱螨目叶爪螨科，成虫：0.65mm×0.43mm，略呈圆形，深红褐色，背面中央有 1 淡红色背肛。足 4 对，第 1 对最长，第 2、3 对几乎相等，各足端无粘毛。卵：椭圆形，0.24mm×0.14mm。表面皱缩，中央有凹陷的纵沟 1 条。初产时褐色，后变淡红色，外有 1 层白色胶质卵壳。若虫：共 4 龄。第 1 龄足 3 对，初为淡红色，取食后呈草绿色，足呈红色，2 龄以后足为 4 对，体色、体形似成虫。4 龄若虫深红色，和成虫极似。

【防治方法】(1)结合灌溉灭虫。麦岩螨喜干旱，灌溉对麦岩螨有抑制作用；同时，在害螨的潜伏期进行灌水，或在害期将虫震落进行灌水，能使它陷入淤泥中而死亡。适时灌水能使草坪生长健壮，增加抗虫能力。(2)虫口密度大时，耙耱草坪，可大量杀伤虫体。

2. 麦岩螨

【识别特征】成螨：雌螨体长 0.62～0.85mm。背面观阔椭圆形，紫红色或绿色。背毛 13 对，粗刺状，有粗茸毛，不着生在结节上。足 4 对，第 1 对与体等长或超过体长，第 2、3 对足短于体长的 1/2，第 4 对足长于体长的 1/2。雄螨体长约 0.46mm。背面观梨形，背刚毛短，具茸毛。

卵：有 2 型，一为红色非滞育型卵，长约 0.15mm，圆球形，表面有 10 多条隆起纵纹，另一为白色滞育卵，长约 0.18mm，圆柱形，顶端向外扩张，形似倒放草帽，顶面上有放射状条纹。卵的表面被有白色蜡质层。

幼螨：圆形，足 3 对，体长宽皆约 0.15mm，初为鲜红色，取食后变暗褐色。

若螨：分第 1 若螨和第 2 若螨 2 个时期，足 4 对，似成螨。

【防治方法】(1)合理灌水：晴天 8～17 时灌水可淹死大量活动螨，早晚灌水时若震动麦株，也会收到同样的效果；(2)早春结合中耕、锄草、勤锄麦田，可杀死部分活动螨；(3)早春耙磨镇压，清除田边杂草，麦收后浅耕灭茬，可减少大量潜入麦田的螨源和消灭大量越夏卵；(4)合理轮作：小麦和玉米、高粱、油菜等轮作，可减轻危害；(5)选用抗螨品种，冬小麦适时晚播，可减少秋季麦田着卵量。

第五节　马铃薯常见病虫害

一、常见病害种类识别及防治技术

(一)马铃薯晚疫病

马铃薯晚疫病又称疫病，是一种毁灭性病害。凡种植马铃薯的地区都有发生，其损失程度因气候条件而异。

【症状识别】叶片染病先在叶尖或叶缘出现水浸状绿褐色斑点，病斑周围有浅绿色晕圈，湿度大时病斑迅速扩大，呈褐色，并产生一圈白霉，即孢囊梗和孢子囊，尤以叶背最为明显；干燥时病斑变褐干枯，质脆易裂，不见白霉，且扩展速度减慢。茎部或叶柄染病现褐色条斑。发病严重的叶片萎垂、卷缩，终致全株黑腐，全田一片枯焦，散发出腐败气味。块茎染病初生褐色或紫褐色大块病斑，稍凹陷，病部皮下薯肉亦呈褐色，慢慢向四周扩大或烂掉(图 6-19)。

图 6-19　马铃薯晚疫病症状

【病原】*Phytophthora infestans* (Mont.)de Bary 称致病疫霉，属鞭毛菌亚门真菌。

【发生规律】病菌主要以菌丝体在薯块中越冬。播种带菌薯块，导致不发芽或发芽后出土即死去，有的出土后成为中心病株，病部产生孢子囊借气流传播进行再侵染，形成发病中心，致该病由点到面，迅速蔓延扩大。病叶上的孢子囊还可随雨水或灌溉水渗入土中侵染薯块，形成病薯，成为翌年主要侵染源。病菌喜日暖夜凉、高湿条件，相对湿度 95%以上、18℃～22℃条件下，有利于孢子囊的形成，冷凉又有水滴存在，有利于孢子囊萌发产生游动孢子，温暖有水滴存在，利于孢子囊直接产出芽管。因此多雨年份，空气潮湿或温暖多雾条件下发病重。

【防治技术】(1)选用无病种薯，减少初侵染源。做到秋收入窖、冬藏查窖、出窖、切块、春化等过程中，每次都要严格剔除病薯，有条件的要建立无病留种地，进行无病留种。(2)加强栽培管理，适期早播，选土质疏松、排水良好的田块栽植，促进植株健壮生长，增强抗病力。(3)发病初期开始喷洒 64%的恶霜灵加代森锰锌 500 倍液或锰锌可湿性粉剂 900～1000 倍液，隔 7～10d 1 次，连续防治 2～3 次。

(二)马铃薯环腐病

该病害属于细菌性维管束病害。地上部染病分枯斑和萎蔫 2 种类型。

【症状识别】枯斑型多在植株基部复叶的顶上先发病，叶尖和叶缘及叶脉呈绿色，叶肉为黄绿或灰绿色，具明显斑驳，且叶尖干枯或向内纵卷，病情向上扩展，致全株枯死。萎蔫型初期则从顶端复叶开始萎蔫，叶缘稍内卷，似缺水状，病情向下扩展，全株叶片开始褪绿，内卷下垂，终致植株倒伏枯死。块茎发病切开可见维管束变为乳黄色至黑褐色，皮层内现环形或弧形坏死部，故称环腐(图 6-20)。

图 6-20　马铃薯环腐病症状

【病原】*Corynebacterium sepedonicum* (Spieck. & Kotthoff) Skap-tason & Burkholder，称密执安棒杆菌马铃薯环腐致病变种或称环腐棒杆菌，属细菌。

【发生规律】病菌在种薯中越冬，成为翌年初侵染源。病薯播下后，一部分芽眼腐烂不发芽，一部分出土的病芽，病菌沿维管束上升至茎中部或沿茎进入新结薯块而致病。适合此菌生长的温度为 20℃～23℃，最高 31℃～33℃，最低 1℃～2℃。致死温度为干燥情况下50℃，10min。最适 pH 6.8～8.4。传播途径主要是在切薯块时，病菌通过切刀带菌传染。

【防治技术】

(1)建立无病留种田，尽可能采用整薯播种。有条件的最好与选育新品种结合起来，利用杂交实生苗，繁育无病种薯。

(2)播前淘汰病薯。把种薯先放在室内堆放 5～6d，进行晾种，不断剔除烂薯，使田间环腐病大为减少。此外用 50mg/kg 硫酸铜浸泡种薯 10min 有较好效果。

(3)结合中耕培土，及时拔除病株，携出田外集中处理。

(三)马铃薯病毒病

【症状识别】常见的马铃薯病毒病有 3 种类型。花叶型叶面叶绿素分布不均，呈浓绿、淡绿相间或黄绿相间斑驳花叶，严重时叶片皱缩，全株矮化，有时伴有叶脉透明；坏死型叶、叶脉、叶柄及枝条、茎部都可出现褐色坏死斑，病斑发展连接成坏死条斑，严重时全叶枯死或萎蔫脱落；卷叶型叶片沿主脉或自边缘向内翻转，变硬、革质化，严重时每张小叶呈筒状。此外还有复合侵染，导致马铃薯发生条斑坏死(图 6-21)。

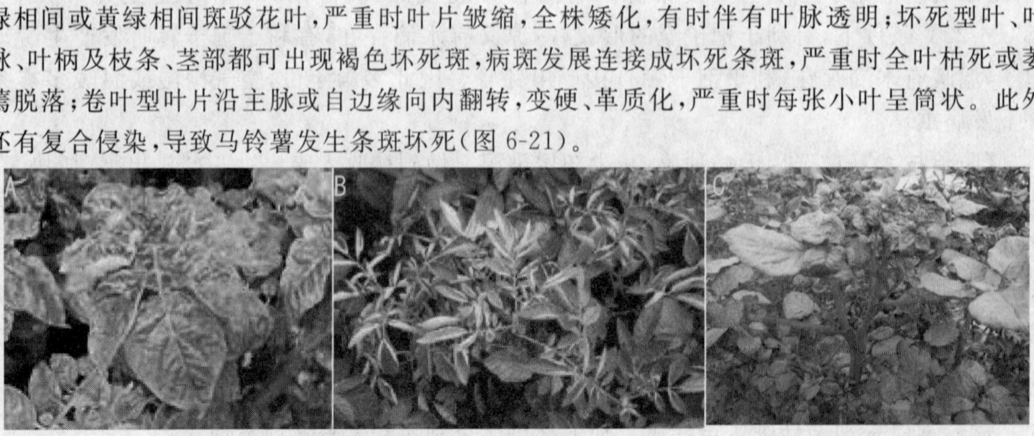

图 6-21　马铃薯病毒病症状

A. 花叶型　B. 卷叶型　C. 束顶型

【病原】病原为病毒，我国已知的毒源种类有10种以上。常见而重要的有：马铃薯X病毒（简称PVX）、马铃薯Y病毒（简称PVY）、马铃薯卷叶病毒（简称PLRV）、马铃薯S病毒（简称PVS）和马铃薯A病毒（简称PVA）。此外，还有黄瓜花叶病毒（简称CMV）、烟草脆裂病毒（简称TRV）、苜蓿花叶病毒（简称AMV）等。

【发生规律】病毒主要来自种薯和野生寄主，带毒种薯为最主要的初侵染源，种薯调运可将病毒作远距离传播。病薯和病种子（个别）长出的植株一般都有病。在植株生长期间，病毒通过昆虫或汁液等传播，引起再侵染。田间管理条件差，蚜虫发生量大、发病重。此外，25℃以上高温会降低寄主对病毒的抵抗力，也有利于传毒媒介蚜虫的繁殖、迁飞或传病，从而利于该病传播，加重受害程度，故一般冷凉山区栽植的马铃薯发病轻。品种抗病性及栽培措施都会影响本病的发生程度。

【防治技术】

（1）采用无毒种薯。各地要建立无毒种薯繁育基地，原种田应设在高纬度或高海拔地区，并通过各种检测方法汰除病薯，推广茎尖组织脱毒，生产田还可通过二季作或夏播获得种薯。

（2）出苗前后及时防治蚜虫。尤其靠蚜虫进行非持久性传毒的条斑花叶病毒更要防好。使用药剂参见本书蚜虫防治法。

（3）改进栽培措施。包括留种田远离茄科菜地；实行精耕细作，高垄栽培，及时培土；避免偏施、过施氮肥，增施磷钾肥；及早拔除病株；注意中耕除草；控制秋水，严防大水漫灌。

二、常见害虫种类识别及防治技术

（一）桃蚜和其他蚜虫

蚜虫可在许多不同的作物上发生。体形小（1～2mm）、软且通常呈绿色。有翅蚜可以传播病毒病，无翅蚜一般在植株幼嫩部分和叶片的背面。蚜虫吸食寄主的汁液使植株变弱，含糖分泌物有利于黑色真菌在叶片上的生长。蚜虫在植株间移动能有效地传播病毒。

危害马铃薯并传播病毒病的蚜虫主要是桃蚜和马铃薯蚜。它们有时也危害贮藏期间块茎的幼芽从而将病毒传给种薯。虫卵可以越冬，蚜虫还可以周年在母卵上繁殖。有翅蚜虫能随风迁移较远的距离而进行异地传病。

【防治方法】利用蚜虫的天敌是有效的生物防治手段。瓢虫科的甲虫和食蚜虫的黄蜂以蚜虫为食。药剂防治应注意尽量避免杀伤天敌。如可用50%抗蚜威可湿性粉剂1000～2000倍液、20%氰戊菊酯乳油2000倍液、40%乐果乳油1000倍液进行叶面喷施。

（二）地老虎

地老虎是几种夜蛾的幼虫，能咬断幼小植株的茎。健壮的灰色幼虫可长达5cm，白天潜伏在植株的基部，靠近地表的块茎偶尔也会被侵害。

【防治方法】点状或田间局部感染时，可以集中施用杀虫剂，如90%晶体敌百虫800倍液、40%辛硫磷乳油800倍液、2.5%溴氰菊酯乳油1200倍液和5%来福灵乳油2000倍液喷施对防治1～3龄幼虫非常有效。对3龄以上的幼虫或成虫可在黄昏时将含有糠、糖、水和杀虫剂的毒饵放在植株的基部进行诱杀。

(三)金针虫

金针虫是温带地区常见的害虫。胸部长有小足、细小、有光的幼虫生长在地下,可长达25mm。幼虫使块茎表面产生不规则的浅坑,但它们不生长在块茎内部。

【防治方法】金针虫以不同作物的根系为食,特别是牧草植物。因此,在牧草区种植马铃薯以前必须通过适当的翻耕和作物轮作而减少土壤中的金针虫数量。在金针虫危害严重时,每亩可用40%辛硫磷乳油200～250mL加细土25～30kg,播种时撒施在种薯旁边。

(四)白色蛴螬

白色蛴螬是一些相对大的甲虫的幼虫。白色蛴螬可长达5cm。它们有健壮而蜷曲的身体且胸部长小足,其危害是使地下块茎形成较深的空洞。

【防治方法】深耕后日晒和霜冻以及鸟类捕食。不易通过使用杀虫剂来防治。每亩用40%辛硫磷乳油200～250mL加细土25～30kg,播种时撒施在种薯旁边可以起到一定的防治效果。

(五)二十八星瓢虫

成虫体色土黄色,每个翅鞘上长有14个黑圆点,两翅鞘共有28个,所以叫二十八星瓢虫。成虫于5月间出现,寿命较长;幼虫于6月间孵化,初孵化为黄白色,肚大头小,各节生有长的带刺毛锥,很少活动,伏于叶面取食。成虫和幼虫都取食马铃薯叶肉,由于不食叶表皮,所以常将叶片咬成筛孔状。

【防治方法】在虫害发生期间用来福灵、敌杀死、杀灭菊酯等任一种药品兑水30kg,喷雾防治。

第六节　烟草常见病虫害

一、常见病害种类识别及防治技术

(一)烟草黑胫病

烟农俗称"黑根"、"黑秆疯"。多发生于成株期,少数苗床期发生。

【症状识别】苗期发病,首先茎基部出现黑斑,或从底叶发病蔓延到茎,湿度大时,病斑很快向上扩展,布满白毛菌丝和孢子囊,迅速传染附近烟苗,往往使烟苗成片死亡。气候干燥时,病株则干缩变黑枯死。成株期发病,多从茎基部或茎的中部开始变黑,受侵染后向髓部扩展,病株叶片自下而上依次变黄,遇烈日、高温,全株叶片萎垂,最后枯死。纵剖病茎,髓部变黑褐色,干缩呈碟片状,碟片之间有白色菌丝。多雨潮湿时,底叶常发生圆形或不规则形的墨绿色大块病斑,隐约可见浓淡相间的轮纹,病斑周围呈水渍状,边缘不明显。病斑扩展很快,可在数日内通过主脉、叶柄蔓延到茎部,造成"腰烂"而导致全株死亡。此外,根部也常发病变黑(图6-22)。

【病原】其病原为寄生疫霉烟草变种 *Phytophthora parasitica* var. *nicotianae* (Breda de Haan) Tucker,属鞭毛菌亚门疫霉属真菌。

【发生规律】以团棵至旺长前后发病普遍,盛发期在现蕾阶段。病菌在病株残体和上壤肥料中越冬，可在土壤、堆肥和病残体上存活 2～3 年，通过流水人事活动进行传播。病菌多集中在 0～5cm 土层中活动，主要危害土表及土表以下 5cm 深的茎基部。高温高湿是发病的主要条件，最适温度为 24℃～32℃。在适宜温度条件下，雨后相对湿度达 80%以上保持 3～5d，即可出现一个发病高峰。因此，凡雨季来得早、降雨量大、连作烟田、地势低洼、上壤粘重的地块有利于发病。

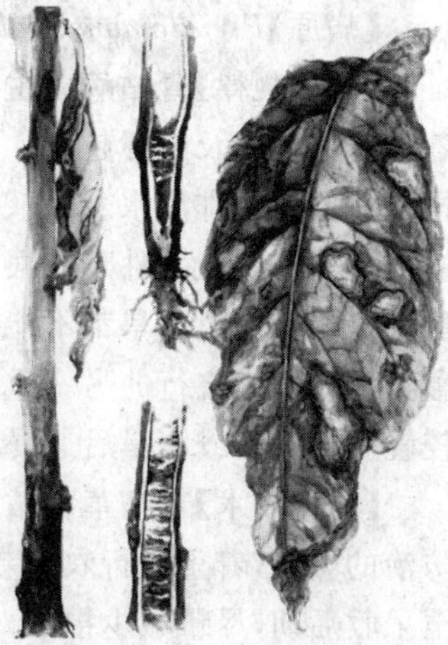

图 6-22　烟草黑胫病症状

【防治技术】

(1)加强栽培管理。在栽培方面应发展春烟，提早移栽，使感染阶段避开雨季。实行三年以上轮作；起垄培土，开沟排水，保证烟田不积水，不流“过水”，起垄后地面流水不与茎基部接触，以减少传染机会；施用净肥，保持流水不被病菌污染，拔除的病株和摘下的病叶应集中处理。

(2)药剂防治。苗床在移栽前用 58%甲霜灵锰锌可湿性粉剂 500 倍液均匀喷雾。移栽后 1 个月内，零星发病时，用 25%甲霜灵 500 倍液喷雾叶面或去掉喷头喷淋茎基。或在移栽时，每亩用 95%敌克松 100～200g 拌细土 5kg，将药土撒施于烟株茎基周围，并用土封实。移栽后或培土前可喷 58%甲霜灵锰锌、95%敌克松可湿性粉剂 500 倍液。

(二)烟草青枯病

烟草青枯病属于细菌性病害，是典型的维管束病害，根、茎、叶都可受害。

【症状识别】烟草青枯病最典型的症状是枯萎。发病初期，在晴天中午可见烟株一侧 1～2 片叶凋萎下垂，而夜间可以恢复，萎蔫一侧的茎上有褪绿条斑，萎蔫叶片仍为青色，故称为“青枯”。发病中前期，烟株仍表现一侧叶片枯萎，另一侧叶片比较正常，这时拔出根部，可见发病一侧许多侧根变黑腐烂，但另一侧比较正常。随着病情加重，褪绿条斑变为黑色条斑，可达烟株顶部，发病中期枯萎叶片由绿变浅绿，然后逐渐变黄，大部分叶片萎蔫。有条斑的茎和根部变黑。到发病后期，全部叶片萎蔫变黄，根部全部变黑腐烂，直至整株枯死(图 6-23)。挤压横切茎部有黄白色乳状粘液，即菌脓。

图 6-23　烟草青枯病症状

在青枯病发病时期，田间常有黑胫病混合发生。这 2 种病害往往易混淆，主要应从以下症状加以区别才能做到有效防治：烟草黑胫病虽然也是叶片萎蔫变黄，但它是两侧一并萎蔫变黄，茎基部变黑但不表现条斑，挤压茎部横切口无黄白色乳状粘液(菌脓)。

【病原】*Pseudomonas solanacearum*（E. F. Smith）Smith 称青枯假单胞杆菌，属细菌。

【发生规律】青枯病菌主要在土壤中及遗落在土壤中的病残体上越冬，也能在各种生长着的寄主体内及根际越冬。土壤、病残组织和肥料中的病菌是青枯病的主要初次侵染源。这些病原菌由排灌水、流水、带菌肥料、病苗或附在幼苗上的病土、人畜以及生产工具带菌传播。病菌在一般条件下从根部伤口侵入，不能从气孔侵入。烟草青枯病是高温高湿型病害。低温高湿或高温干旱都不能使病害发生和流行。发病最适宜的温度为30℃～35℃。湿度是影响该病发病流行的另一重要因素。雨量多、湿度大，病害发展快，危害重，反之则危害相对较轻。暴风雨或久旱后遇暴风雨或时雨时晴的闷热天气更有利于病害的发生和流行。

【防治技术】对烟草青枯病的防治，目前仍无十分有效的措施。必须坚持预防为主，综合防治的方针，着重进行农业栽培措施防病，结合选择正确的药剂预防，推迟青枯病发病高峰至采收后期，尽量减少损失。栽培管理方面提倡合理轮作，平衡施肥，培育壮苗。施用药剂应本着以推迟青枯病发病高峰期，减轻发病程度为目的，应在团棵期、旺长期及零星发病时各用1次药。目前药剂保护效果较稳定的药剂种类及施用方法为：200μg/mL 农用链霉素、50％琥珀酸铜(dt)300～400倍稀释液、20％青枯灵400～600倍稀释液用于烟草灌根，每株50～100mL，如土壤湿度较小，可适当增加药剂稀释倍数，以利于药剂药力的发挥。

(三)烟草病毒病

【症状识别】烟草病毒病是由多种病毒单独侵染或复合侵染造成的，因病毒的种类不同而表现不同的症状。常见的病毒种类及识别症状如下(图6-24)：

图6-24　烟草病毒病症状

(1)黄瓜花叶病毒。受黄瓜花叶病毒危害的烟株，发病初期叶脉透明，几天后出现浓绿、浅绿相间的花叶。叶片常变窄、变薄、扭曲，叶基部拉长，表面茸毛脱落，失去光泽，叶缘一般向上翻卷。有的病株中下部出现沿主侧脉的褐色坏死斑或褐色闪电状坏死纹。严重受害烟株矮缩，根系发育不良。

(2)普通花叶病毒。受普通花叶病毒危害的烟株，发病初期叶脉及邻近叶肉组织色泽变淡，呈半透明"明脉"状，然后叶片出现浓绿或黄绿相间的"花叶"状，叶片厚薄不均匀。严重病株叶片皱缩、扭曲，叶片变细，叶缘有缺刻，植株矮化，生长缓慢，叶片不开片。与烟草黄瓜花叶病毒病的区别是病叶边缘向下翻卷，叶基部不伸长，茸毛不脱落。

(3)烟草马铃薯Y病毒。受烟草马铃薯Y病毒危害的烟株，发病初期叶片出现明脉，后形成系统斑驳，小叶脉间颜色变淡，叶脉两侧的组织呈绿色带状斑，即脉带。有时植株会出现矮化，叶片出现卷叶、扭曲等现象。如果是坏死株系，在感病品种上，叶部小叶脉变成褐色或黑色，坏死斑有时达主脉或茎秆上，坏死症状也常深入髓部，甚至引起根系坏死。有些株系形成白色至褐色小斑点，数目、大小不一。在烟田 PVY 若与 CMV、TMV 等其他病毒复合侵染会产生更严重的坏死症状。

【发生规律】烟草病毒病主要靠病残体、汁液摩擦和蚜虫传播，黄瓜花叶病毒还可以种子传播。

【防治技术】由于烟草病毒病的病毒种类多，且多为混杂侵染，传播途径广，因此，对烟草花叶病毒病的防治，须严格实行"预防为主、综合防治"的植保方针，采取轮作、培育无病壮苗、加强栽培管理提高抗性、减少人为传播、及时防治蚜虫等措施，以减少病毒传染或切断传染途径和提高烟草自身的抗病性为根本目的，均可取得一定的防治效果。药剂防治一般在栽苗后 15d 开始第一次施药，选用 2%菌克毒克水剂 200～260 倍液或其他病毒抑制剂喷洒烟苗，以后每隔 10～15d 喷洒 1 次，每次每亩地用药液 40～50L。田间如有烟蚜发生，可与抗蚜威、吡虫啉等杀虫剂混用，兼防外来的蚜虫传毒，应连续防治 2～3 次。

二、常见害虫种类识别及防治技术

(一)烟青虫

【识别特征】烟青虫成虫称烟夜蛾，为体中型的黄褐色蛾子(体长 14～18mm，翅展 27～35mm)，前翅长度短于体长，翅上肾状纹、环状纹和各条横线较清晰。幼虫体色变化大，有绿色、灰褐色、绿褐色等多种。老熟幼虫绿褐色，长约 40mm，体表较光滑，体背有白色点线，各节有瘤状突起，上生黑色短毛。烟青虫与棉铃虫极相似，区别之处：成虫体色较黄，前翅上各线纹清晰，后翅棕黑色宽带中段内侧有一棕黑线，外侧稍内凹。卵稍扁，纵棱一长一短，呈双序式，卵孔明显。幼虫两根前胸侧毛(L_1、L_2)的连线远离前胸气门下端；体表小刺较短。蛹体前段显得粗短，气门小而低，很少突起。

【危害习性】以幼虫蛀食花、果危害，为蛀果类害虫。危害辣(甜)椒时，整个幼虫钻入果内，啃食果皮、胎座，并在果内缀丝，排留大量粪便，使果实不能食用。在华北一年 2 代，以蛹在土中越冬；华南一年发生 5 代，以蛹在土中作土室越冬。成虫昼伏夜出，卵产于中上部叶片近叶脉处(前期)或果实上(后期)，单产。成虫对萎蔫的杨树枝有较强的趋性，对糖蜜亦有趋性，趋光性则弱。幼虫有假死性，可转果危害。天敌有赤眼蜂、姬蜂、绒茧蜂、草蛉、瓢虫及蜘蛛等。

【防治方法】注意对幼虫的防治务必掌握在 3 龄期前，施药时间以上午为宜，重点喷洒植株上部。

(二)烟蚜

【识别特征】烟蚜属同翅目，蚜科昆虫。无翅孤雌蚜：体长 2.6mm，宽 1.1mm。体淡色，头部深色，体表粗糙，但背中域光滑，第 7、8 腹节有网纹。额瘤显著，中额瘤微隆。触角长 2.1mm，第 3 节长 0.5mm，有毛 16～22 根。腹管长筒形，端部黑色，为尾片的 2.3 倍。

【危害习性】烟蚜以成、若蚜刺吸烟草叶片、茎秆及花轴汁液，喜欢密集在叶背面或心叶上，叶片受害出现褪色斑点，严重的发黄卷缩、变形或枯死。嫩茎、花梗受害呈畸形，蒴果发育不正常或枯死。此外还能传播黄瓜花叶病毒病，对烟草造成更大的产量损失。

【防治方法】烟蚜繁殖蔓延速度很快，为此应采用农业、物理、生物和化防技术进行综合防治。(1)蔬菜收获后要及时清理前茬病残体,铲除田间、畦埂、地边杂草。(2)采用黄板诱杀或银灰色反光塑料薄膜忌避。(3)用25%种衣剂2号1份与50份烟草种子拌裹或卫福1份与100份烟草种子拌裹控制蚜虫有效期30d,且可减轻苗期病毒病,增产7%左右。(4)在蚜虫点片发生阶段开始喷洒国产50%抗蚜威可湿性粉剂2000倍液或英国产50%辟蚜雾可湿性粉剂2000~3000倍液,该药选择性强,仅对蚜虫有效,对天敌昆虫及桑蚕、蜜蜂等益虫无害,有助于田间的生态平衡。还可选用1.8%爱福丁乳油3000倍液或16%顺丰3号乳油1500倍液、5.7%百树菊酯乳油4000倍液、10%吡虫啉可湿性粉剂2500倍液、5%锐劲特悬浮剂1500倍液、4.5%高效顺反氯氰菊酯乳油2000倍液等。蚜虫多着生在心叶及叶背皱缩处,药剂难于全面喷到,所以,除要求喷药时周到细致之外,还要求在用药上尽量选择兼有触杀、内吸、熏蒸三重作用农药。每亩喷兑好的药液50~60L,隔7~10d喷1次,连喷2~3次。

(三)烟蛀茎蛾

【识别特征】形态特征:成虫体长5.5~7mm,翅展13~13.5mm,土黄色,前翅散有黑褐色鳞片,略带银灰光泽,第5茎脉由第4茎脉1/4处分出;后翅灰褐色,梯形。雌蛾腹部末端的丛毛排列整齐。卵长椭圆形,表面具皱纹。末龄幼虫体长10~13mm,黄白色,胸部稍肥大,虫体皱褶多。蛹长5~8mm,纺锤形,棕色(图6-25)。

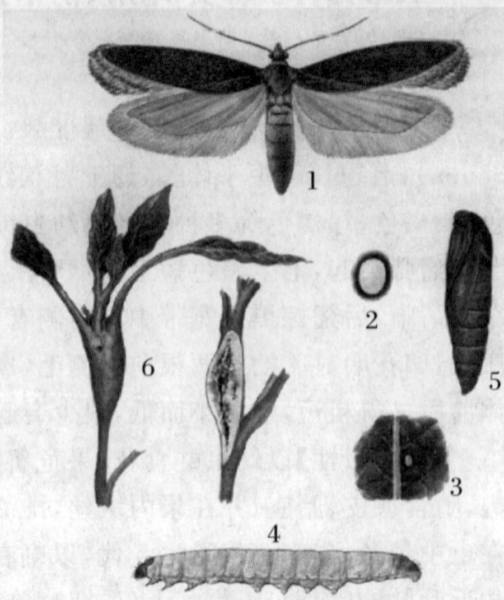

图6-25　烟蛀茎蛾

【危害习性】侵入早烟苗幼茎形成虫瘿,致烟株生长缓慢,叶片肥厚、皱缩或卷曲,叶柄基部受害叶片萎蔫,侧芽受害也形成虫瘿,少数幼虫蛀食韧皮部。第1代幼虫发生在5~6月,侵入早烟苗的幼茎。幼虫期33~59d。2代幼虫发生在6月下旬~8月下旬,主要危害晚烟。二代幼虫期19~42d。3代幼虫发生在8~9月,幼虫期23~56d。4代幼虫于9月后发生,幼虫期98~123d。成虫白天隐蔽在烟草下、杂草丛中,夜晚活动,喜把卵散产在低矮烟株杈芽处,每次产卵70多粒,产卵历期3~5d。老熟幼虫化蛹前在危害处向外咬一羽化孔,外留薄膜,在虫瘿里结白茧化蛹。天敌弯尾姬蜂、马铃薯块茎蛾赤腹姬蜂等。

【防治方法】(1)烟草收获后及时拔除茬秆、减少虫源。(2)加强烟苗管理,使土壤经常保持湿润,定植时注意剔除有虫苗。

第七节　辣椒常见病虫害

一、常见病害种类识别及防治技术

(一)辣椒病毒病

【症状识别】常见有花叶、黄化、坏死和畸形4种症状。花叶分为轻型花叶和重型花叶两种类型：轻型花叶病叶初现明脉轻微褪绿，或现浓、淡绿相间的斑驳，病株无明显畸形或矮化，不造成落叶；重型花叶除表现褪绿斑驳外，叶面凹凸不平，叶脉皱缩畸形，或形成线形叶，生长缓慢，果实变小，严重矮化。黄化：病叶明显变黄，出现落叶现象。坏死：病株部分组织变褐坏死，表现为条斑，顶枯，坏死斑驳及环斑等。畸形：病株变形，如叶片变成线状，即蕨叶，或植株矮小，分枝极多，呈丛枝状（图 6-26）。

图 6-26　辣椒病毒病症状

【病原】毒源包括黄瓜花叶病毒（CMV）、烟草花叶病毒（TMV）、马铃薯 Y 病毒（PVY）、烟草蚀纹病毒（TEV）、马铃薯 X 病毒（PVX）、苜蓿花叶病毒（AMV）、蚕豆萎蔫病毒（BBWV）。其中 CMV 和 TMV 为主要毒源。

【发生规律】病毒的传播途径主要有虫传和接触传染两大类。昆虫传播的病毒主要有黄瓜花叶病毒、马铃薯 Y 病毒及苜蓿花叶病毒，其发生与蚜虫的发生情况关系密切，特别遇高温干旱天气，不仅可促进蚜虫传毒，还会降低寄主的抗病性。烟草花叶病毒靠接触及伤口传播，通过整枝打杈等农事操作传染。此外，定植晚、连作地、低洼及缺肥田块也易引起病毒病流行。

【防治技术】

(1)适时播种，培育壮苗。要求秧苗株型矮壮，第 1 分杈具花蕾时定植。(2)种子用 10%磷酸三钠浸种 20～30min 后洗净催芽，在分苗、定植前，或花期分别喷洒 0.1%～0.2%硫酸锌。(3)利用保护地设施，采用塑料膜覆盖栽培，促其早栽、早结果，进入病毒病盛发期辣椒已花果满枝，根系发达，植株老健，抗病能力强。(4)采用配方施肥技术，施足基肥，勤浇水。尤其采收期需勤施肥、浇水。(5)遮荫栽培及时防蚜虫。可与高粱、玉米等高秆作物间作，减轻病毒病发生。蚜虫防治请参照本书蚜虫部分。(6)发病初期喷洒 20%病毒 A 可湿性粉剂 500 倍液、1.5%植病灵乳剂 1000 倍液等病毒抑制剂，每 10d 左右 1 次，连续防治 3～4 次。

(二)辣椒疫霉

【症状识别】苗期染病幼苗茎基部呈水浸状、暗绿色病斑，后形成梭形大斑，病部软腐，呈蜂腰状，致使幼苗折倒；成株期发病，叶、枝、茎、果均可受害。叶片染病，病斑近圆形，中央暗褐色，边缘黄绿色。果实发病始于蒂部，呈暗绿色水浸状病斑，后变软腐，湿度大时产生白色霉层，干燥后呈僵果残留在植株上。枝部染病，呈环绕状褐色条斑。茎部受侵染，维管束呈褐色，植株迅速凋萎、直至死亡（图 6-27）。

图 6-27　辣椒疫霉病症状

【病原】辣椒疫霉菌(*Phytophthora capsici* Leonian),属于鞭毛菌的真菌。

【发生规律】该病菌主要以卵孢子随病残体在土壤中越冬,种子也可带菌,成为初侵染源。翌年环境适宜时,卵孢子萌发侵染根颈和茎基部,或产生游动孢子,经灌水传播,从辣椒气孔、伤口和表皮侵入,多在积水处形成发病中心。病菌在10℃～37℃均能生长发育,尤以30℃为最适,在高温多雨季节,病菌生长发育快,不断产生游动孢子,并随风、水滴、土粒等传播,造成再侵染,3～5d 即造成病害流行。

【防治技术】

(1)加强栽培控病措施:避免与茄科及瓜类连作,可与十字花科、豆类、水稻轮作。收获后彻底清除病残体;播前翻晒土壤,高畦深沟种植;勿过量偏施速效氮肥,宜适当增施磷钾肥。

(2)种子处理:用55℃温水浸种15min,或用种子重量0.3%的53%甲霜灵·锰锌粉剂、3.5%咯菌·精甲霜悬浮种衣剂拌种后播种,或用1%硫酸铜液浸种5min。

(3)药剂防治:发病初期立即选喷下列药剂:80%代森锌可湿性粉剂500～700倍液、64%杀毒矾可湿性粉剂500倍液、30%氧氯化铜悬浮剂500倍液、75%百菌清可湿性粉剂500～600倍液。上述药剂宜交替使用,隔7～8d 喷一次,连续喷3～4次。

二、常见害虫种类识别及防治技术

(一)小地老虎

【识别特征】卵:馒头形,直径约0.5mm、高约0.3mm,具纵横隆线。初产乳白色,渐变黄色,孵化前卵一顶端具黑点。蛹:体长18～24mm、宽6～7.5mm,赤褐有光。口器与翅芽末端相齐,均伸达第4腹节后缘。腹部第4～7节背面前缘中央深褐色,且有粗大的刻点,两侧的细小刻点延伸至气门附近,第5～7节腹面前缘也有细小刻点;腹末端具短臀棘1对。幼虫:圆筒形,老熟幼虫体长37～50mm、宽5～6mm。头部褐色,具黑褐色不规则网纹;体灰褐至暗褐色,体表粗糙、布大小不一而彼此分离的颗粒,背线、亚背线及气门线均黑褐色;前胸背板暗褐色,黄褐色臀板上具两条明显的深褐色纵带;胸足与腹足黄褐色。成虫:体长17～23mm、翅展40～54mm。头、胸部背面暗褐色,足褐色,前足胫、跗节外缘灰褐色,中后足各节末端有灰褐色环纹。前翅褐色,前缘区黑褐色,外缘以内多暗褐色;基线浅褐色,黑色波浪形内横线双线,黑色环纹内有一圆灰斑,肾状纹黑色具黑边,其外中部有一楔形黑纹伸至外横线,中横线暗褐色波浪形,双线波浪形外横线褐色,不规则锯齿形亚外缘线灰色、其内缘在中脉间有3个尖齿,亚外缘线与外横线间在各脉上有小黑点,外缘线黑色,外横线与亚外缘线间淡褐色，亚外缘线以外黑褐色。后翅灰白色，纵脉及缘线褐色，腹部背面灰色。

【危害特点】幼虫将辣椒幼苗近地面的茎部咬断，使整株死亡，造成严重损失，甚至毁苗。幼虫的危害习性表现为：1～2 龄幼虫昼夜均可群集于幼苗顶心嫩叶处取食危害；3 龄后分散，幼虫行动敏捷，有假死习性，对光线极为敏感，受到惊扰即蜷缩成团。白天潜伏于表土的干湿层之间，夜晚出土从地面将幼苗植株咬断拖入土穴，或咬食未出土的种子，幼苗主茎硬化后改食嫩叶和叶片及生长点。食物不足或寻找越冬场所时，有迁移现象。

【防治方法】诱杀防治。一是黑光灯诱杀成虫；二是糖醋液诱杀成虫，糖 6 份、醋 3 份、白酒 1 份、90％敌百虫 1 份调匀，或用泡菜水加适量农药，在成虫发生期设置，均有诱杀效果。三是堆草诱杀幼虫，在辣椒定植前，可选择地老虎喜食的灰菜、刺儿菜、苦荬菜、小旋花、苜蓿、青蒿、白茅、鹅儿草等杂草，堆放诱集地老虎幼虫，或人工捕捉，或拌入药剂毒杀。

化学防治。地老虎 3 龄幼虫期抗药性差，且暴露在寄主植物或地面上，是药剂防治的适期。可用 2.5％溴氰菊酯或 20％氰戊菊酯 3000 倍液、90％敌百虫 800 倍液喷雾防治。

（二）茶黄螨

茶黄螨食性很杂，寄主很广，辣椒被害后叶背面呈油渍状，渐变黄褐色，叶缘向下弯曲，幼茎变黄褐色，受害严重的植株矮小，丛枝，落花落果，形成秃尖，果柄及果尖变黄褐色，失去光泽，果实生长停滞变硬。

【防治方法】加强田间调查，在辣椒初花期发现茶黄螨及时喷药防治，以后每隔 10～14d 喷一次，连续 3 次。喷药的重点是上部叶，尤其是嫩叶背面、嫩茎、花器和幼果。可用药剂有 57％克螨特乳油 800 倍液、48％乐斯本乳油 1500 倍液、20％螨卵酯可湿性粉剂 1000 倍液。

第八节　油菜常见病虫害

一、常见病害种类识别及防治技术

（一）油菜菌核病

【症状识别】茎、叶、花、荚各部都可受害，以茎部受害最重。病害多从植株下部的老叶开始发生。病斑先为圆形、水渍状、暗青色，后扩大成圆形或不规则形，中心部分黄褐或灰褐色，外部暗青色，周围变黄。干燥时病斑部变薄如纸，易破裂穿孔；潮湿时，病斑迅速扩展，造成病部乃至全叶腐烂，病部长出白色絮状霉层，形成菌核（图 6-28）。

图 6-28　油菜菌核病症状

【病原】该病的病原为核盘菌[*Sclerotinia sclerotiorum*（Lib.）de Bary]，属子囊菌亚门真菌。

【发生规律】传播途径和发病条件：病菌主要以菌核混在土壤中或附着在采种株上、混杂在种子间越冬或越夏。南方冬播油菜区10～12月有少数菌核萌发，使幼苗发病，绝大多数菌核在翌年3～4月间萌发，产生子囊盘。子囊孢子成熟后从子囊里弹出，借气流传播，侵染衰老的叶片和花瓣，长出菌丝体，致寄主组织腐烂变色。病菌从叶片扩展到叶柄，再侵入茎秆，也可通过病、健组织接触或粘附进行重复侵染。生长后期又形成菌核越冬或越夏。菌丝生长发育和菌核形成适温0～30℃，最适温度20℃，最适相对湿度85%以上。菌核可不休眠，5℃～20℃及较高的土壤湿度即可萌发，其中以15℃最适。在潮湿土壤中菌核能存活1年，干燥土中可存活3年。子囊孢子0～35℃均可萌发，但以5℃～10℃为适，萌发经48h完成。生产上在菌核数量大时，病害发生流行取决于油菜开花期的降雨量，旬降雨量超过50mm，发病重，小于30mm则发病轻，低于10mm难于发病。此外连作地或施用未充分腐熟有机肥，播种过密，偏施、过施氮肥易发病。地势低洼、排水不良或湿气滞留、植株倒伏、早春寒流侵袭频繁或遭受冻害发病重。

【防治技术】

(1)实行稻油轮作或旱地油菜与禾本科作物进行2年以上轮作。提倡施用酵素菌沤制的堆肥或腐熟有机肥，避免偏施氮肥，配施磷、钾肥及硼锰等微量元素，盛花期及时摘除黄叶、老叶，防止病菌蔓延，改善株间通风透光条件，减轻发病。

(2)多雨地区推行窄厢深沟栽培法，利于春季沥水防渍，雨后及时排水，防止湿气滞留。

(3)播种前进行种子处理，用10%盐水选种，剔除浮起来的病种及小菌核，选好的种子晾干后播种。

(4)药剂防治。水稻和油菜轮作栽培区重点抓2次防治。一是子囊盘萌发盛期在稻茬油菜田四周田埂上喷药杀灭菌核萌发长出的子囊盘和子囊孢子；二是在3月上、中旬油菜盛花期油菜田喷施80%多菌灵超微粉1000倍液或40%多硫悬浮剂400倍液，7d后进行第2次防治。

(二)油菜病毒病

【症状识别】油菜病毒病因不同类型油菜，症状差别很大。甘蓝型油菜叶片上的症状有黄斑型、枯斑型和花叶型3种。茎秆上的症状主要是产生长短不等的黑褐色条斑，病斑后期可纵裂。严重病株半边或全株枯死，病稍轻者，植株常矮化、畸形。白菜型和芥菜型油菜的典型症状是苗期产生明脉和花叶，叶片皱缩，株型矮化。

【病原】主要为芜菁花叶病毒(TuMV)、黄瓜花叶病毒(CMV)和烟草花叶病毒(TMV)，其中，TuMV是最为重要的病毒。

【防治技术】油菜病毒病防治的关键是治蚜防病，一旦发现，就要开始喷药治蚜，用50%辟蚜雾或50%抗蚜威可湿性粉剂2000倍液，或用10%吡虫啉可湿性粉剂1500倍液，每隔10d喷雾1次，连续喷2～3次。可用银灰色或乳白色反光塑料薄膜拒蚜防病。加强苗期栽培管理，如早施苗肥，避免偏施氮肥，及时浇水灌溉，早间苗、定苗等措施可以减轻病毒病发生。

二、常见害虫种类识别及防治技术

(1)菜蚜。不同的菜蚜如萝卜蚜、甘蓝蚜和桃赤蚜等，常常混在一起，吸取油菜汁液。受害叶片向下卷缩，植株变黄，生长不良，严重时萎蔫枯死。对菜蚜以 40％的氧化乐果 800～1000 倍液，或用 50％的抗蚜威 10g，兑水 50kg 喷雾防治。

(2)菜青虫。初龄幼虫在叶背取食，大龄幼虫在叶面取食，将油菜叶面咬食成孔洞、缺刻，严重时只剩下叶柄和叶脉。对菜青虫可用 90％的晶体敌百虫或 80％的敌敌畏乳油 800～1000倍液喷雾。

第九节　柑桔常见病虫害

一、常见病害种类识别及防治技术

(一)柑桔黄龙病

柑桔黄龙病又称黄梢病或黄枯病。它不仅使叶片转黄，还使柑桔产量降低、品质下降，病情严重时会使根系腐烂，甚至会造成整片柑桔园被毁，是柑桔管护中的重要防治对象。

【症状识别】黄龙病的典型症状有 3 种，即黄梢型、黄斑型和缺素型(图 6-29)。

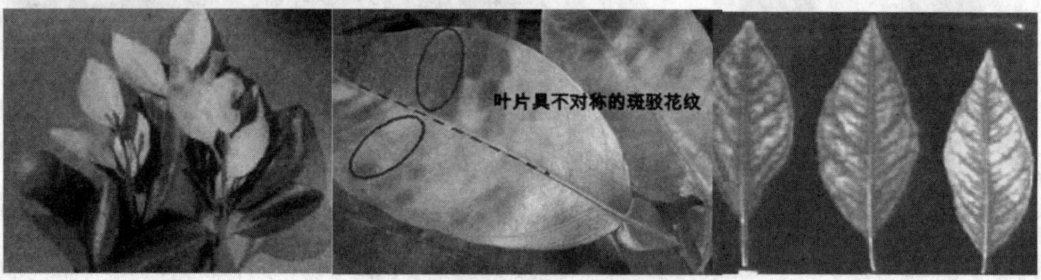

图 6-29　柑桔黄龙病症状

(1)黄梢型。在病树外围部分枝条或树顶的新梢叶片不转绿而呈均匀的黄化，多发生在初发病树和夏秋梢上，叶片呈均匀的淡黄绿色，且极易脱落。

(2)黄斑型。患病新叶转绿后从叶片基部、叶脉附近或边缘开始褪绿黄化，并逐渐扩大成黄绿相间的不均匀的斑块，在春、夏、秋梢上均有发生。

(3)缺素型。开花多、结果少且小而畸形，病叶小，叶片的主侧脉绿色，而脉间叶肉呈淡黄或黄色，类似缺乏锌、锰、铁等微量元素的症状。

【病原】病原为薄壁菌门韧皮部杆菌属(*Liberobacter asiaticum*)细菌。

【发生规律】黄龙病的病原主要通过苗木调运和带病接穗进行远距离传播，使无病的柑桔园成为病区。柑桔园内主要通过木虱进行传播。其发病率和病情轻重与许多因素有关：柑桔园内病树多、木虱量大时，黄龙病的发生率高；幼树易感病，中成年树较耐病；树势强的抗病力强，树势弱的易感病；春梢发病轻，夏秋梢发病重；柑、橘、橙、柚类均可感病，但柑桔等耐病力弱、感病后衰退快，而柚类、橙类耐病力较强。

【防治技术】防治柑桔黄龙病发生的基本要求是使用无病壮苗，控制柑桔木虱是防止该病流行扩展的关键。首先要杀灭越冬期的木虱，其次在嫩梢抽发期用 25％扑虱灵可湿性粉剂 1500 倍液或 2.5％功夫菊酯乳油 3000 倍液喷杀。另外，一旦发现病树，立即拔出销毁。即在每次嫩梢转绿后，要认真全面地检查每一棵树。一旦发现病株，要尽快挖除，不留残桩，并将其运至柑桔园外的空隙地烧成灰烬。

(二)柑桔炭疽病

柑桔炭疽病是一种世界性的、危害较重的病害。可引起落叶、枝梢枯死、果实腐烂及落果。带病果实常在贮运期间发生腐烂,所以又是一种重要的采后病害。

【症状识别】叶片受害时表现2种症状类型:急性型(叶枯型)症状常从叶尖开始,初为暗绿色,病、健部边缘处很不明显,后变为淡黄或黄褐色,叶卷曲,叶片很快脱落。从发病到叶片脱落约为3～5d。叶片脱落后的枝梢很快枯死,并且在病梢上产生大量的朱红色且带粘性液点。慢性型(叶斑型)症状多出现在成长叶片或老叶的叶尖或近叶缘处,圆形或近圆形,稍凹陷,病斑初为黄褐色,后期灰白色,边缘褐色或深褐色。病、健部分界明显。在天气潮湿时,病斑上出现许多朱红色且带粘性的小液点,在干燥条件下,病斑上则出现散生或呈轮纹状排列的黑色小粒点,为病菌的分生孢子盘和分生孢子。病叶脱落较慢(图6-30)。

图 6-30　柑桔炭疽病症状

枝梢受害后也有2种症状,一种是由梢顶向下枯死。多发生在受过伤的枝梢。初期病部褐色,以后逐渐扩展,终致病梢枯死。枯死部位呈灰白色,病、健部组织分界明显,病部上有许多黑色小粒点。另一种发生在枝梢中部,从叶柄基部腋芽处或受伤皮层处开始发病,初为淡褐色、椭圆形,后扩展成梭形、稍凹陷,当病斑环割枝梢一周时,其上部枝梢很快全部干枯死亡。

花开后,如果雌蕊的柱头受害,呈褐色腐烂,引起落花。果实受害,多从果蒂或其他部位出现褐色病斑。在比较干燥的条件下,果实上病、健部分边缘明显,呈黄褐色至深褐色,稍凹陷,病部果皮革质,发病组织只限于果皮层。在空气湿度较大时,果实上病斑呈深褐色,并逐渐扩大,终至全果腐烂,其内部瓤囊也变褐腐烂。幼果期发病,病果腐烂后,失水干枯变成僵果悬挂在树上。

【病原】盘长孢状刺盘孢(*Colletotrichum gleosporioides* Penz),半知菌亚门刺盘孢属真菌。

【发生规律】炭疽病的病菌喜欢高温高湿的环境,生长最适温度为21℃～28℃。栽培管理不善、冻害严重、早春低温潮湿、夏秋季高温多雨,都会加剧炭疽病的发生。炭疽病菌是一种弱寄生菌,在植株生长衰弱时,较易受侵染。病菌以菌丝体或分生孢子在病部越冬,翌年春末夏初遇高温多雨,借风、雨及昆虫传播,侵染嫩梢、叶片及幼果,发病的最适温度为21℃～28℃,因此在柑桔整个生长季节均可产生危害。

【防治技术】树势健壮程度影响着柑桔炭疽病的发病程度,因此,在栽培管理上要加强培育壮树,提高抗病力的措施。冬季要做好清园工作,减少菌源基数。要改变盲目用药、滥用农药、超常用药的不良习惯,变为科学使用农药,预防为主、对症下药,及时有效最大限度地杀灭病原菌控制病害发生和流行。在春夏秋梢期各喷1～2次杀菌剂，或在初发病时开始喷药防治，施药间隔10～15d，连续喷药2～3次。65％代森锌可湿性粉剂600倍液、50％代森氨水剂800～1000倍液、70％甲基托布津可湿性粉剂800～1000倍液、50％多菌灵800倍液、50％退菌特可湿性粉剂500～800倍液等均有较好的控制效果。

二、常见害虫种类识别及防治技术

（一）花天牛

【识别特征】雌成虫体长11～26mm，雄成虫体长11～20mm，栗褐色或黄褐色。头、胸带棕褐色，鞘翅端部浅黄褐色，体具稀疏短黄绒毛。头近圆形，上颚前伸，额唇基凹，额中央具纵沟1条，复眼大，头部生小刻点，细密。触角11节，基瘤尖明显，柄节粗壮。雄天牛触角较体长，雌天牛触角短于体长。前胸背板刻点细密，中间略凹陷，具圆形瘤突2个，两侧缘各生小齿突1个。鞘翅较前胸宽，翅面上也生细密的点刻，端部不明显。足长。卵长1.5mm，长椭圆形，浅黄至浅黄绿色。末龄幼虫体长20～32mm，头近长方形，触角褐色，第3节、第1节长，端部具3根刚毛。上颚黑色，三角形。前胸较中、后胸之和长，其前缘具浅褐色横带1条。背板硬化，中间具浅纵沟1条，其两侧各具不明显弯曲浅沟1条，呈水字形。离蛹乳白色至黄色。

【危害习性】初孵幼虫先咬食幼嫩根茎表皮，后从近地面断梢伤口腐烂处蛀入，并向根下部蛀害，隧道长约30～70mm。受害株生长发育不良，影响开花和丹皮的产量及质量。一般蛀害率35％～70％。

【防治方法】(1)在该天牛化蛹盛期进行中耕，破坏土室灭蛹。(2)在卵孵化盛期浇灌50％辛硫磷乳油或40％甲基异柳磷乳油1500倍液、48％乐斯本乳油1300倍液。

（二）柑桔花蕾蛆

柑桔花蕾蛆又名柑桔瘿蝇、桔蕾瘿蚊，俗称花蛆、包花虫。我国各个柑桔产地均有分布。寄主为柑桔类。幼虫危害花蕾，使被害花不能开放，影响柑桔产量。仅危害柑桔。成虫在花蕾直径2～3mm时，将卵从其顶端产于花蕾中，幼虫食害花器使其呈黄白色不能开放的圆球形。

【识别特征】雌成虫体长1.5～1.8mm，翅展约2.4mm。暗黄褐色，周身密被黑褐色柔软细毛。头扁圆，复眼黑色。前翅膜质透明披细毛，在强光下有金属闪光，翅相简单。触角14节念珠状，每节大部分有两圈放射刚毛。雄虫略小，触角哑铃状黄褐色。卵长椭圆形无色透明，长约0.16mm。幼虫长纺锤形橙黄色，老熟时长约3mm，前胸腹面有一黄褐色“丫”状剑骨片。蛹黄褐色，纺锤形，长约1.6mm。

【防治方法】(1)农业防治：每年的2月底至3月初对树冠附近的浅土层进行浅耕，有利于减轻虫害。在成虫出土前用地膜覆盖，阻止成虫出土羽化与上树产卵，有较好的防治效果。(2)地面喷药防治：成虫出土时进行地面喷药，是阻止花蕾蛆上树危害的最有效的办法，喷药的时间为花蕾顶端开始露白前的3～5d。可用20％速灭杀丁乳油3000～5000倍液、2.5％敌杀死乳油或20％中西杀灭菊酯3000～4000倍液、90％敌百虫或80％敌敌畏800～1000倍液等喷射地面，7～10d 1次，连喷2次。

第七章　农药的种类与科学使用

在农业生产过程中,农作物经常遭受病虫草等有害生物的危害。控制病虫草害的方法和手段有很多,比如采用农业耕作措施,选用优良品种,采用物理措施以及采用生物防治的措施等。但在当前情况下,使用化学药剂防控有害生物仍然是一个十分重要、难以替代的防治措施,其优点具体表现在使用方便、效果明显、针对性强、立竿见影等方面。因此,在顶岗支农过程中,了解和掌握一定的农药知识,科学地指导农民采用药剂对病虫草害进行防治,避免和降低农药的毒副作用是十分必要的。

第一节　概　论

农药是一种重要的农业生产资料,在生产上发挥着重要的作用。分析其基本概念,了解其发展的历史,可以很好地理解农药的作用,便于在生产上科学、恰当、有效地使用农药。

一、农药的定义

农药(pesticide)的定义很多,各国有不同的概念。按国务院 1997 年 5 月发布的《中华人民共和国农药管理条例》,我们把农药统一定义为:农药是指用于预防、消灭或者控制危害农业、林业的病、虫、草和其他有害生物以及有目的地调节植物、昆虫生长的化学合成,来源于生物、其他天然物质的一种或者几种物质的混合物及其制剂。

二、农药的发展历史

农药起源于人们与有害生物的斗争。在人们开始大规模栽培绿色植物的过程中,人们就开始不断地寻找能够有效控制病虫害的方法和手段。使用农药防治农作物有害生物有悠久的历史,我国远在 3000 年以前人们就知道用草木灰杀虫,用莽草熏杀蠹虫。在国外,公元前 1500 年古希腊和古罗马人就使用含砷矿物粉杀虫,公元前 9 世纪的古希腊诗人 Homer 曾提到燃烧的硫磺可作为熏蒸剂。

以下是农药发展过程中几个典型的实例,从中可以了解和掌握农药主要种类的来源和基本特性。

1744 年,法国开始用硫酸铜消毒种子。

1763 年,法国用烟草及石灰粉防治蚜虫,这是世界上首次报道的杀虫剂。

1800 年,美国人 Jimtikoff 发现高加索部族用除虫菊粉杀灭虱、蚤,并于 1828 年商品化。

1802 年,有了石硫合剂的记载。

1807 年,法国的 Prevest 偶然在一种混合物中发现了波尔多液及其类似物的毒性。

1848 年,T. Oxley 生产了鱼藤根粉农药。

1851 年，用石灰硫磺合剂杀菌。

1867 年，“巴黎绿”——一种不纯的亚砷酸铜作为杀菌剂，标志着化学保护系统科学研究的开始。在美国，主要用于控制科罗拉多甲虫，使用范围十分广泛，早在 1900 年就成为世界上第一个立法的农药。

1882 年，Millardat 发现了波尔多液对葡萄霜霉病的防治效果。波尔多液又名碱式硫酸铜。

1888 年，进一步明确了石硫合剂对白粉病的防治效果。1891 年，首次土壤消毒成功的例子来自硫磺。

1923 年日本的山本第一次证实除虫菊素中的酯含有“三碳环结构”，其杀虫效果很好，但是持效性太差，在光照下很快氧化，药效维持不到 1d，只能用于室内防治卫生害虫。第一次人工合成的拟除虫菊酯是丙烯菊酯(allethrin)，由美国的 Laforge 和 Schechter 于 1947 年合成成功，于 1949 年商品化。

1932 年，法国获得了谷类作物的除草剂——二硝基邻甲酚的专利。

1934 年，第一个二硫代氨基甲酸酯杀菌剂——福美双(thiram)在美国获得专利。

1939 年，瑞士科学家波尔 · 弥勒(Paur Muller)发现 DDT 的杀虫活性(1874 年由德国的 Zeidler 合成)。是第一个有机氯杀虫剂，也是有机合成杀虫剂的代表。

1941 年，Schrader 用二甲基氨基磷酰二氯合成了八甲磷，是内吸性杀虫剂的前驱，也是有机磷杀虫剂能够被大规模应用的开端。

1944 年，Schrader 合成对硫磷(1605)。该药剂的杀虫活性高，杀虫谱极广，引起了世界各国的重视，促进了有机磷杀虫剂的迅速发展，同时，也是有机磷杀虫剂构效关系研究的开始。我国黄瑞林教授 1950 年合成对硫磷，1956 年天津农药厂开始生产。2007 年 1 月 1 日起禁用。

1953 年，美国联合碳化物公司合成了甲萘威，1957 年命名为西维因并商品化生产。之后氨基甲酸酯类杀虫剂得到快速发展。

1968 年，内吸杀菌剂苯菌灵(benomyl)被发明，以及不久后在美国发现了通过土壤作用的除草剂草甘膦(glyphosate)。标志着杀菌剂和除草剂的更大发展。草甘膦是 20 世纪后期世界上用量最大的农药品种。

1969 年，Musilex 从某种担子菌 *Oudemansiella mucida* 中发现了 Oudemansin A 和 1977 年从另一种担子菌 *Strobilurus tenacellusz* 中分离得到 Strobilurin A。促进了 Strobilurin 类农药的开发应用。目前是杀菌剂的最主要品种。

三、农药的用途

农药主要用来防治各种有害生物。包括用于不同目的、场所的下列各类用途：

(1)预防、消灭或者控制危害农、林、牧、渔业中的种植业病、虫(包括昆虫、蜱、螨)、草和鼠、软体动物等有害生物。

(2)预防、消灭或者控制仓储病、虫、鼠和其他有害生物。

(3)调节植物、昆虫生长。其中调节植物生长是指对植物生长发育(包括萌发、生长、开花、受精、坐果、成熟及脱落等过程)具有抑制、刺激和促进等作用的生物或者化学制剂。

(4)用于农业、林业产品防腐或者保鲜。

(5)预防、消灭或者控制蚊、蝇、蜚蠊、鼠和其他有害生物。这里是指用于防治人生活环境和农林业中养殖业用于防治动物生活环境卫生害虫。

(6)预防、消灭或者控制危害河流堤坝、铁路、机场、建筑物和其他场所的有害生物。此外,利用基因工程技术引入抗病、虫、草害的外源基因改变基因组构成的农业生物,以及用于防治有害生物的商业化天敌。生物、农药与肥料等物质的混合物在生产、经营和使用时也按农药对待。

四、我国当前使用农药存在的问题

(1)由于农民对农药缺乏全面认识或缺少一些合理使用农药的常识,导致出现农药使用的不规范,特别是随意用药。滥用农药的现象比较突出。

(2)在广大农村还存在着一味依靠化学药剂控制病虫害的现象,因而导致盲目加大用药量,使得病原菌和害虫的抗药性增强,反而出现防治效果越来越差的问题。

(3)受农药名称等的影响,选药不准确,心中没有数。

(4)有的地方农民对农药的毒性认识不足,一味强调只要能够杀虫治病的就是好药,只注重防治效果的现象还很普遍。

(5)对发生的病虫害和具体农药品种的防治对象之间的关系不很清楚。

(6)施药时间不当。

(7)喷雾器械的选择和使用不够合理。

第二节　农药的名称与分类

农药的名称和分类是对农药认识的开端,也是生产上选用农药的依据,是当前农业生产上能否科学使用农药的关键。由于农药种类繁多,不同作用对象有不同的药剂,同一种作用对象也会有很多种不同的药剂。因此,要选择对路的药剂,必须掌握农药名称和分类基本知识。

一、农药的名称

1. 化学名称

农药的化学名称就是根据其有效成分的化学结构而命名的名称,如菊酯类农药来福灵的化学名称为:(S)-α-氰基-3-苯氧苄基(S)-2-(4-氯苯基)-3-甲基丁酸酯。

2. 通用名称

人们在不同场合都可以使用的名称,就叫通用名称。对于农药来福灵来说,其通用的名称为:顺式氰戊菊酯(现在市场上销售的农药品种必须要有通用名称)。

3. 商品名称

农药的商品名称就是指商业上经营的商品农药的名称。

4. 简称

农药的简称就是将商品名称去掉有效成分含量和剂型两部分的称呼,因而叫简称。

5. 俗称

俗称是一种约定俗成的名称。具有很强的地方性且大众化。如在一些地方人们把康地蕾得叫做“糠糠”药，把呋喃丹叫“砂子”药。

如农药功夫的名称可以分析如下：

(1)通用名称：三氟氯氰菊酯(氟氯氰菊酯)(cyhalothrin)。

(2)商品名称：功夫(Kung Fu)，劲彪。

(3)其他名称：康夫、天功、功力、pp321。

(4)化学名称：3-(2-氯-3，3，3-三氟丙烯基)-2，2-二甲基环丙烷羧酸 α-氰基-3 苯-氧苄基酯。

(5)化学结构式

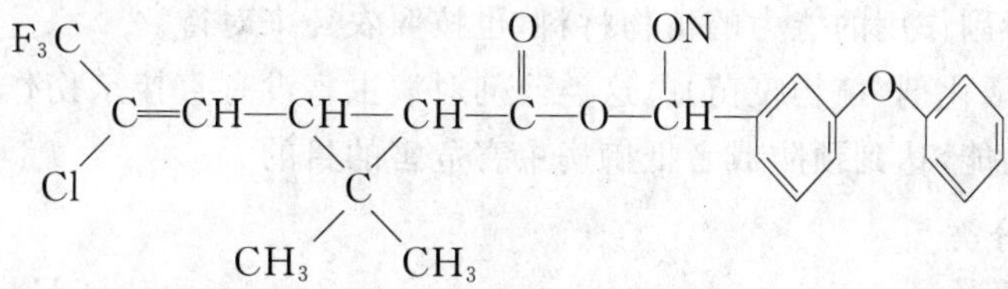

(6)在市场上销售的农药必须包含三方面的信息：含量、通用名称和剂型，如 2.5%氯氟氰菊酯乳油。

二、农药的分类

(一)按农药的来源与成分将农药分类

1. 无机农药

由矿物原料加工制成。如硫制剂的硫磺、石灰硫磺合剂；铜制剂的硫酸铜、波尔多液；磷化物的磷化铝等。这类农药常常具有作用时间长、效果稳定、不容易使有害生物产生抗性等优点，但也存在用量大、使用不方便等缺点。

2. 生物农药

生物农药包括生物体农药和生物化学农药两大类。生物体农药是指用来防除病、虫、草等有害生物的商品活体生物(如果是生物死体，应明确活性成分)。生物化学农药是指从生物体中分离出的具有一定化学结构，对有害生物有控制作用的生物活性物质，该物质若可人工合成，则合成物结构必须与天然物质完全相同(但允许所含异构体在比例上的差异)。

生物农药具有对人畜安全、不污染环境、对天敌杀伤力小和有害生物不会产生抗药性等优点，是生产无公害农产品大力推广的农药品种。

3. 有机合成农药

即人工合成的有机化合物农药。这类农药的特点是药效高、见效快、用量少、用途广，可适应各种不同的需要，但是目前大多数有机合成的农药还存在着残留时间长、容易污染环境，使有害生物产生抗药性，对人、畜不安全等缺点。

(二)按作用对象分类

每种农药都有一定的作用对象。一种农药只对最佳的作用对象效果比较好。根据农药的作用对象可以把农药分成以下几大类。

(1)杀虫剂(insecticide)，主要是指对昆虫(包括软体动物，有时也把杀螨剂包括在内)有预防、消灭和控制作用的药剂。

(2)杀螨剂(acaricide),主要是指对螨类有预防消灭和控制作用的药剂。

(3)杀菌剂(fungicide),指对病原真菌、细菌、病毒等有预防消灭和控制作用的药剂。

(4)除草剂(herbicide),对各类杂草有控制作用的药剂。

(5)杀鼠剂(rodenticide),对鼠类有预防消灭和控制作用的药剂。

(6)杀线虫剂(nemacicide),对病原线虫有预防消灭和控制作用的药剂。

(7)植物生长调节剂(PGR),是指对种子萌发、植物生长有调节作用的药剂,包括促进生长和抑制生长两个方面。

(8)转基因植物及相关材料,是指通过生物技术改良作物,使之具有抵抗病虫草害的能力或者抵抗药剂毒副作用的能力的植物材料,也按照农药来对待。

(9)植物基因活化剂(植物疫苗)。这类药剂对病虫害没有直接杀伤作用,但可以通过诱导植物的抗病虫性能,达到预防或者抵御病虫害危害的目的。

(三)按用途分类

(1)种植业(农、林、牧、渔)药剂,是农药发挥作用最主要的方面。

(2)昆虫与植物生长调节。

(3)卫生杀虫剂,卫生方面(蚊、蝇、蟑螂等)。

(4)贮藏和保鲜剂,用于植物材料的储藏和保鲜作用的药剂。

(5)白蚁防治剂,防治机场、建筑、堤坝白蚁等害虫。

(四)按农药的作用方式将农药分类

1. 杀虫、杀螨剂的作用方式

(1)触杀剂　药剂必须接触害虫,通过体壁及气门进入害虫、害螨体内,使之中毒死亡。

(2)胃毒剂　药剂需要通过害虫取食而进入其消化系统,经肠道吸收后进入体内,然后发挥作用,使之中毒死亡。

(3)内吸剂　药剂被植物的茎、叶、根和种子吸收而进入植物体内,并在植物体内传导运输,或产生更毒的代谢物,使取食植物的害虫中毒死亡。

(4)熏蒸剂　药剂在常温下以气体状态通过呼吸系统进入害虫体内,使之中毒死亡。

(5)昆虫生长调节剂　药剂在接触昆虫被昆虫吸收或者被昆虫取食吸收后,阻碍害虫的正常生理功能,影响几丁质形成或者内表皮生成,阻止正常变态,使幼虫不能化蛹或蛹不能羽化,形成没有生命力或不能繁殖的畸形个体。

(6)引诱剂　是昆虫外激素类杀虫剂,对昆虫成虫的交配活动进行干扰迷向,使其不能交配,从而控制虫口数量的增长,或诱聚而利于捕杀,达到防治的目的。

(7)驱避剂　昆虫对这种药剂的气味比较敏感,受这类药剂的影响,昆虫不在施药的场所取食或者繁殖后代。

(8)不育剂　这类药剂对昆虫生理或者生殖机能起破坏作用,使昆虫不能交配或者交配后不能产卵繁殖后代。

(9)拒食剂　昆虫味觉器官直接接触该类药剂后感到厌恶而不再取食,最后因饥饿、失水而逐渐死亡。

(10)麻醉剂(或者麻痹剂)　昆虫取食这类药剂后,全身瘫软,不能活动,但经过一段时间后,昆虫能够恢复。这类药剂一般不直接作为杀虫剂,但可以作为助剂,减少昆虫对一些杀虫剂的逃避机能。

2. 杀菌剂的作用方式

(1)保护剂　在植物发病前或发病初期，将药剂均匀覆盖在植物体表，消灭病原微生物或防止病原微生物扩展蔓延。

(2)治疗剂　植物发病后施用，通过内吸直接进入植物体内，传导至未施药的部位，对植物体内病原微生物产生毒杀、抑制或消灭作用，使病株不再受害，恢复健康而起治疗效果的药剂。

(3)熏蒸剂　药剂在常温下挥发成气体与病原菌接触，对病原菌的菌丝、孢子或者病原体产生影响，而达到杀死病原菌的目的。

(4)铲除性杀菌剂　对病原菌有直接强烈杀伤作用的药剂。烟草生长期常不能忍受这类药剂，故一般只用于播前土壤处理。一些熏蒸剂如斯美地就是铲除性杀菌剂。

(5)抗逆诱导剂(又称为免疫性杀菌剂)　药剂施用后，可使植物产生抗病性能，不易遭受病原生物的侵染危害，如比施壮、移栽灵等。

3. 除草剂的作用方式

(1)选择性除草剂　在一定的浓度或剂量范围内杀死或者抑制部分植物而对另外一些植物安全的药剂。如根据植物形态的选择性可分 2 大类，一类是单子叶除草剂，另一类是双子叶除草剂。

(2)灭生性除草剂　这类除草剂对植物缺乏选择性，或选择性很小，能杀死绝大多数接触到药剂的绿色植物。

在除草剂中，根据作用方式还可以分为输导型除草剂(或内吸型除草剂)和触杀型除草剂。输导型除草剂是指施用后通过内吸作用，药剂可以传到杂草的敏感部位或整个植株，使之中毒死亡；而触杀型除草剂是不能在植株体内传导移动，只能杀死所接触到的植物组织的药剂。

除草剂的选择性原理：就是通过特异性除草剂的开发和各种措施综合运用，使除草剂在使用过程中只对要防除的杂草有效，而对保护的植物无害，或者基本无害的原理。

除草剂的选择性包括：①形态选择性；②生理选择性；③生物化学选择性；④人工选择性(包括位差选择、时差选择、局部选择)。

掌握除草剂选择性原理的意义：①有利于除草；②有利于保护植物；③有利于扩大除草剂的使用范围；④有利于减少除草剂的使用量，保护环境的安全。

第三节　农药的主要剂型及使用方法

一种农药剂型中按其有效成分含量、用途不同等可生产很多种产品，以满足不同的需要。由化工厂合成，未经过加工的高含量农药被称为原药(technical material)；在一定剂型的基础上加工而成的农药产品，具有一定的形态、组成及规格，称为农药制剂(pesticide preparations)。不同的农药制剂，在使用过程中要对应不同的使用方法，才能很好地发挥农药的作用。目前世界农药的剂型正朝着水剂、粒状、缓释、高含量、多功能、安全、省力和精细的方向发展。下面介绍目前生产上经常遇到的几种农药剂型及使用技术。

一、主要的农药剂型

1. 乳油(EC)

乳油又名乳剂。是由原药、有机溶剂和乳化剂等按一定的比例混溶调制成的均相油状液体。原药一般是化学合成的化合物，溶剂常用苯、甲苯、二甲苯等。使用时将其稀释到水中，形成稳定的乳状液，供喷雾用。乳油加工过程简单、使用方便、药效高，但是，乳油中的溶剂含量高，储运安全性差，对环境有污染性。因此，乳油的应用量在逐渐减少。

2. 粉剂(DP)

由农药原药和填充剂及少量其他助剂按一定的比例混合，经过机械粉碎再混合等工艺制成的具有一定细度的粉状剂型。粉剂有效成分含量通常在10%以下，其细度要求95%通过200目筛，在贮存期有效成分不失效，不结块变质，喷撒时有良好的流动性和分散性。一般是直接喷粉使用，也可供拌种、配制毒饵、毒土等使用。但粉剂不易被水湿润也可能不分散和悬浮在水中，故不能加水喷雾使用。

3. 可湿性粉剂(WP)

它是由原药、填料或载体、湿润剂和分散剂经过机械混合粉碎工艺达到一定细度而制成的粉状剂型。其质量标准是细度要求98%通过325目筛，即药剂直径小于44μm，平均粒径25μm、湿润时间小于2min，悬浮率60%。可湿性粉剂加水搅拌可形成稳定、分散性良好的悬浮液，可以直接用水稀释后喷雾。可湿性粉剂本身并不溶解到水中，只是很细的颗粒暂时悬浮在水中，因此，要随配随用。

4. 可溶性粉剂(WS)

可溶性粉剂由水溶性原药、填料和其他助剂组成，在使用浓度下，有效成分能够迅速分散而完全溶解到水中的粉状剂型。可直接加水溶解使用，用于喷雾，一般在农药上又称为水溶性粉剂。如90%灭多威可溶性粉剂。

5. 颗粒剂(GR)

颗粒剂是由原药、载体(陶土或细沙、黏土、煤渣等)和助剂制成的粒状剂型。颗粒剂使用时沉降性好，飘移性小，对非靶标生物影响小，对环境相对安全。可控制农药的释放速度，残效期长：施用方便，不受水源限制，同时能使高毒农药低毒化，对施药人员安全。主要用于灌心叶、撒施、点施等。

6. 水分散粒剂(WG)

近年发展的一种颗粒状新剂型。由原药、湿润剂、分散剂、隔离剂、稳定剂、粘结剂、填料和载体组成。使用时放入水中，能够较快崩解、分散，形成高度悬浮的固液分散体系。主要用于喷雾使用。

7. 悬浮剂(SC)

将固体原药分散悬浮在含有多种助剂的水介质或油介质中能流动的高浓度粘稠剂型。常用于价格昂贵、高效的农药，但对于难以被机械粉碎得很细的原药，如硫磺等也可加工成这种剂型。在烟草上推荐使用的如36%甲基硫菌灵胶悬剂和50%硫悬剂等。主要供常规喷雾，也可以进行低容量喷雾和浸种等。

8. 干悬浮剂(DF)

干悬浮剂是一种直径为0.1～1.0mm的粒状制剂，与悬浮剂的区别在于它是固体粒状制剂。它具备可湿性粉剂和悬浮剂的优点，又克服了它们的缺点。如除草剂25%砜嘧磺隆干悬浮剂(宝成)可以用来防除单、双子叶杂草。

9. 水剂(AS)

将水溶性原药直接溶于水中制成的剂型。水剂中含有少量的表面活性剂，用时加水稀释到所需的浓度即可。水剂不耐贮藏，易水解失效，湿润性差，附着力弱，残效期也很长，且并不是所有的农药品种都可以加工成水剂或者水乳剂。

10. 浓乳剂(NE)

该剂型为水包油型不透明的乳状液体农药剂型。以水不溶性农药原油、乳化剂、分散剂、稳定剂、防冻剂及水为原料，经匀化工艺而制成，不用或少用有机溶剂。该剂型与乳油相比的优点是以水为连续相，农药原药为分散相，贮运安全，避免了有机溶剂对环境、人畜及作物的危害性。浓乳剂或者水乳剂可以兑水作常量喷雾。

11. 熏蒸剂(VP)

在适当气温下，利用有毒气体、液体或固体挥发所产生的蒸汽在密闭的环境中(如密闭的容器和密封的仓库)毒杀害虫或者病原菌，称为熏蒸。用于熏蒸的药剂叫熏蒸剂，熏蒸剂是以气体分子的形式发生作用的。如：液体(氯化苦)、固体(如磷化铝)、压缩气体(如溴甲烷)等。

二、农药使用方法及技术

农药剂型、种类、防治对象不同，施药方法也不尽相同。常用的施药方法主要有喷雾法、喷粉法、熏蒸法、毒饵法、施粒法、种子处理法、土壤处理法、覆膜施药法等10多种。在烟草生产上，常用的施药方法主要是喷雾法、毒饵法、施粒法、熏蒸法、土壤处理法、种子包衣处理法、涂抹法和杯淋法等。

1. 喷雾法

喷雾法适用于乳油、胶悬剂、可湿性粉剂、水剂和可溶性粉剂。将农药制剂加入一定量的水混合调制后成均匀的乳状液、溶液和悬浮液等，利用喷雾器使药液形成微小的雾滴。其雾滴的大小，随喷雾水压的高低、喷头孔径的大小和形状、涡流室大小而定。通常水压愈大、喷头孔径愈小、涡流室愈小，则雾化出来的雾滴直径愈小。雾滴覆盖密度愈大且由于乳油、胶悬剂、可湿性粉剂、水剂和可溶性粉剂等的展着性、粘着性比粉剂好，不易被雨水冲刷，持效期长，与病虫草害接触的药量大、机会增多，其防治效果也会愈好。20世纪50年代前，主要采用大容量喷雾，每亩每次喷药液量大于50L，但近10多年来喷雾技术有了很大的发展，主要是超低容量喷雾技术在农业生产上得到推广应用后，喷药液量便向低容量趋势发展，每亩每次喷施药液量只有0.1～2L。目前，发达国家主要采用小容量喷雾方法。因其用药液量少、省时、机械动力消耗少、工效高、防治效果好、经济效益高，需要引进并加以推广。

2. 毒饵法

毒饵法是利用害虫、害鼠喜食的饵料与农药拌和而成，诱其取食，以达到毒杀的目的。麦麸、米糠、玉米屑、豆饼、青草、树叶和新鲜蔬菜等都可以作为毒饵的饵料。主要用于防治危害农作物幼苗期的地下害虫，如小地老虎、蝼蛄、金针虫等害虫。不管用哪一种作饵料，都要磨细切碎，最好把这些饵料炒至能发出焦香味，然后再拌和农药制成毒饵(鼠类和家蝇的饵料中最好还要加些香油或糖等)，这样可以更好地诱杀害虫等。近来有些新农药，可直接作拌种或在土壤中撒施毒土，都能有效地防治一些地下害虫。

3. 施粒法

施粒法是抛撒颗粒状农药的施药方法，如施用防治烟草黑胫病的颗粒剂“灭菌宁”等。粒剂的颗粒粗大，撒施时受气流影响很小，容易落地而且基本上不发生漂移现象，特别适用于地面、小田和土壤施药。撒施可采用多种方法，如徒手抛撒（低毒药剂）、人力操作的撒粒器抛撒、机动撒粒机抛撒、土壤施粒机施药等。

4. 熏蒸法

熏蒸法是利用药剂产生有毒的气体，在密闭的条件下用来防治烟草病虫草害的方法。如用溴甲烷熏蒸烟草苗床，其扩散能力强，杀草谱广，对多种杂草的种子、幼芽具有强烈的杀灭效果，同时具有防病防虫的作用。也可在大田使用。

5. 土壤处理法

土壤处理法是将药剂撒在土面，随后翻耕入土，或用药剂在农作物根部开沟撒施或灌浇，以杀死或抑制土壤中的病虫害。这种方法多在作物播种前或幼苗移栽前进行，常用于防治地下病虫害和苗期病虫害，一般有 3 种做法：一是全面处理土壤。先把药剂喷洒在土壤表面，然后翻耙到土壤中，也可用播种机或施肥机直接将药液施入土壤中。二是局部处理。把药剂施于播种沟或播种穴内，然后播种覆土，这种方法用药比较节省，但作业不如前者方便。三是用一种特殊的注射器，每隔一定距离打孔注入一定剂量的药液。通常是 25 孔/m^2，孔深 15～20cm，每孔注入药液 10mL。目前主要用于防治烟草苗圃的线虫病和枯萎病。

6. 种子处理法

种子处理有拌种、浸渍、浸种、闷种等方法。拌种法是用一种定量的药剂和定量的种子，同时装在拌种器内搅动拌和，使每粒种子都能均匀地沾着一层药粉，在播种后药剂就能逐渐发挥防御病菌或害虫危害的效力。在烟草上广泛应用的是种子包衣处理法。在烟草种子上包上一层杀虫剂或杀菌剂等外衣，以保护种子和其后的生长发育不受病虫的侵害。目前在烟草生产上，种子大多都进行了包衣处理，烟农不必再进行处理。而对于自留种子的少量的品种烟，可以考虑进行种子处理，以减少病害的发生。

7. 涂抹法

涂抹法在施用烟草抑芽剂时常常被采用。涂抹法是用毛笔或其他工具将药液直接涂抹到所需施药的部位，以防止药液流到植株的其他部位引起药害或其他有害作用。涂抹法用药量低，施药部位准确，能够经济有效地达到施药的目的，但相对费工费时。如施用烟草抑芽剂时，用毛笔蘸药液后直接涂抹到腋芽上。涂抹时，关键是用药准确、到位、及时。

8. 杯淋法

杯淋法也是在施用烟草抑芽剂上应用较多的一种施药方法。如烟株封顶后施用抑芽剂时用杯子或瓶子等容器将药液从烟株顶部沿着烟杆向下淋药液，使药液达到每一个腋芽，以达到抑芽的效果。杯淋法较涂抹法用药量大，但省时省工。注意杯淋法一样需要用药准确、到位、及时。

第四节　农药的特点和安全管理

农药是涉及人类健康、农产品及环境安全的特殊商品。了解和掌握农药的特点和毒理特性，有利于在使用农药的过程中扬长避短，尽量减少农药毒副作用所产生的危害。

一、农药的特点

(1)农药是有毒的物品，但可以合法流通。按危险化学品对待，农药的经营还必须有一定的资格，并要经有关部门的许可。

(2)农药是救灾性支农物资。应做到“淡季有储备，随时能供应”。

(3)农药商品的经营面对农民、农村和农业生产这样一个粗放的经营行业。特别是农药的直接使用者是农民，农民对农药的认识和理解直接影响到农药效果的发挥。

(4)农药商品的易变质性。农药的贮存和保管要求良好的环境条件和严格的规定期限。

(5)农药商品在使用时有严格的使用技术和配套的使用措施。

(6)农药种类、作用对象、作用机理多，应用范围广，应用技术复杂等。

(7)农药直接关系到国家粮食安全、生态环境安全以及农副产品的质量安全。

(8)农药的生产、销售和使用等环节要受到国家或地方行政机关制订的法律与法规的监督和制约。

(9)市场需求具有不规则性。农业生产季节性特征和病虫草鼠害危害的不确定性，以及病虫害的发生与种植结构、气候条件、防治基础等有密切关系决定了农药产品属于不规则需求商品。

(10)营销难度指数高，市场需求在时间、地点、数量上难以把握和确定。

二、农药的毒力、毒性和药效

1. 基本概念

农药杀虫和抑制病原菌等效果的大小叫做毒力，一般是在室内人为控制条件下精密测定的；农药对人、畜的危害程度叫毒性；田间使用农药后产生的杀虫和保护植物的效果叫药效。

2. 毒性和毒力的关系

一般来说，有些农药的毒性与毒力的关系是一致的，毒性越大则毒力也越大，因此，毒性大的农药，杀虫效力自然好，如一些有机磷类杀虫剂。但是也有不少农药，毒性与毒力不一致，毒性大的农药不一定对害虫的毒力也大。相反，毒性小的农药，毒力可以很强，这类农药也是当前农药发展的方向。

农药对自然界的害虫有一定的选择性，所以并不是农药的毒力大，对任何害虫的防治效果都好。

一般来说，毒力高的农药，对作用对象的效果好。但是毒力高的农药，施药后不一定就能产生出预想的效果。因为影响杀虫或者杀菌除草等药效的因素很多，除了农药本身毒力大小外，施药的质量如何，药剂的选择是否恰当，用药是否适时，用量是否恰当，药剂是否失效，施药时的天气情况，害虫或者病原菌的抗药性等等，都有可能对药效产生影响。

3. 毒性的种类

毒性有两类：一类是急性毒性，另一类是慢性毒性。所谓急性毒性，是指一次口服、皮肤接触或通过呼吸道吸入等途径，接受了一定剂量的农药，在短时间内能引起急性病理反应的毒性，如有机磷剧毒农药1605、甲胺磷等均可引起急性中毒。急性中毒表现为头晕、恶心、呕吐、窒息以至短时间死亡(如几分钟、几天或几十天)的行为。

慢性毒性,是指低于急性中毒剂量的农药,被长时间连续使用,接触或吸入而进入人畜体内,引起慢性病理反应,如化学性质稳定的有机氯高残留农药666、滴滴涕等。

4. 毒性大小的表达

对于毒性大小一般用 LD_{50} 来表达。LD_{50} 即使供试的生物(如大鼠)死亡一半所需要的剂量,其单位一般是mg/kg。LD_{50} 越大,说明该药的毒性越低,相对来说越安全;LD_{50} 越小,说明该药毒性越高,越容易中毒和不安全。

根据农药致死中量(LD_{50})的大小可将农药的毒性分为以下5级:

(1)剧毒农药。致死中量为1～50mg/kg体重。如久效磷、磷胺、甲胺磷、苏化203、3911等。

(2)高毒农药。致死中量为51～100mg/kg体重。如呋喃丹、氟乙酰胺、氰化物、401、磷化锌、磷化铝、砒霜等。

(3)中毒农药。致死中量为101～500mg/kg体重。如乐果、叶蝉散、速灭威、敌克松、402、菊酯类农药等。

(4)低毒农药。致死中量为501～5000mg/kg体重。如敌百虫、杀虫双、马拉硫磷、辛硫磷、乙酰甲胺磷、二甲四氯、丁草胺、草甘膦、托布津、氟乐灵、苯达松、阿特拉津等。

(5)微毒农药。致死中量为5000mg/kg体重以上。如多菌灵、百菌清、乙膦铝、代森锌、灭菌丹、西玛津等。

三、农药的毒理过程

1. 杀虫、杀螨剂

一般杀虫、杀螨剂是通过作用于昆虫或者螨类不同的生理系统而发挥作用的。如作用于神经系统而导致死亡的,称为神经毒剂。据此,杀虫、杀螨剂可有以下几种毒剂类型:神经毒剂、胃毒剂、肌肉毒剂、呼吸毒剂、信息素、昆虫生长调节、不育、麻醉等。

2. 杀菌剂

杀菌剂发挥杀菌作用的形式有2种,一是能量生成抑制剂,如在药剂作用下,病原菌的孢子不能萌发、菌丝不能生长等;二是生物合成抑制剂,及病原菌的生物量不能增加等。

3. 除草剂

除草剂能够发挥作用,主要表现在抑制植物的生理过程(细胞分裂、组织发育、物质合成)和抑制植物的代谢过程(光合作用、酶活性)2种情况。

4. 作用于植物的药剂

作用于植物的药剂是对植物产生影响的药剂,主要有植物生长调节剂、植物基因活化剂2种类型。

四、农药安全管理

由于农药商品的特殊性,特别是其具有对人畜的毒性,在生产上必须注意进行安全管理。农药的安全管理在农业上归属于农业行政管理部门执行。

1. 农药安全管理的基本要求

(1)贯彻执行《农药管理条例》、《农药管理条例实施办法》、《农药安全使用规定》、《农药合理使用准则》。

(2)广泛开展农药安全使用技术和安全防护知识的指导、培训和宣传活动。

(3)加强农药经营监管,要加大农药市场产品质量和农药标签抽查力度,依法严厉打击制售假冒伪劣农药的违法行为。

(4)加大农产品农药残留监控力度,推进"放心菜(果)"工程建设。

2. 与农药管理相关的法律、法规

《标准化法》(1998 年 4 月 1 日)

《行政处罚法》(1996 年 10 月 1 日)

《广告法》(1995 年 2 月 1 日)

《环境保护法》(1989 年 12 月 26 日)

《农业行政处罚程序规定》(1998 年 1 月 1 日)

《消费者权益保护法》(1994 年 1 月 1 日)

《安全生产法》(2002 年 11 月 1 日)

《食品卫生法》(1995 年 10 月 30 日)

《农药管理条例》(1997 年 5 月 8 日)

3. 农药管理的规章

《农药管理条例实施办法》(化工部)(1998 年 1 月 6 日)

《农药管理条例实施办法》(农业部)(1999 年 7 月 23 日)

《农药登记药效试验单位认证管理办法》(农业部,2001 年)

《农药登记残留试验单位认证管理办法》(农业部,2002 年 8 月 1 日)

《农药限制使用管理规定》(农业部,2002 年 8 月 1 日)

危险化学品登记管理办法;危险化学品经营许可证管理办法;危险化学品包装物、容器定点生产管理办法(国家经贸委,2002 年 11 月 15 日)

4. 农药管理的技术规范

产品质量:国家标准(74 个)、行业标准(87 个)、企业标准(约 5000 个);商品农药验收规则(国标),商品农药采样方法(国标)。

试验方法:农药田间药效实验准则(一、二)(国标);农药登记毒理学试验方法(国标);卫生杀虫剂药效试验准则(国标);农药残留试验准则;农药登记卫生用杀虫剂室内药效试验方法(农业部)。

评价准则:卫生杀虫剂药效评价方法(国标);农药环境安全评价试验准则;农药安全性毒理学评价程序。

安全使用:农药安全使用标准(国标);农药合理使用准则(1-5)(国标)。

名称:农药通用名称(国标);农药通用名称命名原则(行标)。

其他:农药包装通则(国标);农药广告审查标准。

5. 农药经营管理

经营的农药属于化学危险物品的,应当按照国家有关规定办理经营许可证。下列单位可以经营农药:供销合作社的农业生产资料经营单位;植物保护站;土壤肥料站;农业、林业技术推广机构;森林病虫害防治机构;农药生产企业;国务院规定的其他经营单位。

第五节　农药真假辨别

由于农药种类繁多、生产厂家多，经营渠道复杂，真假鉴别比较困难，因此，掌握一定的辨别技术，对于选择恰当有效的农药十分重要。这里根据生产实践中积累的经验，简要总结如下。

一、农药真假的直接辨别

生产厂家出厂的农药，其包装、商标、瓶子等一般来说都是新的，产品说明书、出厂质量检验合格证、出厂日期、包装批号以及毒性标志等都是齐全的。因此，可以从以下几个方面来直接判断农药的真假。

1. 看农药标签，辨真假农药

看农药标签内容是否完整。如农药名称、农药"三证"、装量、使用说明、注意事项、生产日期或批号、厂名及详细地址等，假劣农药往往不全。凡正规农药厂生产的农药，一般都具有完整的标签。一个完整的标签必须具备以下内容：

(1)产品介绍(或使用说明)

产品介绍的内容与该药的属性相符，文字清楚，语言通顺，无错字、别字。叙述的内容应当包括该药的特性、适用范围、适宜用量、使用方法、使用时间和注意事项等。特别注意看准产品的有效期。我国规定一般农药应具有 2 年有效期，即出厂后 2 年内农药有效成分含量和主要指标符合质量标准。决不要去购买超过有效期或没有标明有效期的农药。另外，假冒农药的介绍，往往字迹模糊不清，任意夸大该药的作用，甚至有错字和别字，叙述内容不完整，语句不通顺等。如真高效盖草能包装印刷精美，色泽亮丽，字体清晰，图案清楚，分装批号正确，手摸包装袋感觉较柔软，摇动时声音像油一样沉闷。假高效盖草能包装印刷粗劣，色泽浑暗，字体模糊，图案粗糙，分装批号无或错误，手摸包装袋感觉较厚较硬，摇动时的声音像水一样。

(2)注册商标

包括 2 个部分：一是"注册商标"4 个字；二是商标图案，二者缺一不可。在进口农药的标签上"注册商标"用符号"R"代替，假冒农药一般没有"注册商标"字样或图案，即便有也会略有变化。也有些假冒者全部照搬别厂的商标、但多数在标签上不写自己的厂名或真实厂名，或仅写上地址不详的厂名。此外，一般情况下，只要不是原版而采用别厂的标签，仿印是不可能完全一样的，只要和原标签一对照，便可显露破绽。

(3)准产证号

农药准产证制度规定：凡是生产农作物、森林、蔬菜、水果、家庭等方面的化学药剂、微生物药剂及其他药剂的企业、院所、农药加工、分散和兼营农药生产的企业、不论其隶属关系和经济性质，一律申办或补办准产证，未取得准产证的企业不允许生产和销售农药。凡是已经取得农药准产证的厂家，所生产的产品一般都是合格产品。假冒农药的厂家是没有准产证的。准产证在农药标签上的反映是准产证编号。进口农药无准产证编号。

(4)农药登记证号

农药登记证的有无，是判定农药产品“可信度”高低的重要依据。我国已经实行了农药“三证”制度，尤其是农药登记制度，凡经批准登记后农药方能生产、销售和使用。选购农药时决不要购买标签上没有“三证”或“三证”不全，尤其是没有登记证号的农药。

农药登记证号类型列举如下：

LS：临时登记证号。

WL：卫生杀虫剂临时登记。

PD：老品种登记(正式登记号)。

PDN：1986 年以后的国内正式登记品种，今后国内正式登记品种。

WP：卫生杀虫剂正式登记号。

WPN：批准登记的国内卫生杀虫剂。

不管是正式登记还是临时登记的农药品种，都有一个登记证的有效期的问题。一般来说正式登记的产品的有效期为 5 年，而临时登记证的有效期为 1 年。因此，农民在购买农药时不仅要看农药的登记证号，还要看农药登记证的有效期。

(5)质量标准

质量标准一般由国家或省级标准局认可并颁布实施，主要有国际标准、国家标准、部颁标准、省级地方标准、企业标准等。假冒农药一般无质量标准。

(6)生产日期或批号

国内农药一般仅有批号，表示出品的年、月、日；进口农药一般既有生产日期又有批号。所有正规厂家生产的产品，一般都有生产时间或批号，并能在标签上反映出来。假冒农药可能残缺不全。

(7)规格和剂型

规格主要包括有效成分含量规格和包装规格。包装规格主要在包装上注明，有效成分含量规格则须在农药标签上注明。剂型则表示制剂的类型，如乳油、可湿性粉剂、颗粒剂等，假冒农药一般无规格和剂型。

农药符号有的代表百分比浓度或有效浓度等，还有的代表可湿性粉剂或可溶性粉剂等。只有了解这些农药符号的含义，才能更好地运用于生产。现将农药符号含义分述如下：

PC(百分比浓度)：表示药剂中有效成分的百分含量。

EC(有效浓度)：表示能将防治对象如害虫、病菌或杂草控制而对作物安全的浓度。

MEC(最大有效浓度)：对害虫有一定防治效果，而对作物安全的最大药剂浓度。

LC_{50} 或 LD_{50}(致死中浓度或致死中量)：能引起受试验动物死亡一半时的药剂浓度或剂量，以 mg/kg 或 mg、μg 表示。

kg/hm^2(施用量)：就是每公顷(15 亩)农田可施用多少千克农药。

(8)有效期和厂名厂址

有效期是指从生产到开始降效、变质所经历的时间，一般农药的保质期为 2 年，非假冒农药一般都在标签上注明有效期、厂名、厂址等，有些甚至还注有邮政编码、电话号码、传真号等，假冒农药这部分内容模糊不清或根本没有。

2. 检查农药包装

根据国家标准,GB3796-1983《农药包装通则》规定,农药的外包装箱,应采用带防潮层的瓦楞纸板。外包装窗口要有标签,标明品名、类别、规格、毛重、净重、生产日期、批号、储运指示标志、生产厂名,在最下方还应有一条与底边平行的颜色标志条,标明农药的类别:除草剂—绿色;杀虫剂—红色;杀菌剂—黑色;杀鼠剂—蓝色;植物生长调节剂—深黄色。

农药外包装窗口中,必须有合格证、说明书。农药制剂内包装上,必须牢固粘贴标签,或者直接印刷、标示在包装上。标签内容包括:产品通用品名称、企业名称、有效成分、剂型、规格、农药登记证号、产品标准代号、准产证号、净重或净体积、适用范围、使用方法、使用禁忌、中毒症状和急救、药害、安全间隔期、储存要求等。

二、农药物理识别

1. 看药剂颜色

生产厂家出厂的合格农药中,乳油农药一般是浅黄色或棕色透明液体,加水稀释后如有分层、沉淀或悬浮物,可以判定该农药为伪劣农药。如甲基 1605 乳油为棕色或褐色的透明液体;乐果、敌杀死等为浅黄色;辛硫磷无色;乐果粉剂为土红色;硫酸铜为天蓝色;甲基硫菌灵为白色等。当然,一些农药品种,为了防伪,特别加注了一些颜色,如法国产的一种功夫农药,为了与其他菊酯类农药区别,就在原功夫里面加了一种绿色染料,使其颜色呈绿色,而称为绿功夫。使用者可以根据具体情况来进行判断。

2. 看药剂剂型

国内农药企业的产品包装近几年有了极大的改观,无论从材质还是在印刷质量上均比以前有了很大提高。尤其一些仿冒产品,仅从外包装一时难以识别。因此,国内农药产品真假识别,只有在与原包装进行比较的基础上才较容易鉴别。

(1)粉剂、可湿性粉剂农药正常为疏松粉末,无结块。如有结块,往往说明已经受潮,不仅细度达不到要求,有效成分含量也发生了变化,此类农药属劣质。

(2)粉剂、可湿性粉剂正常时用手指捏搓无颗粒感。如手摸有较明显的颗粒感,一般来说是因为细度达不到要求,即不合格,会影响防效。

(3)粉剂、可湿性粉剂正常时外观均匀。如色泽不均,则可能存在质量问题。

(4)乳油农药正常为均匀液体,无沉淀或漂浮物等可见外来杂质。如有分层和浑浊,有可能已变质。乳剂农药多为玻璃瓶装,用肉眼观察如发现有分层或浑浊现象,可将瓶子上下摇荡,待 1h 后,如不再有分层现象,说明此农药有效,如仍出现分层,则说明农药已失效。乳油如有结晶析出,且在常温下放一段时间结晶不消失,一定存在质量问题。乳油加水乳化后的乳状液不均匀或有浮油、沉油或沉淀物,表明该农药存在质量问题,为劣质农药。

(5)悬浮剂、胶悬剂存放后允许有分层现象,且下层农药应可以轻易摇起,并呈均一的悬浮液。如胶悬剂轻轻摇动后还有结块现象,说明农药质量有问题。

(6)颗粒剂中包衣颗粒剂粗细均匀,不易破碎。

(7)熏蒸用的片剂如呈粉末状,表明已失效不能使用。

通常,准确鉴别真假农药或者判断农药是否失效,是在正规实验室根据其化学性质进行化学检验，再根据以上方法进行综合鉴别。当然，也有一些简易、方便、快捷的方法，如对乙酰甲胺磷乳油等有机磷农药可利用简易化学鉴别方法进行鉴定。如取肥皂水或10%的碱水少许，放在试管或量筒中，加一滴所要辨别的农药样品（取样时一定要用滴管），摇匀后，如果是合格的农药，这时溶液即呈黄色，再加入几滴浓硫酸或浓盐酸，则溶液中的黄色又逐渐消失。

由于农药品种比较多，因此鉴定比较困难，农药使用人员如果怀疑农药产品有质量问题，可以和当地农药管理部门或者质量监督检验部门联系，请他们对农药产品进行质量鉴定。

三、从试验的防治效果来判断

判断一种药剂的质量，仅靠外观是不行的，也是不可靠的。将药剂根据使用技术的要求施用到作用对象上，根据防治效果和对作物的保护作用可以判断一种药剂的实际效果。

这种判断方法比较实用，而且也比较可靠。但要注意，判断时一定要客观，选用的环境条件要有利于药剂发挥作用。如在一些酸性土壤中使用生物农药青萎散控制烟草青枯病效果就不好，但在有机质含量高、微生物丰富的土壤中，施用青萎散的控制效果就要好一些。

此外，有些地方把判断农药真假的方法仅局限在将农药直接与作用对象接触上，如有些农民在判断一种杀虫剂是否有效时，经常是把虫体直接与药剂接触，甚至把虫体直接放到药液中，如果虫子不能马上死亡，就判定这种药剂无效，这是不科学的。因为药剂在杀虫时会有不同的作用机理，如胃毒作用的杀虫剂，昆虫直接和药剂接触是不能马上产生死亡反应的。有些昆虫，在高浓度的药剂内，反而产生更强的抵抗性，药剂并不能很快进入虫体而产生致死作用。因此，如果判断一种药剂是不是有效，要从田间科学使用后的效果来看，即使这样，也要结合当地的环境条件，进行综合判断。

第六节　农药的使用技术要点

在有害生物控制的过程中，最好的办法是通过品种选择和良好的农事操作，达到不发生或少发生有害生物的目的。即使发生了有害生物也要考虑是否对作物造成了经济损失，这个经济损失与防治成本比较之后，确实需要采取防治措施时，才考虑进行防治。在防治过程中，也要尽量采取不施药的办法，如对烟青虫的控制，如果虫口数量不多，可以考虑人工的办法，以避免农药的污染。但是，在病虫害发生比较严重，而且又处于发生危害的高峰期时，就需要采取化学药剂进行控制。在采用农药进行防治的时候，一定要注意科学使用农药。现将农药使用的关键技术要点总结如下。

一、使用药剂进行有害生物控制的前提

(1)只有在栽培管理措施无法有效控制病虫草害的时候才使用农药(包括生长调节剂)。

(2)正确诊断，对症用药。为了最大地获益，最基本的是要清楚病害及其严重性，特别要明确病害的种类。

(3)使用经过登记、批准和推荐的农药来控制作物病虫害,没有经过在某作物上登记或者国家没有推荐使用的农药要禁止使用。

(4)要严格遵守使用规则和指南,按照每一种农药的应用技术和使用说明进行操作。

(5)对使用的农药要精确记录其有效成分、产品特性、施用量及施用日期。

(6)恰当运用农药的轮换和混配技术,以避免病虫对农药产生抗药性。

(7)明确每种药物的毒性特点,严格按照安全间隔期和推荐剂量、次数施药,时刻注意残留动态,必须将农药残留控制在规定的范围内。

二、正确掌握施药时期

选择恰当的施药时期,可以减少用药量,也能够起到好的防治效果,如果不能选择好恰当的时期,即使用了药也可能不会达到防治的目的。

害虫:应选择最易杀伤害虫,并能有效控制危害的阶段进行施药。对食叶害虫和刺吸式口器害虫一般应在低龄幼虫、若虫盛发期防治为好,如烟青虫的施药一定要在卵孵化后到幼虫3龄之前;对钻蛀性害虫一般应在卵孵化盛期防治为好,如烟草蛀茎蛾的防治,应在卵孵化盛期,幼虫尚未钻蛀到茎干或者主脉之前用药剂进行控制,如果已经蛀进了茎干或者叶脉,一般的药剂效果都不太理想。

病害:对于病害来说,易感病的生育期都是防治适宜时期。但流行性病害的防治要注意在病害还没有大规模流行之前施药进行预防。病害控制一定要树立预防为主的思想,预防要结合实际情况,并不是普防。以烟草为例,青枯病和病毒病目前还没有一种特效药,但预防的药剂很多,只要按照病害发生规律,恰当选择预防的时期,就能够采用药剂进行控制。对于一些经常发病的地区,特别是系统性病害,如青枯病和病毒病的常发区域,一定要全面进行预防处理,一旦出现了病症,再采用药剂进行防治就已经晚了。

杂草:以种子繁殖的杂草,在幼芽或幼苗期对除草剂比较敏感。因此,这一时期就作为防除杂草的适期。对于一些根系发达的杂草,施药的适期没有明确的限制。

作物:药剂对作物的安全性是确定施药适期的先决条件,一旦发生病虫害,使用药剂要在确保作物本身安全的前提下进行控制,不能对作物造成药害。

三、对症下药

根据病、虫、草种类和农药的性能选用适当的品种,做到对症下药,农药只有被正确使用时才能有助于控制病虫害。

农作物病、虫、草害的种类很多,各地差异很大。在进行防治之前,要明确防治对象的特点,恰当用药。例如,烟草细菌性病害的防治,在北方一些烟区有效的药剂在南方不一定有效;氧乐果和溴氰菊酯在河北可以防治蚜虫,但在甘肃却无效。因此,即使一些药剂的说明书上列出了一些防治对象,农民在使用的时候也要再咨询一下当地的植保技术人员。

在确定防治对象的基础上,应选用合适的农药品种。农药的品种和类型不同,其作用方式、毒性机理、防治对象和范围也不同,有的能兼治多种病害或虫害,有的只能防治某一种。在使用某种农药时,必须先了解该农药的性能和防治对象,然后对症下药,才能取得良好的防治效果。例如，内吸杀虫剂涕灭威经过烟株吸收后才能发挥杀虫作用，对刺吸式口器害虫(蚜虫)有效，对天敌安全，使用时要根据药剂内吸传导的特点确定合适的使用方法，一般采用穴施。

四、浓度和用量要适当

用药浓度和用量是根据科学试验结果和群众实践经验而制定的，可以在推荐的剂量下有效地控制病虫害。一般情况下，不要减少剂量，同时也不能随意加大剂量，加大剂量不仅不利于控制病虫害，还有可能诱发病虫产生抗药性，甚至会对作物出现药害。因此要防止盲目加大药剂浓度和药量，防止定期普遍施药，避免配药时不称不量，随手倒药的不合理做法。一些农民总是凭自己的感觉施药，觉得想多用药就多用药，最后，要么是产生药害，造成残留超标，要么是防治效果不理想，需要重复用药。

五、充分利用防治阈值选择合适防治时期

防治阈值有时又叫经济阈值，是指防治成本与危害造成的损失相等的程度。如果危害比防治成本高，就要进行防治，如果危害损失不及防治成本，就可以考虑不进行防治。因此，看到田间稍有病虫危害就采取化学防治或农作物病虫发生程度比较严重时才施药的做法都是不可取的。一般根据当地作物病虫害预测预报部门提供的病虫发生情报，结合田间病虫发生情况，在病虫发生初期防治。对病害来说，大多数情况下施药时期偏晚，往往在病害流行期后才被引起重视，此时开始施药大多数防病保产效果不理想。对于烟草来讲，一般来说，蚜虫的防治指标为每百株蚜虫数量达到500头，烟青虫的防治指标为每百株幼虫数量超过10头。对大多数叶斑病害而言，发病率达到5%，就需要化学防治；对病毒病可根据农时在移栽前、团棵期和旺长前期喷药，可取得有效预防。从经济学的角度看，个别的植株发生病虫害现象是正常的，只要没有达到经济阈值，提倡采用农业措施如及时拔除个别病害植株或人工捉虫等来控制病虫害。化学防治的宗旨是既能最大限度地防治病虫害，又能保证防治成本控制在最低水平，应使两者充分协调，接近或达到成本投入和收益的“黄金结合点”。

六、均匀施药

药剂只有均匀地分布在作物或病虫表面，才能取得良好的防治效果，如果不均匀施药，一方面可能导致局部地方药量太多，容易造成药害；另一方面一些地方因为没有药剂而导致不能有效控制病、虫、草害。因此，施药时必须考虑病、虫、草害的生物学特性、危害规律和药剂的使用特性，确保病、虫、草全面接触药剂。如烟青虫各代在烟株上产卵的分布有很大差异，在黄淮烟区，第2代烟青虫卵分布比较集中，主要在嫩叶正面、心叶及嫩茎上，而以嫩叶正面为主，其卵量占总卵量的70%，这时用菊酯类农药1500倍液或“万灵”4000倍液对嫩叶和心叶喷雾，能收到很好的防治效果。而第3代烟青虫的卵分布比较分散，且虫期不整齐，这时施药应全面周到。初孵幼虫昼夜活动，取食嫩叶，2龄前幼虫对药剂非常敏感，正是防治的好时机。3龄后，烟青虫白天潜伏在叶片下，夜晚及清晨取食叶片、嫩蕾和嫩茎，需要到傍晚施药而且施药量要相应增加才能取得较好效果。从烟青虫的生物学特性和危害规律

看，为有效控制烟青虫危害，必须对第2代进行重点防治，将其消灭在2龄以前，既经济，又有效。又如，烟草黑胫病是土传病害，生长季节降雨雨点飞溅或浇水通过水流传播，病菌首先侵染根茎部和下部叶片，在施药时应采用灌根或对下部叶片喷雾。但生产中烟农常对中上部叶片集中喷雾防治，既浪费了人力物力，防治效果也不理想。

七、讲究防治方法和用药质量

在田间施药时，要细致周到，讲究质量。根据病虫在作物上危害的部位，把农药用在要害处。不同的农药剂型，应采用不同的施药方法。一般说来乳剂、可湿性粉剂、水剂等以喷雾为主；颗粒剂以撒施或深层施药为主；粉剂以撒毒土为主；内吸性强的药剂，可采用喷雾、泼浇、撒毒土法等；触杀性药剂以喷雾为主。危害上部叶片的病虫，以喷雾为主；钻蛀性或危害作物基部的害虫，以撒毒土法或泼浇为主。凡夜出危害的害虫，以傍晚施药效果较好，如对小地老虎（土蚕）的防治，就不能在上午或者中午阳光很强的时候去施药。

八、合理轮换和混用农药

长期使用某一种农药防治一种病虫，就会产生抗药性，如甲霜灵对烟草黑茎病有很好的防治效果，但如果连续2～3年使用该药进行防治，黑胫病病菌就会产生明显的抗药性，再使用该药效果就不好或者无效。而如果轮换使用作用机制不同的农药品种，就会提高农药的防治效果。农药的合理混用不但可以提高防效，而且还可扩大防治对象，延缓病虫产生抗药性。但不能盲目混用，否则，不仅造成浪费，还会降低药效，甚至引起人畜中毒等不良后果。

1. 农药混用时须注意的问题

（1）遇碱性物质分解、失效的农药，不能与碱性农药、肥料或碱性物质混用，一旦混用就会使这类农药很快分解失效。

（2）混合后会产生化学反应，以致引起植物药害的农药或肥料不能相互混用。

（3）混合后出现乳剂破坏现象的农药剂型或肥料，不能相互混用。

（4）混合后，在乳化与配置或者使用过程中产生絮结或大量沉淀的农药剂型，不能相互混用。

（5）具有杀菌活性的农药不能和生物农药混用。如移栽灵一定不可以和青萎散和康地蕾得等生物农药混用。

2. 轮换用药

在防治病虫害的过程中，即使一种农药很有效，若经常使用，也会产生效果降低的情况。这主要是由于病虫草等有害生物产生了抗药性。如拟除虫菊酯类农药对鳞翅目幼虫有很好的效果，但是经常使用，防效就会降低，甚至无效。为了克服这种情况，在农药应用上就提倡轮换用药。但轮换用药要讲究科学轮换，而不是随意轮换。主要考虑以下几个方面的问题：

（1）在选择轮换用药的品种时，要考虑作用机制不同的农药品种进行轮换。

（2）替换品种要以能够控制需要防治的农药对象为目的。这需要认真分析，采用农药品种的性质，恰当地选用，而不是随便选择一个农药品种去使用。

（3）轮换要以提高经济效益为目的。如果原有的农药品种的效果还比较理想，就没有必要进行轮换。

(4)替换的品种也应该是在作物上推荐使用的品种。不能够因为原有的农药品种效果不理想,就去选择高毒或者没有推荐的农药品种等。

九、注意残留和安全间隔期

在使用农药时,要严格遵照安全使用规程,防止中毒事故,同时要注意农药残毒问题。防止农药残留的关键是要严格选用推荐品种,使用浓度、使用次数都在推荐使用的范围内。在烟草上,使用农药还要注意安全间隔期的问题。安全间隔期是指农药安全使用标准所规定的农药在作物上最后一次使用距收获的天数。任何一种农药都有安全间隔期,为了保证农药在作物上的残留不超标,农民一定要注意不要在任何一种农药的安全间隔期内施药。

十、使用农药过程中要注意避免克服有害生物的抗药性

1. 抗药性的基本概念

一种药剂对农业有害生物的一个种群反复多次使用甚至多年防治使用后,该种群可能产生出一个品系,具有可以忍受原来能够杀死种群中大部分个体的该种农药剂量的能力。这种能力就是抗药性。

由此可见,抗药性是有害生物种群的特性,抗药性一般要在反复用药的条件下才能显现出来,抗药性是可以遗传的。1989 年,有人统计全球已查明的抗药性昆虫和螨类共有 504 种,同时,许多植物的病原微生物对杀菌剂产生了抗药性,有些杂草种类对除草剂也有抗性。抗药性成为农药使用中不可忽视的副作用,限制了农药的发展。例如,易于诱发有害生物抗药性的农药品种使用价值会越来越低,商业寿命大为缩短。

当有害生物对一种农药产生了抗药性,会对另一种从未接触过的农药也表现出抗药性,这种现象称作交互抗性。交互抗性存在的主要原因在于不同农药品种具有相同或相似的作用机制。若有害生物同时对多种农药具有抗药性,称作多抗性。交互抗性与多抗性使抗药性问题更为严重与复杂。

2. 治理抗药性的方法

(1)加强病、虫、害对各类药剂的敏感性监测,明确其抗性谱及抗性水平,以便适时更换农药品种以及合理搭配农药种类。

(2)加强病、虫、害的生物防治,实行病、虫、害的综合治理。尽可能地运用农业防治、生物防治、物理防治等其他的防治措施与化学防治综合运用,不能将化学农药防治作为作物病、虫、害防治的唯一措施。

(3)适当放宽病、虫、害的防治指标,从而降低对病虫的选择压力,减少用药次数及用药量,降低抗性个体频率上升的速度,延缓抗药性的发展。

(4)药剂种类、品种的合理轮换,特别是使用无交互抗性、作用机制不同的药剂进行轮换,可有效防止病虫抗药性的发生,减缓抗性的发展。不同机制的药剂在不同时间及空间的轮换,是目前病、虫、害抗性治理中采用最广泛的策略。

(5)合理的农药施用方法及最佳的施药时期。采用合理农药施用技术可有效地防止与

延缓烟草病、虫、害抗药性发生发展，如采用棋盘式交替用药、镶嵌式用药、隐蔽施药等方式进行病、虫、害防治，在病、虫、害对药剂最敏感的时期进行施药防治，使用增效剂以及合理的农药混用等。

(6)使用有利于抗性治理的增效剂及其他助剂，充分利用具有负交互抗性的药剂品种。负交互抗性即有害生物对某种农药产生抗性后，会对另一种从未接触过的农药更为敏感。多菌灵与乙霉威之间存在负交互抗性，它们之间的轮用或混用对抗性治理特别有意义。

十一、使用农药的过程中要注意采用新植保理念

新植保理念包括公共植保、绿色植保等。所谓的公共植保，就是把植保工作作为农业和农村公共事业的重要组成部分，突出其社会管理和公共服务职能。这样在使用农药的过程中就需要切实考虑公共安全和公共事业，不能仅看到一个方面，要全面考虑。

绿色植保：就是在植保过程中，采取的行动都要突出其对高产、优质、高效、生态、安全农业的保障和支撑作用。避免对环境产生不利的影响，避免对农产品的污染，避免出现残留问题等。

另外，在目前，植物保护已经发展到IPPM，即以作物为中心的有害生物管理策略，在使用农药的过程中，目的是为了保护作物，因此使用药剂不能仅仅对准有害生物，要注意发挥植物本身的抵抗力，不能一看到有害生物就盲目用药，即使要用农药，也要考虑作物生长的生态系统的稳定作用，采用系统控制的策略和思想，协调运用各种手段和方法，只用这样，才能科学、有效、安全地发挥农药的作用，达到对作物的安全保护的目的。

在当前情况下，农业生产仍然需要农药，而且农药在可以预见的未来，仍然将发挥重要作用。预计重庆市2011年农药的需求量在5.5万吨左右。其中，杀虫剂1.8万吨，杀菌剂1.5万吨，除草剂0.9万吨，生长调节剂、基因活化剂类等大约0.3万吨，药肥混用的大约1万吨。总的市场份额大约为10亿元左右。

科学使用农药和确保农药使用的安全、有效是永恒的主题。

第八章　主要畜禽养殖技术

第一节　畜禽健康养殖的理念与技术

一、畜牧业的现状与畜禽健康养殖的理念

(一)我国畜牧业的现状与问题

我国从上世纪 80 年代以来,养殖业总产值连续 20 多年以年平均 9%以上的增幅持续快速增长。2010 年,全年肉类总产量 7925 万吨,禽蛋产量 2765 万吨,牛奶产量 3570 万吨。我国肉类、禽蛋产量连续多年稳居世界第一,畜牧业产值约占农业总产值的 36%。目前,我国人均肉类占有量 58.8kg,超过世界平均水平;人均禽蛋占有量 20.7kg,超过发达国家水平。目前,畜牧业已是我国农业农村经济的支柱产业,成为农民增收和脱贫致富的重要渠道,也是新农村建设的重要内容。我国畜牧业在规模数量逐步扩大的同时,生产水平也不断提高,但是由于产业发展理念未及时更新,随之产生了下列问题。

(1)畜禽产品安全与质量问题突出。饲料中农药残留、霉菌毒素及重金属等含量超标,加之养殖场为了片面追求利润、达到高产高效的目的,超量或违禁使用矿物质、抗生素和类激素等,导致畜产品中有害物质残留超标现象时有发生。如近十几年来,二恶英、瘦肉精、有机砷制剂和三聚氰胺等有毒有害物质和禽流感、链球菌病、甲型 H1N1 流感等疫病所导致的畜产品安全事件在不断出现。同时,随着外来畜禽品种的推广,不合理的饲料配制,过度密集的饲养方式,以及各个生产环节的应激刺激使畜产品的品质风味明显下降,已经引起社会的高度关注和忧虑。这不仅严重危害人们身体健康,而且制约了畜禽产品的市场竞争能力,已成为制约和影响畜牧业可持续发展的一个重要因素。

(2)养殖造成的环境压力越来越大。由于产业区域布局不合理,物流浪费(养殖业是物质资源转换型的产业,物流量很大)严重,饲料资源和畜产品流动量过大,增加碳排放,也增加生产成本,区域性饲草料压力日益增大,有些地方过牧,造成沙漠化或石漠化,有些地方又是草地及耕地荒芜浪费。产业基地布局不合理,农牧脱节,加剧粪污污染与生态环境恶化。2010 年国家环保总局曾公布了对全国 23 个省、自治区、直辖市进行的规模化畜禽养殖业污染情况的调查结果,结果显示畜禽养殖产生的污染已经成为我国农村污染的主要来源。畜牧业还是碳排放的主要来源之一,其造成的温室效应不容忽视。据联合国粮农组织统计,畜禽养殖产生的温室气体占全球温室气体排放总量的 18%。

(3)重大动物疫情日益严峻,疫病风险加大。过度密集的饲养方式,限制了动物应有的运动量,致使动物抗病力普遍下降,还有养殖场布局不合理,个别养殖场规模大大超出自身条件,防疫难度加大,疫病频发。畜禽长期使用抗生素作饲料添加剂,据北京大学临床药理

有关专家调查推算，我国每年生产抗生素大约 21 万吨，其中 9.7 万吨抗生素用于畜牧养殖业。抗生素滥用导致原菌的抗药性，从而带来预防与治疗人畜某些疾病的困难。现已出现超级细菌。

(4)饲料资源日益紧缺。我国耕地面积紧张，饲料作物严重缺乏，饲料谷物资源短缺，能量饲料供应不足；蛋白质饲料原料严重匮乏，蛋白质饲料自给率低下；优质牧草资源有限。2009 年进口大豆高达 4400 万吨。对我国畜牧业可持续发展形成巨大障碍。

以上问题是产业长期发展中积累下的，发达国家也不同程度存在，随着经济全球化，世界各国普遍关注环境保护、食品安全和动物福利。发达国家筑起的"绿色技术壁垒"已严重制约我国动物产品进入国际市场，我国作为畜禽产品生产和消费大国，并没有成为出口创汇大国，出口欧美的畜禽产品屡屡受阻，自 2000 年以来，我国畜产品贸易一直是逆差，且逆差呈扩大趋势。畜禽产品的质量和安全性问题成为影响出口的主要障碍。现在到了我们必须深入反思的时候，如何发展动物生产？动物生产追求的目标？当代青年，特别是在校大学生，必须树立科学的畜牧产业发展理念，将来才能引领畜牧经济产业走向正确发展轨道。

(二)畜禽健康养殖的理念

人类虽然进入了文明时代，但由于人类的极度贪婪，还在通过各种战争大肆掠夺物质财富。更可怕的是应用现代"技术"推行掠夺式的生产，使我们面临着祖先们从未经历的温室效应，极端恶劣天气频发，冰山融化，海平面不断升高，自然资源日益匮乏，生物资源不断地消失灭绝，生态环境日益恶化，食物安全危机加剧，超级细菌频出与蔓延，人类生存出现严重危机。畜牧业是人类社会的基础产业，以上人类面临的危机与其有直接或间接关系，关乎人类的健康与生存。中国经典的哲学思想是"天人合一"，著名学者季羡林先生对其解释为：天，就是大自然；人，就是人类；合，就是互相理解，结成友谊。西方人总是企图以高度发展的科学技术征服自然、掠夺自然，而东方先哲却告诫我们，人类只是天地万物中的一个部分，人与自然是息息相通的一体，"天人合一"的思想无处不在。在这一理念指导下，中国几千年来，尽管经济发展缓慢，但一直维护着人类与自然的和谐，保持了良好的生态循环经济，近百年来，随着西方思想的传入，我们在一定程度上放弃了"天人合一"理念，学习西方技术，开始了掠夺式生产，背离动物生物学特性，背离自然规律。技术是把双刃剑，无限制性降低动物的运动量导致动物抗病力下降，依赖于疫苗、药物(兽药、消毒剂)，走上恶性循环；外来品种过度推广导致遗传资源消失；集约化导致农牧脱节。结果实现了高水平、高产出，但产品品质不断下降、安全没保障，饲料资源日益紧张，生产成本不断加大，环境污染加剧。这就是人类面临健康与生存危机的具体表现。

在此背景下，人类探索和确立了健康养殖的理念。健康养殖是根据养殖对象的生物学特性，运用生态学、营养学原理来指导生产，为养殖对象营造一个良好的、有利于快速生长的生态环境，提供充足的全价营养饲料，使其在生长发育期间，最大限度地减少疾病发生，使养成的食用商品无污染、个体健康、产品安全、营养丰富、口感与风味好；并对养殖环境无污染，实现养殖生态体系平衡，人与自然和谐。健康养殖是以安全、优质、高效、生态为主要内涵的可持续发展的养殖业，是在以主要追求数量增长为主的传统养殖业的基础上实现数量、质量和生态效益并重发展的现代养殖业。健康养殖生产的产品必须被社会接受，是质量安全可靠、无公害的畜产品；健康养殖是具有较高经济效益的生产模式；健康养殖对于资源的开发利用应该是良性的，其生产模式应该是可持续的，其对于环境的影响是有限的，体现现代畜牧业的经济、生态和社会效益的高度统一。

健康养殖的概念是发展的，其目标价值也是发展的，健康养殖概念有其空间性、时间性、指向性和可操作性。就目前而言，健康养殖的健康性，至少包括生态平衡、资源优化配置、畜禽健康、产品安全优质4个层面。在物质层面，健康养殖能提供优质的畜禽产品，满足人们日益增长的物质需求，提高养殖户的经济效益；在社会层面，健康养殖提供健康产品，能提高畜牧产业的社会公信力，社会普遍认为畜牧产业是值得信赖的产业，对建设和谐社会有促进作用。在精神层面，健康养殖不仅保障了养殖安全，更重要的是保障了人身安全和社会公共安全，能促进全民族的思想道德素质、科学文化素质和健康素质不断提高，社会的凝聚力也会增强。

二、现代畜牧业的发展趋势

(一)现代畜牧业的本质与要求

(1)场址合适：养殖场选址要符合卫生防疫要求，远离交通要道、工业区、居住区和污染区，尽量选用荒山、荒坡地。

(2)环境舒适：要注意通过排气、降尘、除噪等措施，创造良好的环境条件。

(3)营养平衡：动物的日粮组成要多样，按需要配齐能量、蛋白质、氨基酸、矿物质、维生素等营养要素。

(4)饲料安全：饲料要品质优良，无污染、无霉变。含有天然毒素的饲料，必须经过脱毒处理，还要控制用量。

(5)预防病害：制订科学的免疫程序，选用合适的疫苗。实行“全进全出”生产工艺。

(6)谨慎消毒：要充分考虑到消毒剂可能对畜禽带来的损害，保证消毒过程和消毒前后，不会给畜禽带来过大的应激。

(7)善待动物：让畜禽快乐地活着，无痛苦地死去。

(8)控制污染：养殖场粪便、垃圾、污水中含有大量微生物和氮、磷等，若直接排入外界，会严重污染水源、破坏土壤结构、危害生态平衡。

(9)制度规范：实施封闭管理制度，建立养殖档案制度，落实健康体检制度。

(10)评估检测：定期对畜禽群体和养殖环境进行检测，给畜禽一个健康生活、安全生活的绿色屏障。

(二)现代畜牧业的生产方式——标准化规模养殖

1. 传统养猪模式的利弊分析

(1)优势：可以及时充分利用农作物副产品等非常规饲料，减少饲料用粮，节约资源；有利于种植养殖有机结合，降低种植业生产成本，提高土壤肥力，彻底消纳畜禽粪污，保护环境，促进农业生产的良性循环；可以充分利用农村廉价劳动力，解缓就业压力，有效促进农民增收，特别是现金收入的增长；因其投入较少，机动性强，较易规避市场风险。

(2)缺点：像西南地区，自家养了一两头猪，到年底了杀一两头猪，做腊肉香肠，其他多余的才卖出去。这种就是传统的小农经济模式，饲养条件相对较差，不利于技术推广与疫病的防治，生产水平低；生产过程难以监控，产品质量与安全问题突出；难以形成规模，不利于打造产品质量品牌，市场竞争力差。

2. 规模养殖的利弊分析

(1)优势:规模化才能专业化,有利于技术推广应用,有利于良种繁育体系的建立和良种的利用,有利于生产标准化,有利于防疫;企业一旦做大了,他们承担的社会责任就更多,产品的质量安全有一定保障;生产水平高,有利于品牌打造,能形成市场竞争能力,有规模效益,有利于产业化发展。

(2)劣势:规模养殖也是一个漫长的过程,一次性固定投资过大,成本回收较慢,风险相对较大;对技术和劳动者素质要求高;饲料供给有一定困难,大量的农作物副产品等非常规饲料未被充分利用,需大量消耗水、电等社会资源,资源压力大;若养殖规模与除污设施不够完善,将给生态环境造成相当程度的污染,必然会对生态环境带来一定的影响。

(三)现代畜牧业产业化

1. 畜牧业产业化的概念

畜牧业产业化来源于农业产业化的概念,其基本特征是:以市场为导向,以效益为中心,对畜牧业经济的重点产品、主导产业按市场化、社会化、集约化的要求,实行多层次、多形式、多元化的优化重组,形成各具特色的"龙"型产业实体,以达到产业区域化、组织集团化、经营市场化、管理企业化、服务社会化、效益最大化的目标。

畜牧业产业化包括3个层次的含义:一是从宏观上讲,畜牧业作为一个产业部门,在全国范围内形成地区专业化;二是由于畜牧业生产经营的集约化、商品化,扩大了产前、产中、产后各产业部门专业化和农场专业化;三是从微观来看,畜牧业部门和农场专业化的发展,又把一种产品的不同部分或不同工艺阶段分成若干专项生产,推动了畜牧业生产工艺专业化。畜牧业生产专业化在这3个层次上的发展,使科学、高效的组织管理方式的运用成为可能,从而实现生产要素的合理配置,进一步降低生产成本,大大提高生产效率。在此基础上,产业化经营形式应运而生,出现了供、产、销或牧、工、商等畜牧业经营的一体化。中国现代畜牧产业体系中,微观主体是农户,中观主体是农民专业合作社,宏观主体是全国性或大型区域化的产业联盟或行业协会。农户是独立的基本单位,农民专业合作社是养殖农户之间的联合。仅有农户之间的联合是不够的,还要有龙头企业与合作社之间的进一步联合,就形成产业联盟,或者行业协会。这是跨区域的甚至全国性的产业组织,是能适应市场化、信息化环境的产业体系。

现代畜牧业是社会化的大生产,需要社会服务体系的众多角色介入其中,来提供专业支撑。如金融、保险、税收、农技、信息、商业流通、质管、环保、工商、咨询、培训等专业资源,都是现代农业产业链条中不可缺少的环节,只有社会化的专业服务组织介入才能形成强大的现代畜牧产业体系。养殖户大多还停留在重技术、轻市场的无市场经济意识阶段,而市场又没有建立起科学的风险防范机制,缺乏期货等专业避险工具,抵御风险能力不强,因此建立畜牧业风险防范机制,是当前增强畜牧业抵御市场风险、疫病风险和自然风险能力的有效途径。风险防范机制应包括最低保护价、扩大畜牧业政策性保险范围、防疫、捕杀和补偿等内容。这样,我们就可以一方面借助市场机制促进畜牧业养殖结构进行调整优化,另一方面仍要加大政府的宏观调节力度,将顺周期的调控政策改变成反周期的调节,"双保险"促进畜牧业平稳较快发展。

2. 现代畜牧产业化模式

我国经过近20年的探索,现已形成了"公司+基地+农户",专业合作社,"公司+农户合作社＋公司＋农户"等形式的产业化模式，各种形式的产业化组织与政府及社会的专业技术信息服务体系，畜产品加工贸易企业等共同形成产业联盟，产业联盟再与社会金融、保险、教育等社会公共服务行业或部门共同构建成现代畜牧业产业体系，如图 8-1。

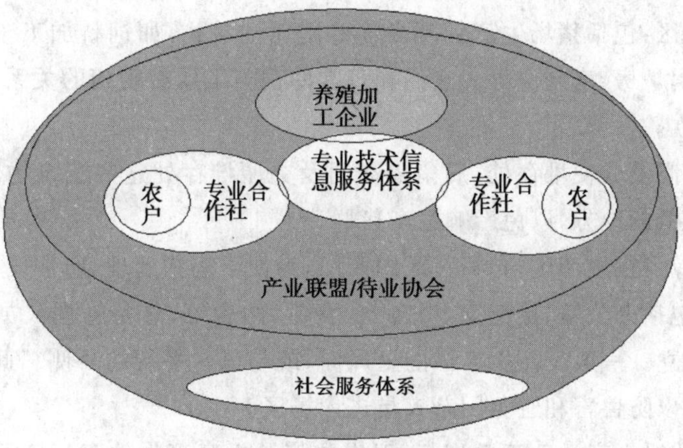

图 8-1　产业组织模式——现代畜牧产业体系

第二节　猪规模化健康养殖技术

一、规模化养猪场的建设

(一)场址的选择

(1)地形地势：猪场一般要求地形整齐开阔，地势较高、干燥、平坦或有缓坡，背风向阳。

(2)交通便利：猪场必须选在交通便利的地方。但因猪场的防疫需要和对周围环境的污染，又不可太靠近主要交通干道，最好离主要干道 400m 以上，同时，要距离居民点 500m 以上。如果有围墙、河流、林带等屏障，则距离可适当缩短些。禁止在旅游区及工业污染严重的地区建场。

(3)水源水质：猪场水源要求水量充足，水质良好，便于取用和进行卫生防护。水源水量必须能满足场内生活用水、猪只饮用及饲养管理用水(如清洗调制饲料，冲洗猪舍，清洗机具、用具等)的要求。

(4)场地面积：猪场占地面积依据猪场生产的任务、性质、规模和场地的总体情况而定。生产区面积一般可按每头繁殖母猪 $40m^2$～$50m^2$ 或每头上市商品猪 $3m^2$～$4m^2$ 计划。

(二)猪场的规划与布局

(1)生产区：包括各类猪舍和生产设施，这是猪场中的主要建筑区，一般建筑面积约占全场总建筑面积的 70％～80％。种猪舍要求与其他猪舍隔开，形成种猪区。种猪区应设在人流较少和猪场的上风向，种公猪在种猪区的上风向，防止母猪的气味对公猪形成不良刺激，同时可利用公猪的气味刺激母猪发情。分娩舍既要靠近妊娠舍，又要接近培育猪舍。育肥猪舍应设在下风向，且离出猪台较近。在设计时，使猪舍方向与当地夏季主导风向成

30°～60°角，使每排猪舍在夏季得到最佳的通风条件。总之，应根据当地的自然条件，充分利用有利因素，从而在布局上做到对生产最为有利。在生产区的入口处，应设专门的消毒间或消毒池，以便进入生产区的人员和车辆进行严格的消毒。

(2)饲养管理区：包括猪场生产管理必需的附属建筑物，如饲料加工车间、饲料仓库、修理车间、变电所、锅炉房、水泵房等。它们和日常的饲养工作有密切的关系，所以这个区应该与生产区毗邻建立。

(3)病猪隔离间及粪便堆存处：病猪隔离间及粪便堆存处这些建筑物应远离生产区，设在下风向、地势较低的地方，以免影响生产猪群。

(4)兽医室：应设在生产区内，只对区内开门，为便于病猪处理，通常设在下风方向。

(5)生活区：包括办公室、接待室、财务室、食堂、宿舍等，这是管理人员和家属日常生活的地方，应单独设立。一般设在生产区的上风向，或与风向平行的一侧。此外猪场周围应建围墙或设防疫沟，以防兽害和避免闲杂人员进入场区。

(6)道路：道路对生产活动正常进行、卫生防疫及提高工作效率起着重要的作用。场内道路应净、污分道，互不交叉，出入口分开。净道的功能是人行和饲料、产品的运输，污道为运输粪便、病猪和废弃设备的专用道。

(7)水塔：自设水塔是清洁饮水正常供应的保证，位置选择要与水源条件相适应，且应安排在猪场最高处。

(8)绿化：绿化不仅美化环境，净化空气，也可以防暑、防寒，改善猪场的小气候，同时还可以减弱噪声，促进安全生产，从而提高经济效益。因此在进行猪场总体布局时，一定要考虑和安排好绿化。

(三)猪舍的建筑设计

1. 猪舍的形式

(1)按屋顶形式分：猪舍有单坡式、双坡式等。单坡式一般跨度小、结构简单、造价低、光照和通风好、适合小规模猪场。双坡式一般跨度大，双列猪舍和多列猪舍常用该形式，其保温效果好，但投资较多。

(2)按墙的结构和有无窗户分：猪舍有开放式、半开放式和封闭式。开放式是三面有墙一面无墙，通风透光好，不保温，造价低。半开放式是三面有墙一面半截墙，保温稍优于开放式。封闭式是四面有墙，又可分为有窗和无窗两种。

(3)按猪栏排列分：猪舍有单列式、双列式和多列式。

2. 猪舍的基本结构

完整的猪舍，主要由墙壁、屋顶、地面、门、窗、粪尿沟、隔栏等部分构成。

(1)墙壁：要求坚固、耐用，保温性好。比较理想的墙壁为砖砌墙，要求水泥勾缝，离地0.8～1.0m水泥抹面。

(2)屋顶：比较理想的屋顶为水泥预制板平板式，并加15～20cm厚的土以利保温、防暑。目前，北京瑞普有限公司的新技术产品，其屋顶采用进口新型材料，做成钢架结构支撑系统、瓦楞钢房顶板，并夹有玻璃纤维保温棉，保温效果良好。

(3)地板:地板要求坚固、耐用,渗水良好。比较理想的地板是水泥勾缝平砖式(属新技术)。其次为夯实的三合土地板,三合土要混合均匀,湿度适中,切实夯实。

(4)粪尿沟:开放式猪舍要求设在前墙外面;全封闭、半封闭(冬天扣塑棚)猪舍可设在距南墙 40cm 处,并加盖漏缝地板。粪尿沟的宽度应根据舍内面积设计,至少有 30cm 宽。漏缝地板的缝隙宽度要求不得大于 1.5cm。

(5)门窗:开放式猪舍运动场前墙应设有门,高 0.8~1.0m,宽 0.6m,要求特别结实,尤其是种猪舍;半封闭猪舍则于运动场的隔墙上开门,高 0.8m,宽 0.6m;全封闭猪舍仅在饲喂通道侧设门,门高 0.8~1.0m,宽 0.6m。通道的门高 1.8m,宽 1.0m。无论哪种猪舍都应设后窗。开放式、半封闭式猪舍的后窗长与高皆为 40cm,上框距墙顶 40cm;半封闭式中隔墙窗户及全封闭猪舍的前窗要尽量大,下框距地应为 1.1m;全封闭猪舍的后墙窗户可大可小,若条件允许,可装双层玻璃。

(6)猪栏:除通栏猪舍外,在一般密闭猪舍内均需建隔栏。隔栏材料基本上有 2 种,砖砌墙水泥抹面及钢栅栏。纵隔栏应为固定栅栏,横隔栏可为活动栅栏,以便进行舍内面积的调节。

(四)猪场设备

选择与猪场饲养规模和工艺相适应、先进、经济的设备是提高生产水平和经济效益的重要措施。

1. 饮水设备

猪用自动饮水器的种类很多,有鸭嘴式、杯式、乳头式等。由于乳头式和杯式自动饮水器的结构和性能不如鸭嘴式饮水器,目前普遍采用的是鸭嘴式自动饮水器。它主要由阀体、阀芯、密封圈、回位弹簧、塞和滤网组成。

2. 饲喂设备

(1)间息添料饲槽:条件较差的一般猪场采用。分为固定饲槽、移动饲槽。一般为水泥浇注固定饲槽。图 8-2 中 A 与 B 的饲槽一致,都在隔墙或隔栏的下面,由走廊添料,滑向内侧,便于猪采食。饲槽一般为长形,每头猪所占饲槽的长度应根据猪的种类、年龄而定。较为规范的养猪场都不采用移动饲槽。集约化、工厂化猪场,限位饲养的妊娠母猪或泌乳母猪,其固定饲槽为金属制品,固定在限位栏上,见限位产床、限位栏部分。

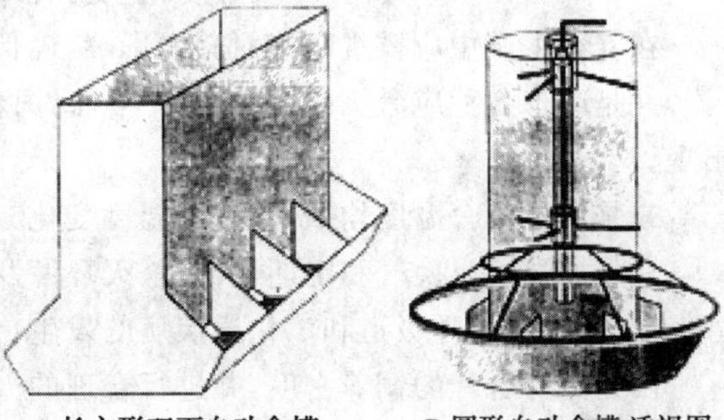

A.长方形双面自动食槽　　B.圆形自动食槽 透视图

图 8-2　仔猪食槽

(2)方形自动落料饲槽:一般条件的猪场不用这种饲槽,它常见于集约化、工厂化的猪场。方形落料饲槽有单开式和双开式两种。单开式的一面固定在与走廊的隔栏或隔墙上;双开式则安放在两栏的隔栏或隔墙上,自动落料饲槽一般为镀锌铁皮制成,并以钢筋加固,否则极易损坏。

(3)圆型自动落料饲槽:圆型自动落料饲槽用不锈钢制成,较为坚固耐用,底盘也可用铸铁或水泥浇注,适用于高密度、大群体生长育肥猪舍。

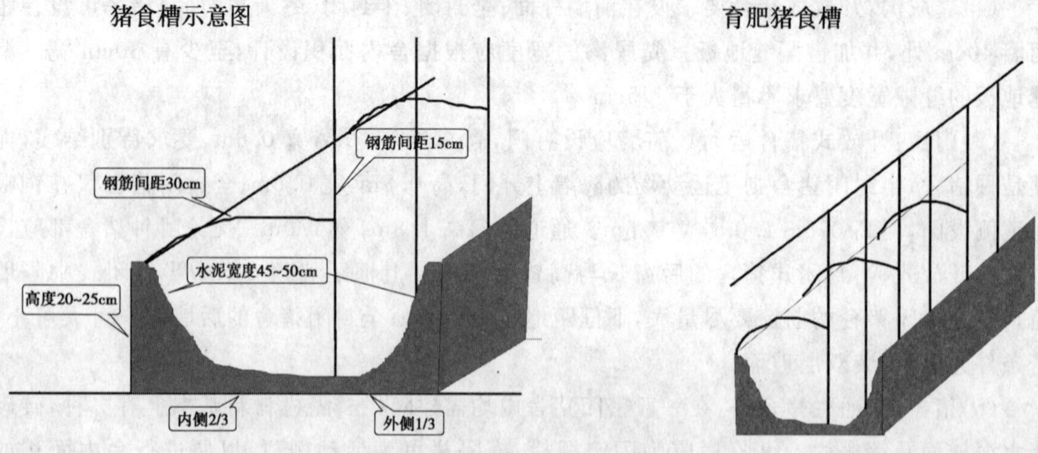

图 8-3 肥育猪食槽

二、规模化养猪场的环境控制

(一)猪的环境

猪一生处在一定的环境中,并以各种方式与环境之间发生联系并相互影响,现代养猪生产中环境对猪的影响逐渐被人们认识、接受和重视。

猪的环境包括两部分,其一是外环境;其二是内环境。

- 环境
  - 外环境
    - 自然环境:空气、土壤、水、动物、植物
    - 人为环境:畜舍、设备、管理、育种
  - 内环境:温度、湿度、酸碱度、渗透压、寄生虫、微生物

在养猪生产中应重视环境对猪的影响,确保猪在一个舒适的环境内生活、生产。

一是减少各种应激因素,如光照、噪音、饲料变换及各种注射等;避免各种应激反应的出现。

二是保持畜舍温度均衡,减少因温度变化频繁所致的热性疾病的发生。

三是加强通风换气和定期消毒,杀灭环境及空气中的有害有毒病原微生物,排除有毒有害气体,减少各种呼吸道和消化道疾病的发生。

四是保持合理的饲养密度,并进行合理的分群管理,使猪只吃得多,吃得好,增重快。

(二)环境控制

1. 猪舍的适宜环境

规模化养猪对猪舍的温度、湿度、气流等环境条件有一定的要求(表 8-1)。

湿度:适宜猪生活的相对湿度为 60%~80%。

气流:保持猪舍空气对流,减少氨气、硫化氢等有害气体的影响。噪声、光照、尘埃等对猪生长也有影响,应予注意。

表 8-1　猪舍的适宜环境温度依不同的类别而异

区域	时段	舒适区温度
配种/妊娠舍		16.7℃～20℃
产房	母猪进产房时	15.6℃～28.9℃
	产仔时(分娩)	25℃～28.9℃
	(仔猪区)	30℃～35℃
	17d 时	22.2℃～27.8℃
	分娩 10d 时	23.9℃～28.9℃
	至断奶	20℃～23.3℃
育仔舍	开始	25℃～28.3℃
	第 2 周	23.9℃～27.2℃
	第 3 周	22.8℃～26.1℃
	第 4 周	21.1℃～24.4℃
	第 5 周	19.4℃～22.8℃
育成舍	开始	22.8℃～25.6℃
	第 2 周	21.1℃～24.4℃
	第 3 周	19.4℃～22.8℃
	第 4 周	17.8℃～20.6℃
肥猪舍		16.7℃～20℃

2. 猪舍环境控制

用采暖、降温、换气等措施保持猪舍良好的环境条件。

生产上常用热水采暖和热风采暖系统。对幼猪可采取局部保暖措施，如加热保温板、红外线灯、保育箱等。猪舍内吊顶，用玻璃或塑料门窗，舍内温度可提高 2℃～3℃，也可起到保温效果。夏季必须考虑降温。猪舍通风换气可通过开关门窗、排风扇等方法进行调控。此外，常用的猪舍环境控制措施如下：

(1)加塑膜保温：如果屋顶和后墙的厚度不够，在严寒季节固定双层塑料膜(防止刮风扯坏)，在封闭、半封闭猪舍玻璃窗外面钉上 1～2 层塑膜，均可起到保温作用。

(2)绿化：绿化是对整个猪场造成一个小气候环境。在猪场的周围种植较大、较密的树种，可有效地防止冷风侵袭和遮阴。如在猪舍外前墙种植藤蔓植物(比如金瓜、丝瓜、扁豆、牵牛、黄瓜、西葫芦等)，让其自然爬上棚架攀搭成绿荫凉棚，与室外造成明显的温差，至少相差 2℃，不仅防暑十分有效，同时还增加了经济收入，是当前的环境控制新技术。

(3)喷水降温：重庆各地温度太高，应在猪舍的顶上安放喷水管，在天气太热时，通过在顶上喷水降低猪舍温度。

(4)滴水降温：对于单饲的种猪，可采用固定滴水处，慢慢滴水降温。

(5)浴池和淋浴：在条件好的地方，可在开放式猪舍的运动场中部做一光滑的水泥坑，天气太热时，可放入水，让猪自行滚耍，但要注意勤换水。猪少，工作量不大的情况下可采用此法。猪多，工作量大的情况下，若水条件较好，可采用定时淋浴法，在猪舍的一角安放淋浴喷头。天气太热时，开放淋浴。

(6)涂白：在夏天炎热季节，将猪舍前墙和运动墙壁用20%的石灰水粉刷，涂成白色，增强反光作用，可以减弱太阳光对猪舍过热的作用，还可起到杀菌作用。虽然涂黑和涂白的作用不是太大，但有一定作用是肯定的。

3. 猪场粪尿处理与利用

粪尿的收集与分离采用机械或人工的方法。

人工的方法：人工捡干粪，然后用水冲洗。它比机械的方法耗水少，费用低，多为目前省内规模化猪场采用。无论采用哪种方法，粪、尿一定要分离处理，才能提高处理效果，降低处理成本。

水冲式粪尿混合清除收集系统：缺点多，不宜在生产中应用。

粪尿污水的处理：用厌氧的方法处理猪粪污水，可以去除80%以上的污染物，同时还可获得可利用的再生能源。通常是采用沼气池的处理来实现。

粪尿的综合利用：清除干粪可经堆积发酵，形成良好的有机肥供农田用。尿污经沼气池处理，产生的沼气形成能源供生活或工业用，沼液、沼渣可作农田底肥，形成良性的生态循环系统。

三、猪的品种与利用

瘦肉型猪生产现阶段多数规模化猪场都采用引进品种，主要有大约克夏猪(大白猪)、长白猪、杜洛克猪、皮特兰猪、汉普夏猪等，外三元杂交猪是用前三个品种杂交而成。此外也可直接饲养配套系猪，如PIC、斯格猪、达兰猪；若要生产口感风味俱佳的优质型猪，选择如荣昌猪、苏太猪、小香猪等各地特有的地方品种，可与外来品种或地方品种进行二元甚至三元杂交，适宜饲喂较多青粗饲料或生态放养。

四、规模化养猪场的饲养管理

(一)猪的营养与饲料

1. 猪的营养

(1)蛋白质：能更新动物体组织和修补被损坏的组织，可组成体内的各种活性酶、激素、体液和抗体等。缺乏蛋白质，动物产品生产量下降或生长受阻；易导致贫血，降低抗体在血液中的含量，损害血液的健康和降低动物的抗病力；可造成繁殖障碍，出现发情不正常，妊娠期出现死胎，仔猪生后体弱，生命力不强，母猪产后泌乳力变差，甚至无奶，公猪精液质量下降。

(2)脂肪：脂肪在猪体内的主要功能是氧化供能。除供能外，多余部分可蓄积在猪体内。此外，脂肪还是脂溶性维生素和某些激素的溶剂，饲料中含一定量的脂肪时有助于这些物质的吸收和利用。脂肪同碳水化合物一样，在猪体内的主要功能是氧化供能。脂肪的能值很高，所提供的能量是同等重量碳水化合物的两倍以上。

(3)碳水化合物:饲料中的碳水化合物由无氮浸出物和粗纤维两部分组成。无氮浸出物的主要成分是淀粉,也有少量的简单糖类。无氮浸出物易消化,是植物性饲料中产生热能的主要物质。粗纤维包括纤维素、半纤维素和木质素,总的来说难于消化,过多时还会影响饲料中其他养分的消化率,故猪饲料中粗纤维含量不宜过高。当然,适量的粗纤维在猪的饲养中还是必要的,除能提供部分能量外,还能促进胃肠蠕动,有利于消化和排泄以及具有填充作用,使猪具有饱感。

(4)无机盐:无机盐是机体构成、代谢所必需的物质。根据各种无机盐在猪体内含量的不同,又可分为常量和微量两大类。常量包括钙、磷、钾、钠、硫、氯和镁等元素;微量系指铜、铁、锌、锰、钴和硒等元素。

(5)水:水是畜体的重要物质,饲料的消化与吸收,营养的运输、代谢和粪尿的排出,生长繁殖、泌乳等过程,都必须有水的参与。水能参与生理调节和调节渗透压,也能保持细胞的正常形态。因此,在畜禽生命活动和生产时都离不开水的供应。

(6)维生素:维生素是饲料所含的一类微量营养物质,在猪体内既不参与组织和器官的构成,又不氧化供能,但它们却是机体代谢过程中不可缺少的物质。维生素分为脂溶性和水溶性两大类,脂溶性维生素包括维生素 A、D、E、K;水溶性维生素包括维生素 C、B_1、B_{12}、B_2 和其他酸性维生素。日粮中缺乏某种维生素时,猪会表现出独特的缺乏症状。

2. 猪的饲料类型

(1)能量饲料:这部分饲料的主要成分是无氮浸出物,约占干物质的 70%～80%左右,粗纤维含量一般不超过 4%～5%,脂肪和矿物质含量少,氨基酸种类不齐全。如玉米、高粱、小麦和大麦、稻谷、麦麸、米糠、甘薯、马铃薯等。

(2)蛋白性饲料:这类饲料的主要特点是粗蛋白质含量多且蛋白质品质好,其赖氨酸、蛋氨酸、色氨酸等必需氨基酸的含量高,粗纤维含量少,易消化。如肉类、鱼类、乳品加工副产品、豆饼、花生饼、菜籽饼等。

(3)青绿多汁饲料:这类饲料来源广、产量高、成本低、采用时间长、富含维生素、幼嫩多汁、适口性好,但要洗净生喂,不要熟喂。如紫花苜蓿、苦荬菜、甘薯秧、水生青绿饲料、蔬菜类等。

(4)粗饲料:这类饲料体积大,粗纤维含量多不易消化。猪可用优质草粉,如苜蓿草粉。

(5)青贮饲料:在青绿饲料较多的季节,采用窖藏或大塑料袋藏的办法,把青绿饲料贮存起来,这种饲料叫青贮饲料。青贮饲料是长期保存青饲料营养物质和保持多汁性的一种简单可靠的方法,适口性好,猪也爱吃。

(6)矿物质饲料:矿物质饲料可为猪提供生长发育所需要的各种常量和微量元素。如骨粉、石粉、蛋壳粉和蛎粉、磷酸钙和磷酸氢钙等。

(7)添加剂:饲料添加剂包括营养性饲料添加剂和非营养性饲料添加剂,主要是氨基酸、维生素、微量元素、防霉剂、益生素、酶制剂、中草药添加剂等。

(二)猪饲料配制与饲喂

(1)饲料配制的依据是各品种相应的国内外饲养标准。

(2)猪饲料配制原则:首先应选用适宜的饲养标准和饲料成分表,养殖实践中根据猪的生长发育及生产性能等进行酌情修正，灵活使用；营养水平要适宜，因猪生长快，瘦肉率高，要求营养水平较高，在配制猪料时，要使各营养元素之间达到平衡，其中要特别注意必需氨基酸的平衡，才能收到良好的效果；要注意猪的采食量与饲料体积大小的关系，若配料体积过大，猪往往吃不完，若体积过小，则又吃不饱；控制饲料粗纤维含量，乳猪、仔猪饲料粗纤维不超过4%，生长育肥猪不超过6%，种猪不超过8%，否则影响猪对饲料的利用率；要考虑饲料的适口性，适口性好的饲料多用些，差的少用些；发霉变质有毒性的饲料，不能用作饲料，否则影响猪的生长和饲料利用率，甚至中毒；要求做到多样化，做到多种饲料合理搭配，发挥各种营养互补作用，提高利用率。

(3)配制饲料时的注意事项：饲料要符合《饲料卫生标准》(GB13078)。禁止饲喂霉变、结块及有异味的饲料；制药工业副产品不应作为饲料原料；饲料添加剂应为农业部《允许使用的饲料添加剂品种目录》所规定的品种，并按照规范使用，严禁使用瘦肉精等违禁品；使用的兽药(含生物制品)必须保证质量，且来自合法的供应渠道，并按照兽药标签规定的用法和用量使用。同时严格遵守休药期规定。

(三)猪的饲养管理

1. 种公猪的饲养管理

种公猪的生产特点是以提供高质量的精液为目的，优良种公猪则是获得大量优质仔猪的基础，在大规模猪场中，公猪的作用尤为重要。一头成年公猪在自然交配的情况下，可负担25～30头基础母猪的配种任务，若采用人工授精，则负担的母猪数可达50～100头以上。因此加强种公猪的饲养管理，提高精液品质是搞好养猪生产的坚实基础。种公猪的饲养管理的技术要点：

(1)应给种公猪配制营养丰富的饲料。要使种公猪能正常发挥作用，最重要的一点就是要使种公猪有一个强壮而健康的体魄。因此应配制营养丰富的公猪饲料，要求粗蛋白质达到18%以上，能量达到1300kJ/公斤。各种维生素、微量元素应丰富。可采用专用公猪料或用哺乳母猪料饲喂公猪。

(2)适宜的运动：运动是保证公猪有旺盛性欲不可缺少的措施，它不仅可维持种公猪的正常生理代谢、提高精液数量和质量，还可以通过运动使身体各部分均匀发育，提高身体素质，防止肢蹄病，提高配种能力。

(3)调教：种公猪性成熟后，往往互相爬胯和自淫，严重时会造成种公猪生殖器官的损伤，降低种用价值。因此应及时做好调教工作，纠正其交配过程中的不规范姿势。

(4)合理利用：种公猪配种应有计划性，特别是在配种旺季，更应该合理使用种公猪。种公猪的使用应根据年龄和体质合理安排，健康的后备种公猪满一岁即可使用。青年阶段的后备种公猪每周只能配种1～2次。正常使用的成年公猪每周最多使用5次。在特殊情况下短时间内可每天使用2次，但应补充小鱼或熟鸡蛋。用于人工授精的种公猪，每周采精4d，每天1次，如后备公猪初次使用，那么第一次采取的精液应废弃不用。因为长期贮存在体内的精子活力较差，品质也较差。

(5)种公猪在饲养管理过程中应注意的问题：一是应注意种公猪的自淫现象，应单圈饲养，远离母猪和配种点，同时应加强运动和正确管理。二是防止种公猪过度使用。在配种旺季，由于公猪较少或有部分公猪患病，有些猪场为追求眼前利益而放任公猪使用，造成公猪过度使用，不但受胎率和产仔数都较低，而且可能使公猪失去种用价值，影响猪场的正常生产。三是应加强闲置期的管理，在没有配种任务的闲置期，不能放松对种公猪的饲养管理工作，应按照正常饲养标准饲喂，切不可随便饲喂，使公猪过肥或过瘦，造成性欲降低或不能胜任以后的配种任务，而影响种用价值。所以在闲置期应本着增强公猪体质，调节和恢复种用体况，进行科学的饲养管理，以便在下一个配种旺季更好地发挥作用。

2.空怀母猪的饲养管理

哺乳母猪从仔猪断奶到发情配种期间为空怀期，从广义上讲，还包括到初配年龄的后备母猪。饲养空怀母猪的目的，是保持正常的种用体况（不肥不瘦），能正常发情、排卵，并能及时配种受孕。

（1）发情周期与发情征状：①发情周期。母猪达到性成熟后，即会出现固有的性活动周期，亦称发情周期。通常把上次发情到下一次发情的间隔时间称为发情周期。母猪的发情周期平均为21d，范围为19～24d。②发情征状。根据母猪的表现和生殖器官变化，可分为3个阶段。——发情前期。母猪表现不安，食欲减退，鸣叫，爬跨其他母猪，外阴部膨大，阴道粘膜呈淡红色，但不接受公猪爬跨，此期持续12～36h。——发情中期。母猪继续表现不安，食欲严重减退或废绝，时而呆立，两耳颤动，时而追随爬跨其他母猪，外阴部肿大，阴道粘膜呈深红色，粘液稀薄透明，愿意接受公猪爬跨和交配。此期持续6～36h，为输精的最佳时期。——发情后期。母猪趋于稳定，外阴部开始收缩，阴道粘膜呈淡紫色，粘液浓稠，不愿接受公猪爬跨，此期持续12～24h。

（2）配种时机与立法：一般母猪发情后24～36h开始排卵，排卵持续时间为10～15h，排出的卵细胞保持受精能力的时间为8～12h。精子在母猪生殖器官内保持有受精能力的时间为10～20h，配种后精子到达受精部位（输卵管壶腹部）所需的时间为2～3h。据此计算，适宜的交配或输精时间是在母猪发情后20～30h。所以生产实践中，一般采用重复配种方式，有条件尽量进行人工授精。只要母猪可以接受公猪爬跨（可用压背反射或公猪试情），即配第一次。第一次配种后经12～20h，再配第二次。一般一个发情期内配种两次即可。就品种而言，本地猪发情后宜晚配（发情持续期长），引进品种发情后宜早配（发情持续期短），杂种猪居中间。就母猪年龄而言，老配早，小配晚，不老不小配中间。

（3）空怀母猪的饲养：空怀母猪在配种前的饲养十分重要，因为后备猪正处在生长发育阶段，经产母猪常年处于紧张的生产状态，所以，必须供给营养水平较高的日粮（一般和妊娠期相同），使之保持适度膘情（见表8-2和图8-4）。空怀母猪在饲养上要实行短期优饲，可促进其发情、排卵。即在配种前10～14d，后备母猪在原日喂料量基础上，增加料量0.5kg左右，配种结束后停止加料；经产母猪在原日喂料量基础上增加料量0.4kg，并视体况增减料量。空怀母猪的日粮有精料型和青粗料型，可根据实际情况选择。采用精料型饲喂空怀母猪，每日2kg，日喂2次，自由饮水。

（4）空怀母猪的管理：空怀母猪实行分群饲养，每群4～5头。每天在运动场自由运动2～3h，有放牧条件的地方，可通过放牧代替运动。空怀母猪舍要保持清洁干燥，冬季要防寒保暖，可减少饲料消耗和疾病的发生；夏季要防暑降温，防止母猪出现乏情。平时要搞好母猪发情鉴定，以免漏情而造成失配。

表 8-2 母猪标准体况的判定

得分	体况	P_2 点的背脂肪厚度(mm)	髋骨突起的感触	体型
5	明显肥胖	≥25	用手触摸不到	圆形
4	肥	21	用手触摸不到	近乎圆形
3.5	略肥		用手触摸不明显	长筒形
3	理想	18	用手能够摸到	长筒形
2.5	略瘦		手摸明显，可观察到	狭长型
1～2	瘦	≤15	能明显观察到	骨骼明显突出

注：P_2 为母猪最后肋骨在背中线往下 6.5cm 处。

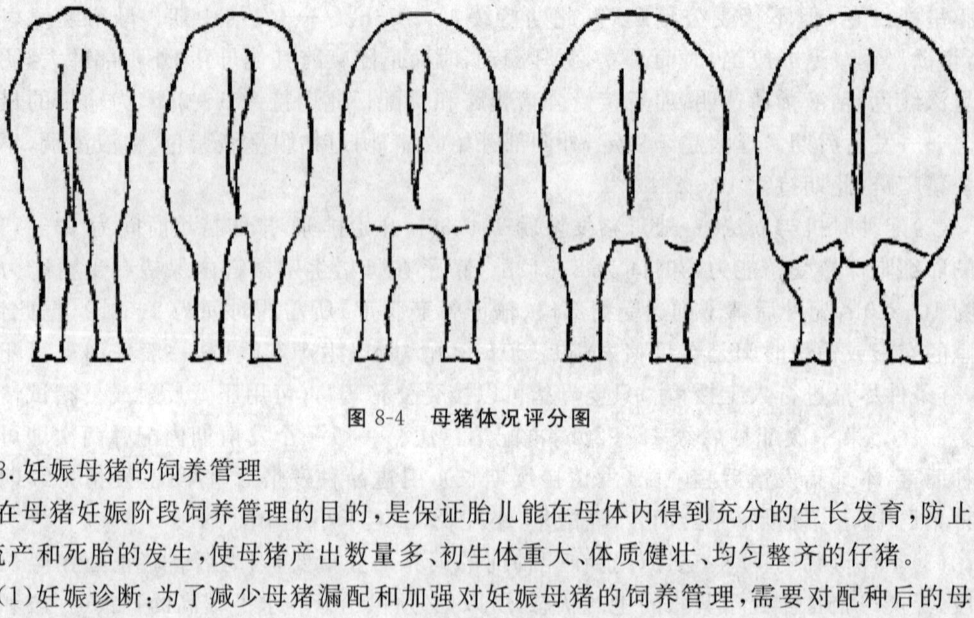

图 8-4 母猪体况评分图

3.妊娠母猪的饲养管理

在母猪妊娠阶段饲养管理的目的，是保证胎儿能在母体内得到充分的生长发育，防止化胎、流产和死胎的发生，使母猪产出数量多、初生体重大、体质健壮、均匀整齐的仔猪。

(1)妊娠诊断：为了减少母猪漏配和加强对妊娠母猪的饲养管理，需要对配种后的母猪进行早期妊娠诊断。根据发情周期和妊娠征状诊断，如果母猪配种后经过 3 周没再出现发情，并且食欲渐增、被毛顺溜光亮、增膘明显、性情温顺、行动稳重、贪睡、尾巴自然下垂、阴户缩成一条线、驱赶时夹着尾巴走路等现象，则初步诊断为妊娠。

(2)预产期推算：母猪配种时要详细记录配种日期，一旦断定母猪妊娠就要推算出预产日期，便于饲养管理，做好接产准备。推算母猪妊娠期平均按 114d 计算。

①三三三法　即在配种日期加上 3 个月 3 个星期零 3d。

②月加四，日减六法　即在配种月份上加 4，在配种日上减 6 所得日期就是母猪预产期。如 1 头母猪在 11 月 3 日配种，则 11＋4＝15，3－6＝－3，由于月份超过 12 个月，日期为负数，则 15－12＝3，28－3＝25，即该母猪的预产期为 2 月 25 日。

③查表法　此法简单易行(见表 8-3)。

表 8-3　母猪预产期推算表

日＼月	1	2	3	4	5	6	7	8	9	10	11	12
1	4.25	5.26	6.23	7.24	8.23	9.23	10.24	11.24	12.25	1.24	2.24	3.25
2	4.26	5.27	6.24	7.25	8.24	9.24	10.25	11.25	12.26	1.25	2.25	3.26
3	4.27	5.28	6.25	7.26	8.25	9.25	10.26	11.26	12.27	1.26	2.26	3.27
4	4.28	5.29	6.26	7.27	8.26	9.26	10.27	11.27	12.28	1.27	2.27	3.28
5	4.29	5.30	6.27	7.28	8.27	9.27	10.28	11.28	12.29	1.28	2.28	3.29
6	4.30	5.31	6.28	7.29	8.28	9.28	10.29	11.29	12.30	1.29	3.1	3.30
7	5.1	6.1	6.29	7.30	8.29	9.29	10.30	11.30	12.31	1.30	3.2	3.31
8	5.2	6.2	6.30	7.31	8.30	9.30	10.31	12.1	1.1	1.31	3.3	4.1
9	5.3	6.3	7.1	8.1	8.31	10.1	11.1	12.2	1.2	2.1	3.4	4.2
10	5.4	6.4	7.2	8.2	9.1	10.2	11.2	12.3	1.3	2.2	3.5	4.3
11	5.5	6.5	7.3	8.3	9.2	10.3	11.3	12.4	1.4	2.3	3.6	4.4
12	5.6	6.6	7.4	8.4	9.3	10.4	11.4	12.5	1.5	2.4	3.7	4.5
13	5.7	6.7	7.5	8.5	9.4	10.5	11.5	12.6	1.6	2.5	3.8	4.6
14	5.8	6.8	7.6	8.6	9.5	10.6	11.6	12.7	1.7	2.6	3.9	4.7
15	5.9	6.9	7.7	8.7	9.6	10.7	11.7	12.8	1.8	2.7	3.10	4.8
16	5.10	6.10	7.8	8.8	9.7	10.8	11.8	12.9	1.9	2.8	3.11	4.9
17	5.11	6.11	7.9	8.9	9.8	10.9	11.9	12.10	1.10	2.9	3.12	4.10
18	5.12	6.12	7.10	8.10	9.9	10.10	11.10	12.11	1.11	2.10	3.13	4.11
19	5.13	6.13	7.11	8.11	9.10	10.11	11.11	12.12	1.12	2.11	3.14	4.12
20	5.14	6.14	7.12	8.12	9.11	10.12	11.12	12.13	1.13	2.12	3.15	4.13
21	5.15	6.15	7.13	8.13	9.12	10.13	11.13	12.14	1.14	2.13	3.16	4.14
22	5.16	6.16	7.14	8.14	9.13	10.14	11.14	12.15	1.15	2.14	3.17	4.15
23	5.17	6.17	7.15	8.15	9.14	10.15	11.15	12.16	1.16	2.15	3.18	4.16
24	5.18	6.18	7.16	8.16	9.15	10.16	11.16	12.17	1.17	2.16	3.19	4.17
25	5.19	6.19	7.17	8.17	9.16	10.17	11.17	12.18	1.18	2.17	3.20	4.18
26	5.20	6.20	7.18	8.18	9.17	10.18	11.18	12.19	1.19	2.18	3.21	4.19
27	5.21	6.21	7.19	8.19	9.18	10.19	11.19	12.20	1.20	2.19	3.22	4.20
28	5.22	6.22	7.20	8.20	9.19	10.20	11.20	12.21	1.21	2.20	3.23	4.21
29	5.23		7.21	8.21	9.20	10.21	11.21	12.22	1.22	2.21	3.24	4.22
30	5.24		7.22	8.22	9.21	10.22	11.22	12.23	1.23	2.22	3.25	4.23
31	5.25		7.23		9.22		11.23	12.24		2.23		4.24

(3)妊娠母猪的饲养：母猪妊娠一般分为妊娠前期(1～85d)和妊娠后期(85～114d)。

①营养水平　母猪妊娠前期由于胎儿发育较慢，加之母猪对营养利用率高，所需营养不多，但要注意饲料营养的平衡性。妊娠后期，随着胎儿发育加快，营养需要也随之增加，此时营养水平决定着仔猪的初生体重。同时也是为了让母猪在体内蓄积一定的养分，待产后泌乳使用。因此，加强妊娠后期母猪的营养，是保证胎儿正常生长发育，提高仔猪初生重和母

猪泌乳量的关键。一般饲养条件下，能量和蛋白质基本可满足胚胎发育的需要，不是极端不足不至于造成胚胎死亡，妊娠后期能量和蛋白质不足只是降低仔猪初生重和活力，一般不会导致胎儿死亡，但能量水平过高会增加胚胎死亡。妊娠母猪营养性流产、化胎、木乃伊、死胎、畸形仔猪，主要是妊娠期维生素和矿物质不足所致。如钙、磷不足时死胎增加，仔猪活力差；维生素 A 缺乏可引起胚胎死亡被吸收，产死胎、瞎眼、兔唇等畸形仔猪；核黄素和泛酸缺乏可引起胚胎或初生仔猪死亡。

②饲养方式　妊娠母猪应采取“前低、后高”的饲养方式。即妊娠前期采取较低营养水平饲养，妊娠后期采取较高营养水平饲养。就母猪不同生理阶段而言，应采取“低妊娠、高泌乳”的饲养方式。即对妊娠母猪采取限量饲养，而哺乳母猪采取充分饲养。这种饲养方式饲料利用经济，由于妊娠期内大量储备营养供泌乳，使储备营养二次转化降低了饲料利用率。同时，泌乳期的饲料利用率以妊娠期增重较少的母猪为高。如果妊娠期营养过于丰富，体脂储备过多，则会使母猪食欲不佳，影响泌乳量，减重多，对断奶后发情配种不利。一般妊娠期增重以初产母猪 40～45kg，经产母猪 30～35kg 为宜。

③饲喂技术　妊娠母猪的日粮有精料型和青粗料型，妊娠后期要以精料型为主。采用精料型饲喂妊娠母猪，妊娠前期每日 2kg，日喂 2 次，自由饮水。对经产母猪在妊娠初期(配种 21d)，可继续增加料量 0.4kg，并视其体况增减料量，促进其尽快恢复体况，保证胚胎的正常发育。妊娠后期每日 2.4kg，并视其体况增减料量，适当增加饲喂次数，减少每次喂量，防止压迫胎儿。

(4)妊娠母猪的管理

①妊娠母猪在妊娠前期实行分群饲养，每群 4～5 头，到妊娠后期，适当减少头数，临产前 5～7d 转入分娩舍，实行单圈饲养。

②妊娠母猪适当运动，可增强体质，减少难产发生。每天在运动场内自由活动 2～3h，有放牧条件的地方，可通过放牧代替运动，在产前 5～7d 停止运动。

③对妊娠母猪要防止相互拥挤、咬架、滑倒、鞭打、惊吓等发生，以免造成损伤，而引起死胎和流产。

④要保持圈舍清洁卫生，防止子宫感染和其他疾病的发生。

⑤更换饲料要逐渐过渡(一般 4～5d)，切忌突然变更，以免引起母猪便秘、腹泻、甚至流产。

⑥不喂发霉、变质和有毒饲料，防止造成母猪中毒、胚胎死亡和流产。

⑦要做好防寒防暑工作。冬季要防寒保温，防止母猪感冒发烧造成胚胎死亡或流产；夏季要防暑降温，特别是母猪妊娠初期防止高温造成胚胎死亡。

4.哺乳母猪的饲养管理

哺乳母猪的饲养管理是母猪整个繁殖周期中的最后一个生产环节。这一阶段的饲养管理好坏，不仅影响仔猪成活率和断奶体重，而且对母猪下一个繁殖周期的生产有着显著影响。

(1)产前准备

①产房消毒　妊娠母猪进产房前 5～7d，产房要彻底清扫，并用 2%～3%火碱等消毒药消毒，用清水冲净，晾干后再进妊娠母猪。

②用具准备　产前应准备好高锰酸钾、碘酒、毛巾、照明用灯，冬季还应准备仔猪保温

箱，红外线灯或电热板等。

③猪体消毒　产仔前5～7d，将妊娠母猪全身进行消毒，冬天要用温水，夏天用冷水，先对母猪全身清洗，然后用百毒杀等消毒液进行猪体消毒，晾干后转入产房。

(2)接产技术

①母猪临产症状

——乳房变化。母猪产前15d左右，乳房就开始从后向前逐渐膨大下垂，到临产前，富有光泽，其基部在腹部隆起两条带状，乳头向两外侧呈八字形分开。一般情况下，当母猪前面的乳头能挤出少量的浓稠乳汁后24h左右可能分娩，中间乳头出现浓乳汁后12h左右可能分娩，后边乳头出现浓乳汁后3～6h分娩。若用手轻轻挤压母猪的任意一个乳头，都能挤出很浓的黄白乳汁时，可能马上就要分娩了。

——外阴变化。母猪分娩前1周，外阴逐渐红肿松弛、阴唇皮肤上的皱襞展平。产前3d，尾根下陷，骨盆张开，用手握住尾根上下掀动，可明显地感到活动范围增大。再者，由于韧带的松弛，臀部肌肉出现明显塌陷现象。

——行为变化。母猪临产前表现不安，有趴地做窝动作，一般出现这种现象后6～12h将要产仔。若母猪进一步表现为呼吸加快，时起时卧，常呈犬坐姿势，频频排尿，继而侧身躺卧，开始出现阵痛，四肢伸展，用力努责，从阴道内流出羊水等现象，这是很快就要产仔的征状。此时应严密观察，做好接产准备。

②接产操作　母猪临产前用0.1%高锰酸钾溶液擦洗阴部、乳房和腹部。仔猪出生后立即用干净毛巾将口鼻腔粘液擦净，然后擦净体表胎膜和粘液，接着先将脐带内血液向腹部方向挤压，然后从距仔猪腹部4～5cm处钝性掐断脐带，涂上碘酒消毒，然后填写产仔登记表。上述处理完后，立即将仔猪送到母猪身边吃奶。

母猪正常分娩一般为2～3h，仔猪全部产出后约半小时开始排出胎衣(也有边产边排的)，当胎衣排净后(平均4.5h)，立即清除，并用0.1%高锰酸钾溶液擦洗母猪腹部和后躯，同时用清水冲洗床面。

③假死仔猪的急救　有的仔猪出生后全身发软，奄奄一息，甚至停止呼吸，但心脏仍在微弱跳动(用手压脐带根部可摸到脉搏)，此种情况称为仔猪假死。发现仔猪假死后，先掏净其口腔内粘液，擦净鼻部和身上粘液，然后采取以下方法急救。一是倒提仔猪后腿，促使粘液从气管中流出，并用手连续拍打仔猪背部，直至发出叫声为止。二是用酒精或白酒擦拭仔猪的口鼻周围，刺激其复苏。三是将仔猪仰卧在垫草上，用两手握住其前后肢反复作屈伸，直至其恢复自由呼吸。四是将仔猪头部稍抬高于垫草上，在距腹部20～30cm处剪断脐带，一手捏紧脐带末端，另一手自脐带末端向仔猪体内捋动，每秒钟一次，反复进行，直至救活。

④难产处理　母猪破水后仍产不出仔猪，或产出数头仔猪后半小时内只见努责不见产仔，均视为难产。处理难产时，可采取以下方法：一是接产人员用双手托住母猪的后腹部，随着母猪努责，向臀部用力推送，促使胎儿产出。二是看见仔猪头或腿时出时进，可用手抓住仔猪的头或腿轻轻拉出。三是肌肉注射催产素3～5mL，促使胎儿产出。四是仔猪还是产不下来，可将右手消毒，减去指甲，涂以滑润剂(凡士林、石蜡或甘油等)，五指并拢成锥形，慢慢伸入产道，抓住胎儿适当部位，再随着母猪腹部收缩的节奏，徐徐将胎儿拉出产道。若掏出一头仔猪后，母猪转为正常产仔，就不用继续掏了。为避免产道损伤和感染，助产后必须给母猪注射抗菌素等药物。五是如采取以上措施后，仔猪还是产不下来，只能请兽医剖腹取胎。

(3)哺乳母猪饲养

妊娠母猪临产前5～7d,转入产房,逐渐更换哺乳期饲料,哺乳期饲料以精料型为主,每日2kg,日喂2次,自由饮水。母猪产前1～2d减料(可减30%～50%),如果母猪膘情不好,则不但不减料,还应加喂一些富含蛋白质的催乳料。产仔当天不喂料,只饮水,最好喂给豆饼麦麸汤(加少许食盐)。第二天日喂2次,给料量2.5kg。产仔第三天开始日增加料量0.5kg,产后1周日给料量5kg,并根据母猪体况及带仔头数适当增减料量,日喂3～4次,自由饮水。母猪断奶前3d减料至3～4kg,并控制饮水,以免断奶后发生乳房炎。

有些母猪因妊娠期营养不良,产后无奶或奶量不足,可喂给小米粥、豆浆、线麻籽小豆腐、胎衣汤、小鱼虾汤、煮海带肉汤等催奶。对膘情好而奶量少的母猪,除喂催乳饲料外,同时应用药物催奶。如当归、王不留行、漏芦、通草各30g,水煎配小麦麸喂,每天一次,连喂3d。也可用催乳灵10片,一次内服。

(4)哺乳母猪的管理

哺乳母猪实行单栏饲养。母猪产后2～3d,可到舍外运动场自由活动,对恢复体力,促进消化和泌乳是有利的。产房要保持安静、温暖、干燥、卫生、空气新鲜。产栏和过道,每2～3d消毒一次,防止发生子宫炎、乳房炎、仔猪下痢等疾病。哺乳母猪日粮结构要保持相对稳定,不要频变、骤变饲料品种,不喂发霉变质和有毒饲料,以免造成母猪中毒和乳质改变而引起仔猪腹泻。

5.仔猪的饲养管理

(1)哺乳仔猪的饲养管理:从出生到断奶阶段(4～5周)的仔猪称为哺乳仔猪。仔猪出生后,生活条件发生了巨大变化。由原来通过胎盘进行气体交换、摄取营养和排出废物,转化为自行呼吸、采食和排泄,并且在母体子宫内生活条件相当稳定,到出生后直接受自然条件和人为环境的影响。同时,由于哺乳仔猪生长发育快和生理上不成熟,如果饲养管理不当,就会影响哺乳仔猪的生长发育,甚至造成死亡。因此,养好哺乳仔猪的目的是使仔猪成活率高、生长发育快、均匀整齐、健康活泼、断奶体重大,为以后养好保育仔猪打下良好基础。

1)哺乳仔猪的饲养

①吃足初乳　母猪产后3d内分泌的乳汁称为初乳。由于初生仔猪不具备先天免疫能力,必须通过吃初乳获得免疫能力。初乳中含有丰富的蛋白质、维生素和免疫抗体、镁盐等。初乳酸度高,有利于消化,能增强仔猪的抗病能力,增进健康,提高抗寒能力,促进胎粪排泄。仔猪出生后1h要人工辅助吃足初乳,如果初生仔猪吃不到初乳,则很难育活。

②补铁　铁是造血原料。初生仔猪体内储备的铁只有30～50mg,仔猪正常生长每头每日需铁7～8mg,母乳中含铁量很低,每头仔猪每日从母乳中得到铁不足1mg。所以,如果不给仔猪补铁,其体内铁将在1周内耗完,仔猪就会患贫血症。缺铁性贫血的主要症状是精神萎靡,皮肤可视粘膜苍白、被毛蓬乱无光泽、下痢、生长停滞。病猪逐渐消瘦衰弱,严重者可导致死亡。补铁常用方法是在仔猪出生后2～3日内,肌肉注射铁制剂(右旋糖苷铁等)每头剂量150mg。

③补料　母猪泌乳高峰为产后20～30d,40d后显著减少。母乳满足仔猪营养需要的程度是:3周龄为97%,4周龄为73%,8周龄为28%。母乳量逐渐减少,仔猪越长越快,这就

产生了营养供求矛盾。需要人为干预提早训练仔猪开食，否则待母乳减少时仔猪还不习惯吃料，必然影响仔猪生长发育。另外，仔猪消化系统不发达，机能不完善，提早开食，能刺激仔猪消化器官发育和分泌机能完善。一般仔猪出生后 5 日龄训练饮水，7 日龄训练开食，到 20 日龄能大量采食饲料。用于哺乳仔猪的饲料一定要营养全面、易消化、适口性好，并且有一定的抗菌能力，仔猪采食后不易拉稀等特点。最好制成经膨化处理的颗粒料，保证松脆、香甜适口。

2）哺乳仔猪的管理

①保温防压　初生仔猪皮下脂肪层薄、被毛稀疏、体温调节能力差，所以保温是提高仔猪育成率的关键性措施。仔猪最适宜的环境温度是：1～7 日龄 28℃～32℃，8～30 日龄 25℃～28℃，31～60 日龄 23℃～25℃。保温的措施是单独为仔猪创造温暖适宜的小气候环境。可在产栏内设置仔猪保温箱，内吊 1 只 250W 的红外线灯泡或铺仔猪电热板。另外，在产栏内安装护仔栏，防止仔猪被母猪踩死、压死。

②固定乳头　母猪放乳时间较短（10～20s），而且母猪不同部位的乳头所分泌的乳汁量也不尽相同，一般前排较多，后排较少。另外，初生仔猪有抢占多乳头占为己有的习性。如果仔猪吃奶的乳头不固定，则势必因相互争抢乳头而错过放乳时间，有时还会因争抢乳头时咬伤乳头而引起母猪拒哺。为避免这种现象，仔猪初生 2～3d 必须固定乳头。固定乳头以自选为主，个别调整为辅，把初生体重小的仔猪固定在前排乳头，初生体重大的仔猪固定在后排乳头，这样有利于母猪泌乳，仔猪发育均匀。

③过仔或并窝　母猪的产活仔数往往超过有效乳头数，或母猪产后初期死亡，这时就要采取过仔或并窝，这样可提高母猪利用率。在过仔和并窝时应注意：一是母猪产仔日期尽量接近，最好不要超过 3～4d；二是过出的仔猪一定要吃到初乳；三是后产的仔猪往先产的窝里过仔要拿体大的，先产的仔猪往后产的窝里过仔要拿体小的。在过仔或并窝时往往发生寄养仔猪不认“妈妈”，拒绝吃奶。解决办法是把寄养仔猪暂时隔奶 2～3h，等到仔猪感到饥饿难忍时，就容易吃“妈妈”的奶了。如个别再不吃奶，可人工辅助把乳头放入仔猪口中，强制哺乳，当重复数次，仔猪尝到了甜头，就不会拒哺了。过仔或并窝也可能发生“妈妈”不认寄养仔猪的情况。解决办法是干扰母猪嗅觉，可用母猪产仔时的胎衣、尿液或垫草涂擦寄养仔猪身体，或者事先把寄养仔猪和母猪亲生的仔猪放在一起 2～3h，也可用少量的白酒或来苏儿溶液喷到母猪鼻端和仔猪身上，即可解决。

④去势　去势的猪性情温顺、食欲好、增重快、肉质无异味。仔猪去势可在出生后 15～20 日龄完成，早去势应激小，伤口愈合好。瘦肉型猪性成熟晚，在高营养水平饲养条件下 5～6 月龄（体重可达 90～100kg），在性成熟之前即可上市。所以养商品肉猪可劁公猪（无异味），不劁母猪（瘦肉率高）。

⑤剪犬齿　仔猪初生就有 8 枚小的状似犬齿的牙齿，位于上下颌左右各两枚。犬齿对仔猪本身没有影响，但由于犬齿十分尖锐，吃乳时或发生争斗时易咬伤母猪乳头或同伴的面颊。解决办法是用消毒过的剪齿钳子剪去牙齿。

⑥断奶　仔猪断奶时间关系到母猪年产仔窝数和育活仔猪头数。一般工厂化、集约化养猪场，仔猪可在 4～5 周龄断奶，农村农户养猪可在 7 周龄左右断奶。仔猪断奶方法有逐

渐断奶法、分批断奶法和一次断奶法。

——逐渐断奶法。断奶前3～4d减少母猪和仔猪的接触与哺乳次数,并减少母猪饲料的日喂量,使仔猪由少哺乳到不哺乳。此法有一个适应过程,以减轻断奶应激对仔猪的影响。但此种方法断奶比较麻烦,而且费工费力。

——分批断奶法。将一窝中体重较大的仔猪先断奶,使弱小仔猪继续哺乳一段时间再断奶,以提高其断奶体重。但此种方法会延长哺乳期,影响母猪的繁殖成绩。

——一次断奶法。断奶前3d减少哺乳母猪饲料的日喂量,到断奶日龄一次将仔猪与母猪全部分开。此种断奶方法来得突然,会引起仔猪应激和母猪烦躁不安,但此种断奶方法省工省时,便于操作。

(2)保育仔猪的饲养管理:保育仔猪是指仔猪断奶后至70日龄左右的仔猪。仔猪断奶是继出生后的第二次大转变,由依靠母猪生活过渡到完全独立生活。这时仔猪仍处于生长发育时期,机能尚需进一步完善。如果饲养管理不当,就会引起仔猪发育停滞,形成僵猪,甚至患病死亡。因此,养好保育仔猪的目的,是保证仔猪正常生长,减少和消除疾病的侵袭,获得最大的日增重,育成健壮结实的保育仔猪,为以后养好后备种猪和商品肉猪打下良好的基础。

1)保育仔猪的饲养

①饲料过渡　仔猪断奶后,要保持原来的饲料2周内不变,并添加适当的抗菌素、维生素和氨基酸,以减轻应激。2周之后逐渐过渡到保育仔猪料,保育仔猪配合料要求含有优质蛋白、高能量和含有丰富的维生素、矿物质,且易于消化。

②饲养制度过渡　仔猪断奶后2周内,饲喂次数不变(5～6次),2周后逐渐减少饲喂次数(4～5次)。1周之内控制采食,每次饲喂量不宜过多,以七八分饱为宜,以防止仔猪拉稀,1周以后逐渐增加饲喂量。

2)保育仔猪的管理

①环境过渡　仔猪断奶的最初几天,常表现出精神不安、鸣叫、寻找母猪。为了减轻仔猪的不安,最好采取赶母留仔的方法,将仔猪留在原圈内1周,1周后原窝转入保育舍。

②细心调教　仔猪转入保育舍后,要及时进行调教,逐渐养成在固定位置排便、睡觉、进食和饮水的习惯。

③环境消毒　仔猪转入保育舍前应将圈舍彻底打扫干净,并用2%火碱等消毒液消毒。

④防寒防暑　冬季要防寒保温,保持猪舍干燥、温暖,防止仔猪感冒、拉稀。夏季要防暑降温,可采取通风、洒水、遮阳等方法降低舍内温度。

6.肥育猪的饲养管理

(1)保证肉猪定期出栏的办法　肉猪饲养的目的是保证肉猪在160～170日龄时体重达到90kg左右,并能获得最优的胴体质量和经济效益。传统的肉猪育肥方法有“吊架子”和“一条龙”两种方法。“吊架子”主要适应于农村经济不发达地区,营养水平较低,饲养条件差的地方。这种方法达不到上述要求,经济效益也不高。“一条龙”的育肥方法是在肉猪的育肥过程中始终采用高能量高蛋白饲养。采用这种育肥方法是根据肉猪的生长发育规律将肉猪的整个生长期分为三个阶段:即前期15～30kg;中期30～60kg;后期60～90kg。但是在后期为了防止脂肪过度沉积和提高胴体质量,而采用限制饲喂或降低日粮能量浓度的方法,这种肉猪饲养法可达到快速增重、快速出栏、肉猪等级高、经济效益好的目的。

(2)坚持肉猪原窝饲养 猪是群居动物，来源不同的猪合群时往往易出现剧烈的咬架，相互攻击，引起争食，分群躺卧各据一方。这一行为造成个体间增重差异可达到13%以上。原窝猪在哺乳期就已形成群居秩序，肉猪期仍保持不变，就不会出现上述现象，对肉猪生产极为有利。

但在猪群整齐稍差的情况下，难免出现弱猪或体质小的猪，因此在养猪实践中常坚持原窝饲养和大小相近的猪合并饲养相结合。

肉猪生产工艺设计要求每栏肉猪存栏8～10头，在生产中常把原窝7头以上，12头以下的坚持原窝饲养，不再重新组群。当两窝猪头数差不多，并有许多相似时可以合群，但应在夜间进行，并加强管理和调教，避免打斗和咬伤。

(3)合理调制饲料，并正确饲喂 科学地调制饲料和饲喂，对提高肉猪的增重速度和饲料利用率，降低生产成本有重大意义。同时也是肉猪日常生产管理工作中的一项重要工作，特别是育肥后期更应注意。调制饲料的原则以缩小饲料体积，增强适口性和提高转化率为目的。

集约化养猪很少使用青绿饲料，主要是由于青绿饲料体积大，营养浓度低，不利于猪的快速增重。全价配合饲料一般分为颗粒料、干粉料、湿拌料3种形态，但在使用效果上颗粒料优于干粉料，湿拌料饲喂优于干粉料饲喂。实践证明，使用湿拌料饲喂无论是增重速度还是饲料转化率都是比较高的。

在饲喂方式上，一般有自由采食和限量饲喂2种方式，前者日增重高，背膘厚，饲料转换率低。后者饲料转换率高，节约饲料，背膘薄，但工人劳动强度较大。当今许多规模化猪场经常将自由采食和限量饲喂相结合，目的是想获得较好的日增重和较高的瘦肉率。具体做法是在育肥前期采用自由采食，而后期则采用限量饲喂。

在饲喂次数上，自由采食系敞开饲喂，不存在饲喂次数、限量和不限量的问题。限量饲喂法有日饲喂次数的问题，一般来说，小猪阶段日饲喂次数较多，每天4～5次。随着猪只的增多，日饲喂次数逐渐减少，中大猪一般维持每日2～3次即可。

(4)保证有充足清洁的饮水供应 水是动物组织，细胞的重要组成部分，它对体温调节、营养的消化运转、吸收和排泄等一系列新陈代谢活动都起着重要的作用，同时水也是猪的重要营养物质之一，因此必须保证水的充足和清洁。

肉猪的饮水量随体重、环境温度和采食量的变化而变化。一般在冬季肉猪的饮水量约为采食干饲料的2～3倍或为体重的10%左右，春、秋季节约为采食干饲料的4倍或体重的16%。夏季约为5倍或为体重的23%。饮水设备以自动饮水器为最好。

(5)调教 要做好猪群的调教工作，首先应了解肉猪的生活习性。一般肉猪喜卧，在正常饲养条件下一般约有60%的猪卧下或睡觉，并且喜欢在高处干燥的地方卧下休息，喜欢在潮湿和有水的地方排粪、排尿。因此猪群人舍应及时进行调教，有意识地驱赶，或在潮湿的地方堆放少量猪粪，使猪群养成吃拉睡三角定位。

(6)及时去势、防疫和驱虫

(7)肉猪适时出栏 目前，我国猪肉产品价格已经放开，实行市场调节，大中城市和沿海经济比较发达的地区，人民生活水平逐步提高，对瘦肉需求迫切，市场瘦肉易销，肥肉难卖。并且差价较大，根据猪的生长发育规律，体重达90～95kg以前脂肪相对较少，但95kg以后猪以增重脂肪为主,因此,目前许多规模化猪场都将出栏肥猪活重控制在90～95kg之间。

五、规模化养猪场的疫病防治技术

(一)猪疫病防治的基本原则

1.认真贯彻“预防为主,防重于治”的方针

按照《动物防疫法》的精神,认真贯彻“预防为主,防重于治”的方针,建立与健全疫病防治体系,克服重治轻防,只治不防的消极被动错误思想,把养猪疫病防治工作认真落实到实处,使之形成制度,坚持不懈,贯彻始终。

2.加强饲养管理

应根据猪的不同生理、生长阶段,进行科学饲养管理,以保证猪的正常发育和健康,防止营养缺乏病。同时,要搞好环境卫生,保持猪舍清洁卫生、通风良好,冬天能防寒保暖,夏天能防暑降温,这样既有利于猪的生长,又可减少疫病的发生。

3.坚持自繁自养

自繁自养可以防止从外地买猪带进疫病,减少疫病的发生。作为养猪场,如果条件允许,要建立较完善的繁育体系,至少应建有良种繁殖场和商品繁殖场。根据发展计划,养一定数量的母猪,解决猪源不足问题。如果进行品种调配或必须从外地引进种猪时,必须从非疫区无疫病的猪场选购,在选购前应对猪作必要的检疫和诊断检查。购进后一般要隔离饲养一个月,经过观察无病后才能合群并圈。

4.按消毒制度进行消毒

消毒是消灭病原体,清除外界环境的传播因素,切断疫病传播途径的重要方法。平时要定期搞好猪场和猪舍环境卫生,并严格进行消毒,以减少疫病的发生。在消毒过程中,应根据不同的消毒对象选择不同的消毒药物、浓度和消毒方法。选择消毒药物的原则是广谱、高效、低毒、廉价、作用快、性质稳定、使用方便。常用的消毒药有来苏尔、农福、福尔马林、过氧乙酸、火碱、生石灰、漂白粉等。消毒方法有喷洒、浸泡、熏蒸等。

5.合理进行药物预防

药物预防是猪群保健的一项重要技术措施。在饲料中适量添加一些抗菌素类药物,不仅可以抗病,而且对提高饲料利用率和猪的增重也有一定的效果。考虑到某些药物使用后会产生副作用,因此应慎重选择和使用,应严格按照国家规定的药物使用原则、范围和剂量使用。常用的药物添加剂有杆菌肽、土霉素、泰乐菌素、林可霉素和金霉素等。

6.按寄生虫控制程序进行驱虫

驱虫是预防和治疗寄生虫病,消灭病原寄生虫,减少或预防病原扩散的有效措施。选择驱虫药的原则是高效、低毒、广谱、低残留、价廉。常用的驱虫药有伊维菌素、阿维菌素、左旋咪唑、丙硫苯咪唑等。驱虫时,要严格按照所选药物的说明书规定的剂量、给药方法和注意事项等使用。

7.按免疫程序预防接种

预防接种是防制猪传染病发生的关键措施。通过预防接种,能使机体产生特异的抵抗力,减少和控制疫病的发生。要根据当地猪的疫病流行情况,有针对性地选择免疫种类,并按免疫程序进行预防接种,做到头头注射,个个免疫,使猪保持较高的免疫水平。

8. 预防中毒

中毒性疾病对养猪业也有一定的危害，应予以重视。在生产实践中，应防止亚硝酸盐中毒、发霉谷物饲料中毒、食盐中毒、棉籽饼中毒和农药中毒等。

(二)猪疫病防治的主要措施

1. 猪场消毒制度

(1)环境消毒：猪舍周围环境每2～3周用2%火碱等消毒药消毒1次。场周围及场内污水池、排粪沟、下水道出口，每月用漂白粉消毒1次。在大门口、猪舍入口设消毒池，消毒药物用2%火碱等，每周更换1次。

(2)人员消毒：工作人员进入生产区净道和猪舍要经过洗澡、更衣、紫外线消毒(15min)。严格控制外来人员进出，必须进入生产区时，要洗澡，更换场区工作服和工作鞋，并遵守场内防疫制度，按指定路线行走。

(3)猪舍消毒

①空舍消毒　每批猪调出后，按以下程序进行消毒。除粪—清扫—水洗—干燥－2%火碱等消毒液消毒—水洗—干燥—福尔马林熏蒸或火焰消毒—进猪。

②带猪消毒　定期进行带猪消毒，可用0.1%新洁尔灭、0.3%过氧乙酸、0.1%次氯酸钠等消毒药进行喷雾消毒，喷雾的雾滴要求50～100μm。

③走廊过道消毒　定期用2%火碱等消毒药进行消毒。

(4)用具消毒

食槽、水槽等用具每天进行洗刷，定期消毒，可用0.1%新洁尔灭或0.2%～0.5%过氧乙酸等消毒药进行消毒。

2. 免疫制度

根据当地的疫病流行情况制定适宜的免疫程序，严格执行预防接种。

第三节　山地林下生态养鸡技术

随着市场经济的发展和生活水平的不断提高，人民的饮食消费观念开始转变为吃营养、吃风味、追求健康，追求天然的返璞归真成为时尚，同时，活鸡市场优质优价的市场经济也刺激了土鸡的生产发展，而在土鸡逐渐增加的同时，快大白鸡则急剧萎缩，而且是全国性的下降和萎缩。发展优质肉鸡，适合中华民族饮食文化和习惯，也是中国加入WTO之后，真正发展具有中国特色的肉鸡产业。优质肉鸡一般指"土鸡"或"土杂鸡"，具有中国地方品种鸡(即土鸡)的特点，其风味、口感、滋味上乘，羽色、肤色各异，适合中国传统加工工艺加工或传统烹调方式，是受消费市场欢迎的良种鸡。"土鸡"通常是指由农村千家万户以传统方式养殖出来的地方品种鸡。而现代土鸡养殖则是指利用当代科学技术与传统养殖方法相结合，按生态养殖方式生产上市的优质土种肉鸡或土杂鸡。土鸡肉香、汤鲜、味美，肉质具有高蛋白、高赖氨酸、高磷脂、低脂肪、低胆固醇、低热量的特点，易于消化吸收，适合大多数人食用，也适合制作各种特色中国菜肴。其市场需求量将越来越大。下面介绍农户山地林下生态养殖土鸡的实用技术。

一、品种选择

林下养鸡是放牧为主，舍饲为辅的饲养方式，因其生产环境较为粗放，应选择适应性强，抗病力强，耐粗饲，勤于觅食的地方鸡种或土杂鸡进行饲养。如泰和乌骨鸡、固始鸡、肖山鸡、三黄鸡、杏花鸡、三黄胡须鸡，西南地区的旧院黑鸡、盐津乌骨鸡，山地乌骨鸡，特别是重庆本地的城口山地鸡和大宁河鸡等地方优良品种。它们虽然生长速度较慢，饲料报酬低，但肉质鲜美，价格高，利润大，是山地林下饲养的主要品种。

二、雏鸡饲养管理

种鸡生产和鸡苗孵化投资大，技术要求高，不适合一般农户经营，此处不作介绍，仅介绍育雏和肉鸡放养技术。

（一）育雏前应做的准备工作

育雏前要充分做好各项准备工作，不能临时去应付。雏鸡的饲养人员要选择工作负责、细致、具有一定养鸡经验，会观察、能发现问题的人担任。

(1)准备育雏舍：房屋不能渗漏雨水，墙壁不能有裂缝，水泥地面要平整，无鼠洞且干燥，门窗严密，房屋保温性能好，并能通风换气。平养育雏舍内要间隔成几个小间，每小间面积 $20m^2$ 为宜，便于分群饲养管理和调整鸡群。

(2)育雏设备：育雏要准备好保温设备、饲槽、饮水器、水桶、料桶、温湿度计、扫帚、清粪工具、消毒用具。另外根据实际情况添置需要的用具。一般每只雏鸡占有的料槽长度为：1～3 周龄 4cm，4～6 周龄 6cm。每百只雏鸡占有饮水器 60cm 以上。只有保证每只鸡有合适的采食和饮水位置，才能使其均匀地生长发育。若是笼养育雏，还要准备专用的育雏笼，育雏笼最好同育成笼合二为一做成既可育雏又可育成，以免浪费设备。育雏育成笼可就地取材自制，也可委托有关工厂制造、购买。总之，要便于雏鸡采食、饮水和饲养人员管理操作方便。

(3)保温设备：根据饲养条件和育雏要求，选择和修建相应的供温设备。如：保温伞、红外线灯泡、电热管(板)、烟道、火炉等。

(4)清洗消毒：育雏舍在进鸡之前必须彻底清洗，包括墙壁、地面、笼具等设备的清洗。然后用 1%的氢氧化钠(烧碱)溶液喷洒墙壁和地面，再用其他消毒剂按使用说明对育雏舍所有设备进行喷洒。最后把门关闭，对育雏舍和用具进行熏蒸消毒。其方法有两种：一是用福尔马林 $40mL/m^3$，高锰酸钾 20g。先放高锰酸钾在舍内瓷器中，后加入福尔马林，使其产生烟雾熏蒸 2h。然后打开门窗通风换气，使舍内烟雾散发出去。第二是用过氧乙酸熏蒸消毒，过氧乙酸 $3g/m^3$，放在容器内加热使其蒸发，密闭 2h。熏蒸时舍内相对湿度要保持在 60%，其消毒效果明显。

(5)饲料及药品：按照所进鸡种的营养需要标准，提前配合好雏鸡饲料。一次配最好不要超过 4d 的用量，以免饲料霉变和营养成分损失。为了预防雏鸡发生疾病，要准备好相应的药品和疫苗。准备工作完成后，在进鸡前 2d 开始升温，直至达到雏鸡所需要的温度为止。

（二）常见的育雏育成方式

(1)地面式：指鸡饲养在平房或楼房鸡舍内的地面上，地面上铺有垫草，机械饲养设料机、输料带、料盘、自动饮水器、保温伞、电灯、电风扇等。手工饲养设料槽、料盘、饮水器、烟道或电热器、电灯、电风扇以及自然通风窗等。地面式宜在气候干燥地区,通风设备良好时采用。

(2)网上式:指鸡饲养在平房或楼房鸡舍内离开地面的平网上,网可用金属、塑料或竹木制成。饲养设备同地面式。网上式适宜在气候潮湿地区,通风设备条件较差的情况下采用。

(3)笼式:指鸡饲养在平房或楼房鸡舍内离开地面的重叠笼或阶梯笼内,笼子可用金属、塑料或竹木做成。饲养设备需料槽、料盘、乳头饮水设备、水槽、电灯、烟道或电热器、电风扇以及自然通风窗等。笼式可在气候潮湿地区采用。

(三)育雏需要的基本条件

雏鸡出壳后,体温调节能力弱,必须由外界供热保暖,才能维持正常体温,否则就要死亡,这种供热饲养方式就叫育雏。育雏期一般为42d,但由于育雏季节的不同,可长于42d也可短于42d。

(1)温度:育雏室内除了要求适宜的温度外,还必须注意室温平稳均匀,切忌时高时低。雏鸡的分布状态是判断温度是否适宜的标志。温度合适则雏鸡均匀分散、活泼,夜间睡眠伸头展翅,形象舒服。雏鸡打推,叽叽叫唤,靠近热源,不爱活动,表现畏冷,说明温度低,则需加温。雏鸡远离热源,翅膀散开并张口喘气,呼吸急促,饮水增加,说明温度偏高,则需降温。

表 8-4 育雏温度

电热器、烟道、火炉供温时		育雏伞供温时,每周温度下降2℃	
年龄	鸡背高处的温度(℃)	年龄	育雏伞边缘下鸡背高处(℃)
1~2日龄	35~36	1~4日龄	33
3~4日龄	33~34	5~7日龄	31~33
5~7日龄	31~33	2周龄	30
2周龄	28~29	3周龄	28
3周龄	26~27	4周龄	26
4周龄	24~25	5周龄	24
5周龄	22~23	6周龄	22
6周龄	21~22		

(2)湿度:育雏舍的湿度一般控制在60%~70%,雏鸡10d内为65%~70%,10d后为55%~60%。在实际生产中还要视季节、饲养和雏鸡体质而适当调整。如果空气湿度超过80%或低于40%并与温度、通风共同发生作用时可能造成危害。当湿度大、温度又很高,加上通风不良的情况下,雏鸡体热不能正常散发,引起食欲下降,生长缓慢,抵抗力减弱,并使舍内垫料发霉,寄生虫、病原菌趁机滋生繁殖,导致雏鸡发病;湿度过小,空气干燥,加上高温和通风过速,使雏鸡体内水分大量散发,腹腔剩余卵黄吸收不良,绒毛干枯,体形瘦弱,食欲下降,频频饮水,如这时饮水供应短缺,则易造成脱水而死亡。随着雏鸡日龄的增长,饮水量增加,粪中水分蒸发得多,环境湿度大。尤其阴雨天更应注意防止潮湿,不要让饮水器溢水,以免垫料腐烂发霉。

(3)通风:通风换气可以排除室内污浊的气体,换进新鲜空气。育雏期间,雏鸡呼出二氧化碳,排出粪便和使用的垫料经微生物分解发酵,产生大量的有害气体,如氨和硫化氢等。这些气体对雏鸡是非常有害的。应该在保温的前提下,搞好通风换气,以免有害气体滞留而超过允许量,造成雏鸡体质衰弱,并导致死亡率的增高。有些人往往注意了保温而忽视了通风换气,造成不必要的损失,应引起注意。有窗鸡舍在较冷季节,可以安装布帘,使人进入舍内不应有闷气、刺眼、刺鼻的感觉。当然,室内通风过畅,温度下降,甚至形成穿堂风,雏鸡易受凉感冒,这也是应该避免的。

(4)密度:饲养密度对雏鸡生长发育影响很大。密度正常可以使雏鸡获得足够的活动范围,采食和饮水也不会拥挤,密度过高就会限制雏鸡活动,造成空气污浊、湿度增高,会诱发啄癖,同时,由于拥挤,有些弱雏经常吃不到饲料,体重不够,形成生长发育不一致的群体。当然,密度过小,则增加设备和人工费用,保温较困难,也不符合育雏要求。通常饲养密度为:0~3 周龄为 30~50 只/m^2,4~9 周龄为 15~25 只/m^2,10~20 周龄 10~15 只/m^2。

(四)育雏期供温主要方式

(1)保温伞:保温伞可为方形、长方形或圆形。圆形保温伞直径 100cm,高 70cm,可育雏 300 只左右。伞内安装两盏 50W 的红外线灯。保温伞上安装灯开关,根据需要可控制 1 或 2 盏红外线灯,也可安装自动控温继电器,自动控温。在保温伞外距离地面 15cm 处,设置温度计,以便随时检查保温伞下和舍内温湿度。

(2)电热管(板):根据需要购买电热板。其发热性良好,升温快,育雏上已广泛使用。电热管(板)一般放在地面或墙边。实践证明,50m^2 育雏室用 8 个 800W 电热管,管理方便、温度均匀,育雏效果良好。

(3)烟道育雏:烟道分地上和地下烟道两种。地上烟道建筑在地面上或将烟道架高。地下烟道建于地面下,使地面升温。两种烟道一头连接炉灶,另一头是烟囱。为使烟道内烟火畅通,可向烟囱的方向修成斜坡。烟囱高度不能低于地面烟道长度。

(4)红外线灯育雏:利用红外线灯散发的热量来保温,灯泡规格为 250W。如果跟育雏伞配套使用最为理想。红外线灯挂在育雏器的外面,灯泡离地面 45cm,以后每周将灯泡提高 7~8cm,直至 60cm 为止。这样雏鸡在育雏器外面采食和饮水不致受惊。红外线灯也可以单独用来育雏,缺点是光照强度大,对 4 日龄以后的雏鸡容易造成疲劳。

(五)育雏期的管理

(1)分群:雏鸡入育雏室后,一定要按强弱分笼或分群,切不可怕麻烦把大小不一、强弱不均的雏鸡混在一起养。在育雏过程中分群的工作要坚持进行,一旦发现某笼或某群雏鸡强弱不均,就要调整分群。进入育雏育成室的第一天,要将公母分群或分笼饲养。

(2)饮水开食:雏鸡一进入育雏育成舍,必须迅速学会饮水和吃食。虽然它们能出壳后不吃不饮达 3 天之久,但这样会造成损害。任何延迟都会使其脱水和虚弱,而虚弱的鸡就不可能很快地学会饮水和吃食。最好在鸡出壳后 24h 内就给予饮水。

①水温　在雏鸡入舍前 4h 将水灌入饮水器内。这样可有充分时间利用育雏舍的热量使水温升高。水温应该是 18℃以上,并且要用新鲜水,不用陈水。

②饮水的消毒　很多鸡场在不同时间内在饮水中添加消毒剂,这样做可减少疾病造成的损失。但进行饮水免疫时,饮水中决不要加消毒剂,否则降低疫苗效果,甚至使疫苗

完全无效。

③充足的饮水　要保证雏鸡饮水，仅仅提供足够量饮水还是不够的。仔细观察可见有些鸡看起来好像在饮水，其实这些鸡没有靠上饮水器。如果在生产中是个普遍问题，就要增加饮水器数量，并检查头几天内的光照强度是否足够。

④饮水量　雏鸡饮水量见下表 8-5：

表 8-5　100 只肉用雏鸡每天的饮水量　单位：L

室温	1 周	2 周	3 周	4 周	5 周	6 周
21.1℃以下	2.27	3.97	5.22	6.13	7.04	7.72
32.2℃	3.90	6.81	9.01	10.60	12.11	12.32

(3)雏鸡饲喂方法：在整个育雏期的 42d 内，每天喂 4 次料，饮水不断。在每天加水前要清洗水槽。若是笼育，饲喂到 10d 左右撤掉底网上的报纸或塑料网，笼上的料槽高度随鸡龄的增加随时调整。喂到 7 周龄，将雏鸡料槽换成中鸡料槽，并将雏鸡料换成中鸡料。以后就进入不供热的中鸡饲养阶段。

(4)稀群：雏鸡和中鸡生长迅速，体格增长很快，占用空间要逐步加大。若是 3 层笼育雏鸡，从 21 日龄开始第 1 次稀群，就是将每笼里不到 120 只雏鸡的 1/3 即不到 40 只雏鸡放到上或下空笼内。随着鸡龄的增加随时将笼内较密的鸡移到其他空笼内。这样一直养到上大鸡笼为止。

(5)光照：育雏的光照原则是 0～3 日龄每天光照 24h，4～140 日龄每天光照时间必须逐渐减少或者保持恒定，决不能增加。

(6)防止啄癖：啄癖是指啄肛、啄眼、啄羽、啄趾和啄伤口等，4 周龄雏鸡开始换羽，发生啄癖的百分比最高。引起的原因很复杂，防止方法可针对原因进行。第一，调整日粮成分。如缺乏维生素、缺盐则补充维生素、食盐等。第二，饲养密度大，则应减少每平方米雏鸡数，使其活动不过分拥挤。第三，室内闷气，臭气较浓，可加强通风和清洁卫生管理。第四，光线过强，可将窗子用布帘遮暗。第五，雏鸡的伤口及时用消毒药涂擦。

三、商品肉鸡饲养管理

(一)林果地选择

一般林果地都可用于散养鸡，但以地势高、南坡向阳、通风换气条件好的果林为好，夏季选择生长较茂密的成年林，如柑桔、梨、板栗园等，冬季选择落叶、幼年林为好，如桃、李、梨园等，这样能达到冬季阳光足，夏季树荫挡阳光的作用。选择的果园要求离开村庄一定距离，交通便利。

林内可留有杂草等天然食物，以增加鸡群采食量。但杂草切忌过深过密，以免蛇、鼠等对鸡群造成伤害。放养林地面积较大时，可多搭几个临时荫棚(每亩 1～2 个)，棚内安放料槽、饮水器，供鸡白天采食、饮水和防风避雨之用。若林地周围环境较乱，担心鸡只被盗或鸡只走失，可用尼龙网围林地一周，高 1.5m。

(二)鸡舍建造

在放养肉鸡的果园居中地段,选择适当避风平坦处用土墙或砖木及油毛毡搭成双坡式高约2m,跨度5～6m,长度10～30m的简易鸡舍。地面铺砂土或水泥,鸡舍饲养密度约为20只/m^2,每舍养500～1500只为宜,鸡舍坐北朝南或坐西北朝东南。

(三)放养管理

(1)放养密度与规模:放养密度应按宜稀不宜密的原则,一般每亩林地放养80～150只。密度过大草虫等饵料不足,增加精料饲喂量,影响鸡肉、蛋的口味;密度过小,浪费资源,生态效益低。放养规模一般以每群500～1500只左右为宜,条件好的也不能超出5000只,宁愿多点投放,分散养殖。采用全进全出制。这样有利于饲养管理、防疫治病、降低风险、增加效益、稳步发展。

(2)放养时期:根据林地饲料资源和苗鸡日龄综合确定放养时期。一般选择3月初至11月底放牧,此间林地杂草丛生,虫、蚁等昆虫繁衍旺盛,鸡群可采食到充足的生态饲料。12月至次年2月份则采用圈养为主、放牧为辅的饲养方式。

(3)划定轮牧区:一般3～5亩林地划为一个牧区,每个牧区用尼龙网隔开,这样既能防止老鼠、黄鼠狼等对鸡群的侵害和传染性病菌带入,有利于管理,又有利于食物链的建立。待一个牧区草虫不足时再将鸡群赶到另一牧区放牧,公母鸡最好分在不同的牧区放养。在养鸡数量少和草虫不足时期可不分区。一般一片林果地饲喂2～3批散养鸡后就应另换场地,将原林地翻挖并空半年后再养鸡,效果较好。鸡群出栏后,应对果园进行清理,果园地面可用生石灰或石灰乳泼洒消毒。果园每养一批鸡要间隔一段时间再养。一片果园养完一批,要空闲一段时间,另找一片果园饲养,也就是所谓"轮牧"。

正确处理治虫与放牧的关系。果园养鸡虫害较少,但需治虫时,首先选择高效低毒低残留的农药,喷洒时尽量少喷到地面,鸡即使食入虫子,毒害的可能性也小;其次选择晴天治虫,药液滴入地面少。最好将治虫与放牧时间错开,尽量使鸡少接触药物,以防万一。

(4)按时补饲:为补充放养时期饲料的不足,对放养土鸡要适时补饲。开始上山放养的头几天,应在饲料或饮水中加入适量的维生素C或复合维生素以防应激反应。训导期抛食要遵循"早宜少、晚适量"原则。早期小鸡觅食能力差,可酌情加料,到6周龄时即可少量象征性抛喂早食,晚食则根据当天采食情况适量添加,遇到刮风下雨天则应多加量。棚舍附近应设若干个饮水器。补饲精料的粗蛋白含量要适宜,参考配方(%)为:玉米58.4、麦麸9.5、豆粕22、骨粉2.5、草糠6、食盐0.3、微量元素添加剂0.1、蛋氨酸0.1、氯化胆碱0.1。

(5)放牧调教与管理:密切注意天气变化,遇到天气突变,下雨、下雪或起大风前应及时将鸡群赶回鸡舍,防止鸡只受寒发病。夏季的晚上,可在林地悬挂一些白炽灯,以吸引更多的昆虫让鸡群捕食。放养初期每天放牧3～4h,以后逐日增加放牧时间。为使鸡群定时归巢和方便补料,应配合训练口令,如吹口哨、敲料桶等进行归牧调教。

后期饲料可由配合料逐渐过渡到单一的玉米、稻谷,条件好的用颗粒料。一般上午10时后投1次料,下午3时后投1次料,入睡前再加1次。整个饲养期不停水。经常观察,发现精神、食欲、粪便异常者,应及早采取措施。要及时剔除病、死鸡,防止老鼠、老鹰、蛇、黄鼠狼等兽害。

(6)适当的饲养时间:土鸡饲养期不当,直接影响鸡的肉质风味及养殖效益。饲养期太短，肉质太嫩，风味差，影响销路及价格；饲养期太长，饲料报酬降低，风险性增加，且易造成劳力、场地等资源浪费，增加饲养成本，效益变差。土鸡羽毛丰满，色泽光亮，鸡冠鲜红，鸣叫有力，体重达 1.2～1.5kg，时间在 80d 以上就可以上市了。

第四节　南方奶牛的饲养管理

一、奶牛的一般饲养管理

(一)奶牛的饲养

(1)营养需要与采食量：奶牛的营养需要主要包括维持牛体正常生命的基础代谢需要和生产需要。一头泌乳期产奶量 5000kg 的奶牛，从牛奶中分泌的干物质可达 500～650kg，超过其本身体重干物质的 3～4 倍。所以，必须根据奶牛饲养标准的要求，满足其各种营养的需要。例如，两头体重 600kg、产奶潜力相同的牛，由于饲养水平不同产生了不同的生产效率和饲料利用效率(表 8-6)。

表 8-6　不同饲养水平的产奶量与饲料转化效率

牛号	奶牛能量单位	维持的能量单位	产奶的能量单位	折合标准乳(kg)	1kg 奶消耗能量
1	35.0	13.73	21.27	21.27	1.65
2	45.0	13.73	31.27	31.27	1.44

上表说明饲养水平对促进产奶量和降低每千克奶能量消耗的关系。按照饲养标准，满足奶牛的营养需要，是充分发挥产奶潜力、提高饲料转化效率的有效途径。奶牛所需要的营养物质基本上全包括在干物质之中，所以，干物质的采食量对奶牛来说十分重要，尤其是高产奶牛随着奶量的增加，采食量必然增加。干物质采食量受体重、产奶量、泌乳阶段、环境条件、饲料类型与品质以及饲喂方式和体况等因素制约。

(2)日粮结构：为了满足营养需要，日粮结构中要有相当比例的精料。但是，精料过多，造成牛的采食量和粗饲料量减少，乳脂率下降，瘤胃内 pH 降低，功能异常，引起酸性消化不良征候群、瘫痪、休克和死亡。一般日粮结构中精料所占的比例不宜超过 60%；日粮粗纤维含量不宜低于 13%。奶牛的日粮必须保持一定的容积。所以，应以粗饲料为基础，合理配合精料、块根、糟渣和矿物质等饲料。粗饲料给量一般为奶牛体重的 1.5%～2.0%。每天干草的给量应不低于 3～5kg。根据牛只需要的日粮干物质确定各种粗料的喂量，泌乳牛可按其泌乳前、中、后三期确定精粗比例，依次为 60∶40，50∶50，35～40∶65～60；孕牛为 30～35∶70～65，而后根据粗料营养不足部分以精料来补充(各种饲料的成分与营养价值，可查中国饲料数据库)。泌乳前、中、后期的精料配方中的粗蛋白质一般分别为 18%、15%和 12%，粗纤维为 15%、17%和 18%以上。蛋白质方面要注意小肠可消化蛋白质(特别是产乳前期)，若不足则高产期维持时间不长。不足时应该在精料配方中提高(或配入)加热大豆等以增加非降解蛋白质。饲料日粮中青饲料及青贮饲料喂量应适当控制，因为，此类饲料喂量过多，影响其他营养物质的进食量，进而影响总营养物质的进食量。饲料还需多种多样，这样可弥补饲料相互间所含营养的不平衡，保证营养价值完全，促进牛的食欲，提高产乳量。

一般要求日粮应由 2 种以上粗饲料、2～3 种多汁饲料、3～4 种精饲料组成。奶牛常用饲料最大饲喂量见表 8-7。

表 8-7　奶牛常用饲料最大饲喂量

饲料名称	每日最大喂量(kg)	饲料名称	每日最大喂量(kg)
青　草	20	玉米、大麦	4
青　贮	25	豆　饼	4
干　草	10	麸　皮	3
块　根	10	其他饼类	4
糟　渣	10	玉米皮	3

(3)饲养制度：奶牛在生产中可形成良好的条件反射。要制订有利于牛的生理活动和工作人员休息的工作日程和饲养制度。饲喂奶牛要定时、定量，饲料种类要相对保持稳定，保证消化机能正常，防止应激反应的发生。饲喂次数与挤奶次数一致。目前，国内多数奶牛场采用 3 次上槽饲喂、3 次挤奶的工作日程。

饲料应新鲜清洁，无铁钉、铁丝等异物混入。为了增进奶牛的食欲和消化，应加强饲料调制，采用热水泡料、糖化和将粒料破碎等调制方法，使牛吃得多、吃得好。

在投喂方式上，一般采取精粗料分开投喂。粗饲料一般不限量，投喂粗饲料时应少给勤添，做到既保证奶牛随时能吃到饲料，又不造成浪费，如果掌握得适当，仅此一项可就节约日粮 20%左右。奶牛夜间也会采食，所以晚上应投喂足够的粗饲料，并且喂料时应有灯光照明。每次饲喂间隔时间和喂量应大致相等。泌乳牛喂粗料时间一般安排在挤乳后，以减少饲料对牛乳风味的影响。挤乳时可以喂精料，以保持乳牛安静，便于挤乳操作。干乳牛和育成牛喂精料 1～2 次，一般先粗后精、先干后湿和先喂后饮。现在国外有的奶牛场实行精粗饲料混合饲喂，这样可以防止奶牛挑食，使奶牛吃到的每一口饲料都是全价饲料，既提高了饲料利用率，投料也方便。但这样做需要专门的加工、计量及混合设备，还必须现配现喂。目前一些龙头企业在建奶牛饲养小区时可考虑这一方法。

(4)供水：奶牛饮水量很大，据测定，奶牛每采食 1kg 饲料干物质，需饮水 4～6kg；每产 1kg 乳，应供给饮水 2.5～3.5kg。实践证明，给予奶牛符合卫生条件的饮水，不但有利于牛的健康，而且还能提高产乳量 6%～10%。奶牛每日的饮水量受干物质的进食量、气候、日粮品质、水的质量及奶牛生理状态的影响。一般应在喂料后供给充足的饮水。奶牛每日饮水量详见表 8-8。

表 8-8　奶牛日饮水量

状　态	饮水量(kg/d)	年龄	饮水量(kg/d)
高产牛	105～132	18～24 年龄	26～37
低产牛	60～75	12～18 年龄	22～26
干乳牛	37～56	5～12 年龄	15～18

每日应给牛饮水4次以上，并在运动场内设置饮水池。一般每20头牛用一个饮水器，或25～40头牛共用一个小饮水池。犊牛在开始诱食干饲料时就应提供饮水。

(二)奶牛的管理

(1)奶牛的防暑降温：奶牛对寒冷有较强的抵抗力，但对高温适应性较差。

(2)运动：适当加强奶牛的运动不但能促进牛的健康，而且对提高产乳量，改进牛乳品质均有良好的作用。据试验，奶牛每天运动2h可提高乳脂率0.2%。母牛除在喂料、挤乳、刷拭或严冬、下雨天关在牛舍内以外，其余时间最好放入运动场让其自由运动。奶牛逍遥运动时间每天应不少于6h，但不能让奶牛做剧烈运动，以免影响产乳量。

(3)刷拭和水浴：经常刷拭牛体，不仅能保持牛全身清洁，清除体表寄生虫，并能改善血液循环，增进肺部呼吸，提高饲料利用率和泌乳量。夏季防暑用水洗刷牛体，每日刷拭2次。刷下的牛毛应收集起来，不能让牛舔食，以免在胃内形成毛团而影响消化。刷下的灰尘不能落入饲料内。刷拭工作应在挤乳前半小时完成，以防尘屑污染牛乳。

(4)牛舍内部卫生：牛舍内的空气、温度、湿度、牛床上的粪便及全舍内的卫生情况，对牛的健康及乳产品的质量均有直接的关系。要求牛舍内的窗户和通气孔必须保证通风良好。若牛舍内的污浊空气不能排出，新鲜空气不能进入，就会使牛舍内的湿度过大，影响牛的健康和产乳量。为防止舍内的湿度过大，冬季不再用水冲洗牛栏。牛排泄的粪尿及污湿的垫草应及时清除。此外，牛舍内的饲槽要经常保持清洁干燥，牛每天采食饲料后，一定要将饲槽刷洗干净，以防残余的饲料在饲槽中腐败。牛吃了腐败的饲料会发生胃肠疾病。

(5)护蹄：南方地区乳牛因蹄病淘汰者常占10%～20%，造成很大的经济损失，为此对护蹄工作切不可忽视。防止牛蹄病的措施是：牛床干燥，勤换垫草，运动场不泥泞，奶牛常运动。运动场上的坑洼处应填平以防积水，随时清除运动场内的碎石块、砖头和粪便。还应经常洗蹄、修蹄。奶牛场应有专人负责修蹄工作，每年应进行两次修蹄。

(6)观察记录：观察奶牛食欲、反刍、粪尿、发情情况，做好记录。

二、犊牛的饲养管理

(一)犊牛的生理特点

从出生到断乳(3～6月龄)阶段的小牛，称为犊牛。有以下生产特点：

(1)初生的犊牛对外界环境的适应能力较差，缺乏免疫力，不良的外界环境常引起犊牛发病和死亡。所以，必须加强初生犊牛的护理和饲养。

(2)初生犊牛的前胃均未发育完全，容积小，机能不完全，主要依靠皱胃和小肠进行消化。

(3)初生犊牛的消化道内有足够的乳糖酶和凝乳酶，可很好地消化乳糖和乳蛋白质。随着日龄的增长，胰脂肪酶达到一定水平，可很好地利用牛奶和其他动植物代用品中的脂肪。初生犊牛的消化道内缺少麦芽糖酶和蔗糖酶，对淀粉和蔗糖的消化很差。所以，初生犊牛出生后几周内，应以奶为主，逐渐加喂植物性饲料。

(4)哺乳期中的犊牛，逐渐用植物性饲料替代奶作为主要营养来源。随着饲料的转变，前胃很快发育，容积增大，机能逐渐完善，能大量利用植物性饲料。

(二)犊牛饲养管理技术要点

(1)尽早哺喂初乳:母牛分娩一周内所产的奶叫初乳。初乳有特殊的生物学特性,是培育健康犊牛,降低犊牛死亡率所不可缺少的,应让初生犊牛吃上初乳,越早越好。初乳颜色黄、粘稠,干物质含量比常乳高。蛋白质含量为常乳的4~5倍,可提供大量免疫球蛋白,以增强犊牛对疾病的免疫力,同时,丰富的蛋白质可促进犊牛的生长发育。初乳中矿物质含量也较丰富,钙、磷含量为常乳的1倍,还含有较多的镁盐,有轻泻作用,有助于排出胎粪。维生素A、D、E也很丰富,对犊牛的生长和健康也有重要作用。初乳的酸度较高,能有效地刺激消化液的分泌和抑制有害细菌的繁殖。

初乳对于初生犊牛是不可缺少的,出生后必须喂给初乳。一般犊牛出生后0.5~1.0h就应喂给初乳。第1次喂量为1~2kg,以后可按犊牛体重的10%~16%喂给,一天分3~4次饲喂。挤出的初乳温度为35℃~38℃,可立即饲喂。由于初乳有较浓的腥臭味,煮沸时要发生凝固,一般不允许把初乳混入商品乳中供人食用。多余的初乳可以贮存起来,供以后饲喂犊牛。为解决少数母牛产犊后无奶,犊牛缺初乳的问题,可采用以下措施:①给初生犊牛皮下注射其他健康成年母牛全血100mL,以激活初生犊牛体内产生免疫球蛋白的机制,增强抵抗力;②配制人工初乳。其方法是:用新鲜鸡蛋2~3个,鱼肝油15g,食盐9~10g,加1L冷却到40℃~50℃的鲜开水,搅拌均匀(或加入0.75kg牛奶充分混匀,加温至38℃),在犊牛4~7d内,按每kg体重每次喂给8~10mL。8日龄后喂其他母牛的常乳。

当部分母牛产犊后,奶水多,初生犊牛食用不完,可采用冷冻(4℃以下)贮存、加酸(加丙酸5~10mL/kg)和发酵的方法延长保存时间,以后再喂犊牛以节约常乳。初乳的发酵方法是:初乳先经纱布过滤,加温至70℃~80℃,维持5~10min,再装入奶桶加盖冷却至40℃左右,再倒入已消过毒的发酵罐或塑料桶中,再按其初乳量的5%~8%(热天用少,冬天用多)加入市售鲜酸奶,混匀,加上盖,在阴凉处放置3~5d,待乳汁呈半凝固状时即可饲用。制作时加温切勿过高,否则会凝结成块,影响质量。发酵初乳呈淡黄色,带有酸甜芳香味。若出现灰、黑色,有腐败、霉味者,一律不得饲用。

(2)及早开食补饲:为了让犊牛尽早采食植物性饲料,促进瘤胃发育,减少喂乳量,一般应从1周龄开始给犊牛喂干饲料。每次喂乳后,用一盆装犊牛开食料,一个小盆装清水,另一个篮子装优质干草或青草,让犊牛自由采食和饮水。开食料和草料的喂量应视犊牛采食情况逐渐增加。与此同时,应控制犊牛喂乳量,迫使犊牛多采食干饲料。下面推荐一个犊牛开食料配方:

苜蓿干草粉20%(也可自由采食苜蓿干草)、玉米30%、麦麸40%、白糖2%、熟大豆粉5%(可用蛋白质水平相当的菜籽饼代替)、磷酸氢钙2%、碘化食盐1%。另外,每kg饲料加4400U维生素A,660U维生素D,22mg土霉素或金霉素。犊牛开食料最好制成颗粒,也可在粉料中加少量水拌湿后饲喂。

(3)饮水:初乳期在每次喂奶后1~2h饮给温水。15~20日龄在喂奶和食用精料后饮水,1月龄后在运动场饮水槽自由饮水。

(4)科学哺喂常乳:除役用牛常采用犊牛随母牛自由哺乳外,乳用牛、肉用牛犊牛都采用人工哺乳。犊牛出生10~15日龄内,最好用母亲的常乳喂养,2~3周龄内,按每6~10kg体重喂奶1kg的标准供奶。

犊牛的哺乳期及哺乳量,应根据犊牛的品种,发育状况,牛场的总产乳量、饲养水平等具体情况来确定。如精料条件较差的牛场，哺乳期可定为3～5个月，哺乳量300～500kg/头；如精料条件较好，哺乳期可缩短为60～80d，哺乳量为200～250kg。种用公犊的哺乳量和哺乳期可适当提高和延长。犊牛哺乳要做到“三定”，即定时、定量、定温，使犊牛饲养有一定的规律。

(5)饲养方式：最好采取移动式单栏饲养方式。犊牛从出生到断奶，单独饲养在一个可移动的牛栏内。每个牛栏设有三面封闭、一面开放朝阳、无底面、顶部有顶板的敞开式小棚和一小块犊牛可自由活动围栏围绕的场地。牛栏设在舍外，一牛一栏，避免了相互吸吮和接触，减少疾病传播机会，降低了发病率和死亡率。栏内通风，空气新鲜，光线充足，运动自由。牛栏结构简单，可拆移到新的场地。

(6)犊牛适时断奶：在母牛妊娠后期或犊牛出生后3个月左右，若营养限制程度较严重，必将导致犊牛生长发育受阻，以后难以进行补偿生长，形成“大头牛”，故必须供给充足的全价营养物质，满足犊牛生长发育的需要。无论是随母哺育犊牛，还是人工哺育犊牛，均应补饲配合精料(犊牛开食料)，逐渐减少哺乳量，相应增加开食料喂量。当犊牛在3～4月龄时，若能采食0.5～0.75kg开食料，即可断奶。若犊牛体质较弱，可适当延长哺乳时间，增加哺乳量。犊牛随母哺育时，传统断奶时间为6～7月龄。哺乳后期犊牛可饲喂大量优质青干草、青贮饲料，任其自由采食。根据青粗饲料品质的好坏，精料用量占日粮的20%～40%。断奶后用配合精料逐渐代替开食料，其中干物质进食量占体重5%左右，日粮中粗蛋白占18%～20%，可消化养分占75%，供给充足钙、磷、微量元素和维生素A及E。

乳用犊牛的早期断奶。根据我国目前乳牛饲养的实际，把乳用犊牛总喂乳量300kg以下，2月龄断奶，视为早期断奶。早期断奶既可减少奶的消耗，增加奶牛场的收入，还可促进母牛再次发情配种。

为达到早期断奶的目的，应严格控制犊牛喂奶量，同时及早实行补饲。犊牛2月龄断奶的饲养方案设计如下：

①出生后1h内，喂1.4～1.8kg初乳。

②1周龄前，日喂初乳3～4.5kg，分3次喂。

③1～5周龄，日喂乳4.5kg，分2次喂。

④6～7周龄，日喂乳3.5kg，分2次喂。

⑤8周龄，日喂乳2kg，分2次喂。

⑥断奶前4日，日喂乳2kg，晚上喂1次。

⑦从一周龄开始饲喂犊牛开食料、干草和饮水，喂量逐日增加。当犊牛一天能吃0.75～1.0kg干饲料时，即可断奶。2月龄断奶喂乳总量可控制在200～250kg。

⑧断奶后应继续喂开食料至3月龄，日喂量控制在1.5～2.5kg。三月龄后再逐步换为育成牛日粮。

(7)犊牛的管理：断奶前的犊牛最好在单间牛笼(圈)里饲养。犊牛圈应保持干燥、干净、无贼风，地上铺干净垫草。犊牛圈每次使用后应彻底消毒。犊牛的饮水和食槽应保持清洁卫生。充足的运动，对促进犊牛生长发育、提高新陈代谢、改善血液循环及肺部发育、增大胃肠容积，均有良好的作用。出生后5～7d的犊牛，即可放入运动场自由活动半小时，到1月龄时，每天可运动2次，每次1～1.5h。但在暑热天气，午间应避免太阳直接曝晒，以免中暑。对犊牛体躯各部位，每日必须刷拭1～2次。给犊牛刷毛，除了清洁牛体的脏物外，还促进了皮肤的血液循环，并使它习惯和人接近。遇到犊牛对人表现不友善行为时，切不可打骂惩罚，而要耐心地接触，防止养成恶习。奶牛大规模饲养时，作为后备乳牛的母犊出生后应及时编号，编号可用耳标、颈链、烙印等方式，这是建立乳牛档案的基础。

为便于管理和运输，除留种用的公牛外，乳用、肉用牛犊均应去角。去角的时间越早越好，最好是出生后5～7d内进行，这样犊牛痛苦小，去角比较容易和彻底。去角的方法有电烙和碱法两种。

为了便于在成年后用机器挤乳，乳牛犊在1～2月龄时应切除副乳头。

三、育成牛的饲养管理

(一)育成牛的饲养

育成牛分为3个饲养阶段，即7～12月龄、13月龄至初配、初配受胎至分娩。

(1)7～12月龄育成牛。育成母牛6月龄至1周岁前是性成熟期，其性器官和第二性征发育很快，体躯向高度和长度方面急剧生长。同时，其前胃也相应发育，容积扩大1倍。因此，在饲养上要求供给足够的营养物质，同时，还要求饲料必须具有一定的容积，才能刺激其前胃的发育。对这一期间的育成母牛，除给予优质的干草、牧草和多汁饲料外，前期还须适当补充一些精饲料，从9～10月龄起，可增大秸秆、谷糠的用量，同时每天可喂适量的尿素作蛋白质补充。

(2)12～18月龄的育成母牛。该阶段育成母牛体躯接近成年母牛，消化器官已基本发育完善，可大量利用低质粗料，锻炼瘤胃消化功能。为降低饲养成本，其日粮应以粗饲料和多汁饲料为主，其比例约占日粮总量的80%，并可喂尿素60～100g，补充蛋白质的不足。

(3)18～24月龄的育成母牛(青年牛)。该阶段育成母牛已开始交配，生长变缓，体内容易贮积过多的脂肪。因此，对这阶段的育成母牛，应适当控制精料的喂量，以免牛体过肥，造成不孕；但也不可只喂粗饲料，以免因营养过低而使牛生长发育受阻，成为体躯浅窄，四肢细弱、产乳量低的母牛。在此期间，若能保证品质优良的干草、青草、青贮料和块根块茎饲料的供应，可少喂精料甚至不喂。但到妊娠后期，体内胎儿生长迅速，则需每日补充适量的精料。

(二)育成牛的管理

育成牛应按性别、年龄、体重分群管理。保证供给足够的饮水，环境应清洁、干燥、有足够运动与日光浴。

青年母牛妊娠5～6个月后，进行乳房按摩，可促进乳腺组织发育和为产犊后接受挤奶打下基础。每天按摩1次，产前1～2个月停止按摩。每天刷拭牛体1～2次。

育成公牛8～12月龄应拴系饲养和安鼻环，以便于牵引调教。从10月龄开始要修蹄一次，以后每年春、秋两次。

定期测定育成牛的体尺、体重，检查其生长发育情况。

18月龄(已妊娠)到24月龄(将分娩)一段。管理上要注意保胎、安全分娩。

四、成年母牛的饲养管理

奶牛产奶期分为以下5个饲养阶段：干乳期、围产期、泌乳盛期、泌乳中期和泌乳后期。干乳期是从母牛妊娠后期停止挤奶至分娩这一段时期，约60d，前45d为干乳前期，后15d为干乳后期，也是围产前期。围产期是从分娩前15d至分娩后15d。泌乳盛期是分娩后15d至100d。泌乳中期是分娩后101d至200d。泌乳后期是分娩后201d至干乳。各期之间的饲养管理既有联系又有区别。

(一)成年母牛泌乳期内奶量、体重、干物质进食量的变化规律

(1)产奶量的变化：母牛产犊后，在正常情况下产奶量逐日增加，到产后6～10周出现最高日产奶量，其产奶量比初乳期可提高30%。若按泌乳月计算，则第二个泌乳月为产奶量最高峰，此后3～5个月为平衡期。高产奶牛其曲线基本不变，有些母牛每月可下降3%～5%。第6至10个月为泌乳后期，高产奶牛产奶量下降得很少或不下降，有些牛每月平均下降3%～5%，另一些牛则下降7%～8%，直到停奶后进入干奶期。

(2)体重的变化：饲养得好的母牛，产后0～70d体重共减少35kg，每天平均约减500g；其减重时间分布：前30d平均每日每头减量1.8～2.2kg，后40d仅为30～100g。产后71～150d阶段，一般母牛和高产奶牛可保持体重不增不减，但中低产母牛此时日增重可达150g。产后151～305d阶段，一般奶牛均能明显恢复原来体重，包括胎儿的生长发育，综合起来日增重可达400～500g。以后60d的干乳期，其日增重为350～600g。

饲养奶牛的主要目的是产奶，合适的膘情有利于奶牛发挥产奶性能。奶牛各泌乳阶段对膘情的要求不同。奶牛膘情一般要求适中，过瘦表明奶牛营养不良，过肥表明奶牛营养过剩，不仅造成饲料浪费，还容易引起难孕及肥胖综合征、脂肪肝等疾病，产奶量也不会提高。定期对奶牛进行膘情评定，并根据膘情及时调整饲料方案及日粮配方，可提高产奶水平，降低饲养成本。奶牛的膘情评定采用5分制，低分膘情瘦，高分膘情肥，评定标准见表8-9。奶牛适宜的膘情分为2.5和3.5分，奶牛不同生理和泌乳阶段的最适膘情评分如下：干乳期3～3.5分；分娩时3.5分；泌乳盛期2～2.5分，这时期母牛营养呈负平衡，体重逐渐下降，体重每下降1kg，产奶量增加7kg(标准乳)，体重的下降速度应控制在每天不超过1kg。在泌乳盛期，产奶高峰期出现在分娩后60d左右，分娩后80d左右体重降到最低，膘情应控制在2分以上。分娩后100d左右，采食量达到高峰期，此后方有多余的能量贮存，体重开始回升，至第7泌乳月时，膘情恢复至2.5分，泌乳后期膘情应控制在2.5～3分，停奶时膘情3分。

表8-9　膘情评分标准

膘情分	脊椎部	肋骨	臀部两侧	尾根两侧	髋骨、坐骨结节
1	非常突出	根根可见	严重下陷	陷窝很深	非常突出
2	明显突出	多数可见	明显下陷	陷窝明显	明显突出
3	稍显突出	少数可见	稍显下陷	陷窝稍显	稍显突出
4	平直	完全不见	平直	陷窝不显	不显突出
5	丰满	丰满	丰满	丰满	丰满

膘情与体重的关系可按下式估算：胸围(m)×胸围(m)×体斜长(m)×90＝中等膘情(3分)体重(kg)。体型相同的母牛，体重多60kg，膘情多1分，体重少60kg，膘情少1分，例如：体型体尺为胸围2.02m，体斜长1.63m的母牛，若体重为600kg(2.02×2.02×1.63×90)，则膘情为3分；若体重为660kg，膘情为4分；若体重为540kg，膘情为2分，以此类推。泌乳牛各

泌乳阶段的产奶量、采食量、膘情、体重变化见图 8-5。

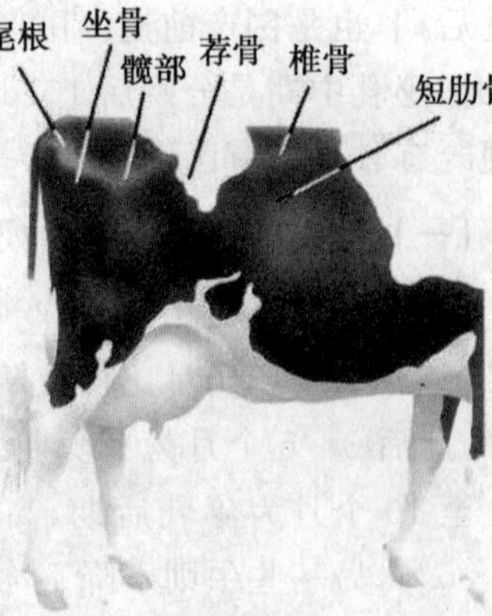

图 8-5　体况评分部位示意图

干物质进食量的变化：母牛产犊后，随着产奶量的逐日增加，其日粮干物质进食量也在增加，但在产后 0～70d 或 0～90d 阶段，母牛进食的养分不能满足泌乳养分的需要，故发生能量和蛋白质的负平衡，母牛减重用于产奶。一般于产后 90d 左右母牛干物质进食量达最高峰，以后基本保持平衡，养分能满足维持生理机能和泌乳的需要，且有部分养分用于修补体组织和胎儿的需要。一般在产后 7～8 个月母牛对干物质的进食量开始下降，但高产奶牛一直保持到第 9 至 10 个泌乳月也不会下降。干奶期母牛对干物质的进食量下降十分明显，高产奶牛可下降 40%～50%，到临产前 5～7d 食欲最差，干物质进食量仅为体重的 1%。

(二)围产期的饲养管理

母牛在 30d 中可能要经历 3 个不同的生理阶段，即干奶、分娩、泌乳。要维护好母牛的健康及胎儿的生长发育，还要照顾到其后的产奶量和卵巢机能的恢复与再繁殖，饲料供给上高度注意营养平衡的同时要向精饲料增多、蛋白质含量提高、粗纤维量适当降低、低钙(后期高)的方向转变。为高能量、高蛋白质日粮打下瘤胃消化机能转换的基础。

1. 围产前期

(1)母牛临近分娩，应做好接产准备。要进行产前检查和随时注意观察临产征候的出现。

(2)在供应母牛的日粮中提高营养水平，在原干奶牛的水平上按日增重 0.4～0.5kg 的渐进方法达到每 100kg 体重进食 1～1.5kg 精饲料为止。精、粗饲料比在 30∶70、钙∶磷 1∶1的水平。临产前 2～3d 日粮中适当增加麦麸，增加轻泻剂防止便秘。

(3)粗饲料的品质要新鲜、质地要好。可选些易消化、抽穗前的禾本科饲草和花期的豆科干草以及优质青贮等。并适当补饲维生素 A、D、E 以及微量元素(硫等)。同时注意饲料酸碱性问题，饲喂酸性日粮有助于维持体内 Ca^{2+} 的平衡，防止低血钙症，而且还会提高奶牛产后的产奶量和繁殖机能。使用氯化氨、硫酸铵、硫酸镁、氯化钙等阴离子盐类，可明显改善体内钙的调节机能，防止低血钙发生。这些措施有助于提高犊牛成活率，减少胎衣不下的发生。同时要注意日粮组成要与产后泌乳期使用的饲料品种的衔接，以便维持牛胃微生物区系的稳定。

(4)严禁饲喂发霉变质及冰冻饲料及过凉的饮水。

(5)母牛临产前 1 周左右会发生乳房膨胀和水肿以及乳房炎。若水肿过分则可适当减些糟粕料、多汁料，一般情况下只要乳房不过硬仍可照喂。多数试验证明：乳房炎与精料的逐渐增加无关，但它是诱导潜在的慢性乳房炎突发的原因，应密切注意并及时处理。

2. 围产后期

此阶段应设法尽早地增加营养，缩短因能量失衡的减重期限和促进体质的恢复，为泌乳高峰的来临奠定基础。

(1)母牛分娩后体力消耗很大，失去大量水分，体质较弱而疲倦，对外界环境的应答能力下降，消化机能尚待恢复，食欲不旺，产前过肥的牛尤其如此。乳房水肿尚未消失，而乳腺活动在增强，开始分泌初乳。因此，前两天不应急于大量挤奶，第 1d 挤够犊牛 2～3 次的用奶量（每次 2kg）。第 2d 挤 1/3，第 3d 挤 1/2，第 4d 可以完全挤净。在挤奶前应热敷和轻度按摩乳房，有利于乳房血液的循环。

(2)产后母牛的护理十分重要，要有安静的休息环境，并以 37℃麦麸盐水（麦麸 1～2kg，盐 100～150g、碳酸钙 50～100g、温水 15～20kg）补足水分，必要时可以补糖和使用缩宫素等促进体质恢复和胎衣排出。

(3)选用高品质的干草及饲喂精混料制成的粥，甚至可以加些增味品种，逐渐促进其食欲。

(4)为防止产褥疾病的发生，应加强外阴部的消毒和保持四周环境清洁，地面应干燥，要勤换垫料。

(5)注意胎衣的排出与否以及其完整程度，以便于及时处置和治疗。

(6)夏季产房要注意通风和降温（但避免用强吹风与长时间喷淋冷水）。注意消灭和减少蚊、蝇、虻等昆虫的骚扰。

（三）泌乳期不同阶段的饲养管理

1. 泌乳盛期的饲养管理

产后 16～100d 是母牛产奶量迅速达到高峰并维持产奶高峰的时间。这一阶段的产奶量约占全泌乳期产奶量的 40%～45%，是发挥母牛潜力、夺取高产的重要阶段。

产奶量和营养需要量的高峰期在母牛产后 4～6 周；采食量的高峰在产后 8～10 周。所以，泌乳盛期的初期，还存在着母牛体重下降和营养负平衡问题。饲养上，在围产后期增加精料基础上，应继续增加精料和提高采食量，使日粮营养水平超过实际产奶需要，产奶量达到高峰并持续较长时间，并使体重趋于稳定。由于日粮中精饲料比例较大，应添加缓冲剂，如碳酸氢钠或氧化镁，前者为精料的 1.0%，后者为 0.5%，其可以优化瘤胃环境和提高营养物质的消化率。要让牛自由采食干草，青贮饲料不可喂得太多。增加精料后要勤观察是否剩料、过料以及粪便状态的变化（如排稀臭粪等）。

2. 泌乳中期饲养管理

产后 101～200d，产奶量逐渐平稳下降，母牛体况、体重也有所恢复。饲养上将日粮营养水平逐渐调整到与母牛体重和产奶量相适应的水平，使产奶量缓慢下降。本期给予充足的干草和青贮饲料，保持适量的精料，每两周根据产奶量和体重调整精料量 1 次。对高产奶牛（日产 35kg）均应添加缓冲剂，夏季还应加氯化钾或脂肪，以利于高产牛抗热应激。此阶段牛食欲虽然旺盛但仍需认真饲养，夏季可在一日气温最低的一段时间内（夜间 1～4 时）补饲 1 次，以提高采食量。

3. 泌乳后期的饲养管理

从产后 201d 至干乳，产奶量下降较快，而母牛已进入妊娠中后期，也是母牛体重恢复的阶段。饲养上除了根据母牛体重和产奶量需要组织日粮外，还要使母牛在此阶段的体重和体况有较好的恢复。所以，要适当提高营养水平，但不能使母牛过肥。据试验，体况水平的充分恢复在泌乳后期完成比在干乳期更合适，在经济上、饲料能量利用上以及母牛的健康和持续高产等方面都有利。注意保胎，清除造成机械性流产的隐患。

(四)干乳期母牛饲养管理

干奶期是指牛临产前停止泌乳的时期，它是奶牛饲养管理中重要的一环。干奶方法、干奶期的长短及干奶期间饲养管理，都直接关系到胎儿的发育以及下一个泌乳期的产奶量。

1.干奶的意义

(1)在干奶期间弥补母牛因产奶造成的体内养分损失，恢复牛体健康。

(2)使乳腺组织有个更新的机会。

(3)使胎儿能得到充分发育的环境。

(4)母牛体况恢复的同时体内贮备足够的营养物质，以便适应下一泌乳期出现的营养负平衡，为下一泌乳期产奶量的充分发挥打下基础。

干奶期一般为50～60d时，下个胎次的产奶量最高。不足30d或超过90d时其产奶量都将受到影响。不干奶的牛与干奶60d的相比，下一产次奶量下降25%，再下一产次则下降38%。

2.干奶方法

分为快速干乳和逐渐干乳两种方法。

快速干乳法目前应用较多。在干奶开始时停喂精饲料继之停喂多汁饲料，逐渐减少挤奶次数或间隔天数。后期奶量偏低的牛可在3～5d内完成干奶过程；也可以是在预定干奶日认真按摩乳房，将奶挤净后立即停止挤奶(不论日产奶量多少)。

逐渐干乳法是在1～2周内达到停奶。

为了预防乳房感染，最后一次挤奶后，每个乳头内注入抗生素油膏封闭乳头。停止挤奶后3～4d内注意观察乳房变化。3～4d后乳房内积奶逐渐吸收，10d左右乳房松软收缩。

为确保干奶效果，干奶前的乳房必须是健康的。为此，对乳房炎(包括隐性炎症)应进行最少2次以上的监测，连续2次监测结果全是阴性时方可停奶。患乳房炎的母牛应治愈后再干乳。

3.干奶期的饲养管理

干乳期饲养直接影响母牛健康和产后的产奶量。要求干乳牛在分娩前具有中等以上营养状况，体质健壮，不过肥。干乳期精料给量过多，易造成母牛肥胖，引起产后食欲不振，产奶量不高，体重下降过多和代谢病明显增多。为了防止干乳母牛肥胖，应增加优质粗饲料的供给量，控制精料、青贮、糟渣和块根饲料的喂量。为了防止产后瘫痪，干乳后期(围产前期)还应采取低钙日粮，每日钙的喂量为50g、磷30g。

干乳期应加强运动，每天刷拭牛体，保持饮水清洁新鲜，冬季水温应在10℃～15℃，不喂发霉变质或霜冻结冰的饲料。产前14d进入产房。养牛数量多和有条件的地方可建立干乳牛舍，进行集中饲养管理。

(五)挤乳技术

1.乳牛排乳特点

乳牛有两对乳房，乳房实质部分由乳腺泡和乳导管构成。乳腺泡是分泌乳汁的地方，乳导管是汇集乳的管道系统。乳导管由小到大，最后汇合形成乳池。乳池是乳房下部和乳头内贮存乳汁的空腔，它通过乳头末端的乳头管与外界相通。

乳牛一般在乳房受到清洗和按摩刺激后45～60s开始排乳，此时是开始挤乳的最好时机，如迟迟不开始挤乳，排乳过程将受到抑制。乳牛排乳一般持续 3～5min，所以挤乳速度要快，争取在排乳反应时间内完成。挤乳间隔时间大致相等。挤乳时间应固定，不得随意变动，以免破坏乳牛已形成的排乳条件反射。

2. 机器挤乳

目前我国采用机器挤乳的乳牛场还不多，大多数是手工挤乳。从现代乳牛业发展趋势看，乳牛业集约化程度越来越高，大规模机器挤乳已成为必然趋势。

挤乳设备是由 5 个基本部件组成的一个系统。这 5 个部分是：真空泵——为挤乳系统提供真空；真空控制器——使真空稳定在一定水平；牛奶管道和真空管道——传送牛奶和真空；真空脉动器——使挤乳器真空交替变化，产生挤乳节拍；挤乳器——连接乳牛乳头挤乳。

为满足我国小规模饲养乳牛专业户的需要，国内生产有活塞式挤乳机。据报道，单筒活塞式挤乳机适用于每天挤 10 头牛以下的专业户，每天挤 10 头×3 次＝30 头次，耗电 1.5 度，使用效果较好，售价较低。机器挤乳基本操作程序如下：

(1)保持良好的挤乳环境　乳牛受到惊吓或神经紧张时，肾上腺素分泌增加，抑制催产素促进排乳的作用，造成排乳不完全，产乳量降低。

(2)挤去先乳　每次挤乳量先挤出的 25～50mL 乳汁称为先乳。先乳的乳脂率很低，细菌多，不宜供人饮用。在清洗乳房前挤去先乳，能明显地减少乳房感染，也使挤乳工有机会检查乳汁是否正常，同时也有促进排乳的作用。

(3)清洗、按摩乳房　挤乳前用 43℃热水清洗乳房，能起到按摩的作用，促进乳牛垂体分泌催产素促进排乳。清洗乳房的水中应加刺激小的消毒药，如 0.01%的洗必泰。清洗后，应马上用消毒毛巾或一次性纸巾擦干乳房，以免挤乳时脏水进入乳头造成细菌感染。

(4)尽快上好挤乳器　应在清洗乳房后 45～60s 内上好挤乳器。

(5)挤乳器保持适当位置　挤乳器位置不正确可能使挤乳器向乳头上端爬，容易造成乳头损伤。

(6)避免过度挤乳　使用没有自动脱落装置的挤乳设备时应特别注意，过度挤乳不仅延长挤乳时间，而且还会造成乳房疲劳损伤，影响以后的排乳速度。

(7)挤乳后乳头消毒　挤乳后应立即用消毒液浸浴乳头，可选用 0.5%的洗必泰，药液应浸浴到乳头长度的 2/3。消毒药液浸浴乳头可预防乳房炎，还可减少苍蝇叮咬。

3. 手工挤乳

手工挤乳的基本要求与机器挤乳相同。挤乳环境应舒适安静，挤乳程序相对固定。挤乳工要求技术熟练，有一定的体力，以保证较快的挤乳速度。挤乳工和挤乳方式不宜经常更换。挤乳的同时可喂精料，以使乳牛安静。

（六）鲜奶的处理

牛奶生产现场对乳品的处理主要是使接近 35℃左右的鲜奶及时降温，运送到加工厂。广泛使用的箱式或罐式冷藏设施在大约 2h 左右即可使奶温降至 5℃上下，保存 24～48h。降温本身只能是对细菌繁衍的抑制，而不是杀灭，及时送去加工才是保证质量的上策。在不同温度下，鲜奶中的细菌量变化很大，同样 1 份细菌基数为 0.4 万个/mL 的鲜奶分别保存在 4.5℃和 10℃条件下，经 24、48、72 和 96h 后比较，后者细菌数量分别是前者的 3、25、700 和 2000 倍；经 96h 保存，4.5℃条件下细菌数增加约 5 倍，10℃条件下增加约 1 万倍。

从挤奶开始至热奶入冷箱降温全过程应该尽力做到无菌和无异味溢入。目前全国各地使用的鲜奶收购标准如下：

细菌数量　　<50 万个/mL

脂肪量　　≥3.1%

比重　　≥1.028

干物质量　　>11.20

酸度(T^0)　　<18

(七)不同季节产犊与产奶量的关系

奶牛热应激对产奶量的影响在 15%～30%。在我国大部分地区，12 月、翌年 1 月产犊母牛的产奶量比 7～8 月产犊母牛产奶量要高出 17%～38%，同时因热应激而造成的产前产后代谢病、繁殖机能障碍、乳房炎等的发病率和死亡率也相应增加(见表 8-10)。

表 8-10　不同产犊季节对生产的影响

季节	冬季	夏季	其他月份
母牛头数(头)	50	50	18
产奶量(kg)	5749	4753	5153
乳脂率(%)	4.22	3.96	4.04
空怀日数(日)	117	144	128
产犊间隔(日)	397	424	408

南方夏季高温高湿，对奶牛产奶极为不利，为了避免和减少热应激所造成的经济损失，在安排生产时应该考虑在夏季最炎热的 7～8 月不产或少产犊，把一般情况下占全年产犊数 30%～40%牛的一半以上移到每年 5 月份以前或 9 月末之后。7～8 月份产犊头数以不超过全年产犊数的 6%为宜。

五、奶牛热应激的预防

(一)热应激的概念

动物都有一个最适宜生长的温度范围，称为等热区，如奶牛的等热区为 16℃～23℃，高产奶牛为 15℃～20℃。如果气温过高，大大超过等热区的上限，则会导致奶牛出现一系列不适反应，我们称之为热应激。如果热应激持续时间长，可致使奶牛心脏和呼吸器官负担过重，使肾脏因尿的浓度增大而受到损害，还可使胃酸减少。且体温升高产热量增加，许多氧化不完全的物质积累在体内，造成某些机能紊乱，生产性能及繁殖性能明显下降。

每年夏季高温天气，我国南方大部分地区奶牛均会发生不同程度的热应激反应，严重影响奶牛生产性能和健康，因而受到奶牛业界的普遍关注和重视。

(二)缓解热应激的措施

(1)搭凉棚　凉棚以南北长轴设置为宜，高 3～4m，宽 5～8m。所用材料应有良好的隔热性能，辐射系数小。棕榈叶、秸秆及牧草皆可作凉棚顶棚材料。用石棉板或金属板时要在表面涂反射率高的涂料，或设置中间留空的双层板结构。

(2)全封闭式牛舍饲养　减少牛运动所耗热能，运动时避开高温和太阳直射，减少辐射热。舍内可装通风设施或电扇。

(3)喷水或洒水　喷水散热或喷水与风扇结合可提高蒸发散热效率。

(4)饮冷水　饮冷水可传导散热，最好饮用10℃左右的凉水，减少身体热负担。

(5)合理搭配日粮　夏季由于高温的作用，奶牛进食量减少，为保证奶牛吃到足够的营养物质，就必须改变日粮结构，提高奶牛日粮中能量和蛋白质水平，提高幅度一般为10%～12%，使日粮营养水平不低于产奶净能7.0MJ/kg，粗蛋白质16%，粗纤维15%。高产奶牛的日粮结构可采用精料：粗料：糟粕类为60：30：10，若粗料为质量较好的均匀优质干草时，日粮结构也可改为精：粗=60：40。

(6)夜间补饲　为减轻因白天高温对饮食影响，要在夜间1～5点或日出前凉爽的时候给奶牛补一次全价饲料，让其自由采食。这对于日产奶20kg上的高产奶牛尤为重要，有助于防止产乳旺盛的牛动用体脂而影响体况。

(7)补喂添加剂　许多研究发现，日粮中加入某些药物添加剂，可以缓解热应激对奶牛的不良影响。主要包括：乙酸钠、脂肪酸钙、氯化钾、碳酸氢钠、有机铬、复合酶制剂、酵母培养物、瘤胃素，喂防暑清凉中草药(芦竹根、银花、青蒿、马齿苋、车前草、鱼腥草、夏枯草)等。

第五节　山羊养殖关键技术措施

一、品种选择与商品羊杂交生产技术

商品肉羊的生产可以用大足黑山羊、金堂黑山羊、南江黄羊、波尔山羊等国内外优良山羊品种开展杂交生产，建立二元或三元杂交商品羊生产体系，以便发挥杂种优势的作用，提高养殖效益。同采用人工授精技术，减少种公羊的饲养量，提高种羊繁殖效率。

二、山羊繁殖技术

主要采用控制交配技术，即在一年中的某一段时间将公羊放入群中或将发情的母羊挑出由公羊交配。这种方式能保证很高的繁殖率，同时可以人为控制产羔和出栏时间，有利于品种改良和对羊群的管理，同时有利于防止近亲交配。一般20～30只母羊配备1只公羊，注意对公羊进行补饲和有计划地每年在羊群间交换公羊。另外可请基层畜牧站技术员实施人工授精技术。

三、羔羊培育技术

1. 人工育羔技术

羔羊的培育注意以下生产环节：产房清扫消毒(一般采用20%的石灰水作地面、墙壁消毒)，保持干燥、温暖，避免贼风。产后及时去除羔羊口、鼻中的粘液，擦干体表，清除胎衣及秽物，尽快让羔羊吃上初乳。为初生孤羔找保姆羊寄养或用初乳代用品(冷冻保存的羊自然初乳)饲喂。保证吃奶时间均匀。出生后12h内喂服土霉素防治肺炎、肠胃炎、脐带炎和羔羊痢疾。生后3～7d，羔羊可随母羊在圈舍周围放牧，保证羔羊吃乳，防止羔羊脱群。

2. 羔羊早期断奶技术

羔羊早期断奶采用逐渐断奶的方法。7～10d,诱导羔羊尽早进食草料(炒熟的玉米、豆类和优质青、干草)和饮水。在15d左右开始训练吃饲料,开始少给勤添,逐渐过渡到定时定量;生后15～20d,开始补饲混合料,15日龄羔羊日喂量为50～70g,青料自由采食;到25d左右可以让母羊白天放牧,羔羊留在羊舍内,晚上母仔一起饲养;凡不留作种用的公羔均应在出生后20d左右去势供育肥用。30日龄后补饲100g,到42d左右就可将母仔分开。对于双羔或体弱羔羊在断奶过程中要饲喂人工乳。人工乳采用牛奶、奶粉等配制,饲喂时注意定量、定温(35℃～39℃)和消毒。

四、肉山羊育肥与饲料搭配技术

1. 放牧加补饲育肥技术

根据断奶后羊只在3～10月龄生长发育快的特性,采用放牧加补饲的育肥方式可以使羔羊快速肥育,并提高胴体品质,生产优质羊肉。饲料以当地牧草、青贮料、农副产品及非淀粉质的块根、饲料粮、蛋白质饲料为主,进行科学配制。育肥用精料(玉米60%、油饼18%、麸皮20%、食盐1%、添加剂预混料1%)在羔羊断奶后每日喂150g,随着日龄的增长,日喂量可增加到200g;6月龄喂400g,7月龄以后日喂500g。成年淘汰羊通过加强营养,可以使其在2个月增重30%左右,实现短期育肥。

2. 干草调制技术

干草是指人工栽培或野生青草收割的地上部分经自然晒干或人工干燥的产物。干草调制技术包括自然晒干和人工干燥两种,调制时注意:①选择天气晴朗的日子刈割青草,铺放在田坎或裸石坝上使草的水分迅速下降到15%以下。②在晒制过程中,草要摊薄,铺成条状,有利于风干,减少翻动,防止干叶脱落,避免机械损失。干草先堆成小垛,4～5d后再堆成大垛。③降雨延长干燥时间,引起可溶性营养物质淋失。

3. 青贮饲料制作与饲喂技术

常用青贮原料为玉米和牧草,青贮方式为塔式、窖式、壕式、袋式和地面青贮。制作条件一是青贮原料含水率以50%～70%为宜,通常可以采用简便方法粗略判定:抓一把切碎的待贮样品,在手里攥紧1min然后松开,样品如能保持其形状但无汁水,则为70%～75%;二是原料中糖分要充足,禾本科牧草含糖量高(约为12%～19%),适时收割都可制成品质优良的青贮料。豆科牧草干物质中含糖量较低(约为9%～11%),单贮不易,最好与禾本科牧草混贮;三是创造厌氧条件,基本要求是切短、压实、密封。储料长度为1～10cm,细软材料可稍长些,粗硬材料应破碎。原料在青贮设施中压实后,用塑料布迅速密封,顶上再用重物压实、盖严。青贮作物一般发酵6～7周即可取出饲喂。

4. 舔砖生产与饲喂技术

舔砖是根据羊的生理特点及生长发育需要,以食盐为主体,加入钙、磷、碘、铜、锌、锰、铁、硒等常量及微量元素,经一定的加工工艺压制而成。主要作用是提高饲料消化率和饲料报酬,防治羊矿物营养缺乏病,提高羊的生产性能。舔砖多为砖块状或圆盘形,通常中央有孔,可吊挂于羊食槽、水槽上方或羊休息的地方,由其自由舔食。

第九章　农村社会调查的基本方法

第一节　农村社会调查概述

一、农村社会调查的概念和特点

(一)农村社会调查的概念

农村社会调查就是农村社会研究者有目的、有意识地通过对农村社会现象的调查和分析研究，来认识农村社会生活的本质及其发展规律的实践活动。它包括三层含义，第一，农村社会调查是一种自觉的认识活动；第二，农村社会调查的目的是了解农村社会生活的真实情况，探索农村社会现象的本质及其发展规律，并提出解决农村社会问题的对策；第三，农村社会调查的对象是农村社会本身。

(二)农村社会调查的特点

农村社会调查不仅具有一般社会调查的共同特点，而且还有其自身的特点，具体表现在以下几个方面：

(1)农村社会调查地域的广阔性与差异性。我国农村区域分布广阔，各地自然、社会、经济条件都有明显的差别。这就要求人们在进行农村社会调查实践中必须坚持典型性原则和多点性原则。典型性原则就是选择的调查对象应具有典型性，多点性原则就是进行农村社会调查应在多点(地)进行。

(2)农村社会调查工作的艰巨性。这是因为农村村民居住分散、文化程度普遍不高而且不平衡、农村统计工作薄弱等，给农村社会调查带来了较大的困难。这就要求农村社会调查人员必须具有坚忍不拔的毅力和吃苦耐劳的精神。

(3)农村社会调查的季节性。同城市社会调查相比，农村社会调查从时间上看，具有明显的季节性，这主要是由农业生产的季节性决定的。这就要求农村社会调查人员在调查时间的选择上应遵循待隙原则和分步原则。待隙原则要求调查人员掌握被调查地区农业生产的季节周期性，从而合理安排调查时间，提高调查效率。分步原则包括两方面，一是要求调查人员在调查前做好调查的一切准备工作，二是要求调查人员根据调查课题的内容和所需要的时间统筹考虑，把整个调查方案进行规划，把调查时间分成若干区段，然后结合农村的季节性特点，分期、分批地逐一调查。

二、农村社会调查的基本原则

1. 实事求是原则

实事求是原则是辩证唯物主义与历史唯物主义的基本原则，也是农村社会调查的最根本原则。

2. 群众观点原则

群众观点是辩证唯物主义和历史唯物主义的基本观点，也是农村社会调查的基本原则。在农村社会调查过程中要相信群众、依靠群众、虚心向群众学习。

3. 动态性原则

动态性原则要求在农村社会调查过程中，必须用发展变化的眼光，看待调查研究中出现的问题。

4. 全面性原则

事物的本质是多方面、运动的，这就要求在农村社会调查研究过程中，要坚持事物普遍联系的观点，运用对立统一的观点注意调查研究的全面性。

5. 系统性原则

农村社会调查的系统性原则，就是运用唯物辩证法关于客观事物具有普遍联系的原理，按照农村社会本身所具有的系统特征，把调查对象放在系统的统一体中加以考察。

6. 逻辑方法原则

逻辑规律和逻辑方法，对各门学科都具有普遍的指导意义，也是开展农村社会调查研究所必须遵循的基本原则。

7. 定量分析与定性研究相结合的原则

坚持定量分析和定性研究相结合的基本原则，有利于对农村社会现象进行量与质两方面的分析与研究，达到对农村社会现象全面、深刻、本质的认识。

第二节　农村社会测量与操作化

农村社会测量是农村社会调查研究活动的一个重要组成部分。本节介绍农村社会测量的概念、尺度、效度与信度以及测量中的操作化等。

一、农村社会测量

(一)农村社会测量的概念及其构成要素

农村社会测量是指根据一定的法则，将某种事物或农村社会现象所具有的属性或特征用数字符号表示出来的过程。

农村社会测量与自然科学中的测量不同，主要表现为：第一，自然科学测量的对象是有形物质的自然属性，而农村社会测量的对象包括人的自然属性、物化的社会现象和非物化的社会现象等。第二，自然科学测量的工具是标准化的仪器和量具，而农村社会测量的工具主要是各种调查问卷、量表和卡片，在很大程度上取决于设计者的价值取向和认知状况。第三，自然科学测量的结果较客观，具有较高的信度，而且测量误差也比较容易发现和计算，而农村社会测量的结果易受测量过程中调查者和被调查者主观因素的影响，测量信度较低，测量误差也难以发现和计算。

农村社会测量的构成要素有 5 个：(1)测量对象，即测量客体，它是农村中存在的事物或现象，是调查者要用数字或符号来进行表达、解释和说明的对象。(2)测量内容，即测量对象的某种属性或特征。(3)测量工具，主要是指各种调查问卷、量表和卡片等。(4)测量法则，就是用数字和符号表达测量对象各种属性或特征的规则和标准。(5)数字与符号，即用来表示测量结果的数字或符号。

(二)农村社会测量的尺度

在农村社会调查中，测量农村社会现象的不同属性或特征应使用不同的测量尺度。按照测量结果的数量化程度，可将农村社会测量分为 4 种不同的尺度，即定类尺度、定序尺度、定距尺度和定比尺度。相应的变量也分为定类变量、定序变量、定距变量和定比变量 4 种。

1. 定类尺度

定类尺度是测量尺度中最低的一种，它适用于将测量对象的不同属性或特征加以区分，标以不同的名称或符号，以确定其类别，如性别。

定类尺度又分为标记和类别 2 种。标记可作为一种识别的记号。当数字被用作标记时，它并不表示数量的多少，也不能进行数量运算。类别是对测量对象属性的不同状态的度量。与标记不同，类别区分可说明观测对象的某些本质特征。类别也可用数字来表示，但与标记一样，这种数字仅用于区分而不能运算。

2. 定序尺度

定序尺度适用于按照某种逻辑顺序将测量对象的特征或属性排列大小、高低、先后顺序，以确定其等级及次序，如文化程度。定序尺度不仅能够将不同的事物区分为不同的类别，而且还能反映事物在高低、大小、先后、强弱等序列上的差异，它的数量化程度比定类尺度高一个层次。定序尺度的测量结果可进行频率分布、比例关系等几种数量统计。

3. 定距尺度

定距尺度适用于对测量对象之间的数量差别或间隔距离的测量，如温度。定距尺度不仅能够区分不同的类别、等级，而且可以确定相互之间不同等级的间隔距离和数量类别，它的数量化程度比定序尺度高一个层次。

定距尺度的值虽然可以为零，但这个零没有实际意义，只不过是一个特定的数字而已，它是人们主观认定和选取的。因此，定距尺度的测量结果可以进行加减运算，但不能作乘除运算。

4. 定比尺度

定比尺度是对测量对象之间的比例或比率关系的测量，如收入。定比尺度除了具有上述 3 种测量尺度的全部性质外，还具有一个绝对的零点(有实际意义的零点)，它的数量化程度比定距尺度高一个层次，其测量结果不仅能进行加减运算，而且还能进行乘除运算，并可作各种统计分析。

绝对零点的存在，是定比尺度与定距尺度的惟一区别。从数学性质上看，高层次尺度都具有低层次尺度的一切特征，反之则不然。

在选择测量尺度时，要注意以下几点：①社会现象大多只能以定类或定序尺度测量；②选择尺度要结合调查要求和条件；③用较低尺度收集的资料不能用较高尺度的数学运算来处理，反过来则可以；④一个特征或属性可能适合用各种尺度来测量，选择何种尺度取决于研究所要求的精确度。如年龄，有些研究只需区分青年人、中年人、老年人，这时可用定序尺度，而有的研究需要精确的岁数，这时必须使用定比尺度。

(三)农村社会测量的信度和效度

1. 信度的概念和类型

信度，又称可靠性、精确度，是指采取同样的方法对同一对象重复进行测量所得结果相一致的程度。换句话说，信度是指测量结果的一致性或稳定性，即测量工具能否稳定地测量所测的变量。

信度一般用信度系数(也称相关系数)来表示。按照信度系数计算方法的不同，可将信度分为 3 种类型：

(1)再测信度。对同一对象采用同一种测量方法，在不同的时间先后测量两次，根据两次测量的结果计算的信度系数。这是一种最常用、最普通的信度检查方法。

(2)复本信度。如果一套测量有两个以上的复本，则根据同一研究对象同时接受这两个复本测量所得的分数计算的信度系数。比如，考试出的 A、B 卷就是这种复本的一个近似的例子。

(3)折半信度。将研究对象在一次测量中所得的结果，按测量项目的单双号分为两组，由这两组分数计算的信度系数。

2. 效度的概念和类型

效度，又称准确度、准确性、有效性，是指测量工具、手段能够准确测出事物的程度。当一项测量所测的正是事物希望测量的指标时，就说这一测量具有效度或者说是一项有效的测量。反之，则认为是无效的测量或者测量无效度。

效度有 3 种类型，即内容效度、准则效度和构造效度，它们分别从不同的方面反映测量的准确程度：

(1)内容效度，又称表面效度、逻辑效度，它是指测量内容或测量指标与测量目标之间的适合性和逻辑相符性。

(2)准则效度，又称实用效度、实证效度、统计效度，是指用一种不同于以往的测量方式或指标对同一事物或变量进行测量时，将原有的一种测量方式或指标作为准则，用新的方式或指标所得到的测量结果与准则的测量结果比较，二者的一致性程度。

(3)构造效度，又称构念效度，是指一个测量实际测到所要测量的理论结构和特质的程度。

3. 信度和效度的关系

信度和效度是科学测量所必备的条件，两者的关系是：信度是效度的必要条件而非充分条件。换句话说，有效度一定有信度，但有信度不一定有效度。

信度和效度的关系有 4 种，即一是信度低，效度亦低；二是信度高，效度未必高；三是效度低，信度有可能高；四是效度高，信度必然也高。一般而言，信度较容易达到，而效度较难。

二、农村社会测量中的操作化

(一)操作化的概念和作用

操作化，是指将抽象的概念转化为具体的、可观察的指标的过程，或者说，是对那些抽象层次较高的概念用可感知的、可量度的事物、现象和方法所作的界定和说明。例如，将“同情心”转化为“主动帮助盲人过街”、“见到小孩迷路上前询问”、“主动给老人让座”等。

操作化在农村社会调查过程中有着极为重要的作用。它是沟通抽象的理论概念与具体的经验事实之间的一座桥梁，为实际测量抽象概念提供了重要的手段，提高了农村社会调查的客观性、统一性和可比性。

(二)操作化的方法

从宏观层面来说，操作化过程主要包括两方面工作：一是界定概念，二是发展指标。具体来说，概念的操作化过程可分为以下 4 个步骤：

(1)弄清概念定义的范围。应检索文献中对这一概念所下的定义并进行分类，以便进一步从总体上理解和把握这一概念。

(2)界定概念的定义。要么从文献中选择一个你认为准确的定义，要么在综合了解前人对该概念下的定义的基础上，自己创造一个新的定义。

(3)列出概念的维度。即列出概念具有的若干不同的方面。

(4)发展指标。即提出可用来描述或说明概念不同维度的具体指标。

第三节　农村社会调查的一般程序

农村社会调查的一般程序是指农村社会调查的基本过程，主要包括选择调查课题、进行探测性调查、提出研究假设、设计和实施调查方案、整理分析调查资料和撰写调查报告等。本节主要介绍前面 4 部分，整理分析调查资料和撰写调查报告见第五节和第六节。

一、选择调查课题

选择调查课题是开展农村社会调查的首要环节。调查课题选择的正确与否，直接关系到调查工作的开展，关系到调查工作的成败。

(一)调查课题的概念和类型

农村社会调查课题是指存在于农村社会活动中，有待于认识、研究和解决的问题，它是经过慎重选择而确定下来，并立即着手实施调查的一个或一组问题。

农村社会调查课题，按调查目的可分为理论性课题和应用性课题，按调查深度可分为描述性课题、解释性课题和预测性课题。理论性课题，又称为基础性课题，是指以揭示某种社会现象的本质及其发展规律为主要调查目的的课题。应用性课题是指以提出解决某种社会问题的具体方案或对策为主要调查目的的课题。描述性课题是指对社会现象的真实情况进行具体描写和叙述的课题，它主要回答“是什么”、“怎么样”的问题。解释性课题是指揭示两种或两种以上社会现象之间因果关系的课题，它主要回答“为什么”、“怎么办”的问题。预测性课题是指在说明社会现象的现状及其因果关系的基础上，进一步推测社会现象的发展趋势和状况的课题，它主要回答“将怎样”、“应怎样”的问题。由此可以看出，描述性课题是最低层次的调查课题，但也是最基本的调查课题，它是后两类调查课题的基础；解释性课题是较高层次的调查课题，也是使用最广泛的调查课题，它是进行社会预测的前提；预测性课题是最高层次的调查课题，它对实际工作和理论研究都具有重要的指导意义。

(二)选择调查课题的原则和步骤

1. 选择调查课题的基本原则

正确选择农村社会调查课题，一般应坚持以下 4 项基本原则：

(1)需要性原则，是指在选择调查课题时，要充分考虑农村社会发展的实际需要。这是选择和确定调查课题的根本原则。

(2)科学性原则，是指在选择调查课题时，要以事实为依据，实事求是，同时还要讲求经济合理性。

(3)可行性原则，是指在选择调查课题时，应考虑到是否具有完成课题的主、客观条件。

(4)创造性原则，是指在选择调查课题时，应注意是否具有一定的新颖性、独特性和先进性。

2. 选择调查课题的主要步骤

(1)发现问题。发现问题是提出问题的前提。实质上，选择调查课题是从发现问题开始的。

(2)查阅文献。查阅文献资料，了解他人对此课题的研究情况以及与该课题有关的方针、政策，以使发现和提出的问题更加系统、深刻和完善。

(3)咨询。向对该问题有专门研究或在工作上与该问题有联系的人员请教，以便掌握与该问题有关的材料。

(4)确定和论证调查课题。经过发现问题、查阅文献和咨询之后，可初步确定调查课题，并对调查课题予以论证。

二、探测性调查

(一)探测性调查的概念

探测性调查，是指在调查课题初步确定之后、正式调查之前，为进一步验证调查课题，更好地把握问题的重心，探寻为解决完成调查课题涉及的种种问题的假设性办法，到实地进行的试探性或准备性调查。

探测性调查的目的是为了使调查课题更切合农村社会实际，使调查人员更进一步明确问题的关键和探求解决问题的途径，为设计调查方案提供客观依据。

(二)探测性调查的基本内容

探测性调查大致有 3 方面的内容：

(1)验证调查课题和弄清调查课题的中心内容，用生动的客观事实对初步确定的调查课题进行验证，使调查课题具体化。

(2)与被调查者初步接触，建立工作关系，为正式调查打好基础。

(3)与被调查者就完成调查课题所涉及的各种问题开展广泛讨论，尽量征求他们的意见，为设计调查方案做好准备。

三、提出研究假设

假设亦称假说，它是对未知的客观事物所作的需要经过检验的假定性设想或说明。科学的假设，必须以一定的科学理论为指导，必须以一定的客观事实为依据，必须可以被实践证实正确或错误。因此，一定的客观性、科学性和可检验性，是科学假设的基本要求。

在农村社会调查中，假设具有重要的作用，它是设计调查方案的指南，是收集调查资料的向导，是探索客观真理的桥梁。

科学的假设必须满足 5 个条件：①以明确的概念为基础；②具有经验的统一性（即能被经验检验）；③对假设的适用范围要有所假定；④与有效的观测技术相联系；⑤与一般理论相关联。

研究假设可通过查阅理论文献而建立，也可以从已有的经验或从实地考察与访谈中得到。在有些研究中，假设的建立结合了上述两种方式。

四、设计和实施调查方案

调查方案是对调查过程和调查内容的总体规划，是进行实地调查的行动纲领。设计和实施调查方案是农村社会调查中最重要的工作。

（一）设计调查方案

1. 调查方案的主要内容

调查方案主要包括以下内容：

(1)调查目的和意义。说明为什么要进行这项调查研究，对该课题调查研究后在理论上或实践上有什么价值。同时，还要注明调查的发起者和组织单位。

(2)调查方式和组织分工。说明调查采取的主要形式和具体规定，以及调查队伍的构成和调查人员的具体任务。

(3)调查内容和调查工具。说明调查指标以及反映这些指标的调查提纲、问卷、表格、量表和卡片等工具。

(4)调查地域和调查对象。说明调查范围、调查单位（地点）、被调查者及其数量。

(5)调查步骤和调查时间。说明调查实施的步骤和时间安排。

(6)经费来源和使用计划。说明调查经费如何筹措，经费使用安排等。

2. 设计调查方案的基本原则

设计调查方案应遵循以下基本原则：

(1)实用性原则。实用性原则是指在设计调查方案时，必须着眼于实际应用，使调查方案真正成为调查工作的行动指南。

(2)时效性原则。时效性原则是指在设计调查方案时，必须充分考虑时间效果，特别是一些应用性调查课题往往有很强的时间性。

(3)经济性原则。经济性原则是指在设计调查方案时，必须努力做到节约人力、物力、财力和时间，力争用最少的投入，取得最好的调查效果。

(4)一定弹性原则。一定弹性原则是指在设计调查方案时，对于调查工作的具体安排和要求，应留有余地，保持一定的弹性。

(二)实施调查方案

实施调查方案就是根据调查的目的和要求,调查者与被调查者直接接触,采取各种调查方法,收集调查资料。

收集资料应遵循整体性、针对性和可比性的原则。收集资料的途径和方法主要有访谈法、问卷法、观察法、实验法和文献法等。

第四节 农村社会调查的基本方式

农村社会调查有多种方式,根据调查对象的范围可分为普遍调查、典型调查、抽样调查、个案调查和重点调查等。本章重点介绍普遍调查、典型调查和抽样调查。

一、普遍调查

(一)普遍调查的概念、特点和作用

普遍调查简称普查,是根据调查目的和要求,对一定时间、地点的调查对象的全部单位无一例外地逐个进行调查。因此,普遍调查是一种全面调查。

普遍调查与其他调查相比,具有3个特点:第一,调查空间的广阔性。普遍调查空间广、对象多,这是普遍调查的一个突出特点。第二,调查内容的全面性。这是其他调查类型所不能完成的。第三,调查结果的真实性。普遍调查能全面正确地反映调查对象的真实情况。

普遍调查的作用具体表现在两个方面:一是普遍调查是准确了解农村社会现象的基础,它能提供关于客观事物或社会现象的基本的、全面的数据和资料。二是普遍调查的结果能为制定经济和社会发展计划或某一方面政策提供依据。

(二)普遍调查的原则和步骤

1. 普遍调查的原则

普遍调查涉及面广,调查人员多,而且要求有较高的准确性和时效性。因此,开展普遍调查时,必须遵循以下原则:

(1)调查时间的统一性。普遍调查必须规定统一的调查时间或时点,所有调查资料都必须反映这一时间或时点上的情况。具体包含两层含义:一是明确规定调查时间,作为收集资料的标准。例如,第六次全国人口普查登记的标准时间是2010年11月1日零时。二是明确规定执行并完成调查任务的时间。

(2)调查方法的一致性。各调查单位或各调查点进行普遍调查的具体方法必须保持一致,这是保证普遍调查有步骤地进行和调查材料时效性的一个基本原则。

(3)调查项目的统一性。普遍调查的调查项目和指标单位应统一规定。

2. 普遍调查的步骤

根据普遍调查的基本原则,实施普遍调查的步骤如下:

(1)制定调查方案。根据普遍调查的任务,制定调查方案,明确规定普遍调查的目的、实施范围、调查时点、调查项目、布置办法、报送程序以及调查的具体措施等。

(2)培训调查人员。认真组织参与调查的人员学习调查方案和有关文件,以培训队伍,为普遍调查做好组织保证。

(3)进行试调查。在正式调查前,应先选择若干对象进行试调查,以取得经验,为大规模的正式调查做好准备。

(4)进行正式调查。正式调查是进行普遍调查的中心环节。在正式调查中,应随时检查、纠正调查中出现的问题,确保调查资料的准确性。

(5)整理调查资料。调查资料的整理关系到调查结果的价值,要及时进行。

(6)总结工作。调查任务完成后,要进行工作总结,以积累经验、找出问题,为今后的普遍调查提供参考。

(三)普遍调查的局限性

普遍调查的局限性主要表现在:

(1)普遍调查由于调查对象多,调查的内容和项目比较简单,因而获得的调查资料广而不深。

(2)由于普遍调查涉及面广,调查人员多,人力、物力和财力消耗较大,因此普遍调查不宜经常进行,应用范围比较狭窄,适应性较小。它只适于对有关全局性的基本情况进行调查。

二、典型调查

(一)典型调查的概念、特点和作用

典型调查是根据调查目的和要求,在对调查对象进行初步了解的基础上,有意识地从调查对象中选择具有代表性的部分作为典型而进行的深入系统的调查。因此,典型调查是一种非全面调查。

典型调查与其他调查相比,具有3个特点:第一,调查对象的代表性。典型调查的典型是调查者根据调查目的和要求有意识选择的,典型的突出特点是它的代表性,即它能够反映同类事物的共性。第二,调查内容的系统性、深刻性。典型调查不是对同类事物的每一分子进行普遍调查,而是对个别典型的调查。因此,它是系统、深入的调查,可以对典型进行系统、深刻的了解,探求客观事物的本质及其发展规律。第三,典型调查的易行性。因为典型调查的对象少、时间短,所需调查人员和经费少,调查方法比较灵活。

典型调查的作用具体表现在4个方面:一是可以深入研究新事物和新情况;二是可以对调查对象进行深入系统的分析,以揭示事物发展的一般规律和趋势;三是可以总结先进经验和分析失败的教训;四是在一定条件下可以推论和推算出总体结论。

(二)典型调查的步骤

1. 典型的选择

典型调查的关键是选择典型,典型选择正确与否,直接关系到典型调查的成败。在选择典型时,首先应遵循3条原则:一是必须用实事求是的态度选择典型,二是必须用发展的观点选择典型,三是必须根据调查的目的和要求选择典型。其次应正确区分典型的类型,根据实际需要和要求选择典型。根据调查研究的目的和调查对象的具体情况,可把典型分为5种类型:先进性典型、落后性典型、一般性典型、特殊性典型和全面性典型。

2. 典型调查资料的收集

收集资料的基本要求是真实性、准确性和全面性。要做到这些,一是要求调查者要有实

事求是的科学态度，二是要有深入细致的工作作风；三是要有正确的调查方法。

收集资料的方法很多，有访谈法、观察法、文献法等，应根据调查对象的性质、调查目的等情况综合确定。

3. 典型调查资料的分析和利用

首先，要从典型资料中区分具有普遍意义的方面和具有特殊意义的方面，分清哪些是反映特殊性的，哪些是反映普遍性的。只有这样，才能达到“从个别到一般”，发挥典型的应有作用。其次，对典型资料的分析要抓住关键，阐明经验，提出问题，找出办法。第三，必须对事物的影响因素进行分析，不能用它简单地、机械地去推算全面。第四，要善于将典型资料与全面性的情况结合起来研究。

4. 典型调查的局限性

典型调查的局限性主要表现在：(1)典型调查缺乏范围上的广度，结论往往具有很强的条件性。(2)调查对象的选择易受调查者主观意志的影响。(3)典型调查主要是一种定性调查，对调查对象总体难以进行定量分析。

三、抽样调查

(一)抽样调查的概念、特点和作用

抽样调查是根据调查目的和要求，从被研究的总体中抽取一部分能够代表总体的单位为样本，通过样本结果估计总体情况的调查。因此，抽样调查也是一种非全面调查。

抽样调查具有以下特点：第一，抽样调查的样本具有较强的代表性。抽样调查的样本一般都是按照随机的原则抽选出来的，排除了人的主观意志。第二，抽样调查可以用样本的综合指标从数量上估计总体的相应指标。第三，抽样调查对总体指标的估计具有一定的准确性和可靠性。

与其他调查方式相比，抽样调查具有独特的作用，主要表现在以下 3 个方面：一是抽样调查可使一些无法进行的全面调查成为可能，二是抽样调查可以提高统计资料的准确性，三是抽样调查可以节省整理资料的时间，提高调查的时效性。

(二)有关抽样调查的基本概念

1. 总体与样本

总体，即所要进行调查研究的全部对象组成的集合，又称全体。组成总体的单位叫做总体单位，一般用 N 表示总体的单位数。总体可以是人，也可以是某种事物或社会现象。

样本，是从总体中抽取出来的研究对象组成的集合。组成样本的单位叫样本单位，一般用 n 表示样本的单位数。按随机原则抽取样本单位构成的样本称随机样本，其余的称非随机样本。

2. 参数与统计数

参数，是由总体的全部标识值计算的、用于描述总体特征的数值。一般用希腊字母表示。

统计数，是由样本的全部标识值计算的、用于描述样本特征的数值。一般用英文字母表示。

在抽样调查中，总体参数是通过样本统计数来估计的。

3. 重复抽样与不重复抽样

重复抽样，是指已经被抽取的样本单位，重新放回总体中再进行抽样的抽样方法，也称为复置抽样。

不重复抽样，是指已经被抽取的样本单位，不再放回总体而直接进行抽样的抽样方法，也称为不复置抽样。

在重复抽样中，每个总体单位有可能多次被抽中，而在不重复抽样中，每个总体单位只有一次被抽中的可能。

4. 抽样误差

(1)抽样误差的概念

抽样误差，是指抽样调查由样本结果估计总体情况的估计值与实际调查全部总体单位所得结果之间的差值。

在抽样调查过程中产生的误差分为两类，即登记性误差和代表性误差。登记性误差，亦称调查误差、系统误差，是指在进行调查时，由于测量、登记所引起的误差。这是包括抽样调查在内的所有各种调查中普遍存在的误差。代表性误差，亦称偶然误差、随机误差，是指由于抽样引起的误差。它是抽样调查本身所固有的一种误差，即使按照随机原则进行抽样也会出现。抽样误差就是这种代表性误差，它是由于只调查一部分的总体单位产生的，而调查全部的总体单位的全面调查就没有抽样误差。在实际调查中，抽样误差虽然无法避免，但可将其缩小到最低程度或控制在允许的范围内。

(2)影响抽样误差的因素

影响抽样误差的因素主要有以下 4 种：a、抽样误差受总体单位之间标识值的差异程度的影响。在其他条件不变的情况下，抽样误差与总体单位标识值差异程度成正比。b、抽样误差受样本单位数多少的影响。在其他条件不变的情况下，抽样误差与样本单位数的平方根成反比。c、抽样误差受抽样组织形式的影响。如在样本容量相同的情况下，分层随机抽样比简单随机抽样产生的抽样误差小。d、抽样误差受抽样方法的影响。如在样本容量相同的情况下，不重复抽样比重复抽样产生的抽样误差小。

(三)抽样调查的组织形式

农村社会调查中，抽样调查的组织形式分为两大类：随机抽样和非随机抽样。

1. 随机抽样

随机抽样，又称等概率抽样或概率抽样，是指在调查的总体范围内，所有总体单位都有同等机会(相同概率)被抽取进入样本的抽样方法。随机抽样的优点是样本的代表性强，能无偏地估计抽样误差。常见的随机抽样有以下 5 种：

(1)简单随机抽样

简单随机抽样，又称完全随机抽样或纯随机抽样。它是从不加任何分组、归类、排序的调查总体中，完全随机地抽取样本单位，使每个总体单位都有同等机会被抽中。它是抽样调查中最基本的一种形式。

做法：先将所有总体单位编号，然后采用随机方法从中直接抽取一定数量的单位构成样本。

简单随机抽样可无偏地估计抽样误差。但在总体单位较多时，对总体单位编号和抽样都比较麻烦。

(2)分层随机抽样

分层随机抽样,又称类型抽样或分类抽样。它是将所有总体单位按照某种标识划分为相对均匀一致的若干类型组,然后独立地在每一类型组中随机抽取样本单位。

采用分层随机抽样时,若各类型组所包含的总体单位数相同,从各类型组中抽取的样本单位数也应相同;若各类型组所包含的总体单位数不同,则应按比例配置从各类型组抽取样本单位数。不过,当某些类型组内差异较大时,也可增加该类型组的样本单位数,以减少抽样误差。

分层随机抽样采用一种局部控制的方法,既能保证随机性,又能有效地降低抽样误差,在抽样调查中应用较多。

(3)整群随机抽样

整群随机抽样,又称集体抽样。它是将所有总体单位按照某种标识划分成若干群(或组),然后随机抽取一定数量的群(或组),并对中选群(或组)的所有单位进行全面调查。

整群随机抽样是抽样调查的一种特殊方法,随机抽取的不是一个总体单位,而是包含若干个总体单位的群(或组),因而在大规模抽样调查中容易组织,并可大大提高工作效率,降低成本。缺点是样本只能集中在若干群(或组)中,而不能均匀分布在总体各个部分。当各群(或组)间差异较大时,抽样误差也较大。

(4)多级随机抽样

多级随机抽样,又称多阶段抽样或分段抽样。它是以整群随机抽样为基础的一种方法,即先从总体中随机抽取若干大整群,然后再从这些大整群中随机抽取若干个小整群,最后一直抽到若干总体单位以组成样本。二级随机抽样是多级随机抽样中最简单的一种。

多级随机抽样的各级样本单位可以相同,也可以不同。在多级随机抽样中,每增加一次抽样,都会增加一个相应的抽样误差。因此,每次抽样至少应有两个样本单位,以估计各级抽样误差。

多级随机抽样在总体单位数众多,并且难以收集编号的情况下是适用的。

(5)等距抽样

等距抽样,又称机械抽样或系统抽样。它是将所有总体单位按一定的空间、时间或某些标识进行排序,然后按相等的距离或间隔抽取样本单位。

做法:先把所有总体单位按一定的次序排列起来,然后用总体单位数除以样本单位数求得抽样间隔,再从第一个抽样间隔抽取一个单位为第一个样本单位,随后再隔一个抽样间隔抽取第二个样本单位,直到达到样本数为止。

按无标识排序进行等距抽样,实质上是一种简单随机抽样。由于等距抽样把总体分为若干组,每个组内各抽取一个样本单位,因而按有关标识排列的等距抽样实质上是一种更细致的类型抽样。等距抽样要特别注意系统误差。

2. 非随机抽样

非随机抽样,是指每个总体单位不具有同等机会被抽中的抽样方法,其抽样误差是无法用统计手段来认识和加以控制的。常用的非随机抽样有以下 3 种:

(1)定额抽样

定额抽样,又称配额抽样。它将总体按照一定的标准划分为若干类型或层次,在各类中确定样本数目,是随机抽样中的分层抽样的复杂化。但它与分层抽样不同的是在各类中抽取总体单位时不是随机的，而是主观判断的，并且可以随意更换。

(2)判断抽样

判断抽样，又称特选抽样。它纯粹是根据调查人员的主观判断来抽取样本。调查者主观判断的依据和所抽取的样本对于总体是否具有代表性，完全取决于调查者对调查对象的了解程度。它一般应用于大规模的抽样调查之前的探索性研究或较小范围的研究中。当总体规模较小时，判断抽样的准确度并不低于随机抽样。

(3)偶遇抽样

偶遇抽样，又称自然抽样、方便抽样、任意抽样。这种抽样方法在确定样本时，既不作定额分配，又不作判断，而是调查人员随便挑选总体单位作为样本。偶遇抽样是非随机抽样中一种最简便的方法，随机程度很高，偶然性很大，在正式调查中一般不采用。

(四)抽样调查的步骤

抽样调查包括以下 4 个步骤：

(1)确定调查总体。即根据调查的目的、要求，确定调查对象的内涵、外延及其数量。

(2)抽取样本。即根据样本容量的大小和抽样组织形式进行抽样。

(3)收集样本资料。即对样本单位进行实际调查，收集有关资料。

(4)计算样本资料和估计调查总体。即对样本调查所收集的资料进行分析，然后根据样本结果估计总体情况。

(五)抽样调查中总体参数的估计

抽样调查通过样本的统计数来估计总体的参数。有关这方面的内容，请参考统计学教材。

(六)抽样调查的应用范围和局限性

1. 抽样调查的应用范围

(1)当一些社会现象不可能进行全面调查，而又需要了解其全面情况时，可用抽样调查。例如，要测定一批蔬菜种子的发芽率，只能抽选一些种子进行发芽试验。

(2)研究某些社会经济现象，虽可进行全面调查，但没必要，只需要抽样调查其中的一部分就可以得到结论。

(3)当普遍调查的结果需要进行检查和修正时，可用抽样调查。

(4)当被研究的总体单位数无限多，不可能进行全面调查时，只能进行抽样调查。例如，大型水库中的鱼尾数，大片森林的木材积蓄量等。

2. 抽样调查的局限性

抽样调查的局限性主要表现在：

第一，抽样调查是一种非全面调查，且主要适合于定量研究，而不适合于定性研究。

第二，抽样调查一般是按随机的原则抽取样本单位的，如果抽取的单位地处偏僻、交通不便甚至不予合作，则会给实施调查带来不少麻烦。

第三，对于调查总体的范围尚未十分明晰的调查对象，如正在形成中的新生事物，就无法进行抽样调查。

第五节　农村社会调查资料的收集、整理与分析

一、农村社会调查资料的收集

农村社会调查资料的收集方法很多，常用的有访谈法、问卷法、观察法、实验法和文献法。本节只重点介绍访谈法和问卷法。

（一）访谈法

1. 访谈法的概念和特点

访谈法，也称访问法或访问调查法，是指调查人员为实施调查方案直接与调查对象口头交谈，以获取资料的一种方法。这是农村社会调查中最普遍使用的基本方法。

与其他方法相比，访谈法具有3个明显的特点：一是面对面接触的特点，即调查人员是通过与调查对象直接接触来收集资料的；二是双向传导的特点，即一方面是调查人员通过提问的方式作用于调查对象的过程，另一方面又是调查对象通过回答问题的方式反作用于调查人员的过程；三是人际交往的特点，访谈的过程是人与人之间的交往过程。

2. 访谈的类型和原则

（1）访谈的类型

访谈的类型，按照访谈有无规定的内容和程序可分为结构性访谈、非结构性访谈；按照访谈对象的多少可分为集体访谈（座谈会）和个别访谈；按照访谈的次数可分为一次性访谈、重复访谈和多次访谈等等。

①结构性访谈与非结构性访谈

结构性访谈，又称正式访谈、标准化访谈、导向式访谈或控制式访谈，是指按照统一设计的、有一定结构的问卷所进行的访谈。其特点是：事先把问题标准化（操作化为具体指标），设计成表格或问卷，然后用准备好的表格或问卷，请访谈对象回答或选择回答，所有访谈对象都回答同一结构的问题。结构性访谈的最大优点是便于对访谈结果进行定量分析，便于对不同访谈对象的回答进行对比分析。缺点是缺乏弹性，难以灵活反映复杂多变的社会现象，难以对社会问题进行深入探讨。结构性访谈通常用于验证某一假设或理论，而不考虑与这个理论无关的因素。结构性访谈设计的表格或问卷，可以是行为方面的，也可以是态度或价值方面的。

非结构性访谈，又称非正式访谈、非标准化访谈，是指按照一个粗线条的访谈提纲所进行的访谈。其特点是：事先不设计表格或问卷，不规定定向的标准程序，没有统一的评价标准，谈话内容松散，可以临时变化，访谈对象可以自由发表自己的意见。非结构性访谈有利于充分发挥访谈者和被访谈者的主动性、创造性；有利于适应千变万化的客观情况；有利于调查原设计方案中没有考虑到的新情况、新问题；有利于拓宽和加深对社会问题的研究。缺点是对访谈结果无法进行定量分析和对比研究，且对访谈者的要求较高。

在非结构性访谈中，常见的有以下3种：

重点访谈，是指在调查内容上对某一重点问题的访谈。如对先进人物的先进事迹或典

型经验的调查、新闻采访均属于这一类。重点访谈在分析特殊经验或事件所引起的人们态度的变化方面，效果很好，所以常用于研究大众传播视听的社会效果。

临床访谈，是指根据已发生的情况，亲临其境进行实地访谈。它是对特定对象的特定问题及过程所进行的访谈，常用于个人生活史调查、精神病人调查等。

非引导性访谈，是指访谈者不作任何引导启发，由被访谈者就调查问题自由回答的访谈。它可以避免访谈者由于引导问话而导致被访谈者出现偏向性误差，以保证资料的准确性，同时可以发现访谈者不易发现的问题，并使谈话融洽。

②集体访谈与个别访谈

集体访谈，即召开座谈会，它是根据调查提纲，邀请部分代表，围绕调查中心内容进行座谈讨论以获取资料的方法。这种方法不受时间、地点的限制，不受调查条件的限制，可以广泛听取各种意见。

要做好集体访谈，需要注意 5 点：一是要提前准备调查提纲，二是要挑选好参会人员，三是要创造良好的会议气氛，四是要善于提问，启发诱导，五是要做好会议记录。

个别访谈，又称个别谈话、个别询问，是指围绕调查内容单独找被访谈者交谈以获取资料的方法。这种方法比较自由方便，不受时间、地点的限制，不受他人干扰或牵制，没有群体压力，有利于被访谈者讲真话，也有利于调查人员更详尽、深刻地询问了解有关问题的过程和细节，获取确凿的、真实的情况，把问题了解得更透彻。

与集体访谈相比，个别访谈更适合以下情况：了解有关敏感性问题、犯罪问题、干部作风问题、存在利害冲突或容易产生隔阂的问题等；调查的内容，只有个别人深知底细；调查的内容，知情人有思想顾虑或其他原因，不便在座谈会上当众说明真相；调查对象行动不便或其他原因不便参加座谈会的。

个别访谈的要求和注意事项大致与集体访谈相同。

(2)访谈的原则

访谈者在实施访谈时，为了达到预期的效果，必须掌握和遵守科学的访谈原则。访谈的原则主要有以下 5 项：

①周密准备原则。调查前要做好周密、充分的准备工作，认真拟定访谈计划和访谈提纲，统一谈话程序。同时，还要对调查对象的基本情况有所了解，以便访谈时根据不同的对象，采取合适的访谈方法。

②尊重访谈对象原则。向被访谈者了解情况，要礼貌待人，决不能盛气凌人。谈话时要和气，不要伤害对方的自尊心，不使对方产生反感。

③科学引导原则。要善于使用交谈的技巧，设法让受访者敞开心扉。在整个访谈过程中，都要科学地进行引导，使被访谈者说出心里话。

④保守秘密原则。应严守秘密，不失信用，使被访谈者深信自己的声誉和利益将会受到保护，不得在群众中泄露或在调查报告中公开发表被访谈者要求保密的信息和数据。

⑤真实记录原则。要掌握记录技术，善于不动声色地把被访谈者的谈话内容比较详细地记录下来。最好是征得被访谈者的同意，对交谈内容进行录音。

(3)访谈法的优点和局限性

与其他方法相比,访谈法的优点主要表现在:简便易行,适用范围广;问、听、看相结合,富有弹性;能深入、细致地进行调查;调查资料比较真实、可靠;问卷或统计表回收率较高。

访谈法的局限性主要是需要较多的人力、财力和时间,调查的范围较小,同时调查的质量受多种因素的影响,调查结果不易做定量分析。

(二)问卷法

1. 问卷法的概念和特点

问卷是一种精心设计的问题表格,在农村社会调查中常用来作为收集资料的工具。问卷法是指调查者利用问卷向被调查者了解情况和收集资料的方法,它是访谈法的一种特殊形式。因此,问卷法包括问卷的设计和问卷调查的实施两大组成部分。

与访谈法相比,问卷法具有三大特点:一是问卷调查是标准化调查,即问卷上的大多数问题都是按照某些标准规定了选择答案的,被调查者只能在这些固定的答案中选择作答;二是问卷调查是书面调查,即调查者利用的问卷本身就是一种书面形式的调查工具,而被调查者在问卷上作答,也是一种书面作答形式;三是问卷调查是间接调查,即调查者与被调查者不直接面对面交谈,而是由被调查者按问卷的要求自己作答(访问问卷除外)。

2. 问卷的类型和结构

(1)问卷的类型

根据传递方式不同,问卷可分为报刊问卷、邮政问卷、送发问卷和访问问卷 4 种;根据填答者不同,问卷可分为自填问卷和代填问卷。

报刊问卷,是随报刊传递分发的问卷(一般将问卷印在报刊上),并请报刊读者对问卷作出书面回答,在规定的时间内将问卷寄到指定的组织或机构。报刊问卷以读者为调查对象,有稳定的传递渠道,分布面广,匿名性强,回答质量较高,能节省费用和时间,有很强的适用性。报刊问卷的主要缺点是:回复率低,调查对象的代表性较差,对影响回答的因素难以控制。

邮政问卷,是通过邮局向调查对象寄发的问卷,并要求被调查者按照规定的要求和时间填答问卷,再将问卷寄还。邮政问卷可以控制调查对象,提高代表性,而且匿名性强,回答的质量也较高。邮政问卷的主要缺点是:问卷的回复率较低,难以控制回答的环境,难以判断回复者的代表性和影响回答的因素。

送发问卷,是调查者派人将问卷送发给被选定的调查对象,待其填答完成后,再派人收回的问卷。送发问卷最大的优点是回复率高,回收的时间迅速、整齐,有利于对被调查者进行某些口头说明或解释。送发问卷的主要缺点是:调查对象过于集中,调查范围比较狭窄,回答质量较低。

访问问卷,是调查者按照统一设计的问卷向被调查者当面提出问题,然后再由调查者根据被调查者的口头回答来填写的问卷。访问问卷的优点是:有利于选择调查对象和控制调查过程;有利于对回答的结果做出正确的分析和评价,而且回收率高。访问问卷的缺点是:匿名性差,费用高。

自填问卷,是由被调查者本人填答的问卷。上述报刊问卷、邮政问卷和送发问卷都是自填问卷,它们是问卷调查的主要形式。

代填问卷，是由调查者代替被调查者填答的问卷。上述访问问卷就是代填问卷。

(2)问卷的一般结构

通常，一份问卷由封面信、指导语、问卷主体和结束语 4 部分组成。

①封面信。封面信，是一封给被调查者的短信，主要包括以下内容：a. 调查者的身份；b. 调查的目的、意义，对被调查者的好处；c. 调查对象回答问题的重要性；d. 说明每项回答不存在对错之分，只需真实客观地反映本人的行为与态度；e. 说明被调查者的回答将得到保密；f. 举例说明如何填写问卷；g. 说明结果反馈事宜；h. 对被调查者的协助表示感谢等。

②指导语。指导语，是用来指导被调查者填答问卷的各种解释和说明。有些问卷的填答方法比较简单，常常只在封面信中附带说明，因此没有单独列出。有些指导语则较长，一般集中在封面信之后，并标以“填表说明”，介绍填答的方法、要求和注意事项等。此外，有些指导语则分散在某些较复杂的调查问题之后。

③问卷主体。问卷主体，即调查问卷的问题和答案。它是问卷的主要组成部分。

④结束语。结束语要力求简短。有的问卷没有结束语，有的问卷可以顺便征询一下被调查者对问卷设计和问卷调查本身有何看法和感受。

3. 问卷设计

(1)问卷设计的原则

问卷设计就是根据调查目的和要求，把抽象的理论命题变为具体的经验命题，把调查提纲中的概念变为一系列的变量和指标，然后把变量和指标按不同的方式列成问卷和答案。问卷设计是一项十分复杂、精细的技术性工作，对问卷调查的成败起着关键性作用。因此，要科学合理设计一份理想的问卷，必须坚持以下原则。

①坚持紧扣主题、清晰、精练、有特色的设计原则。问卷设计必须做到表述清楚明白，文字通俗易懂，概念明确具体，资料便于量化和比较，易于登记和编码，便于统计分析或计算机处理。

②坚持连续性、有序性和科学性的设计原则。在问卷构架内部，要紧紧围绕调查内容设问，设问条目应具有连续性、有序性和科学性。

③坚持为被调查者着想的设计原则。设计问卷时，必须充分考虑到被调查者的素质和情绪，提问要注意被调查者的文化程度，不要有某种暗示、影射的作用，不要涉及社会禁忌和某些敏感性问题。

(2)问卷设计的步骤

①探索性研究。探索性研究，即问卷设计者亲自进行的非结构性访问。其主要内容是：确定研究题目、提出理论假设、找出理论假设所涉及的变量以及测量这些变量的指标。探索性工作对于防止含糊、抽象性问题的出现，确定问题科学、合理的表达方式，列出合乎实际情况的答案类型，有着极大的帮助。

②问卷初稿设计。设计问卷初稿经常采用卡片法和框图法。

卡片法，即采用卡片来设计问卷初稿的方法。首先，根据探索性研究所得到的印象和认识，把每一个问题及其答案单独写在一张卡片上。其次，按照卡片上的问题所反映的主要内容进行分类，把调查相同社会现象的问题卡片放在一起。第三，按照各个问题之间的逻辑关系，对同一类型的卡片进行排序。第四，根据问卷整体的逻辑结构排列出各类卡片的前后顺序，使卡片上的问题连成一份完整的问卷。第五，从被调查者阅读和填写问题是否方便、是否会形成心理压力等角度检查问题的表述是否合理，前后顺序是否恰当，并对不妥之处逐一进行调整。第六，把调整好的问题卡片依次打印成稿，附上封面信、指导语等，问卷初稿就形成了。

框图法，即采用框图来设计问卷初稿的方法。首先，根据研究假设和所需资料的逻辑结构，勾画出整个问卷的各个组成部分及其前后顺序的框图。其次，根据探索性研究中的认识，列出每一部分中的问题及其答案，并安排好这些问题相互之间的先后顺序。第三，从被调查者阅读和填写问题是否方便、是否会形成心理压力等角度检查问题的表述是否合理，前后顺序是否恰当，并对不妥之处逐一进行调整。第四，把调整好的结果依次打印成稿，附上封面信、指导语等，问卷初稿就形成了。

卡片法和框图法的主要区别在于：前者从具体问题开始，然后到部分，最后到整体形成问卷初稿；而后者则相反，先从总体结构开始，然后到部分，最后到具体问题形成问卷初稿。两者各有优缺点。在实际工作中，为了发挥两种方法的长处，避免它们的短处，常将两者结合起来灵活应用。

③检验、评价。常用的方法有两种：客观检查法和主观评价法。客观检查法采用非随机抽样的方法选择一小部分样本为试调查对象进行试调查，从客观上对问卷初稿进行检查。主观评价法将问卷初稿送给该领域的专家、研究人员以及典型的被调查者，请他们从各自不同的角度对问卷进行评价，指出存在的问题。

④修改。根据检验、评价中发现的问题对问卷初稿进行修改、补充和完善。

(3)问题的种类

在调查问卷中，常见的问题有4大类：

①背景方面的问题，主要是为了了解调查对象基本情况而设置的问题。如性别、年龄、民族、文化程度、婚姻状况、收入等。这类问题是任何问卷都不可缺少的问题，因为背景情况是对调查对象分类的客观标志，是对不同类型调查对象进行对比研究的重要依据。

②行为方面的问题，即询问调查对象已经发生和正在发生的各种行为方面的问题。如学习、工作、旅游、交友等具体行为。

③态度方面的问题，是反映调查对象主观意见，包括观念、态度、情感、动机等方面的问题。这类问题不是询问行为或事件本身，而是对行为或事件的评价。如对居住条件的评价，对社会安全的感受等。一般来说，民意测验所询问的问题大多是态度方面的问题。

④检验性问题，是用来检验调查对象的回答是否真实准确的问题。检验性问题一般由两组问题组成，被安排在问卷的不同位置。这类问题只有在比较复杂的调查问卷（特别是经济调查问卷）中才使用。

(4)问题的表述

问卷调查是间接的书面调查，被调查者只能根据书面问卷来理解和回答问题。因此，如何表述问卷中的问题是问卷设计的重点与难点。一般来说，问题的表述应注意以下几个方面：

①问题的表述要规范化、标准化，避免使用抽象的概念。每个问题、变量和指标都要有明确的规定，使所有的被调查者都能做出一致的正确理解。为此，在问卷中应明确规定或指明某一概念的具体涵义。

②问题的表述要单一，避免带有双重或多重含义。在一个问题中应避免同时询问两件或两件以上的事情。如“您父母支持您参军吗?”给那些父母中只有一人支持的被调查者造成无法回答的局面。

③问题的表述要客观、中立，避免带有感情色彩和倾向性。如“绝大多数农民都主张放开农产品收购，您同意吗”等都带有明显的倾向性。

④问题的表述要准确，避免使用模棱两可、含糊不清或容易产生歧义的词。问题表述中字句的含义应清楚明白、准确无误，尽量不用诸如“也许”、“好像”、“可能”等模棱两可和“经常”、“有时”、“偶尔”等含糊不清的词，对“先进性”、“失败者”等概念应作出具体的说明。

⑤问题的表述要力求简短，避免冗长和啰唆。要使问题尽可能清晰、简短，使被调查者集中思考回答。

⑥问题的表述要通俗化，避免使用专业术语。要考虑到被调查者的教育水平、职业、素质、经历等不同情况，尽量使用大众化的语言，少用特殊术语或专业术语。如“您家的消费结构怎样?”对于某些农民来说可能根本听不懂，不可能作出回答。

⑦表述涉及个人隐私和不受欢迎的问题时，应做特殊处理。常用方法有 4 种：a. 释疑法，即在问题前面写一段消除疑虑的功能性文字。如：“对同一问题有不同看法是一种正常现象，每一个人都应该有自己的观点。您认为‘离婚率高代表社会的进步’这种观念对吗?”b. 假定法，即用一个假定判断作为问题的前提，然后再询问被调查者的看法。如“假设国家对生育不进行控制，你希望有几个孩子?”c. 转移法，即把直接回答问题的人转移到别人身上，然后再请被调查者对他人的回答做出评价。如“对于农村养老问题，有人认为家庭养老好，有人认为社会养老好，而有人则认为应把二者结合起来。您认为哪种意见更客观?”d. 模糊法，即对某些敏感性问题设计出一些比较模糊的答案，以便被调查者做出真实的回答。

(5)问题及其答案的形式

问题及其答案是问卷的主体，问题及其答案形式是否合理，是衡量一份问卷质量好坏的重要指标。一般来说，问题及其答案的形式分为 3 种，即开放式、封闭式和半开放半封闭式。

①开放式，即对问题的回答不提供任何具体答案，而由被调查者自由填写。开放式最大的优点是灵活性大、适应性强。它特别适合于回答那些答案类型多而复杂，且事先无法确定各种可能答案的问题；有利于发挥被调查者的主观能动性，能获得很多预料不到的、具有启发性的答案；可以发现被调查者是否了解原问题，有利于误差检验。其最大的缺点是答案的标准化程度低，难以整理和分析，要求被调查者具有较强的语言表达能力，占用被调查者较多的时间，容易造成被调查者放弃回答，降低问卷的回复率和有效率。因此，开放式的问题在一份问卷中不宜太多，且应安排在问卷的最后部分。

②封闭式，即将问题的所有可能答案或几种主要可能答案全部列出，由被调查者从中选择一种或几种答案作为自己的回答，而不能选择这些答案之外的内容。封闭式的优点是有利于被调查者理解问题和回答问题，节约回答时间，提高问卷的回复率和有效率，有利于进行统计分析和定量研究，有利于对某些敏感性问题的研究等。其主要缺点是设计答案较困

难，回答方式较机械，没有弹性，难以发挥被调查者的主观能动性等。

常见的封闭式有以下几种：

填空式，即在问题后面的横杠上或括号内填写答案的方式。这种形式常用于那些既容易回答，又方便填写的问题。

二项式（又称是否式），即只有两种答案"是"或"否"可供选择的方式。这种形式适用于相互排斥的二选一的定类测量，常用于民意测验的问卷中。其特点是答案简单明确，界线分明，把被调查者划分成两类不同的群体。最大的局限是所获得的信息量小，不能反映同一类别内部的不同层次。

多项式，即列出两个以上的答案，由被调查者自由选择一项或几项的方式。这种形式适用于几种互不排斥的答案的定类测量，调查结果可以把被调查者分成几种类别。

顺序式，即列出要考察的有关答案，由被调查者填写各种答案先后顺序的方式。这种形式适用于定序问题的研究。

矩阵式，即将同一类型的若干问题集中构成一个矩阵，由被调查者进行对比的形式。这种形式的优点是节省问卷篇幅，同时也节省被调查者阅读和填写的时间，可用于定序研究。

③半开放半封闭式，即为了克服封闭式的缺点，吸取开放式的优点，把两者结合起来的回答方式。

4. 问卷法的优点和局限性

问卷调查是标准化的、间接的、书面的调查，它的优点主要表现在：第一，调查人员不与调查对象直接接触，省时、省力，节省费用；第二，能突破时空的限制，能在广阔的范围内对众多的调查对象同时进行调查；第三，具有匿名性，有利于调查敏感问题、尖锐问题和隐私问题；第四，可以避免调查人员对调查对象产生的影响；第五，便于进行定量分析和研究。

问卷调查也存在一定的局限性：第一，问卷的回复率无法保证，可能会影响到调查资料的代表性和准确性；第二，只能获得书面的社会信息，而无法了解生动、具体的社会情况，因而不适用于对农村社会新事物、新情况、新问题的研究；第三，难以对问卷的回答进行有效的指导，在某种程度上会影响回答的真实性和正确性；第四，要求被调查者必须具有一定的文化水平；第五，缺乏弹性，很难对问题作深入的探讨。

二、农村社会调查资料的整理

（一）整理资料的意义和原则

1. 整理资料的意义

整理资料，就是根据调查研究的目的，运用科学的方法，对调查获得的大量资料进行审查、分类、汇总等，使之系统化、条理化和科学化，以集中、简明的方式反映调查对象总体情况的过程。

整理资料是分析资料的基础，具有重要的意义。

首先，整理资料是提高调查资料质量和使用价值的必要环节。因为，农村社会调查所收集的资料往往是分散的、零乱的，而且难免出现虚假、差错、短缺、冗余等现象。只有经过全面的检查和整理，消除资料中的假、错、缺、冗等现象，以保证资料的真实性、准确性和完整性，提高调查资料的质量和使用价值。

其次，整理资料是分析资料的基础和前提。分析资料就是运用科学的方法，对调查资料进行统计分析和思维加工，找出事物的内部联系和发展规律，形成正确的概念和判断，提出解决问题的方法。这就要求调查资料具有真实性、准确性、完整性和统一性。因此，必须对调查资料进行认真的整理，以保证统计分析和思维加工的顺利进行。

最后，整理资料是保存资料的客观要求。农村社会调查的原始资料，不仅是当时作出调查结论的客观依据，而且对今后研究同类问题具有重要的参考价值。因此，每次农村社会调查都应认真整理调查的原始资料，以便长期保存和今后的研究利用。

2. 整理资料的一般原则

整理资料的一般原则有以下 6 条：

(1)真实性原则。根据实践经验和常识对调查资料进行辨别，确认其是否真实可靠地反映了调查对象的客观情况。一旦发现有疑问，就要再次根据事实进行核实，排除其中的虚假成分，保证资料的真实性。真实性是整理资料时应坚持的一个根本原则。

(2)标准性原则。审查调查资料是不是按规定要求收集的，是否能说明问题，对所研究的问题是否起到应有的作用。在较大规模的调查中，对于需要相互比较的材料更要审查其所涉及的事实是不是具有可比性。如果调查资料没有统一标准，就无法进行比较研究。

(3)准确性原则。对调查资料进行逻辑检查，主要检查其有无不合理和相互矛盾的地方。对收集来的各种统计图表应重新计算复核，利用历史资料更要注意审查文献的可靠性程度。

(4)完整性原则。检查调查资料是否按照调查提纲或统计表格的要求收集齐全或填报清楚，应该查询的问题和事项是否都已经查询无漏。

(5)简明性原则。整理所得的资料，要尽可能简单、明确，使之系统化、条理化，以集中的方式反映调查对象总的情况。

(6)新颖性原则。在整理资料时，要尽可能从新的角度来审视资料、组合资料，尽量避免按照陈旧的思路考虑问题，更不能简单重复别人的老路。

(二)数字资料的整理

数字资料的整理，一般要经过审核、分组、汇总、制作统计图表 4 个步骤。

1. 审核

审核是审查和校核的简称，是指对调查资料进行认真审查与校核的过程。审核的目的在于保证资料的真实性、标准性、准确性和完整性。

数字资料审核的方法有两种。一是逻辑审核，即审核资料是否合乎逻辑，是否前后矛盾，同一资料是否存在差异等。例如，在对某村农村劳动力结构调查中，出现劳动力人数大于人口数，这显然是不合逻辑的。二是计算审核，即通过各种数学运算来审核各项数字有无差错，主要是审核计算方法是否正确，计算结果有无差错，计量单位是否一致等。例如，各分组数字之和是否等于总数，各部分所占百分比相加是否等于 1。

2. 分组

(1)分组的概念和任务

分组是指根据调查目的和要求，按照一定标准，把调查的数字资料划分为若干性质相同的组。

分组的主要任务是：a、区分农村社会现象的不同类型。通过分组反映不同社会问题和矛盾的不同方面，揭示它们的本质和规律性。b、反映现象的内部结构。总体都包含着不同的各个部分，各组成部分所占比重都不同程度地表明总体的基本性质和特征。通过分组可以了解各部分的特点、相互联系和发展变化趋势。c、反映事物之间的内在联系。通过分组可以弄清各个部分之间的依存关系和合理界限，体现组内事物的同质性和组间事物的差异性。

(2)分组标志的概念、类型和选择

标志是指事物的特征或属性，分组标志就是分组的依据或标准。

分组标志主要有4种类型：一是质量标志，即反映事物品质差异的特征。如性别分为男性、女性。按质量标志分组，可以把不同性质或类别的事物区别开来，有利于认识不同质的事物的数量和特征，有利于对不同质的事物进行数量对比研究。二是数量标志，即反映事物数量差异的特征。如农村人口按年龄高低划分为不同年龄组，粮食按产量高低划分为不同水平。按数量标志分组，可以把不同发展规模、水平、速度、比例的事物区别开来，有利于从数量上准确地认识客观事物，有利于对不同数量特征事物之间的相互关系进行分析和研究。三是时间标志，即反映事物的连续性和先后顺序的时间特征。如农业总产值可按日、按月、按季、按年度计算，农民纯收入可按不同年度表示。按时间标志分组，可把不同时间点或阶段上的事物区别开来，有利于认识事物在不同时点或阶段的发展状况，有利于揭示事物不断运动、变化、发展的规律。四是空间标志，即反映事物的地理位置、区域范围等空间特性。如按照经济发展状况和所处的地理位置，可划分出东部、中部、西部三大经济地带。按空间标志分组，可以把不同地域的事物区别开来，有利于了解事物在空间上的分布状况，有利于对不同地理位置、区域范围内的事物进行对比研究。

选择不同的分组标志，整理资料获得的结果将不同。分组标志的选择不仅关系到整理是否成功，而且影响对资料的分析。正确选择分组标志应坚持以下原则：

①从研究目的和任务出发选择分组标志。分类必须服从于研究目的，研究目的不同，选择的分组标志就不同。

②从反映现象本质的需要选择分组标志。应选择反映本质特征的标志作为分组标志。

③根据具体的历史条件选择分组标志。在不同历史条件下，应选择不同分组标志，特别是在研究农业的规模、类型、发展速度等方面，必须依具体历史条件选择分组标志。

④根据穷尽性和互斥性原则选择分组标志。穷尽性是指分组标志的确定必须使所有个案的特征表现都找到归属组，无一例外。互斥性是指分组标志应该互斥，以使每个个案的特征表现只能分配到一组之内，不能同时在几个组内出现。

(3)确定分组界限

分组界限是指划分组与组之间的间隔。确定分组界限包括以下内容：

①确定组数。当数量标志的变动范围较小，标志项不多时，可直接将每个标志值列为一组，即组数等于标志值的项数。当数量标志的变动范围较大，标志值项数较多时，可将相邻的几个标志值合为一组，以减少组的数量。一般来说，对标志值项数较多的数字资料进行分组，以分成5～7组较为适宜，并且组数应尽可能是奇数，避免偶数。

②确定组距。组距就是各组中最大值与最小值之间的差距。若各组组距相等，则组距等于全距(即全部变量的最大值与最小值之间的差距)除以组数的商。若各组组距不相等，则应根据客观需要确定组距。

③划分组限。组限就是组距的两端值。一般将每组的起点数值(最小值)称为下限,终点数值(最大值)称为上限。组限的表示形式有封闭式和开口式两种。封闭式组限是指在变量数列中,最小组的下限值和最大组的上限值都是完全确定的。开口式组限则是最小组的下限值或最大组的上限值是不完全确定的。

④计算组中值。组中值即各组标志值的代表值,由各组的上限与下限之间的中点数值来确定。计算公式为:

$$\text{封闭式组距数列:组中值}=\frac{\text{下限}+\text{上限}}{2}$$

$$\text{开口式组距数列:缺下限的组中值}=\text{开口组上限}-\frac{\text{相邻组的组距}}{2}$$

$$\text{缺上限的组中值}=\text{开口组下限}+\frac{\text{相邻组的组距}}{2}$$

(4)分配数列

将各总体单位按照分组标志值(变量值)加以分配,构成分配数列,用来反映总体单位在各组中的情况。

按数量标志分组形成的变量数列有两种形式,即单项数列和组距数列。单项数列是用一个变量值代表一个组形成的,组距数列是以变量值变动一定范围构成一个组形成的。组距数列中,各组组距相等的叫等距数列,用于连续变量;各组组距不等的叫不等距数列,主要用于非连续变量。

3. 汇总

资料汇总是指根据研究目的,把分组后的各种数据(标志值)汇集到有关表格中,并进行计算,以集中、系统地反映调查对象总体的数量情况。

汇总形式分为逐级汇总和集中汇总两种。常用的汇总方法有采用人工进行的手工汇总、利用专门机械进行的机械汇总和采用计算机进行的电脑汇总等。

4. 制作统计图表

统计表具有系统、完整、简明、集中的特点,便于进行计算、查找和对比研究。按照主词(即统计表所要说明的总体或总体的各个组、各个单位的名称)分组情况,可将统计表分为简单表、分组表和复合表 3 种。简单表,即主词未按任何标志对总体进行分组的统计表,一般不能反映事物的内部联系。分组表,即主词按一个标志进行分组的统计表,可以揭示不同类型现象的数量特征、研究调查对象总体内部的结构、分析现象之间的相互关系。复合表,即主词按两个或两个以上标志进行复合分组的统计表,可以从不同角度反映社会现象的不同数量特征。

统计图具有直观、形象、生动的特点,常用来表示农村社会现象的规模、水平、发展趋势、相互关系的数量特征。常用的统计图有几何图(包括条形图、平面图和曲线图)、象形图和统计地图。

(三)文字资料的整理

农村社会调查的文字资料,包括开放式问卷的文字资料、各种原始谈话记录、座谈会纪要、观察记录资料、有关文献资料,以及调查对象的日记、笔记等。对这些资料也需要进行整理。文字资料整理的程序包括审查补充、分类归纳、摘录说明和汇编。

1. 审查补充

审查,就是仔细审核和检查文字资料是否真实可靠,包括文字资料本身的真实性和内容的可靠性两个方面。前者审查资料本身的真伪,后者审查资料是否真实地反映了调查对象的客观情况。

对不真实或不可靠的文字资料,一般应进行补充调查。若无法进行补充调查,就应坚决剔除,以免影响整个调查资料的真实性和可靠性。

2. 分类归纳

分类归纳,就是根据文字资料的性质、内容或特征,将相同或相近的资料归纳为一类,使同类资料具有相同的性质,各类资料之间有显著的差异。文字资料分类归纳是否正确,取决于分类标准是否科学。分类标准的确定,必须以科学理论为指导,以客观事实为依据。

3. 摘录说明

对各种文字资料,要区别主次,精选内容,进行摘录整理。同时,还应特别注意加注说明。要注明调查的时间、地点、范围、调查者的姓名、调查方法、调查中发现的问题等,使调查资料的来龙去脉一目了然。

4. 汇编

汇编,就是按照调查目的和要求,对分类后的资料进行汇总和编辑,使之成为能反映调查对象总体客观情况的系统、完整、集中、简明的材料。

三、农村社会调查资料的分析

农村社会调查资料的分析是在资料整理的基础上进行的工作,是认识的深化过程。分析的任务在于逐步弄清客观事物的内部矛盾和内部联系,摸索规律,达到理论的认识水平。

(一)资料分析的基本方法

资料分析的方法很多,农村社会调查中资料分析的基本方法有统计分析、系统分析、定性定量分析、因果分析、比较分析和趋势分析等。

1. 统计分析法

统计分析法是研究社会现象的数量关系的方法,对于深入认识事物的特性和本质、发展是十分有用的。常用的统计分析法有指数分析法、相关分析法、回归分析法、统计推断法和统计检验法等。

指数分析法是分析不能直接加总的现象的综合变动过程的方法,其作用在于反映构成复杂现象的各因素的总变动,在现象总变动中各因素变动的影响。

相关分析法是研究一种现象与其他现象之间相互关系的方法,可反映社会现象之间关系的密切程度和性质。

回归分析法是研究具有因果关系的现象之间数量依存关系的方法,可揭示社会现象之间数量变化的趋势。

统计推断法是对某些现象的发展水平和变化前景,选择适宜的数学方程式,作出科学的推断。

统计检验法是对总体参数提出假设,从总体抽取样本对假设进行检验,得出假设成立和不成立的结论。

2. 系统分析法

系统分析法就是运用系统论的观点来分析社会现象的方法。系统是由两个以上要素构成的具有特定功能的集合体。系统论具有集合性、关联性的特点，其基本思想就是把调查的事物当作一个系统来对待，一切从整体出发来考虑问题。这就要求把所调查的现象放到农村这个大社会来观察、分析、比较。系统论还具有有序性、动态性的特点。尽管农村社会是个复杂的集合体，在分析时一定要弄清所调查客体在整体结构中属于哪个部分、哪个层次，这样才能掌握它在整个社会结构中的地位，进一步了解相互间的关联。同时注意不要孤立地看问题，要以动态的观点来看待各因素发展变化的情况，进行分析比较，探求系统发展方向和趋势。

3. 定性定量分析法

定性定量分析法是关于调查对象性质和数量方面的研究方法，可分为定性分析和定量分析。

定性分析是从质上划清一事物同他事物的界限，区分事物间的差异性，是认识事物的起点。定量分析是对事物发展的深度和广度的分析，揭示农村社会现象的数量特征和数量变化规律。质和量是辩证的统一，定性分析与定量分析也是辩证的统一。只有将定性分析与定量分析紧密结合，才能正确反映客观事物的本质，才能把握客观事物内部的规律性。

4. 因果分析法

因果分析法是研究因果关系的方法。因果关系是事物之间普遍存在的一种关系。一般来说，因果关系是有序性的，原因在前，结果在后，有原因必有结果，二者相互依存，有它内在的联系。但有时，原因和结果是相互作用的，某现象引起的结果可能反过来成为引起该现象的原因，如经济落后会导致文化教育不发达，而文化教育不发达又会阻碍经济的发展。运用因果分析法，能找到事物发生的根本原因，弄清事物发展的前因后果。

5. 比较分析法

比较分析法是确定事物之间相同点和不同点的方法。通过比较分析，才能找出事物发展的共同规律和事物之间的差别。在比较分析中，不同对象相互比较是横向比较，有利于找出比较对象的个性和共性；而对同一对象不同发展阶段的比较是纵向比较，有利于认识事物发展变化的规律。

在运用比较分析法时，必须注意比较的合理性和可比性，选择合理的比较标准。

6. 趋势分析法

趋势分析法是对事物发展方向的一种预测的思维方法。任何事物都是不以人们意志为转移，遵循着它自身固有的客观规律，不停地运动、发展和变化着的。因此，必须坚持实事求是的原则，对事物的历史发展和现实状况作深刻的了解，以敏锐的观察力和科学的分析方法，预测事物的发展趋势。趋势分析法可以增强工作的预见性、科学性和主动性，有利于制定合理的规划。

在趋势分析中，应特别注意信息反馈，随时对预测进行调整、修改和完善。

(二)资料的统计分析

1. 资料的基本统计指标

农村社会调查资料中常用的基本统计指标包括总量指标、相对指标、平均指标和变异指标等。

(1)总量指标

总量指标又称统计绝对数,是用绝对数来说明研究对象的总规模和发展水平的统计指标。总量指标分为总体总量和标志总量。总体总量是说明被研究对象总体单位的总数,标志总量是总体各单位的标志值之和。总量指标的计量单位有实物单位、货币单位和劳动日单位等。

通常把总量指标、相对指标、平均指标统称为综合指标。总量指标是最基本的综合指标,是计算相对指标、平均指标的基础。

(2)相对指标

相对指标又称统计相对数,是两个相关总量指标之比。相对指标主要有以下几类:

计划完成程度指标,是一定时期的实际完成数与计划任务数之比,表明社会经济现象的计划完成程度。

结构相对指标,是研究现象的部分与总体之比,用以说明现象的结构或全体中某一类现象的普遍程度。

比较相对指标,是指同一时间的同类现象在不同地区、不同条件下指标之比,相比较的可以是绝对指标、相对指标或平均指标。

比率相对指标,是总体内各组成部分的指标值之间的比值,用以反映总体内各部分之间的数量联系程度和比率关系。如男女性别比率。

强度相对指标,是指同一时期两个性质不同但又有联系的总量指标之比,用以反映现象的强度、密度及程度等。

动态相对指标,是指某一社会现象在不同时间上同一指标对比的比值,用以反映现象变化的方向和速度,可以对现象进行纵向比较分析。

(3)平均指标

平均指标又称平均数,是反映事物一般水平的指标,具有较好的代表性,说明事物发展的基本趋势。常用的平均指标有算术平均数、几何平均数、调和平均数、中位数和众数。

(4)变异指标

变异指标又称变异数,是说明总体各单位标志值间差异程度的指标。常用的变异指标有全距(又称极差)、标准差(又称均方差)、变异系数(又称均方差系数)、四分位差(又称四分差)、偏态系数等。

2. 变量间的相关分析

此处仅介绍双变量间关系的统计分析方法。

从测量尺度上看,变量间的关系有定类与定类、定序与定序、定距与定距、定类与定序、定类与定距、定序与定距6种形式,但在实际统计分析中通常将定类与定序看作定类与定类,将定序与定距看作定类与定距。因此,变量间的关系通常归纳为4类,即定类与定类、定序与定序、定距与定距、定类与定距。

(1)两个定类变量

①独立性检验

独立性检验是检验两个变量之间是否相互独立(或彼此相关),一般用 χ^2 测验。H_0:两个变量相互独立,H_A:两个变量彼此相关。对于 $r \times c$ 列联表(表9-1),统计量

$$\chi^2 = n\left(\sum\sum \frac{n_{ij}^2}{R_i C_j} - 1\right)$$

服从自由度为$(r-1)(c-1)$的χ^2分布。如果$\chi^2 > \chi^2_{(r-1)(c-1)}$，则两个变量彼此相关；如果$\chi^2 < \chi^2_{(r-1)(c-1)}$，则两个变量相互独立。

表 9-1 两个变量的 $r \times c$ 列联表

变量 Y	变量 X				总和 R_i
	x_1	x_2	…	x_c	
y_1	n_{11}	n_{12}	…	n_{1c}	R_1
y_2	n_{21}	n_{22}	…	n_{2c}	R_2
…	…	…	…	…	…
y_r	n_{r1}	n_{r2}	…	n_{rc}	R_r
总和 C_j	C_1	C_2	…	C_c	n

对于2×2列联表，计算χ^2时应进行连续性矫正。此时，统计量

$$\chi^2_C = \frac{n(|n_{11}n_{22} - n_{12}n_{21}| - n/2)^2}{R_1 R_2 C_1 C_2}$$

服从自由度为1的χ^2分布。如果$\chi^2_C > \chi^2_1$，则两个变量彼此相关；如果$\chi^2_C < \chi^2_1$，则两个变量相互独立。

②Lambda 系数

Lambda 系数又称为Guttman预测系数。对于$r\times c$列联表（表9-1），假设变量Y在第j列的众数为n_{pj}，变量Y的众数为R_q，变量X在第i行的众数为n_{is}，变量X的众数为C_t，则由变量X预测变量Y的Lambda系数为

$$\lambda_{YX} = \frac{\sum_{j=1}^{c} n_{pj} - R_q}{n - R_q}$$

由变量Y预测变量X的Lambda系数为

$$\lambda_{XY} = \frac{\sum_{i=1}^{r} n_{is} - C_t}{n - C_t}$$

如果变量X与变量Y可相互预测，则其Lambda系数为

$$\lambda = \frac{(\sum_{i=1}^{r} n_{is} + \sum_{j=1}^{c} n_{pj}) - (C_t + R_q)}{2n - (C_t + R_q)}$$

Lambda系数以众数作为预测的准则，不考虑众数以外的分布，其取值范围为$0 \leqslant \lambda \leqslant 1$，取值越大表明相关程度越高。当众数集中在一行或一列时，Lambda系数等于0，但并不能说明变量X和变量Y一定完全无关。

③Tau-y 系数

Tau-y系数要求两个定类变量中一个是自变量X，另一个是依变量Y。对于$r\times c$列联表（表9-1），Tau-y系数的计算公式为

$$\tau_y = \frac{\sum\sum \frac{n_{ij}^2}{C_j} - \frac{1}{n}\sum R_i^2}{n - \frac{1}{n}\sum R_i^2}$$

Tau-y 系数的灵敏度高于 Lambda 系数，其取值范围为 $0 \leqslant \tau_y \leqslant 1$。

(2) 两个定序变量

①Spearman 等级相关系数

Spearman 等级相关系数考虑变量的等级差异，测量两个对称变量等级间的相关关系。假设变量 X 和变量 Y 共有 n 对配对样本等级观察值 (x_1, y_1)、(x_2, y_2)、…、(x_n, y_n)，则其 Spearman 等级相关系数为

$$r_s = 1 - \frac{6\sum(x_i - y_i)}{n(n^2 - 1)}$$

r_s 显著性的检验，H_0：总体中 Spearman 等级相关系数 $\rho_s = 0$，H_A：$\rho_s \neq 0$。当 $n \geqslant 10$ 时，统计量

$$t = r_s\sqrt{\frac{n-2}{1-r_s^2}}$$

服从自由度为 $(n-2)$ 的 t 分布。

Spearman 等级相关系数仅适用于变量间没有或只有少量相同等级的情况，其取值范围为 $-1 \leqslant r_s \leqslant 1$。

②Gamma 等级相关系数

Gamma 等级相关系数从变量变化方向的角度来描述两个对称变量的等级相关。对于变量 X 和变量 Y 的任意 2 对配对样本等级观察值 (x_i, y_i) 和 (x_j, y_j)，若变量 X 与变量 Y 的变化方向相同，则为同序对；若变化方向相反，则为异序对；若 $x_i = x_j$，则为在变量 X 上的同分对；若 $y_i = y_j$，则为在变量 Y 上的同分对；若 $x_i = x_j$ 且 $y_i = y_j$，则为在变量 X 和变量 Y 上的同分对。假设共有 N_s 个同序对，N_d 个异序对，则 Gamma 等级相关系数为

$$\gamma = \frac{N_s - N_d}{N_s + N_d}$$

γ 显著性的检验，H_0：总体中 Gamma 等级相关系数 $G = 0$，H_A：$G \neq 0$。当 $n \geqslant 10$ 时，统计量

$$u = \gamma\sqrt{\frac{N_s + N_d}{n(1-\gamma^2)}}$$

服从 u 分布(标准正态分布)。

Gamma 等级相关系数允许变量间存在相同的等级，但未考虑同分对个数，其取值范围为 $-1 \leqslant \gamma \leqslant 1$。

③Somers 等级相关系数

Somers 等级相关系数要求两个定序变量中一个是自变量 X，另一个是依变量 Y。假设共有 N_s 个同序对，N_d 个异序对，T_Y 个只在依变量 Y 上的同分对，则由自变量 X 预测依变量 Y 的 Somers 等级相关系数为

$$d_{YX} = \frac{N_s - N_d}{N_s + N_d + T_Y}$$

Somers 等级相关系数与 Gamma 等级相关系数相似，实质上是对后者进行的修正，考虑了依变量 Y 上的同分对个数，其取值范围为 $-1 \leqslant d_{YX} \leqslant 1$。

(3) 两个定距变量

① 简单直线回归分析

简单直线回归分析用于研究两个定距变量之间的数量变化关系，它要求两个定距变量有自变量和依变量之分。具体分析方法请参考统计学教材。

②Pearson 积矩相关系数

Pearson 积矩相关系数，即通常所说的相关系数 r，用于描述两个定距变量之间的关系。具体分析方法请参考统计学教材。

(4) 定类变量与定距变量

① 单因素方差分析

在定类变量与定距变量的关系研究中，主要是分析定类变量是否对定距变量产生影响，即定类变量是自变量，定距变量是依变量。此时，可将定类变量看作一个因素，通过单因素方差分析比较自变量的不同类别间依变量是否存在差异来判断它们之间是否存在相关。若依变量在自变量的不同类别间存在显著差异，则说明自变量对依变量有显著影响。具体分析方法请参考统计学教材。

②ETA 平方系数

ETA 平方系数(简写为 E^2) 又称为相关比率，用于描述定类变量与定距变量间的相关。ETA 平方系数的计算公式为

$$E^2 = \frac{SS_t}{SS_y}$$

式中，SS_y 为单因素方差分析中依变量的总平方和，SS_t 为单因素方差分析中依变量的类间平方和。

E^2 显著性的检验，H_0：总体中 ETA 平方系数 $\varepsilon^2 = 0$，H_A：$\varepsilon^2 \neq 0$。统计量

$$F = \frac{(n-k)E^2}{(k-1)(1-E^2)}$$

服从自由度为 $k-1$ 和 $n-k$ 的 F 分布。其中，n 为依变量的观察值总数，k 为自变量的类别数。

ETA 平方系数的取值范围为 $0 \leqslant E^2 \leqslant 1$。

第六节　农村社会调查报告

一、农村社会调查报告的分类、特点和作用

(一)农村社会调查报告的分类

农村社会调查报告的分类，一般可根据调查的对象、范围和内容来进行。但通常将农村社会调查报告分为综合性调查报告、专题性调查报告、应用性调查报告和学术性调查报告 4 类。

(二)各类调查报告的特点和作用

1. 综合性调查报告

综合性调查报告，也称全面调查报告或概况调查报告，通常是针对某一地区的经济、政治、文化等方面的历史和现状进行全面的调查，从历史演变和现状两个方面来概述其全貌。

其主要特点是范围较大，涉及的内容较广，反映的情况较丰富，篇幅一般也较长。如毛泽东的《寻乌调查》、李景汉的《定县社会概况调查》等。

综合性调查报告的主要作用是，能使人们对一个地区的农村社会情况有一个比较完整的了解，形成一个整体的概念。

2. 专题性调查报告

专题性调查报告，是指对某一问题、某一事件进行调查的报告。其特点是内容较专一，针对性较强，主题鲜明，材料具体，叙述较系统、详尽，揭露问题尖锐，解决办法、处理措施具体。如陈云的《种双季稻不如种蚕豆和单季稻》、《母猪也应该下放给农民私养》等。

专题性调查报告的主要作用是及时研究急需解决的具体问题，引起人们的广泛注意，迅速反映群众的意见和要求，揭露现实生活中的矛盾，提出对策、建议等。

3. 应用性调查报告

应用性调查报告，是以解决现实具体问题为主要目的的调查报告。其特点是应用目的性强。如《农村留守儿童问题》、《农民工返乡创业》等。

应用性调查报告的主要作用是解决现实具体问题，通过认识社会、揭露问题、总结经验，提出政策、对策等。

4. 学术性调查报告

学术性调查报告，是以揭示事物的本质及其发展规律为主要目的的调查报告。其特点是带有较强的理论色彩。它从调查的实际材料出发，对某些问题进行理论上的探讨。如《关于农村雇工经营问题的探讨》、《农村雇工问题研究》等。

学术性调查报告的主要作用是，能开阔人们的眼界，启迪人们的思想，使人们能更好地认识客观事物，探索和掌握事物发展的客观规律。

二、农村社会调查报告的撰写

(一)农村社会调查报告的基本格式

农村社会调查报告的基本格式主要包括标题、序言、正文和结尾 4 个部分。

1. 标题

标题即题目，是农村社会调查报告的重要组成部分。标题要求鲜明、醒目，以便引起人们的关注。它是由调查对象、调查内容来确定的。标题可以是调查对象或主要问题(如《农村青年择偶条件调查》)，也可以是一定的判断或评价(如《依靠农业科技进步是农业发展的根本所在》)，还可以采用提问的形式(如《农村中小学辍学现象为何越来越严重?》)。

标题可分为主标题和副标题两种。有的调查报告既有主标题，也有副标题；有的则只有主标题。通常，副标题起着进一步说明主标题的作用。如《农村文化事业的一支生力军——福建省泉州市文化户的调查》。

2. 序言

序言又称前言，是农村社会调查报告的开头部分。一般用来说明调查的对象、范围、经过、目的等。有的是概括全文的内容或主旨，或说明基本情况，给人以概括性的了解。

3. 正文

正文是农村社会调查报告的主体部分，应当包括报告的主要观点和事实。正文内容的安排通常采用小标题的形式，这种形式眉目清楚，给人一目了然的感觉。

4. 结尾

结尾是农村社会调查报告的结束语。根据不同的情况，有的是结论，有的是建议、措施和办法，有的附带说明一下存在的问题等等。也有的没有结尾，而以正文最后一段作结尾。

此外，有些农村社会调查报告还有附录。附录主要是对有关情况和问题进行补充说明。

(二)撰写农村社会调查报告的基本要求

1. 观点和材料统一

观点和材料的统一，是撰写农村社会调查报告的基本要求之一。正确观点的形成必须以丰富的材料为前提，材料是形成观点的基础，观点则是材料的升华。只有做到观点和材料的统一，农村社会调查报告才具有充分的说服力。

要做到观点和材料的统一，首先要使观点建立在坚实的材料基础上，必须从实际材料出发来形成能反映客观事物本质的观点。其次要注意鉴别和选择材料。鉴别材料，就是很好地认识材料。选择材料，应坚持以下原则：一是围绕主题来选择材料，二是选择典型的材料，三是选择真实准确的材料，四是选择新颖、生动的材料。

2. 内容和形式统一

撰写农村社会调查报告既要有丰富的内容，又要有与之相一致的表达形式。只有做到内容和形式的统一，才能更好地反映事物的本质及其规律性。

要做到内容和形式的统一，首先要认真研究农村社会调查报告的内容，从内容出发来考虑表达形式。其次要认真进行修改。不仅要对写作提纲进行反复修改、订正，而且初稿完成后也要进行反复修改。只有这样，才能真正做到内容和形式的统一。

3. 准确、鲜明、生动

准确、鲜明、生动也是撰写农村社会调查报告的基本要求之一。所谓准确，就是要能反映客观事物的本质。要做到准确，首先要有正确的立场、观点和方法，其次要注意遣词造句，第三要认真核对引用的文字资料，第四要反复核实表述的事实，做到准确无误。所谓鲜明，就是立场、观点要鲜明。赞成什么，反对什么，都要旗帜鲜明。所谓生动，就是要写得具体、形象。尽可能多用一些典型事例来说明问题。

4. 文字简练

撰写农村社会调查报告应当突出重点，力求文字简练。

(三)撰写农村社会调查报告的步骤

撰写农村社会调查报告的步骤大致可以分为以下5步：

1. 确定主题

撰写农村社会调查报告的第一步，就是确定主题。主题是农村社会调查报告的宗旨和灵魂，是作者说明事物、阐明道理所表现出来的基本思想和观点。因此，确定主题是写好调查报告的关键。主题的确定，必须建立在对调查材料进行深入的研究、抓住事物的本质的基础上，而不能随意、主观地确定主题。只有经过反复思考，才能使感性的认识上升为理性的认识，才能从大量的调查材料中提炼出最能反映客观事物本质的主题来。

2. 精选材料

撰写农村社会调查报告的第二步，是围绕主题精心挑选最有说服力的材料来论证主题、表现主题。精选材料应坚持以下原则:一是选择与主题有关的材料,舍弃与主题无关的材料;二是将近似的相关材料加以比较,选择符合主题的材料;三是可用可不用的材料,要舍得放弃。

3. 拟定提纲

撰写农村社会调查报告的第三步是拟定提纲。拟定提纲就是将精选出来的材料进行组装,形成一个有机的整体。通过拟定提纲,进一步明确写作任务,理顺思路,弄清各部分之间的联系。

4. 撰写报告

撰写农村社会调查报告的第四步,是按照拟定的提纲进行写作。写作的过程是对事物认识深化的过程。大纲也不是一成不变的,随着认识的逐步深入,大纲的某些部分或某些观点也是可以改变的。

撰写农村社会调查报告时,除了注意凝练主题、精选材料、表达观点外,还应注意具有客观的态度,使用恰当的语言,利用必要的图表和简明的注释来进行说明。

5. 修改报告

撰写农村社会调查报告的最后一步,就是对报告初稿进行修改。修改报告的主要任务,一是检查引用资料的合理性,二是检查所用概念、观点是否明确,表达是否准确,三是检查报告是否言之有理,持之有据,四是检查语言表达是否简明、流畅。

第十章　农技推广的基本方法与技能

第一节　农技推广的目标和任务

一、农技推广的目标

农技推广是将先进的农业科学技术等创新通过试验示范、沟通、传播等手段，传播给农业生产者或农业经营者并应用，一方面提高其生产水平和技能，必然会促进其增产增收；另一方面其素质也会相应提高，则其决策能力也会提高，最终演变为其行为的自愿改变。

二、农技推广的任务

农技推广是一项活动，目前我国从事农技推广的人主要是国家推广体系的事业人员。其职能划分公益性职能和非公益性职能，相应有公益性任务和其他任务。

公益性任务主要是为满足国家和政府需要，与本质工作直接相关的服务职能。其推广工作犹如一个“大象”，不同器官具有不同的功能，发挥着各自的作用，但又相互协调，实现整体推广目标。①四条腿。该器官是行为发生的驱动器官，承担着与推广对象及组织的沟通激励工作，推广对象的成人教育工作，农业农村相关信息的传播工作以及帮助推广对象解决生产与经营管理中的相关问题工作；②头、眼、耳。该类器官是思考问题、观察问题与解决问题的主要器官，因此推广人员担负着确定推广的内容与方法，了解推广对象的行为规律并促进其行为的自愿改变；③鼻子和尾巴。该类器官是劳动器官和牵引器官，因此担负着农业推广计划或项目的拟定、执行、评估及其相关活动；④体内器官。该类器官主要是管理器官，因此担负着农技推广人员与组织的管理工作以及培训工作，使整个农技推广活动运转正常。

其他任务包括经营性任务和冲突任务。农技推广经营性任务属非公益性服务工作，但与农业发展直接相关，需要专门人员来实施，如农业生产资料（农药、种子、化肥、农膜）购买与供应，农产品粗加工、贮藏运输及市场营销服务，农技二次开发相关的科研试验工作及其指导以及农技推广基地与设施建设等方面。而推广人员参与政府工作检察，抓地方中心工作以及进行统计数据调查等，则是农技推广的冲突任务，极大地影响了农技服务的主体职能，这是目前中国特有的现象，是社会分工不明确的结果，有待剔除。

第二节　素质提高与培训技能

农技推广担负着提高推广对象素质的重要职责，必须通过培训等手段去完成，这就要求推广人员了解目前中国农民的特点，有针对性地开展灵活多样的方法，让农民认识创新、掌握创新和科学应用创新。有如下的技能需要掌握。

一、了解农民群体的特点

1. 规模和性质不确定性

目前中国农民尤其是青壮劳动力农民不再是传统意义上的农业生产者和经营者，大多是在农忙时节回家务农，更多时间在外从事其他行业，获得更大收入，而从事农村主要劳动的人员大多是妇女和老人。因此，农民的规模是动态变化的，农民的性质也在发生变化，出现了农民工与农民双重性质特征。有知识的农民不在家，无知识的农民又听不懂或年老体衰精力有限，农民培训与素质提高工作也出现了前所未有的困难。此特点必须了解。

2. 情感联系的紧密性

中国农民之间的关系极为复杂，既有亲情关系又有地缘朋友关系，情感错综复杂，牵一发而动全身，农技推广对农民关系的研究则至关重要，否则影响整个推广工作。

3. 信息共享的制约性

中国农民基本素质和公共资源条件差异很大，一方面不容易得到好的信息，有好的信息由于传播手段的限制无法共享；另一方面，由于农民的狭隘自我思想或本身认知程度差，不愿意或无法交流，也导致信息共享困难。因此，改善传播手段，提高素质对优良信息传播是有利的。

4. 核心人物的重要性

正是由于农民素质和劳动能力的巨大差异，一些有知识、有号召能力的农民一般均能深刻领会并率先实践先进农业科技，这些农民对其他农民具有示范和带头作用，抓住这些先驱者农民(核心人物)是农技推广的关键。

5. 认知偏差或偏见

农民对推广人员的认知来自于推广人员的优质服务工作，一旦推广人员的服务出现差错或承诺不兑现，农民就会对推广人员不满意、不信任、不认同，不管是什么原因，则容易形成认知上的偏差或偏见。因此，推广人员或推广机构必须全心全意为农民服务，帮助其解决问题。

6. 基本素质差异

目前我国从事农业生产和经营的劳动者，从文化水平上讲，有从未上过学的、有小学文化程度的、有初中文化程度的，也有个别高中文化程度的，但大多是文盲或半文盲；从开拓进取上讲，有敢于开拓和冒风险的，有求稳怕乱和随大流的，也有固执己见和传统保守的。不同文化程度和胆略的农民存在着素质上的巨大差异，因此，其对新技术了解和采用程度有巨大的差异。

二、认识农民学习的心理期望

在从事农民培训当中，要充分了解农民学习的心理期望，才能有的放矢制定培训计划和有效开展培训工作，取得较好的效果。一般来讲，农民一是通过学习技术，应用后期望获得好收益，这是最主要的；二是带着问题学习，期望帮助其解决生产和经营中的实际问题；三是通过学习提高素质，实现其本身对问题的挖掘与甄别判断，或推广人员直接帮助判断，最终帮助其决策确定产业选择、品种选择、技术选择与生产规模；同时，农民也期望主动关心和鼓励他们学习新的知识技术。

三、了解农民学习的特点

由于农民的特点，中国农民普遍存在着学习目的明确，较强的认识能力和理解能力，精力分散、记忆力较差，时间有限以及农民之间的相互学习特点。即农民总是带着问题学习，期望解决问题和帮助决策；同时，由于其长期从事农业生产，对生产中的问题了如指掌，只要培训内容实用性强并讲解通俗，一般容易理解，只是时间不能太长，内容不要太多，一次培训解决 1～2 个问题则可，否则，没有农民愿意来学习，也记不住相关内容。最好是先对素质较高的农民培训，然后由其相互传播和帮助，往往事半功倍，取得意想不到的效果。

四、培训原则

为了达到较好的培训效果，在实际操作中一定要坚持以下原则：

一是理论联系实际原则。即在培训中要将理论与实践紧密结合，突出实用性，最好是结合讲解，应用技术时将其原理说明白或一边讲解一边操作。

二是直观原则。即在培训中要直接针对问题，要有演示现场或教具，要体现培训的实践性特点。

三是启发性原则。即在培训中要形成互动，以问题展开与讨论为主最好。

四是因人施教原则。即在培训中要基于不同农民特征，尤其要考虑文化水平和年龄差异以及从事的产业差异。

五是参与式原则。即在培训中自始至终要农民参加，包括培训计划的拟定、现场准备、人员确定，在现阶段多采用农民田间培训学校的方式方法。

六是内容突出普及性、时效性、综合性。即在培训中内容不宜太深，要浅显易懂；培训的内容要是符合时代、时令的最新技术；要将主体技术及其配套技术全面讲解，因为农业生产技术涉及方方面面，相互之间有关联。

五、培训要点

(1)从农民经验、最关心和最感兴趣的主题、问题谈起，说起。

(2)引申到要达到推广目标应采用什么有效措施，给人以解决问题的新鲜感，引起农民的求知欲。

(3)与过去的创新进行比较，新旧的优缺点是什么等等。

(4)具体的技术措施如何做，关键的技术要讲清楚。

(5)归纳总结，回去如何具体做，注意事项要讲清楚。

(6)在讲课的过程中要注意农民的心理状态，及时改变讲课气氛，多提问、多启发、配合一些形象直观教学。

第三节 信息传播与沟通技能

一、注意收集各种信息

农村中农民是一个复合型生产者和经营者，需要各种各样的信息，存在各种各样的问题需要解决，只要与之相关他们均需要了解。这些信息包括农业资源信息、农业政策信息、农业科技信息、农业生产信息、农业教育信息、农产品市场信息、农业经济信息、农业人才信息以及农业推广管理信息。但对这些信息的收集要做到：主动、及时收集，不能过期；要真实、可靠，要有据可查，不能道听途说；要针对需要，不能一概揽之；要全面系统，不能只言片语，断章取义；要事先设计和考虑未来，即要有计划性和预见性。

二、进行信息的筛选与信息加工

对收集的信息要进行筛选和初加工。信息筛选是指要对信息做“重、切、新、评”工作，即要查重，剔除不必要的重复，将切题的、新颖信息留下来，同时进行价值评估。信息加工即是根据利用需要或利用方便，将信息进行浓缩，写成文摘和内容提要，或改写，即修改和重写，或计算分析，进一步整理数据。

三、以采用农户访问形式的人际沟通技能

农户访问是农技推广方法中的重要方法，为达到较好的效果，要求访问者一定要注意以下几点：一是访问要有目的、有计划并作好准备；二是选择好访问对象。应重点选择农村的“三户”即科技户、示范户、专业户等；三是坚持经常访问，特别在关键时期要不失时机地对农户进行访问，解决问题。问题解释不了，要实事求是地向农民讲明；四是访问时推广人员要有同情的态度，关心农户问题，并有兴趣和信心帮助解决；五是做好访问记录，尽可能多记、记全，访问后要及时整理；六是访问要有结果，对被访问农户要进行考评。

同时，要访问者在交谈时要把握如下技巧和方法：一是态度和蔼，有同情心，体现关怀，气氛和谐；二是虚心诚恳、耐心听；三是要相互交流，双向沟通；四是语言简明准确，批评或建议要策略；五是避免触及农民个人隐私；六是要解决问题；七是访问人员不可擅自主张，代替农民做任何决定。

四、农技推广沟通技能

农技推广重要的是要传播信息，农技推广的全过程就是信息沟通的全过程，信息(M)沟通离不开信息传播者(S)、信息传播渠道(C)、信息的接受者(R)以及对信息的反馈(F)，明显地形成SMCRE沟通模式(见图10-1)。因此，为提高农技推广沟通的效率，一定要注意以下沟通技巧，一是维护和提高信息源的信誉；二是信息内容对推广对象应具有相关性；三是信息的组织与处理应当做到编码简单、意义明了、逻辑结构合理；四是适当重复信息的关键内容；五是多运用比较和对比；六是加强信息反馈；七是要改善沟通环境、克服沟通过程的主要障碍：如

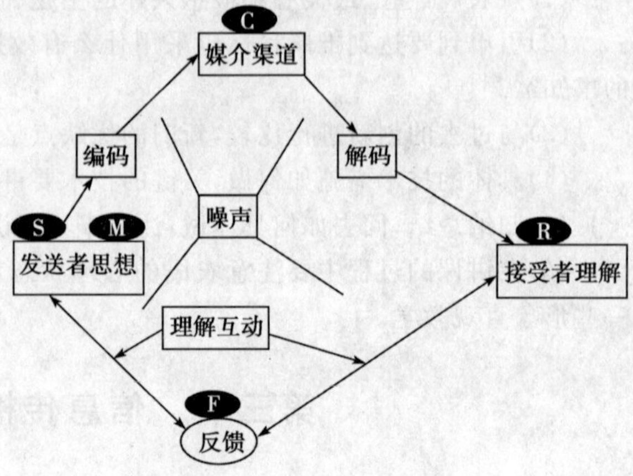

图 10-1 农技推广信息沟通模型

语言、观念、角色等；八是要重视并建立沟通网络。

第四节　创新扩散与展示技能

一、充分认识扩散过程

农业创新泛指一切用于农业生产中的新技术、新成果、新方法等一切适用性的东西。一项创新在一个社会系统中被大多数农民所采纳的过程，称之为创新的扩散。创新扩散是逐渐发展的，先是较少的农民试用（试验），一旦成功，则称之为突破，此阶段称为突破阶段；然后是较多的农民采用，在较大面积上展示（示范），此阶段只能成功，不能失败，称之为关键阶段；再后是大多数农民自愿采纳，面积也快速增大，称之为自然推动阶段；伴随着新创新的出现，原有创新的面积和人数又会下降，出现衰退，简称浪峰减退阶段（如图 10-2 所示）。

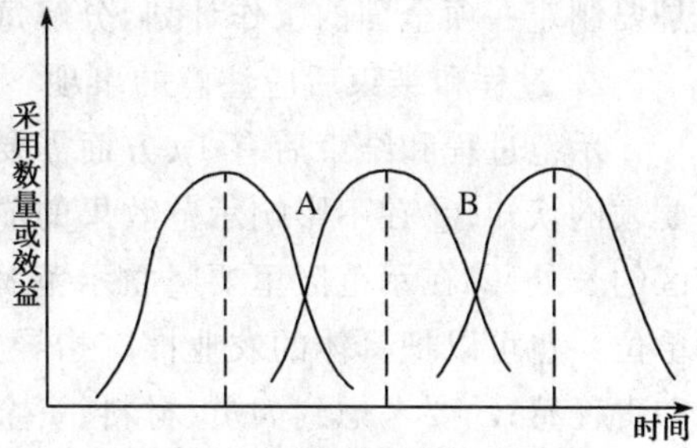

图 10-2　农业创新扩散示意图

二、充分认识采纳过程

农民对农业创新的采纳不是一蹴而就的，有一个心理变化过程，先是了解认识过程，并逐渐深入探究创新的相关细节，即感兴趣，当知晓相关情况后，不免抱着试一试的态度，在小面积应用，即试用过程，试用结束，无论成功还是失败，均要进行评价，成功则大面积采纳，失败则得出是创新本身原因还是个人原因或是不可抗拒的其他原因。

三、方法示范技能

农业创新扩散中需要对创新进行展示，可能是操作方法上的展示，主要重技能；也可能是结果上的展示，主要看创新的效果。前者称为方法示范，后者称为成果示范。作好方法示范一是要制定好示范计划，此计划包括 6 方面：①示范前的调查与问题确定；②传授何种技术决定；③收集相关技术信息；④农民参与计划和初演；⑤准备示范所需的材料与工具；⑥制定示范表演的步骤。二是要在示范中注意以下 7 个问题：①时间和地点要方便农民；②示范表演和讲解地点要醒目；③向观众发放材料并详细介绍重要性；④按步骤一步一步地进行示范表演，操作要慢；⑤交代清楚，要做到说明和操作完全密切配合；⑥让观众参与表演，并回答问题；⑦总结归纳。

四、成果示范技能

成果示范不同于方法示范，既是新创新的展示工作，又是创新本身的宣传工作，既有社会效益又有创新可能商品化带来的巨大经济效益问题，千万马虎不得，一定要充分准备，一定要强化过程监管，最后要组织参观和大力宣传。所以，以下方面一定要高度重视。

1. 充分准备,注重细节

示范准备阶段有5方面需要注意。一是要确定示范成果、技术及目标。二是要收集相关信息。三是示范农民具有代表性。一般选择具有相应生产特征的代表,且要求其能提供示范所需资源,有一定的威望、受人尊敬,自己愿意并真诚合作,能摆正位置、端正角色,欢迎参观,能够并愿意做记录以及对示范有信心并应首先采纳应用。四是要选择恰当的示范地块,便于参观。一般要求:示范场地应尽量在示范范围的中心,最好安排在示范题目和地方发生问题有联系的地方,要在大多数农民能够到达的地方,或者是靠近公路,交通方便。五是要制定一项全面的工作计划,分解每一个工作步骤,并将各项责任落实到人。

2. 过程和结束后应注意的事项

示范过程和结束后有10方面需要特别注意:①先访问示范农户。确信其对目的和示范要领的认知;②在不影响示范效果的前提下,要尽量的简单;③要设计对照区,以显示出示范区的长处;④在示范区里要竖立示范牌,牌上要说明示范题目、内容、方法、时间及示范办理单位。也可以把具体的农业推广指导人员及示范户农民的姓名也显示出来,以增强荣誉感和责任感;⑤要考虑到人员、材料、资金的来源等问题;⑥寻求多方参与和合作;⑦加强指导并观察示范结果,可以摄影或录像,不定期报道;⑧组织观摩。包括举行会议、组织参观,详细讲解;⑨加大宣传,扩大影响;⑩搞好总结工作。

五、推广方法

1. 了解不同推广方法的特点及其应用

农技推广方法有多种,可以归纳为3类,即大众传播法、集体指导法和个别指导法。

大众传播法是推广者将农业技术和信息经过选择、加工和整理,通过大众传播媒体传播给广大农民群众的推广方法。其媒体包括报纸、杂志、墙报、黑板报等印刷品媒体;包括广播、电视、录音、录像、电影等视听媒体以及如样品、模型、照片等静态物像科技展览陈列传播媒体。大众传播法具有技术和信息有权威性;技术和信息数量大、速度快;信息传播成本低、效益高以及缺乏双向信息沟通等特点。一般来讲,大众传播法适用于以下几种情况:介绍农业科技新观点、新成果,提高广大农民群众的兴趣和认识;及时发布天气预报、病虫害预测预报等,并提出相应的具体措施;介绍某人成功的经验,以便他人学习;针对多数农民共同关心的问题提供咨询;扩大推广活动影响;传播具有普遍指导意义的技术信息和具有重大效益的信息以及强调或重申重要的信息和建议,以便加强记忆。

集体指导法又称团体指导或小组指导法,即在同一类型地区、生产和经营方式相同的条件下,采取小组会议、示范、培训、参观考察等方法,集中地对农民进行指导和传递信息的方法。包括培训班、工作布置会、小组讨论、村民会议、农民座谈会等各种集会活动;包括专题讲习班、农业专题讲座、农业科技报告会、经验交流会、专题讨论会、非正式讨论交流、现场指导以及成果示范和方法示范等方法。在集体指导法应用时要坚持重引导,坚持自愿参加;重实际,照顾农民特点以及重质量,注重指导效果等原则。集体指导法具有指导范围较大,利于提高推广效率和经济效益;信息传播方式属双向交流,能及时得到反馈;解决疑难快以及花费大等特点。一般用于解决关键问题、疑难问题以及经验总结等。

个别指导法是推广人员和农民单独接触,研究讨论共同关心或感兴趣的问题,是向个别农民直接提供信息和建议的推广方法。包括农户访问、办公室访问、信函咨询、电话咨询、田间插旗法以及电脑服务等方法。其具有最好的双向沟通特性，一般用于个案关键问题、疑难问题以及试验指导等。

2. 推广方法的综合应用

在实际推广中，由于现状千差万别，采用何种推广方法就值得研究，也许以一种为主，也许多种方法并用。以下情况需要考虑：

一是依据推广目的选择推广方法。一般而言，为增进农民的知识，最适宜方法是利用大众传媒媒介、讲座、交谈等传播信息；为提高某种技能的最适宜方法则是方法示范；为改变农民的态度与行为的最适宜方法是小组讨论、培训与示范方法。

二是依据农业技术创新的类型以及技术创新采用的阶段性特点选择。在农业推广实践中，不同类型技术的推广效果与推广方法有关。采用示范参观、咨询服务的方法推广物化型技术的效果比推广知识型技术的效果好；而知识型技术采用技术培训、印刷品宣传、科普宣传、巡回指导等方法的推广效果又比物化型技术较好。例如，对可试验性及观察性强的技术创新，应用成果示范方法的效果就较好；对于一致性较差的技术创新项目，应当先考虑能否综合运用小组讨论、培训、访问、大众媒介传播等方法使人们增进知识、改变观念。农民在采用某项技术创新过程的不同阶段，表现出不同的心理和行为特征，因而需要在不同的阶段选用不同的推广方法。一般而言，大众传播方法在知识阶段比较有效，而人际沟通方法在说服阶段比较有效。广播、报纸之类的大众传媒在使人们认知某项创新时能发挥很好的作用。一旦人们认知创新，可以利用杂志及地方农业刊物为其提供更详细的信息，以激起他们对创新的兴趣并帮助他们进行初步的评价。如果社区范围内多数人认识到创新的存在，就应将早期采用创新者的采用情况写成详细的材料介绍给其他成员。报纸宣传在采用后期的作用主要是为人们证实决策的正确性。当农民准备试验或采用某项技术创新时，应用成果示范和实地参观等方法是很有效的。如果某项技术创新较为复杂，在试验及采用阶段，就应当加强农户访问方法的应用，可以向农民介绍其他人的采用经验及发现的问题。采用技术创新较慢的农民往往对信息的准确性缺乏信心。因此，在他们计划采用创新之前，需要不断地运用农户访问、田间示范以及讨论等推广方法来影响他们。

三是依据地区经济发展水平选择推广方法。针对经济发达区域：这类区域经济条件、自然条件均较好，生产水平较高，农民接受新技术较快，农业生产有一定的增产潜力。这类区域以推广新技术、新产品、新方法为主，主要采用印发技术资料、成果示范、方法示范、举办培训班、经验交流会等形式，辅之以个别指导的综合推广方法，向农民进行技术传授。针对经济发展区域：这类区域农民基础较好，农民素质较高，生产水平也比较高，增产潜力较大。应在提高常规技术普及率的基础上，引进新技术、新方法。推广方法以成果示范、方法示范、集体指导的方式为主，结合运用报刊、资料、广播、电视等大众传播媒体，加速技术的传播。针对经济欠发展区域：这类区域农业生产条件较差，技术落后，农业生产增产潜力很大，这类地区应以推广和普及常规技术为主，改变农民的传统行为，适当引进一些新技术。在农业推广过程中，主要运用大众传播的方法，搞好成果示范、方法示范，多进行双向沟通，加强个别指导，组织农民参观，举办培训班等，以拓宽农民视野，改变农民观念。在人烟稀少或交通不便的地区，人际沟通机会较少，可以利用各种推广通讯建立沟通网络，加速创新的扩散。

四是依据推广机构的资源条件选择推广方法。推广机构在特定时期所拥有人员、设备、物资等各项资源数量与质量状况是选择和运用农业推广方法时应考虑的一个重要前提条件。目前不少农业推广机构的资源条件普遍较差，主要表现在推广人员、经费及设备等方面不能满足现代农业推广咨询服务的需要。在一些发达区域，可多利用大众传播手段，而在经济状况相对落后的区域则多利用个别指导及群体指导的方法，如果推广人员比较充足，可以适当增加个别指导方法的应用。

总之，农业推广方法的选择和综合运用是一门艺术，需要推广人员在实践中不断摸索并总结经验。农业推广方法综合运用效果在实际推广实践中，每种方法单独使用的很少，常把几种方法配合使用。作为一名农业推广工作者，不仅要熟悉各种推广方法的特点及其适用范围，还要学会分析不同技术创新对推广方法的要求，分析采用与扩散过程不同阶段对推广方法的要求，分析不同类型采用者对推广方法的要求。而且还要广泛利用各种沟通网络，为农民提供丰富的信息来源。

第五节 项目申报与执行技能

一、农技推广项目计划的意义与任务

1. 农技推广项目计划的意义

农技推广项目是开展农技推广的有效载体，可以预测和预见农技推广的未来，避免盲目性。项目任务书将某项工作进行细化并形成合理方案，可以使某项成果有效、有步骤地转化；可以使自然、人力、财力等资源得到合理配置，发挥最大的资源效应；可以使经费使用更加合理，提高投资效率；可以使工作有内容、有任务、有目的，减少无效劳动，无疑大大提高工作效率；通过项目实施，不仅让参与项目的农民或推广人员掌握了相关新技术或组织方案，而且通过培训教育使其在知识水平上有所提高，大大提高素质。同时，通过有计划的项目实施，成效会更加显著，科技含量也会大大提高，不仅会得到项目参加单位的积极支持，还会得到上级部门的大力支持。因此，以农技推广项目开展推广工作具有重要的意义。

2. 农技推广项目计划的任务

一份好的项目计划书，对其相关任务和内容等方面均要有详细的描述，包括六大方面，简称为“5W1H”。即要回答目的意义，即立项理由(Why)，推广的主要技术内容及计划指标(What)，项目实施点和规模(Where)，分年度计划进展(When)，承担单位和项目人员(Who)以及配套的技术措施与组织措施、任务分工、经费分配方案等(How)。

二、拟定项目计划的依据和原则

1. 依据

农技推广项目计划的拟定十分讲究，不能坐在办公室里瞎想和杜撰，必须要进行背景信息材料的收集，对问题和目标进行分析，根据需要，然后初选项目。一般应充分考虑三农需要、社会发展需要、生态持续发展需要、市场需要、资源条件、专家意见以及上级计划等情况。中长期项目各个方面均要兼顾，短期项目主要考虑市场需要。如在上级推广计划框架下申报和拟定项目，只要切合当地实际，均可选题并按格式拟定申报。根据项目涉及的范围、规模和经费多少等还需要进行可行性论证，涉及的要素更多。

2. 原则

农技推广项目拟定必须遵循以下原则。一是从组织上一定要坚持多方参与配合的原则，最好是干部、专家和农民三结合，可以避免实施可能出现的障碍；二是目标一定要明确，要有具体的考核指标；三是要实现“四效”统一，尤其是要有经济效益；四是要有素质提高的具体措施和环节；五是要切实可行，不能过分夸大，能在预期完成相关任务并实现目标；六是要因地制宜，要看本地具有哪些资源及其承载量，依据本地资源进行产业化开发和技术组装推广一般是有效的，否则力不从心，事倍功半；七是项目申报书、计划书等要符合格式要求。

三、项目计划的执行技能

项目计划一经批复，就要考虑按质按量完成的问题了。一般首先要建立实施机构，可考虑建立行政、技术和协作小组，从人员和组织上得到保障；二是要签订执行合同。合同是计划任务书的浓缩，具有法律效力，必须认真对待；三是要制订实施方案，即将合同内容细化至可以按图索骥，照单子抓药的程度，包括总体和年度实施方案；四是在项目实施过程中搞好服务，即配套相应物质、技术、人力、经费以及服务等各个方面，保证项目的顺利完成；五是为了避免最后出现问题，项目下达单位和项目主持人要对项目进展情况、财务等情况进行检查督促，可以使不足之处得到及时纠正，后补而完成任务；六是项目到期完成后，要做好总结工作。要对项目完成的工作和技术作一个全面总结，包括项目来源、项目完成情况、取得的主要成效和经验以及存在的问题和建议等方面。一般还要求组织田间鉴评或验收。由此，一个项目才算真正完成。

图书在版编目(CIP)数据

农村实用技术教程/王季春,邓义桂主编. 一重庆:
西南师范大学出版社,2011.12
ISBN 978-7-5621-5649-9

Ⅰ. ①农… Ⅱ. ①王… ②邓… Ⅲ. ①农业技术一高
等学校一教材 Ⅳ. ①S

中国版本图书馆 CIP 数据核字(2011)第 281736 号

农村实用技术教程

主　编　王季春　邓义桂

责任编辑:杜珍辉
特邀编辑:杨炜蓉
封面设计:CASTALY 尚品视觉 周　娟　尹　恒
照　　排:吴秀琴
出版、发行:西南师范大学出版社
(重庆·北碚　邮编:400715
网址:www.xscbs.com)
经　　销:全国新华书店
印　　刷:重庆东南印务有限责任公司
开　　本:787mm×1092mm　1/16
印　　张:16.25
字　　数:416 千字
版　　次:2012 年 2 月第 1 版
印　　次:2012 年 2 月第 1 次印刷
书　　号:ISBN 978-7-5621-5649-9

定　　价:28.00 元